机器学习基础与方法

李学龙　聂飞平　王靖宇　著

科 学 出 版 社

北　京

内 容 简 介

本书聚焦人工智能领域中机器学习的基础理论与方法，通过严谨的数学推导和可解释性分析，帮助读者理解常用方法的理论内涵与实现细节。全书共 8 章，第 1 章简要讲解机器学习的基本概念与发展脉络；第 2 章和第 3 章介绍所需的数学基础与优化基础；第 4 章介绍数据基础理论方面的知识；第 5～8 章分类探讨经典机器学习方法，涵盖特征处理、聚类分析、回归与分类等主要方向，在介绍典型算法原理的同时，拓展至相关进阶方法与前沿研究思路。本书通过典型算法示例与原理推导相结合的方式，以期读者系统地掌握机器学习的基础理论与常用方法，为从事该领域相关科研工作打下基础。

本书可作为高等学校计算机、信息、控制、航空航天等相关专业课程的教材，也可作为相关领域科学研究人员、工程技术人员及研究生和本科生的学习参考用书。

图书在版编目（CIP）数据

机器学习基础与方法 / 李学龙，聂飞平，王靖宇著. -- 北京 : 科学出版社，2025. 6. --ISBN 978-7-03-080040-4

Ⅰ. TP181

中国国家版本馆 CIP 数据核字第 2024A2L431 号

责任编辑：祝　洁　汤宇晨 / 责任校对：王萌萌
责任印制：徐晓晨 / 封面设计：陈　敬

科学出版社 出版
北京东黄城根北街 16 号
邮政编码：100717
http://www.sciencep.com
北京建宏印刷有限公司印刷
科学出版社发行　各地新华书店经销
*
2025 年 6 月第　一　版　开本：720×1000　1/16
2025 年 6 月第一次印刷　印张：19 1/4
字数：385 000

定价：228.00 元

前　言

作为当代科技革命与产业变革的催化剂，人工智能正深度重构人类社会的生产生活方式与认知边界，成为新质生产力的重要驱动力之一。在人工智能技术谱系中，相比依赖海量参数的大模型，机器学习方法物理含义明确、可解释强，为复杂数据模式提供了透明化的解释路径。机器学习以其严谨的理论体系与方法论框架，广泛应用于需要可解释性和高可靠性学习任务的诸多场景，在大数据处理、模式识别、计算机视觉等领域具有不可替代的价值。本书聚焦机器学习的基础理论与核心方法，系统性介绍与机器学习相关的数学基础知识，重点围绕特征工程、无监督学习等前沿领域的理论研究进展进行深入讲解与讨论。

机器学习理论性强，核心方法和模型往往需要严谨的数学推导，对于尚未深入涉足的读者而言，无疑会形成一定的理论门槛。本书从基于数学基础知识的理论推导出发，介绍经典且常用的机器学习模型和方法，并强调相关方法的物理含义和可解释性，系统梳理从数据预处理到可靠智能信息获取的完整技术链条，以期读者充分掌握机器学习的理论内涵并灵活运用。同时，本书内容结合了作者团队的相关创新性研究成果，旨在帮助读者了解前沿动态，建立机器学习的专业知识体系。全书共 8 章，内容覆盖机器学习的内涵、数学基础、优化方法、数据处理、特征提取与选择、聚类分析、回归与分类等，在深入介绍基础理论的同时，提供了核心方法的实践示例，以便读者更好地掌握和运用相关理论与方法。

本书聚焦机器学习基础理论与方法，旨在为从事机器学习领域相关科研工作的人员打下坚实基础，并为有经验的研究人员提供新的见解和启发。本书由三位作者合作完成，第 1～3 章由李学龙撰写，第 4 章和第 5 章由王靖宇撰写，第 6～8 章由聂飞平撰写。李学龙统稿，并负责总体内容的修订。本书作者研究团队的多名教师和研究生参与了本书的编写工作。其中，张欣茹、马振宇、尹姮姮、郭圣昭、刘明清、王艺頔、陈城、谢方园、王红梅、王林等研究生参与了本书的资料整理和修订工作；张晗副教授负责第 5 章部分章节的文献梳理与公式校验；在完稿校勘阶段，黄鹏飞、马明睿、吴韫怡、涂远刚、苗宇等研究生参与了文字整理工作。

本书撰写过程中参考了大量文献资料，对所有参考文献的作者表示诚挚的感谢。同时，感谢为本书撰写提供帮助和支持的同仁与朋友，特别是提出宝贵意见和建议的同行专家。

尽管在撰写过程中力求准确与完善，但受时间和水平限制，书中难免存在不足之处。恳请广大读者批评指正，以便今后修订完善。

作　者

2024 年 11 月

扫码查看本书彩图

目　录

第1章 绪　　论

1.1 机器学习内涵

机器学习(machine learning)致力于通过学习已有数据和以往的经验来获得类似人类的能力，如感知、记忆、推理、决策等，通过经验积累来学习知识和掌握技能。在过去的几十年里，机器学习飞速发展，取得了举世瞩目的研究成果，并已经成为解决现代社会许多具有挑战性问题的不可或缺的技术。作为人工智能中最具智能特征、最前沿的研究领域之一，受益于大量数据获取的便易性和计算资源的极大丰富，以机器学习为手段解决人工智能中的问题得以快速推广，并广泛应用于社会生产生活实践。机器学习已发展为一门多领域交叉学科，涉及概率论、统计学、逼近论、凸分析、计算复杂性理论等多门学科。机器学习理论主要是设计和分析一些让计算机可以自动“学习”的算法，在有限数据中进行学习，并获取利用规律对未知数据进行预测或决策的模型。

机器学习是实现人工智能的一个重要途径，因此有必要简要介绍一下人工智能。人工智能(artificial intelligence，AI)是计算机科学的一个分支，它通过试图了解智能的本质，来研究和开发用于模拟、延伸和扩展人类智能的理论、方法、技术及应用系统，生产一种新的能以与人类智能相似方式做出反应的智能机器。该领域的研究包括机器人(Kunze et al., 2018)、模式识别(Li et al., 2020)、图像识别(Tian, 2020)、自然语言处理(Liu et al., 2022)和医疗(Hamet et al., 2017)等。人工智能诞生以来，理论和技术日益成熟，应用领域也不断扩大。人工智能是一门极富挑战性的学科，也是内容十分广泛的学科，由不同的领域组成，如机器学习、计算机视觉等。总的来说，人工智能研究的一个主要目标是使机器能够胜任一些通常需要人类智能才能完成的复杂工作。

此外，人工神经网络(artificial neural network)和深度学习(deep learning)也是机器学习的组成部分。人工神经网络简称为神经网络或连接模型(connection model)，是一种模仿神经网络行为特征来进行分布式并行信息处理的算法数学模型。这种网络依靠系统的复杂程度，通过调整内部大量节点之间相互连接的关系，从而达到处理信息的目的。深度学习是构建、训练和使用神经网络的一种方法，重视学习样本数据的内在规律和表示层次。这些学习过程中获得的信息对文字、图像和声音等数据的解释有很大的帮助。图 1.1.1 为人工智能、机器学习、神经网络、深度学习与其他机器学习之间的关系。

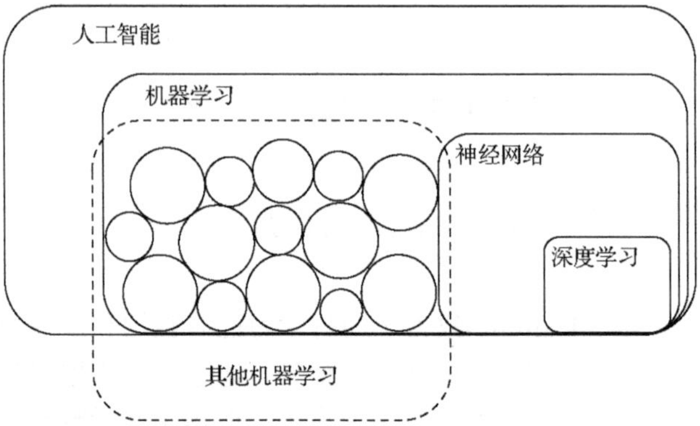

图 1.1.1　人工智能、机器学习、神经网络、深度学习与其他机器学习之间的关系

机器学习的一些特点总结如下：①机器学习以计算机和网络为平台，是建立在计算机和网络上的；②机器学习以数据为研究对象，是数据驱动的学科；③机器学习的目的是对数据进行预测与分析；④机器学习以方法为中心，构建模型并应用模型进行预测与分析；⑤机器学习是概率论、统计学、信息论、计算理论、最优化理论及计算机科学等多个领域的交叉学科，在发展中逐步形成独立的理论体系与方法论。

人工智能进入 2.0 时代，数据先行。这里特别强调数据作为机器学习研究对象的重要作用，机器学习从数据出发，提取数据的特征，抽象出数据的模型，又回到对数据的分析与预测中。作为机器学习的对象，数据是多样的，包括存在于计算机和网络的各种数字、文字、图像、视频、音频数据及其组合。机器学习关于数据的基本假设是同类数据具有一定的统计规律性，这是机器学习的前提。这里的同类数据是指具有某种共同性质的数据，如英文文章、互联网网页、数据库中的数据等。由于它们具有统计规律性，所以可以用概率统计方法处理。机器学习用于对数据的预测与分析，特别是对未知新数据的预测与分析。对数据进行预测可以使计算机更加智能化，使计算机的某些性能得到提高，重新组织已有的知识结构并不断改善自身的性能；同时，对数据进行分析可以使人们获取新的知识，给人们带来新的发现。机器学习对数据的预测与分析是通过构建概率统计模型实现的，总的目标就是考虑学习什么样的模型和如何学习模型，以使模型能对数据进行准确的预测与分析，同时要考虑尽可能地提高学习效率(Wang et al., 2009)。

机器学习的方法是基于数据构建概率统计模型，对数据进行预测与分析。具体来说，机器学习由监督学习(supervised learning)、无监督学习(unsupervised learning)、半监督学习(semi-supervised learning)等组成，这些相关术语将在 1.2 节进行详细的解释。机器学习方法可以概括如下：从给定的、有限的、用于学习的训练数据(training data)集合出发，假设数据是独立同分布产生的，并且假设要学习的模型属于某个函数的集合，称为假设空间(hypothesis space)；应用某个评价准则(evaluation criterion)，从假设空间中选取一个最优模型，使它对已知的训练数据和未知的测试数据(test data)在给定的评价准则下有最优的预测；最优模型的选取由算法实现(Bi et al., 2019)。基于不同的算法和学习任务，机器学习产生了很多分支，一种机器学习的分支如图 1.1.2 所示。

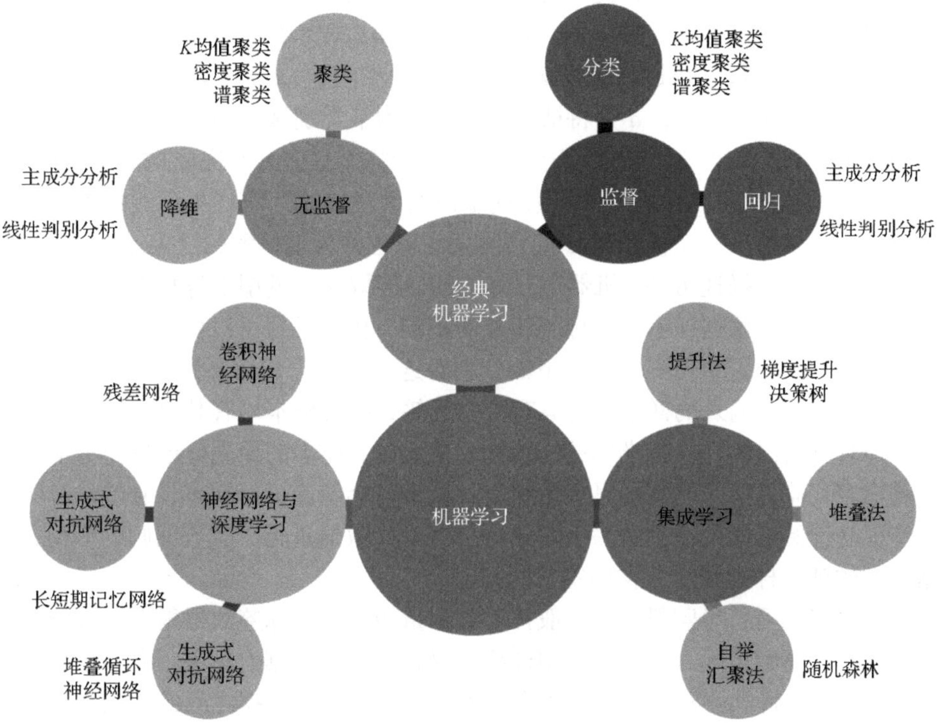

图 1.1.2　一种机器学习的分支

机器学习方法包括模型的假设空间、模型选择的准则和模型学习的算法，称为机器学习方法的三要素，简称为模型(model)、策略(strategy)和算法(algorithm)。实现机器学习方法的一般范式可以总结如下：

(1) 得到一个有限的训练数据集合；

(2) 确定包含所有可能模型的假设空间，即学习模型的集合；

(3) 确定模型选择的准则，即学习的策略；

(4) 实现求解最优模型的算法，即学习的算法；

(5) 通过学习方法选择最优模型；

(6) 利用学习的最优模型对新数据进行预测或分析。

1.2 定义与术语

1.2.1 机器学习相关定义

前文提到，机器学习根据已有数据或者以往经验，综合利用优化求解和概率统计学等数学理论和方法，提升解决问题的计算效率与性能。总体来说，机器学习利用模型来处理数据，并采用合适的策略求得该模型的最优解。

机器学习的数学描述：假设 $\boldsymbol{Z}$ 为一个问题空间，$(\boldsymbol{x}, y) \in \boldsymbol{Z}$，称为样本或对象，其中 $\boldsymbol{x}$ 为 d 维矢量，d 为特征的个数，y 为某类别域中的一个值。受观察能力的限制，只能获得 $\boldsymbol{Z}$ 的一个真子集 $\boldsymbol{Q}$，称为样本集合。为完成机器学习任务，需要通过该样本集合建立一个模型，期望该模型对 $\boldsymbol{Z}$ 中所有样本预测的正确率大于一个给定常数。一个模型对 $\boldsymbol{Z}$ 的预测正确率也称为该模型的泛化能力。

由以上数学描述可知，机器学习方法的性能取决于模型本身和用于该模型训练的样本数据。根据样本数据标签特点的不同，机器学习可以分为监督学习、半监督学习和无监督学习三大类，下面分别对这三大类进行简要介绍。

监督学习：输入的样本集合具有真实标签，所有样本均有其对应的准确类别值，即对于给出的样本有准确的先验知识。显然，样本的预先标记是监督学习的关键内容。监督学习的基本思想是给定一组带有标签的训练样本，通过学习样本中特征与标签之间的映射关系，构建一个对未知数据进行分类或回归的模型，根据标记的训练样本预测分类标签或回归值。

半监督学习：半监督学习一般针对数据量极大，有标签数据很少或者较难获取、成本较高的情况，在进行模型训练时仅有小部分数据有标签，大部分数据没有标签。半监督学习模型可以利用有标签数据与无标签数据之间的关联来实现模型的训练。有标签数据用于监督学习模型的训练，无标签数据则用于提高模型的泛化能力。半监督学习可以大大减少人工标记数据的成本。

无监督学习：无监督学习模型的样本集合完全没有标签，即对于所有样本 $\boldsymbol{x}$ 均没有确切的 y，相比监督学习和半监督学习，成本降至最低。在无监督学习中，训练样本只有特征信息，模型需要在数据中发现隐藏的结构或规律，并进行聚类或降维等操作，如著名的 K 均值聚类、主成分分析降维，是无监督学习应用较广泛的算法。

值得强调的是，这三种学习方法不是互相独立的，它们之间存在很多交叉和相互影响。在一些学习任务中，可以将半监督学习看作是监督学习和无监督学习的结合。无论是什么机器学习方法，它们的目标都是寻找一个在训练样本上表现良好且泛化能力强的模型，这是机器学习的核心目标。

根据学习任务不同，可大致将机器学习分为分类、回归、聚类和降维四大类。其中，分类和回归问题通常属于监督学习，需要有标签的训练数据作为输入，以预测新数据的输出标签或值；聚类和降维问题通常属于无监督学习，主要任务是从没有标签的数据中发现它们的内在结构或特征。这四类问题将在之后的章节中详细阐述。简单来讲，分类任务根据已有的有标签样本数据学习并建立模型，将数据划分至预先定义好的类别中，通常用于预测离散型的输出变量，如判断疾病类型、是否为垃圾邮件等。回归模型通过建立输入变量与输出变量之间的映射关系来进行预测或分析，通常用于预测连续型的输出变量，如估计股票价格、房价等。聚类是根据数据样本的内部相似性和结构特征，寻找样本的自然簇集，使同一簇内数据的相似性很大，而不同簇间数据的相似性很小。与分类问题不同，聚类问题并没有给出预先定义的类别标签，而是由模型自动从数据中发现不同的簇结构，因此聚类问题是一种无监督学习问题。降维致力于将输入的样本数据通过线性或非线性的方式投影或映射至低维空间，同时尽可能地保留数据的原始信息，以达到减少冗余信息的效果。降维一般作为后续数据分析和可视化的预处理步骤，是理解和处理高维数据的重要手段。

此外，强化学习也是机器学习的技术之一。强化学习就是智能系统从环境状态到行为映射的学习，使奖励信号(强化信号)函数值最大。由于外部给出的信息很少，强化学习系统必须依靠自身的经历进行自我学习，通过这种学习获取知识，改进行动方案以适应环境。强化学习最关键的三个因素是状态、行为和环境奖励。强化学习最典型的实例是谷歌的 AlphaGo Zero 算法，它通过强化学习的方式自己和自己下棋，最终的实验结果令人震撼。在 AlphaGo 打败了人类围棋顶尖高手后，AlphaGo Zero 打败了 AlphaGo，这在一定程度上印证了强化学习的优越性。

机器学习模型在完成其学习任务后，需要对学习效果进行即时评估。一般而言，机器学习处理的真实世界数据集具有容量大、维度高和噪声多等特点，传统的可视化结果分析方法在机器学习中的适用性较差。因此，根据不同的学习任务，机器学习通常会采取特定的测试指标(如正确率、学习速度等)来判定机器学习方法的性能。例如，给定一个手写体数字图像集合，期望机器能够通过输入的数据正确识别其中的数字，在此情形下，可以用数字识别的正确率来初步评估机器学习方法的效果，其他有助于提高识别正确率的指标(如均方根误差、召回率等)同样可用于评估该模型性能。更多评价指标将在后续章节进行详细介绍。需要注意的是，不同类别的机器学习方法具有各自的适用范围，不存在能完美解决所有问题的“超级算法”，因此在处理各种数据时，需要谨慎选择合适的方法。

1.2.2　机器学习相关术语

为了使读者更好地理解机器学习常见术语，本小节以一个特定的具体场景为例进行详细说明。假设有 300 幅手写数字灰度图像，每幅图像分辨率为 28 像素 × 28 像素，按照矩阵逐列首尾相连的方式，每幅图像可以表示为 784 个灰度值组成的向量。

为了精确地描述该图像和机器学习模型的训练过程，定义 300 幅图像向量的集合为数据集(data set)，作为训练、验证或测试机器学习模型的数据集合。数据集中的单个数据点称为样本(sample)或实例(instance)，通常用向量或矩阵表示，是模型训练的基本单位，机器学习模型通过从样本中提取有用信息来描述和预测未知数据。本例中，每幅手写图像就是一个样本或实例。描述样本在某特定方面性质的指标称为特征(feature)或属性(attribute)，可以是原始数据中的直接测量值，也可以是经过转换、组合、筛选等处理后的数据。本例中，每个样本包含 784 个特征或属性。更具体地说，样本向量或矩阵中每个元素对应的实数值称为属性值(attribute value)，本例中具体指代每个像素的灰度值。

采取属性空间(attribute space)、样本空间(sample space)或输入空间(input space)表示所有样本的特征或属性张成的空间，本例为 784 维空间，每个维度表示一个像素点的灰度值，范围为 0～255。因此，每个样本都可以看作是此 784 维属性空间中的一个向量，向量中的每个分量对应图像中一个像素点的灰度值。在描述属性空间或样本空间时，通常引入特征向量(feature vector)的概念用于描述样本特征，每个维度对应一个特征。由于属性空间内的样本点可以用一个坐标向量表示，因此一个样本也称为一个特征向量。特征向量的构造通常需要领域专家或数据分析师对数据进行特征提取和特征工程处理。由于上述有关特征向量的概念在机器学习应用中较为有限，因此除非特别强调，机器学习中的特征向量一词均采用线性代数中的定义，详见第 2 章。

在监督学习中，标签(label)是一个关键概念，表示每个样本对应的类别或正确输出值。标签有数字、文本或实数等形式，本例中的标签用于指示每幅图像代表的数字，可以用 0～9 或 1～10 表示。标签通过提供训练数据的“标准答案”，为机器学习算法预测新的手写数字图像代表的数字提供指引。每个样本添加标签后，构成了样本和标签的对应组合，称为样例(example)。样例是特征和标签组成的数据点，即带有标签的样本或实例，通常作为机器学习模型的输入，通过学习样例特征和标签之间的关系来预测新数据的标签。

在输入样本(无监督学习)或样例(监督学习)后，接下来需要进行机器学习模型的学习(learning)和训练(training)，从已知数据中自动学习数据关系或规律，得到通用算法或模型。这个过程包括确定模型参数、使用优化算法进行调整等，以提高预测准确性或分类精度。在训练结束后，定义标记空间(label space)或输出空间(output space)为模型所有可能输出标记或结果值的集合。标记空间可以是连续的实数空间，也可以是离散的类别集合，取决于模型需要解决问题的类型。例如，在二分类问题中，标记空间通常是{0, 1}；在多分类问题中，标记空间可能是{1, 2, ⋯, k}，其中 k 为类别数。本例是一个多分类问题，标记空间可以是{0, 1, ⋯, 9}或{1, 2, ⋯, 10}等，表示需要预测的目标类型和范围。在回归问题中，标记空间可以是一个实数集合，如所有正实数的集合。标记空间确定了机器学习问题中需要预测目标的类型和范围。

机器学习模型的学习期望是可以对任意一条数据做出正确的推断和预测，然而由于实际的数据规模庞大且不断增长，并不能得到这种最好的情况。数据规模庞大使得不能将所有的数据都投入机器模型的训练过程中，数据的不断增长使得总有一些数据对于机器学习模型是“不可见”的，因此如何使用有限制的数据训练得到一个相对优秀的机器学习模型是一个关键的问题。在评估一个机器学习模型的优劣时，不仅要关注模型在“可见”数据上的准确度，还要重视其在“不可见”数据上的适应性，因为最终的目的是训练好的模型在真实世界的数据上有较好的应用效果，这两方面分别对应机器学习模型的拟合能力和泛化能力。想要得到一个模型的拟合能力，只需要对比模型对可见数据的预测结果和真实结果即可。泛化能力并不易评估，因为不可能将所有真实世界的数据都输入模型中进行预测。为此，可以将用于训练机器学习模型的数据集划分为训练集、验证集与测试集三部分，分别利用三部分数据内容训练模型、评估拟合能力、评估泛化能力。

训练集(training set)或训练数据(training data)是用于训练机器学习模型的一组数据集合，通常是从整个数据集中随机选取的一部分。训练集的大小和组成通常会影响模型的训练效果和性能。本例中，训练集中的样本数目 N 应满足 $N < 300$。在训练集中，采用训练样本(training sample)指代训练集中的每个样本。完成模型训练之后，通常使用独立的数据子集来调整和评估模型，称为验证(validating)，是采用数据集的一部分对模型性能进行评估的过程，用于初步评估模型性能和调整模型参数的数据集合即为验证集(validation set)。完成训练和验证之后，可能还会采用训练好的模型对新数据进行预测，该过程称为测试(testing)，用于进一步评估训练后模型性能的数据集合即为测试集(testing set)。测试过程能进一步评估模型的性能和泛化能力。在测试阶段，通常使用独立于训练集和验证集的测试集来评估模型的泛化能力，即模型在新数据上的表现。

具体而言，在训练模型时，可以将数据集 $\boldsymbol{D}$ 划分为训练集 $\boldsymbol{T}$ 和验证集 $\boldsymbol{V}$ 两个部分，满足 $\boldsymbol{T} \cap \boldsymbol{V} = \varnothing, \boldsymbol{T} \cup \boldsymbol{V} = \boldsymbol{D}$，该方法称为留出法。模型通过训练集进行训练，并在验证集上评估模型的性能，以确定模型是否过拟合或欠拟合，同时调整模型参数。根据验证集的评估结果对模型进行选择和调优，最终得到性能最优的模型。需要注意的是，验证集不能用于训练模型，否则会导致模型在验证集上过拟合，降低模型的泛化能力。测试集可以从原有数据集 $\boldsymbol{D}$ 中选取一个与训练集和验证集不相交的子集，也可以选择原始数据集之外的新数据集。

为了使读者深入理解机器学习模型处理与学习数据的意义，引入观测变量(observed variable)、潜在变量(latent variable)、观测空间(observed space)和潜在空间(latent space)四个概念。观测变量是可以直接观测到或测量到的实际数据，通常作为模型的输入或特征。例如，在图像分类任务中，像素值是观测变量；在推荐系统中，用户的历史购买记录和评分都是观测变量。观测空间是观测变量组成的实际空间，由可观测特征或变量的取值组成。例如，在图像分类中，观测空间是像素强度值组成的空间。观测空间定义了数据集合的表示形式，并且决定了机器学习模型处理数据的方式。

潜在变量是无法直接观测到或测量到的隐藏变量，代表数据背后的抽象概念、隐含结构或隐藏特征。潜在变量提供对数据更深层次的理解和建模。例如，在文本挖掘中，主题是一种潜在变量，代表文档的隐藏主题结构。潜在空间是潜在变量组成的抽象表示空间，捕捉数据中的隐藏关系和结构。通过在潜在空间中进行操作，如映射、变换或聚类，可以更好地理解和处理数据。将观测空间和潜在空间联系起来，机器学习模型可以通过观测变量学习到潜在变量之间的关系，从而实现数据的降维、特征提取、聚类等任务。总体来说，观测变量是可直接观测或测量的实际数据，观测空间是包含观测变量的实际空间；潜在变量是无法直接观测或测量的隐藏变量，潜在空间是包含潜在变量的抽象空间。

模型复杂度与预测误差的关系见图 1.2.1，横轴表示模型的复杂度，一般通过模型包含的参数个数进行估计；纵轴表示模型在数据上的预测误差。图中存在两条曲线，分别表示模型的训练误差和泛化误差，以泛化误差曲线来反映模型的性能，但并不表示可以反复在测试集计算泛化误差。随着模型复杂度的增加，模型的训练误差不断减小，模型的泛化误差呈现先减小后增大的变化趋势。根据两者的大小，将模型分为欠拟合、适度拟合、过拟合三种情况。

欠拟合指模型的训练误差与泛化误差均较大，此时模型较为简单，在训练集上表现差，还没有学到数据蕴含的规律，如图 1.2.1 中的 A 模型所示；适度拟合指模型的训练误差与泛化误差较小，此时模型在训练集和测试集上效果均较好，且模型的复杂度较为适宜，如图 1.2.1 中的 B 模型所示；过拟合指模型的训练误差小，但泛化误差较大，此时模型十分复杂，参数较多，对训练集中的信息等过度拟合，但对未知数据的预测能力较差，如图 1.2.1 中的 C 模型所示。

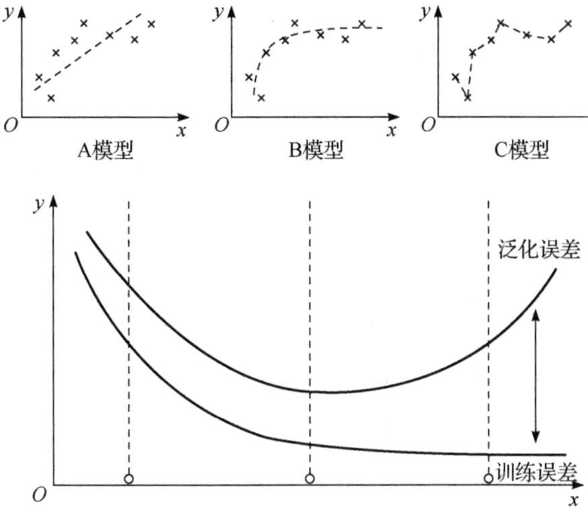

图 1.2.1　模型复杂度与预测误差的关系
横轴表示模型的复杂度；纵轴表示模型在数据上的预测误差

理想情况下，学习得到的机器学习模型是适度拟合的，但如果以测试集上的泛化误差评估模型拟合程度，在实际中并不能得到这样的结果，因为在评估后不能再对模型进行修改。因此，可以用验证集代替测试集评估模型的泛化误差，从而尽可能地得到适度拟合的机器学习模型。欠拟合通常是模型过于简单或者训练次数不够导致的，通过增加迭代次数继续训练模型一般可以解决欠拟合的问题。模型过拟合的原因可能有模型本身过于复杂、数据样本太少、训练轮数过多等，机器学习中常用的抑制过拟合的方法是交叉验证。

交叉验证是机器学习建立模型和验证模型参数时常用的方法，可以从有限的数据中获得尽可能多的信息，并在一定程度上避免过拟合。常用的交叉验证方法有留出交叉验证和 k 折交叉验证两种。留出交叉验证法将非测试数据集划分为训练集与验证集，在训练集上训练参数，在验证集上验证模型和参数，然后随机打乱数据集，重新划分并训练模型。在重复多次训练、打乱、重新训练后，从结果中选择最优的模型和参数作为输出模型。此外，可以采用 k 折交叉验证的方法，多次将数据集划分为训练集和验证集，从而避免显式地划分独立测试集。k 折交叉验证将数据集划分为规模和数据分布大致相同的 k 个子集，每次使用其中一个子集作为验证集，剩余 $k-1$ 个子集作为训练集，重复 k 次，最终将所有结果的平均值作为模型性能的评估结果。

本节介绍了机器学习的基本术语和概念，可帮助读者大致了解机器学习模型构建的要素与流程。了解这些基本概念之后，便可以构建机器学习模型，并对模型的性能进行评估。更多常见的机器学习数学术语将在第 2 章进行详细介绍。

1.3 发展简史

20 世纪 50 年代以来，人工智能经历了多个发展阶段。从最初的探索阶段，到停滞不前的瓶颈期，再到如今的高速发展期，展现出非凡的韧性与活力。初期，AI 似乎只是科幻电影中的虚构元素，是人类对未来技术的憧憬与幻想。随着 AlphaGo 在围棋领域战胜世界顶尖棋手李世石，AI 再次成为公众瞩目的焦点。近年来，人工智能越发吸引全球的目光，其核心理论——机器学习，更是成为热议的话题。回顾机器学习的发展历程可以发现，其能够取得今日的辉煌成就，实则是人类科技进步的必然。这一过程不仅是技术的积累与突破，更是人类智慧与创新的结晶。

机器学习的发展历程可以概括为三个关键时期：推理期、知识期和学习期。这一概念的萌芽可以追溯到 1950 年，当时图灵提出了著名的图灵测试，作为衡量机器智能的开创性方法。图灵测试的测试者和被测试者(一个人和一台机器)在隔离状态下由某种装置(如键盘)进行随机提问，经过一系列测试，若机器能误导平均超过 30%的参与者，使其无法准确区分人与机器的回答，那么该机器便被认为通过了测试，具备人类智能的特质。这一简洁且深刻的测试方法，为图灵提供了有力的论据，证明“思考机器”的可能性。

(1) 推理期。在推理期，普遍认为只要给予机器逻辑推理能力，机器学习就具备智能。1952 年，亚瑟·塞缪尔开发了一款智能跳棋程序，该程序通过观察棋盘已有棋子的位置并学习一个模型，对后续如何落子进行指导，随着程序运行时间的增加，指导效果逐步变好。基于这一跳棋程序，塞缪尔反驳了机器永远无法超越人类的言论，并首次提出了机器学习的概念。1957 年，罗森布拉特提出了感知机线性分类器，这是一种单层神经网络模型，模拟了人脑的计算方式，是后续人工神经网络、支持向量机(SVM)等模型的基础(胡逸雯等，2023)。图 1.3.1 是感知机分类器效果的一个简单示意图，用于猫狗的类别划分。

(2) 知识期。20 世纪 70 年代，机器学习迈入了知识期，这一时期的特点是人类将知识系统化地提取并传授给机器，以便机器进行深入的分析和应用。在这一时期，人工智能在多个领域取得了显著的成就，尤其是在企业应用中展现出巨大的潜力。大量的专家系统被开发出来，这些系统通常由两大部分构成：推理引擎和知识库。知识库存储机器学习到的知识和规则，推理引擎则负责运用这些知识和规则进行逻辑推理，以产生新的见解和解决方案。专家系统成为人工智能软件领域首批真正取得商业成功的典范。随着知识期专家系统的持续发展，人们逐渐意识到这种依赖人类先总结知识再传授给机器的模式存在局限性，不仅消耗大

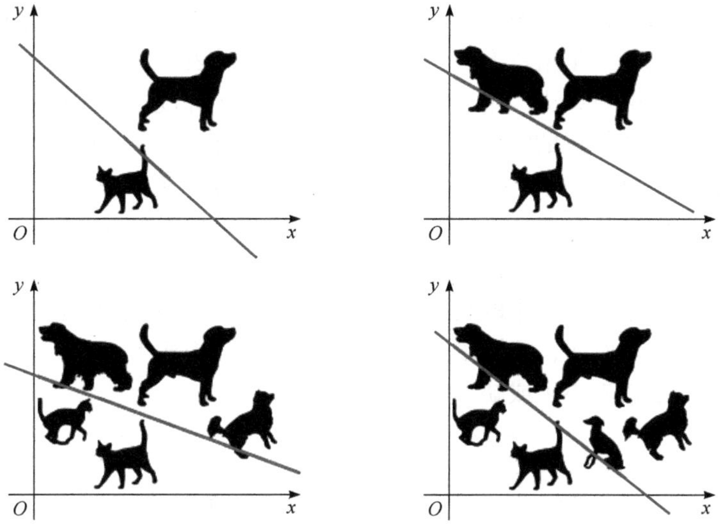

图 1.3.1　感知机分类器效果示意图

量的人力、物力和时间，而且在性能上的提升并不显著。此外，这种模式促使计算机向着大型化和专业化方向发展，与计算机普及化的趋势背道而驰(边坤等，2023)，这使人工智能知识期的发展遇到了瓶颈。为了突破这一瓶颈，并使人工智能更有效地解决实际工程问题，研究者开始寻求新的发展方向，期望机器能够自主学习知识，并实现特定的目标。这一转变预示着人工智能即将迎来一个新的时期——学习期，这一时期将更加注重机器的自主学习和适应能力，为人工智能的未来发展开辟新的道路。

(3) 学习期。在这一时期，基于统计学习理论的机器学习方法与深度学习快速发展。在亚瑟·塞缪尔研究的感知机模型基础上，学者利用感知机模型设计了许多浅层神经网络，受到全世界的广泛关注，其中最为著名的就是马文·明斯基提出了著名的感知器线性不可分的问题。受数据和计算机算力的限制，许多模型被限制在理论方面。这一时期基于统计学习理论的机器学习方法如雨后春笋般涌出，研究者特别关注在极有限数据条件下，机器学习对未见世界的准确预测或决策的能力。在经典机器学习方法的基础上，利用统计学习理论，对模型进行相关改进与拓展。例如，模型通过正则化进行扩展，以减少异常值的影响，并进一步提高其性能。数据和标签匮乏场景下的机器学习方法，也在此背景下开始引起人们的广泛关注，并产生持续影响。随着计算机技术突飞猛进，数据的获取变得便捷，但在这一背景下，研究者往往将目光聚焦于算法的精进，以期在决策制定上取得突破，却往往忽视了数据本身的重要性。正是在这样的背景下，李飞飞及其团队洞察到机器学习领域中“过拟合与泛化”这一核心问题，创建的 ImageNet

数据集引领了人工智能领域对大规模、高质量标注数据集的追求。智能时代的到来使得计算机的算力呈指数增长。2006 年，希尔顿发表了关于深度信念网络的论文，提出了神经网络算法，在学术界和工业界掀起了深度学习的风潮。随后，机器学习迎来了飞速发展的时代，云计算和图形处理单元(GPU)并行计算等技术的出现为深度学习网络的发展提供了支持(焦李成等，2016)。神经网络模型如图 1.3.2 所示。在深度学习的快速发展中，算法和模型指数级增长，尤其是在图像识别、语音处理和自然语言理解等领域。深度学习的成功，部分归结于其能够自动提取特征并学习数据中的复杂模式，这一点在卷积神经网络(CNN)等模型中表现得尤为明显。然而，即便在深度学习与大模型的浪潮下，基于统计学习理论的机器学习方法依然不可或缺。

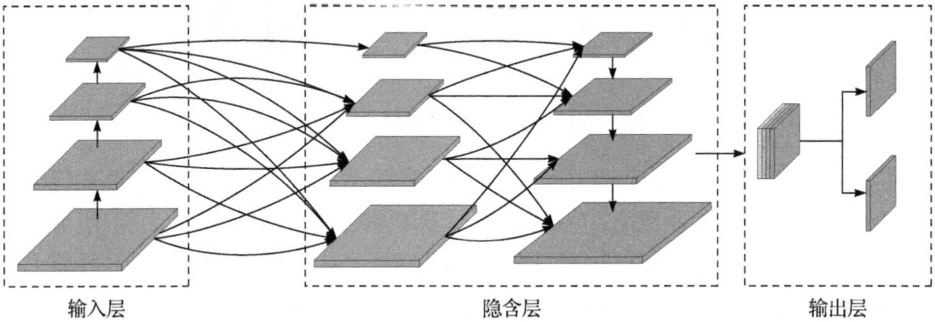

图 1.3.2　神经网络模型

基于统计学习理论的方法，如支持向量机和随机森林，提供了深刻理解数据和稳健的性能。这些方法在处理小数据集、避免过拟合和提供模型解释性方面具有独特优势。此外，统计学习理论与深度学习的结合，催生了新的交叉领域，如统计学习中的 LASSO 方法，其在高维线性回归模型中挑选出重要的解释变量。尽管深度学习在许多任务中取得了突破性进展，但统计学习理论依然是机器学习领域不可或缺的一部分，它不仅为机器学习提供理论支持，还在模型选择、泛化能力评估和算法优化等方面发挥着重要作用。因此，在深度学习与大模型的浪潮下，仍须关注和研究基于统计学习理论的机器学习方法，以实现更全面、更稳健的人工智能解决方案。

机器学习的研究学派多种多样，涉及多个学科和方法，具体包括频率学派、概率学派和连接学派等。不同的研究学派具有各自优势，研究人员通常结合多个算法模型应对复杂数据处理任务，以提升模型性能和鲁棒性。

(1) 频率学派(统计机器学习)。频率学派强调从频率的角度理解和解决机器学习问题，通过对样本数据的频率统计分析和推断来进行模型学习和预测。频率学派的发展源于 20 世纪 20 年代和 30 年代的经典统计学。这一时期，统计学家罗纳德·费希尔(Ronald Fisher)和耶日·内曼(Jerzy Neyman)等提出了极大似然估计、假设检验和置信区间等经典统计学方法。这些方法强调通过样本数据对总体进行推断和决策，奠定了频率学派的理论基础。20世纪80年代和90年代，频率学派推动了许多经典机器学习算法的发展，如决策树和随机森林等基于统计学原理的算法被广泛研究和应用。这些算法通过从数据中学习模型的参数和结构来实现分类、回归和聚类等任务。随着数据科学的发展，高维统计和稀疏学习成为频率学派的研究重点。高维统计研究如何处理高维数据中的统计推断和模型学习问题，包括高维回归、高维分类和高维聚类等。稀疏学习关注通过结构化的正则化和优化方法来处理高维数据中的稀疏性。与此同时，随着深度学习在频率学派框架下取得巨大的突破，频率学派为深度学习模型的分析和解释提供了理论基础，如收敛性分析、泛化能力和参数调整等。

频率学派的方法侧重从频率统计的角度进行推断和预测，要求有充足的数据以确保统计估计的可靠性。此外，频率学派在模型复杂度的选择上往往依赖正则化技术和统计准则。在实际应用中，若模型复杂度选择不当，可能会引发欠拟合或过拟合的问题。面对高维数据问题，频率学派遭遇了“维度灾难”，即特征空间庞大和复杂性可能导致模型过拟合、计算复杂度激增和数据稀疏性等问题。为了突破这些局限性，研究人员需要综合考虑其他学派算法，并结合实际问题的特点构建合适的机器学习模型。

(2) 概率学派(贝叶斯学派)。贝叶斯学派是机器学习研究学派的重要分支之一，基本原理是18世纪英国数学家托马斯·贝叶斯提出的贝叶斯统计理论，基于条件概率和贝叶斯公式，从已知条件下的数据中推断未知参数的分布。贝叶斯决策理论是贝叶斯学派的重要组成部分，将贝叶斯统计理论与决策理论结合，用于在给定观测数据的情况下做出最优决策。贝叶斯决策理论的发展可以追溯到20世纪50～60年代，当时的研究主要集中于二分类问题。研究者提出了最小错误率贝叶斯分类器和最小风险贝叶斯分类器等，并推导出决策边界和代价函数等来支持决策过程。贝叶斯网络的发展可以追溯到80年代，最早的研究者包括朱迪亚·珀尔(Judea Pearl)等，通过建模随机变量之间的条件依赖关系，采用概率图模型来表示这些依赖关系。近年来，贝叶斯学派与深度学习的结合成为研究热点，涌现出一系列贝叶斯深度学习方法。贝叶斯深度学习通过引入贝叶斯推断来解决深度学习中的不确定性问题，并提供更可靠的模型评估和鲁棒性分析，具体包括变分自编码器、贝叶斯卷积神经网络和贝叶斯循环神经网络等。

尽管贝叶斯学派在机器学习领域取得了显著成就，但仍然面临一些问题亟待解决。贝叶斯推断通常需要较高的计算成本，特别是在复杂模型和大规模数据集上。此外，贝叶斯方法对先验知识的依赖性较高，先验的选择和建模可能会对最终结果产生影响。

(3) 连接学派(神经网络机器学习)。连接学派在机器学习领域占有重要地位，通过建立神经网络模型和利用大量数据进行训练来实现模式识别和预测任务，在计算机视觉及自然语言处理等领域具有广泛应用，如图像分类、目标检测、图像生成、机器翻译、文本生成和情感分析等任务。

连接学派的发展可以追溯到 20 世纪 50～60 年代，当时的研究者提出了感知机模型作为神经网络的基础。感知机模型是一种人工神经元组成的网络，通过学习权重和阈值来实现二分类任务，但无法解决线性不可分问题。鉴于此，多层感知机(multilayer perceptron，MLP)模型得以提出，其通过引入隐藏层和非线性激活函数，能够表示更复杂的非线性函数关系。多层感知机的发展离不开反向传播(back propagation，BP)算法的提出。反向传播算法是一种基于梯度下降的优化算法，通过反向传播误差信号来调整网络的权重和偏置，使得模型能够更好地逼近目标函数。反向传播算法的提出为训练深层神经网络提供了有效的方法，并成为连接学派发展的重要里程碑。

进入 21 世纪后，计算能力和大规模数据的可用性提高，深度学习成为连接学派的重要发展方向。深度学习通过引入多层的神经网络结构，能够学习到更高层次的特征表示，从而提高模型的性能。深度学习在计算机视觉、语音识别、自然语言处理等领域取得了许多重大突破，包括卷积神经网络(convolutional neural network，CNN)和循环神经网络(recurrent neural network，RNN)等重要模型的提出。值得注意的是，深度神经网络的训练通常需要大量的数据和计算资源，对于小样本问题和嵌入式设备应用存在一定的限制。除此以外，深度学习模型的解释性和可解释性仍然是一个难题，使其在某些应用领域的推广受到一定限制。

研究人员尝试将连接学派与其他机器学习方法进行融合，如频率学派和概率学派，以进一步提高模型的性能和鲁棒性。由此可见，多种机器学习学派具有各自的算法优势和不可避免的局限性，综合利用各学派思想能够更加充分地发挥各学派算法优势，弥补模型局限性。集成学习旨在结合多个学习器的预测结果，提高预测准确性与模型的鲁棒性，减少过拟合风险并提供模型解释和理解。在实际应用中，集成学习方法被广泛应用于分类、回归、聚类、异常检测等任务中，取得了显著的效果和成就。集成学习的早期方法可以追溯到 20 世纪 90 年代。最早的集成方法之一是投票方法，对多个基本分类器的预测结果进行投票来确定最终的分类结果。早期的集成方法主要关注如何通过组合多个弱分类器来生成强分类器。其中一个代表性的算法是自举汇聚法(bootstrap aggregating，bagging)，又称装袋算法，通过对训练数据进行有放回的随机抽样，构建多个基本分类器，并将它们的预测结果进行平均或投票，得到最终的分类结果。在早期集成方法的基础上，提升法(boosting)的兴起为集成学习带来了新的发展。boosting 迭代训练一系列弱分类器，并根据它们的预测准确性对训练样本进行加权，以便更好地拟合错误分类的样本。最早的 boosting 是 adaboost(自适应 boosting)，在每个迭代中调整样本的权重，并且根据分类器的准确性给出更高的权重。adaboost 的成功推动了更多的 boosting 的出现，如 gradient boosting 和 xhboost 等。多样性被认为是集成学习中的关键因素。随着集成学习的发展，研究者开始关注如何进一步提高集成模型的性能，通过引入不同的分类器、使用不同的特征表示或者应用不同的训练方法来实现，旨在增加集成模型中各个分类器之间的差异性，从而提高整体性能。

随着计算能力和采集数据质量的提升，研究者开始尝试设计具有庞大参数量和复杂结构的深度学习模型，来提升机器学习的性能。可以说，机器学习和大模型之间存在密切的关系，它们相互影响并推动了彼此的发展。一方面，机器学习驱动了大模型的发展。机器学习算法和方法的发展驱动了大模型的设计和优化，机器学习提供了训练大模型的方法和技术，如反向传播算法、优化算法和正则化方法等。这些方法使得大模型的训练更加高效和稳定，促进了大模型的进一步发展。另一方面，大模型推动了机器学习的发展，使得机器学习在更多领域和任务中取得了显著的成果。大模型具有更强的表示能力和学习能力，能够处理更复杂的问题和更大规模的数据。通过增加模型的容量和复杂性，大模型能够更好地适应数据，并取得更高的性能。

在大规模人工智能取得显著成就的同时，其模型的可解释性成为研究人员重点关注的内容。人工智能可解释性是指理解和解释 AI 系统决策过程、内部机制和输出结果的能力，是实现透明、可信和可接受的 AI 系统的关键要素。在实际应用中，AI 系统的决策过程和输出结果往往涉及复杂的模型和算法，缺乏透明性和可理解性，这给其应用和可信度带来了挑战。对于一些应用领域，如医疗诊断、金融风险评估和自动驾驶等，AI 可解释性涉及人们的生命安全、财产安全和公共利益。因此，研究人员和社会各界对于 AI 可解释性的追求日益迫切。具体而言，AI 可解释性的挑战来源于以下三个方面：首先，深度学习算法模型具有高复杂度，其中存在数以百万计的参数和层级关系，使得研究人员难以理解其内部工作原理；其次，AI 的决策过程往往基于大量的数据和模式识别，导致其决策结果难以直观解释；最后，深度学习模型常被称为黑盒模型，即研究人员无法理解其决策背后的逻辑和因果关系。研究人员期望能够在可解释性评估和度量、可信任的模型解释、模型可解释性与性能平衡等方面取得进展，以提高机器学习模型的可解释性和算法性能。

机器学习历经半个多世纪的沉淀与积累，方才迎来了今日的蓬勃发展。这一发展历程并非坦途，而是机遇与挑战交织，前人在重重困难中坚韧不拔地不断探索与进步。这是一个从量的积累到质的飞跃的演进过程。唯有深刻理解和掌握前人积累的宝贵经验，才能引领人工智能迈向更加辉煌的未来。

1.4　典 型 应 用

机器学习作为一门跨越多个学科的交叉领域，致力于研究计算机系统模拟或实现人类的学习行为，从而不断获取新知识和技能。随着大数据时代的到来，有效利用这些丰富的数据资源来指导各行各业的发展，已成为一个至关重要的研究课题。海量数据中蕴含着宝贵的信息，但同时带来了新的问题：如何高效处理这些数据，并从中提取出有价值的信息？机器学习的不断发展和完善，为解决这一难题提供了有力的工具。在当今众多领域中，机器学习的应用已经无处不在，从制造业到金融业，从智慧农业到医疗保健，从教育到科技，机器学习都在发挥着重要作用，参与了图像处理、目标检测、无人驾驶、辅助医疗诊断等众多任务，并以其卓越的信息处理能力，为这些行业带来了革命性的变化。接下来对机器学习的典型应用进行简要介绍。

1. 医疗诊断

机器学习在大数据处理方面的优势使其在医学领域中迅速发展，改变了传统的医学模式，广泛用于智能筛查、智能诊断、风险预测和辅助治疗等方面(伍亚舟等，2022)。在临床领域中，机器学习可以帮助医师诊断疾病及预后效果。在传统的诊断过程中，医师对患者进行了解评估，依据自身专业知识和诊疗经验对是否患病、患何种疾病做出判断，这一过程与机器学习“输入数据—建立模型—输出结果”的过程类似。一般而言，机器学习可以根据对已有病患信息的分析，建立一个预测模型，判断是否存在病变，从而完成辅助诊断。Sung 等(2022)利用 C4.5、分类和回归树、*K* 近邻、随机森林、支持向量机、逻辑回归等多种算法构建分类器，对缺血性卒中的表型进行分型和预测。在脑卒中诊断与分类诊断中，机器学习分类算法表现出巨大潜力，分类准确性和精确性较高(高小波等，2023)，能够完成缺血性卒中发病时间和症状的预测等任务。此外，机器学习可用于蛛网膜下腔出血检测。

在临床诊断中，医学影像为医师的诊治和处理提供了重要的参考信息，但个别病例不具备典型影像特征或者存在机器分辨率等问题，增大了放射医师诊断的难度。机器学习可以对医学影像图片进行分析处理，识别出可能存在的病变情况，为医师的诊断提供有效的辅助。Yin 等(2023)通过基于人工智能的模型对磁共振成像(magnetic resonance imaging，MRI)数据进行分析处理，确定“大脑年龄”(brain age)以帮助识别痴呆症和阿尔茨海默病的早期症状。相关研究表明，大多数的回归模型无法为临床诊治提供准确的结果，在临床环境中，仍需要谨慎选择所用模型(Beheshti et al., 2021)。另外，模型的解释性仍然受限，虽然 Yin 等(2025)通过生成显著性图谱，显示决策最依赖的 MRI 区域，但是仍需要结合更多、更复杂的临床数据，了解显著性图谱是如何产生不同及如何利用获得的信息改进风险评估。

机器学习在医学领域的应用已经显示出重要价值，为医师的诊断决策提供了宝贵的信息参考和辅助性建议，从而在一定程度上减少了人员素质、能力、经验差异导致的诊断偏差。尽管如此，机器学习的预测并非总是无懈可击，假阳性的情况时有发生，这要求人们必须通过人工审查的方式对结果进行验证。虽然机器学习在医学中的应用已经取得了一定的成效，但依然需要正视其面临的挑战。在实际应用中，必须谨慎对待相关模型的潜在负面影响，确保技术的应用能够真正服务于提升医疗质量，而不是引入新的风险。因此，持续的研究和严格的评估是确保机器学习在医学领域安全、有效应用的关键。

2. 无人驾驶

自动驾驶汽车能够通过在汽车上装载的各种各样的传感器，让汽车能够自己理解周围的环境，自己做规划，控制自己的运动，可以排除驾驶员驾龄、疲劳程度、身体情况等因素对驾驶安全性的影响。高级辅助驾驶系统(advanced driving assistance system，ADAS)是目前应用较为广泛的辅助驾驶系统，被视为实现无人驾驶的前提手段。ADAS 利用安装在车上的雷达、摄像头和卫星导航等传感器设备感知行驶环境，进行系统的运算和分析，为驾驶者提供行驶建议，提高驾驶安全性和舒适性。无论是将汽车内外传感器的数据进行融合的过程，还是基于数据评估驾驶员情况、进行驾驶场景分类的过程，都要用到机器学习。

机器学习在无人驾驶中的应用主要集中在车对环境的感知和行为决策。在行为决策中，智能体需要与环境进行交互，机器学习从大量与环境交互的样本数据中学习环境与行为的映射关系，从而在特定的环境下做出相应的决策。在对车辆环境的检测中，各传感器采集的车身周围图像可能存在位置不同、光强不均、物体阴影等不良情况，改进的 SURF 算法(Zhang et al., 2021)与 RANSC 算法(Zhang et al., 2019)可以在一定程度上缓解这些不良情况，实现精确匹配的全景图像。全景影像系统、自动紧急制动、自动泊车等均需要对道路条件进行检测，可以利用霍夫(Hough)变换、纹理特征和聚类算法结合的方法对道路环境信息进行运算处理，实现对行驶路面检测、道路边缘检测和障碍物的判断，并辅助保持车道。此外，研究人员提出，可以基于神经网络对驾驶员面部和眼部行为特征进行分析，并结合对车辆信息的融合分析，识别驾驶员疲劳程度(Naurois et al., 2019)。

3. 气象监测

人们逐渐习惯了在出行前通过手机、电视等设备获取未来的天气信息，以规划出行路线和出行方式。在台风来临之前，气象局可以对台风强度、运行轨迹进行预测，进而通过多种平台提醒人们注意防护，提前撤离。通过观察卫星气象，科学家可以更好地跟踪和应对气候引起的自然灾害，最大程度减轻损失。通过气象环境预测未来天气并不是一件简单的事情，机器学习的发展和逐渐成熟大大降低了气象监测的难度，极有可能改变传统的气象监测模式。专业人员根据收集的气温、湿度、气压等信息，能够确定未来空气变化，预测未来某地地球大气层的状态，及时做出天气预测或针对气象灾害的警告。20 世纪 60 年代发展起来的气象卫星遥感是气象探测技术的重大突破，它提供的气象卫星云图资料在时间和空间上的连续性是以往任何探测手段不能比拟的，气象卫星云图在天气预报和大气环境监测中发挥了极其重要的作用。传统方法依靠人工目视判读气象卫星云图，不利于卫星云图丰富信息的充分提取和最大利用，同时有碍于天气预报的科学化、自动化与定量化发展趋势。探索机器学习和数值模拟的组合，不仅可以促进天气预报能力的进步，而且会推动机器学习领域的创新研究。已利用神经网络、支持向量机、迁移学习、卷积神经网络等方法开展了广泛的卫星图像云检测工作，为提高云检测效果，研究人员利用主成分分析非监督预训练网络结构，获取待测遥感影像云特征，然后采用超像素分割方法进行影像分割，最后将检测结果影像块拼接，完成整幅影像云检测(徐启恒等，2019)。该方法的云检测精度高，误判少，适合国产高分辨遥感影像云检测。此外，以图像识别技术为代表的方法在气象预报领域有着广泛应用前景，提取包括卫星云图在内的多种、多维度气象图像特征并进行高效表示，然后根据长期积累的气象数据构建有效的分类器进行气象预报。虽然机器学习成功融入了气象监测，但机器学习领域技术仍处于不断迅速发展中，未来将进一步优化和深入，推进智能化、自动化、精准化的预报和预测(周冠博等，2022)。

4. 网络安全

随着信息技术的发展，计算机网络环境变得更加复杂，网络空间的安全性显得更加重要。网络安全态势感知技术应运而生，具有能够基于环境、动态地、系统地洞悉安全风险的能力。该项技术成为评估网络安全状况、预测网络未来发展趋势的有效手段，可以全面地发现、识别安全威胁，并且能准确分析、及时处理安全威胁。网络安全态势感知分为三个层次。第一层，安全信息的收集。网络安全态势感知可以从海量的数据信息中提取与态势相关的信息，然后进行统一的处理。第二层，评估网络安全态势情况。网络安全态势评估方法主要有四种，即数学模型、知识推理、模式识别和机器学习。基于机器学习的评估方法利用布谷鸟搜索算法对反向传播网络的阈值进行优化评估，可以优化网络安全态势感知的评估方法，减少迭代次数，提高评估的准确性与评估效率。第三层，预估未来网络安全态势。利用机器学习预测网络安全态势，可以有效降低网络安全态势预测的复杂度，提高网络安全态势预测结果的准确性。

网络空间安全研究网络空间中的安全威胁和防护问题，不仅关系到国家安全，而且与人们的日常生活息息相关。网络空间中存在着大量的网络流量、日志信息、系统信号等数据，深入挖掘这些数据的特征及关联，能够为网络空间各级应用提供安全防护措施。基于机器学习的网络空间安全研究在系统安全、网络安全及应用安全领域已有不少解决方案和方法，在包括硬件木马检测、网络入侵检测、社交网络账号检测等领域均取得了不错的检测效果。

5. 生物信息

机器学习使计算机能够模拟人类的学习行为，自发地通过学习来获得知识和生活技能，能在学习的过程中不断改善自身性能，从而实现自我改善。生物信息学是将数学和计算机科学应用于生物分子信息索引、分类与分析等方面的一门交叉学科，随着基因组研究的发展而发展，通过分析和解读基因组相关信息，来理解生命科学中生长发育、分化、疾病发生发展等过程。生物信息调控与表达过程复杂，生物信息学领域数据结构复杂，种类繁多，数据量增长迅速，并且生物数据来源具有多样性和复杂性。为了尽量从数据中提取各种生物信息代表的生物意义，要求应用于生物信息学领域的方法不仅要对生物数据进行建模，还要能够在具有生物学意义和价值的基础上有新的发现(Greener et al.，2022)。由于生物信息学研究必然包括数据获取、数据管理、数据分析、仿真实验等环节，数据分析恰是机器学习技术的“舞台”，机器学习技术无须显式编程即可处理机器的自动学习，其主要内容是执行基于数据的预测，这有力地推进了生物信息学的发展(Larranaga et al., 2006)。

一般而言，在生物信息学中，机器学习的应用算法包含设计实验、收集数据、数据清洗、特征选择、模型构建及评估这五步流程。生物信息可以根据储存形式划分为如下三类。①序列数据：DNA 序列、RNA 序列和蛋白质序列等，如人类基因组计划期待揭示的不同基因模块调控的性状特征。②矩阵数据：芯片技术和后续高通量测序技术生成的矩阵数据，通常是汇总某类型生物特征(基因、蛋白质、表观修饰)的丰度而成的。例如，基因表达谱可以通过 RNA 测序(RNA-seq)数据进行比对后的转录本定量产生。③张量数据(成像数据)：用于表达生物体内空间位置、形状及结构信息，如检测被标记蛋白质在生物细胞中的位置分布和传输轨迹。针对这些不同存储形式的生物数据，机器学习延伸出不同的应用场景。

6. 量子机器学习

量子机器学习是量子人工智能领域的重要研究内容，将机器学习原理与量子力学基本原理结合，以执行在经典计算机上难以执行或不可行的任务，或实现具有“量子加速”的机器学习任务。量子计算硬件与量子算法的快速发展，为挖掘量子人工智能的应用提供可能。

1) 量子机器学习算法

量子机器学习算法将量子计算中的并行与纠缠等特性应用于机器学习领域，针对某些特定问题，能够有效地提高经典机器学习处理巨大数据量时的计算效率和数据存储能力。量子机器学习算法的发展可分为了三个时期：诞生期、发展期和爆发期。在诞生期，量子机器学习算法的研究偏向理论设计和分析，基于数学矩阵、物理原理的量子机器学习算法模型纷纷被提出。在发展期，随着量子计算进入带噪声的中等带噪声中等规模量子技术时代，量子机器学习算法开始蓬勃发展。随着量子计算的快速发展，一定数量的量子机器学习算法被相继提出，其研究进入爆发期。随着研究者在这一领域持续探索，量子机器学习算法涉及的应用将日益广泛。量子机器学习是一类正在蓬勃发展的新兴算法，利用了量子系统特有的并行计算、量子叠加、量子纠缠等特性，以实现计算能力的指数级加速。

2) 参数化量子线路

参数化量子线路被视为一种公认的量子机器学习模型，它由初始态制备、依赖自由参数的量子线路和测量三部分构成，具有鲁棒性和易实现性的特点，其性能可从可表达性和纠缠度两个方面来进行度量。参数化量子线路的发展可分为三个时期。①前期：参数化量子线路模型的设计处于理论基础建设阶段，参数化量子线路的理论基础由量子门构造理论、量子旋转门设计和量子线路学习方法构成。②中期：在这一阶段，可将参数化量子线路的相关研究按设计思路分为三类。第一种是将经典问题语义转换成量子态可表示的形式，设计参数化量子线路以近似或直接求得问题最优解；第二种是将消耗资源的经典子程序替换成参数化量子线路，在提高经典算法效率的同时能够求得问题的解；第三种是设计一种完全参数化的量子线路，用于解决物理、化学、生物等问题。③后期：参数化量子线路模型将广泛地用于各种应用领域，包括化学、生物分子模拟、数据分析、数据编码和自然语言处理等人工智能领域。

3) 量子神经网络和混合量子-经典框架

量子神经网络是一种基于量子计算的神经网络模型。由于缺乏成熟的量子计算机模型的支持，早期量子神经网络的逻辑实现通常只是基于物理过程的计算或量子启发式的模型描述，而较少依赖量子比特和量子线路。

2016 年，混合量子-经典框架的设计方案被总结归纳为一个系统的量子机器学习模型设计方法，量子机器学习方案可以通过混合量子-经典的量子机器学习算法、参数化量子线路模型和量子神经网络的构建实现。这些方案与传统机器学习方法充分结合，利用量子并行计算特性来降低计算复杂度、提高计算效率，为传统机器学习方法带来技术和应用上的创新。

4) 量子机器学习系统的层次架构

原理层是量子机器学习系统层次架构的基石，包括量子力学中的基础物理量、量子系统及其演化。量子力学的基础物理量可以通过实验测得，可以反映出每个量子系统具有的各种特征。量子系统具有叠加性和纠缠性这两个非常重要的物理性质。量子系统根据量子力学原理随时间发展的过程称为量子系统演化。量子系统演化中，能量满足变化公式：

$$H_{\mathrm{t}}=\left(1-\frac{t}{T}\right)H_{\mathrm{b}}+\frac{t}{T}H_{\mathrm{p}} \tag{1.4.1}$$

式中，H_{b} 为初始量子系统的哈密顿量；H_{p} 为最终量子系统的哈密顿量；t 为演化时间；T 为系统的温度；H_{t} 为系统演化过程中的哈密顿量。

计算层是量子机器学习系统层次架构的核心，包括数据信息、数据编码、线路模型、优化方法这个四个方面。数据信息有经典数据和量子数据两种。将经典数据编码成量子数据的过程叫数据编码，是量子机器学习算法顺利执行的重要前提。量子机器学习模型是计算层的核心，研究人员通过设计参数化量子线路、量子神经网络等方式创建量子机器学习模型。优化方法是量子机器学习模型计算机理的重要组成部分，通过优化量子线路和参数提高量子机器学习的计算精度。

应用层是量子机器学习系统层次架构的上层设计，推进了量子机器学习的实用化进程，使量子机器学习模型及算法具备更大的应用和产业价值。量子机器学习应用涉及生物、化学、高能物理、金融、计算机视觉和自然语言处理等多个领域。在量子生物计算领域，使用量子计算机对生物大分子(如蛋白质、DNA 等)的结构进行检索、模拟和分析；在化学分子计算领域，量子机器学习可以用于提高分子模拟的精度和效率，并加速新材料和新药物的研发；在高能物理实验中，可利用量子计算机中随量子比特数指数增长的复杂希尔伯特空间的表征能力，增强高能物理数据分析的性能；在金融风险管理方面，量子机器学习可以通过对金融数据的大规模分析和建模，提供更准确和高效的风险评估和管理方法；量子机器学习在计算机视觉方向的应用非常广泛，可用于图像处理、目标检测、图像分类等任务，以提高计算效率和模型性能，为计算机视觉领域带来新的突破；在语言模型的训练和优化中，量子机器学习可以用来提高自然语言处理任务的准确率和效率。

1.5 伦 理 计 算

人工智能作为一种强大的技术，已经在各个领域展现出了巨大的潜力和影响力。随着人工智能的发展，伦理问题逐渐显现。近年来，随着机器学习等相关工作的突破性进展和快速应用，伦理问题变得越来越显著，迫使学术界和社会开始直面这一技术的伦理挑战。首先，人工智能的广泛应用带来了一系列道德和伦理挑战。例如，自动驾驶汽车在面临道德决策时应该如何权衡不同的选择，人工智能算法的偏见和歧视如何解决，这些问题都需要深入思考和研究。其次，人工智能的进步引发了一些关于隐私、安全和职业道德的问题。例如，人工智能技术在数据收集和分析方面具有巨大潜力，但同时涉及个人隐私的保护和数据滥用的风险。最后，人工智能的发展还可能对就业市场和职业伦理产生深远影响。尽管在伦理治理的规范理论探讨上已经取得了初步进展，但在实践落地方面仍然面临重重困难，伦理实践表现出逐渐落后于技术发展需求的趋势。因此，建立与不断发展的人工智能技术相匹配的伦理治理实践方案，实现治理理论和治理实践的良性互动，将成为人工智能领域未来发展的关键问题。伦理治理理论的抽象性导致当前人工智能伦理原则难以落地实施，为了解决这一问题，伦理计算成为一个重要的方案。下面将对伦理研究与伦理计算进行简要介绍。

1. 伦理研究

人工智能技术的伦理研究主要探讨技术应遵循的社会道德规范和要求，探索算法技术与人和社会的关系，关注技术应用对于社会道德秩序的影响，需要协调技术和各类涉众的伦理诉求。这项技术的独特之处在于，它的伦理问题不仅涉及技术的使用者和构建者面临的伦理规范，还包括该技术构建的系统本身如何遵守伦理规范，以及这种特殊的智能机器是否应该遵循某些伦理要求和如何遵循。此领域的研究涉及多个学科，如认知心理学、哲学、法律和计算机科学，可被视为技术伦理、技术哲学和工程伦理等学科的延伸课题。此外，算法伦理、数字伦理、机器伦理等相关概念也有交叉融合的可能。

伦理治理是建立在伦理研究基础上的，主要关注如何将抽象的伦理理论转化为具体的实践措施，以解决和预防技术应用中出现的各种伦理问题。伦理治理是技术发展的必然趋势。伦理治理的层次可分为治理理论和治理实践两部分。治理理论需要建立在哲学伦理研究的基础之上，协调各种伦理要素，形成适用于具体治理场景和社会条件的宏观治理依据，如法律和伦理原则的制定。治理实践则需要采取具体的行动来实现治理理论的落地，包括建立伦理审查机制、提供伦理培训和教育、建立问责机制等。伦理治理的实践需要不断地完善和创新，以适应不断变化的技术和社会环境。

从抽象的伦理理论中寻找与实践需求的统一，可总结得到全球五大伦理原则，透明度、公正和公平、不伤害、责任和隐私，有着趋向一致的共识，但在解释这些原则和实施方面仍然存在分歧。也有类似研究也得出了相似的结论，确定了由五个核心原则组成的伦理框架，其中四个核心原则与生命伦理学中常用的核心原则相同，包括善意、不伤害、自主性和公平正义，最后一个核心原则是可解释性。这些研究的目的是建立公认的伦理框架，以指导各领域的伦理决策和实践，但具体如何解释和应用这些原则仍然需要不断的探讨和完善。

随着这些规则、规矩的提出和共识性依据的建立，研究者意识到理论实践上仍存在重大的困难，如统一性背后存在的潜在差异和规范性实践的技术脱节问题。所以说，为了实现可信人工智能的目标，构建对人类社会有积极作用的技术系统是必不可少的。在这个过程中，伦理计算技术是不可或缺的一部分。

2. 人工智能伦理计算

伦理计算是指对伦理原则进行合理的数学符号化或算法化，完成伦理概念的定量描述和度量，并在此基础上构建对智能体或算法的伦理约束，使之遵循特定社会背景下的伦理原则。

按照伦理认知程度和伦理决策自主化程度的不同，可以将伦理计算划分为高阶伦理认知和低阶伦理认知两类伦理研究范式(图 1.5.1)和三个相互关联的层次，即伦理度量、伦理推理和伦理决策。人工智能系统通过处理输入信息，得到相应的决策输出。在这个过程中，两种不同类型的范式存在一定的差异。高阶伦理认知系统通过内部的伦理推理机制来完成符合伦理要求的输出决策。这种系统具有更高的伦理认知，可以自主地进行伦理推理和决策。相比之下，低阶伦理认知系统需要通过外部的度量约束来获得符合伦理要求的决策输出。这种系统的伦理认

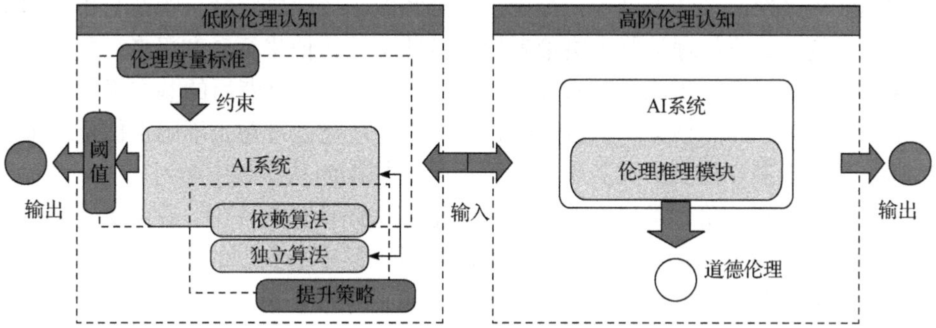

图 1.5.1　两类伦理研究范式

知水平较低，需要借助外界的约束条件来保证决策符合伦理要求，伦理决策自主化程度较低。伦理度量是在伦理概念构建时，减少抽象伦理概念可能带来的歧义而建立的度量方法，具体度量方式多种多样，伦理度量可提供客观的评估手段。伦理推理则是将伦理作为系统内在要求，系统需要通过符合伦理决策机理的推理过程做出决策。伦理决策的目标是在明确系统对伦理的需求程度或保障目标后，通过计算约束等方式对系统决策进行改进，使其满足目标并完成伦理决策。

在实际应用中，人工智能系统的伦理决策需要兼顾高阶伦理认知系统和低阶伦理认知系统的不同特点，以确保系统的可靠性和有效性。因此，在进行人工智能系统的设计和开发时，需要充分考虑伦理要求，并采用相应的伦理计算技术来保证系统的伦理决策能够符合伦理原则和价值观。

伦理计算中的高阶认知计算是一种探索人类伦理决策形成机理的方法，通过伦理推理、情感偏好考量等策略，实现伦理决策。其中，最经典的工作是伦理嵌入。伦理嵌入试图将伦理嵌入机器的决策维度，目标在于构建能够模拟人类的伦理机制、实现伦理推理的伦理代理，对伦理行为的形成机制高度关注，从实现架构上提出了三种策略，分别是自上而下、自下而上和混合方式。伦理意义上，自上而下的方法是指采用预先指定的伦理理论分析相应的计算需求，进而构建出实现对应理论的算法和子系统；自下而上的方法则不要求硬性的伦理规则制定，而是试图通过外部环境来形成道德规范，类似人类从既往经验中学习；混合方式结合了前两者，并对前两者的区别进行了分析。

无论采用何种策略和分类标准，哲学伦理理论对伦理计算领域的重要影响是显然的，尤其是规范伦理学。在机器理论研究中，主要关注的有结果主义伦理学、义务伦理学和美德伦理学三类哲学观点。

功利主义作为结果主义伦理学的代表理论，其主要原则是权衡每种选择的后果并选择最大道德收益结果。在这种伦理学派别中，最终的决策往往以产生最佳的综合结果为目标。义务伦理学的主要原则是强调决策者尊重特定条件下的义务和权利。在这种伦理学派别中，行为主体会倾向于按照既定社会规范行事，即基于一组规则。美德伦理学要求决策者根据某些道德价值来行动和思考，同时具有美德的行为主体会表现出一种被他人认可的内在动力。这背后的基本思想是品格高于行为，良好的品格会产生良好的行为。这一规范伦理理论不同于优化结果的功利主义或者遵守规则的义务伦理学，而是更加偏向从实践中学习。

在伦理计算的第二类研究范式即低阶伦理认知计算方法中，最重要的是伦理实践的效果，通过量化和约束来实现伦理决策，其中最典型的是公平机器学习。公平机器学习的核心问题之一是对公平的定义，其抽象概念随着应用场景和文化背景不同会有差异化的定义。广义的概念在机器学习中可体现为算法决策时减少对某些敏感属性或受保护属性的偏见。针对人工智能算法公平性的研究，逐渐发展出了公平机器学习领域，目标在于减少算法表现出的偏见、歧视问题，提高算法针对社会敏感属性的公平程度。在伦理计算到伦理决策的计算过程中，可以建立可计算的公平量化指标，以帮助进行伦理决策的实践。这些指标可以结合度量方式和具体场景，进一步干预和改进相应算法，以确保伦理决策的公平性和合理性。

公平计算的第一步是对抽象概念进行度量，计算机学科中有众多公平性度量指标，主要有群组公平指标和个体公平指标两类。建立公平性度量指标后，公平机器学习还需要对其公平性目标进行改进，实现决策公平。公平改进技术按干预时间可以分为建模之前的预处理、模型中干预和建模之后的后处理三类，产生了侧重不同开发阶段的干预手段。上述过程概括了公平机器学习的整体思路，但对于伦理量化、决策层来说，公平研究展现的初级认知的伦理计算过程还存在动态指标刻画和公平度量评估等问题。公平是动态的、社会性的，需要关注公平性的动态性特征及其对于公平计算的影响，这一特征也是伦理计算过程需要关注的问题。虽然目前初步认知的伦理计算仍存在一些不足，但通过量化定义度量和改进公平性，为实现公平伦理的诉求提供了重要的辅助。

3. 伦理计算与伦理治理总结展望

对伦理指标进行量化计算，能够提供技术性的伦理约束，进一步辅助构建有效的伦理治理体系。

在伦理计算框架的基础上，可以建立如图 1.5.2 所示的以伦理计算为基础的伦理治理体系，建立一个桥梁，将伦理理论与实践联系起来，促进它们之间的良性互动。图中展示了两类范式典型的实现路径，它们都依赖相关的伦理理论来确定伦理度量和伦理推理的层次。通过伦理度量或伦理推理实现的伦理决策，最终可以在治理实践中获得反馈，使得伦理治理理论与实践通过伦理计算的三个层次进行交互。

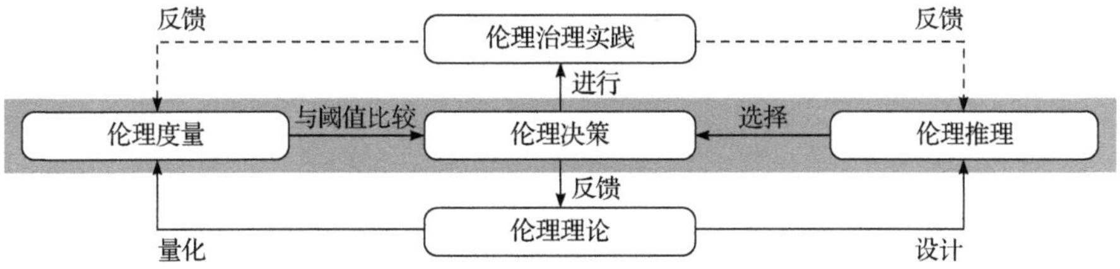

图 1.5.2　伦理治理体系(高漪澜等，2024)

在伦理计算方面，图 1.5.3 自上而下展示了伦理计算从计算范式、计算层次、计算实践到达成伦理目标的递进过程，为伦理计算的技术提供合理的分类研究方法。当前的伦理计算技术能够在一定程度上实现对伦理抽象原则的度量和决策伦理改进，为实践提供了可行的技术方案，但提供可靠、标准化的实践方案依然需要更多努力。从计算技术的发展角度出发，环境交互的动态建模和伦理推理的可能路径等问题都值得更多的关注。

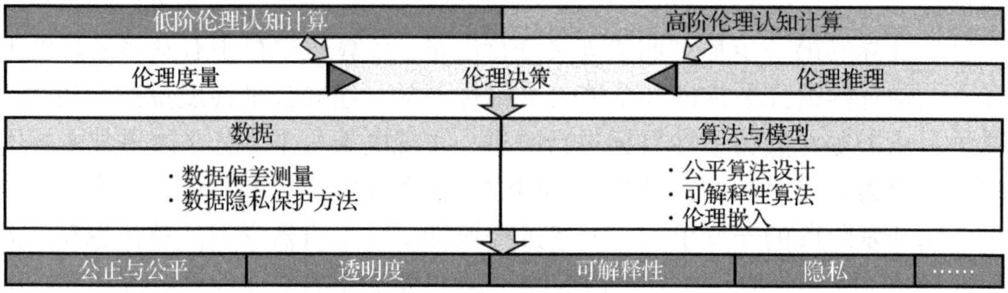

图 1.5.3　伦理计算(高漪澜等，2024)

在伦理治理方面，提倡将伦理计算作为伦理治理环节的重要部分，并坚持以技术解放和发展人类、为人类提供辅助为构建和使用人工智能系统的研究目标，划清技术应用和自主性的边界。通过计算技术为人工智能的伦理治理提供支撑的这一观点，也是算法辅助人类技术伦理治理的应用体现。人工智能是计算机与哲学等学科的交叉领域，虽然伦理计算已经取得了一些进展，但仍需要哲学、计算机科学、法学等相关领域的共同努力，来探讨伦理治理的技术化实践方案。跨学科的、广泛且充分的交流探讨将成为人工智能技术各类风险防范处理的最大动力。因此，呼吁各方积极探讨伦理要素的技术化实践方案，并在跨学科的合作下，共同推进伦理计算的发展，以推动人工智能技术的可持续发展和应用。

第 2 章　机器学习数学基础

机器学习作为一门数据驱动的科学和技术，依赖数学理论和方法，从数据中自动学习模式和规律，实现预测和决策的能力。了解和掌握机器学习的数学基础是理解机器学习算法的关键，对于从事机器学习研究和实践的人员至关重要。

机器学习领域的算法日新月异，在其迅速发展中，仍能发现算法之间的基础理论有密切联系。解决问题的方式和角度不同，形成了算法之间的区别。新方法层出不穷，充足的数学知识储备有助于快速把握算法的基础脉络。为此，本章总结梳理常用的基础数学理论，便于读者掌握这些数学理论的基本概念、属性和运算规则，并能够灵活运用它们来解决实际问题。本章主要介绍向量与矩阵运算、特征值分析、奇异值分解、图论基础和张量基础。通过学习和理解机器学习数学基础，读者可以更好地理解和应用机器学习算法。掌握这些数学知识不仅有助于读者深入理解机器学习原理，还能够为读者在实践中设计、实现和优化机器学习模型提供重要的技术支持。

2.1　向量与矩阵运算

2.1.1　向量与矩阵基本概念

在机器学习中，常记向量 $\boldsymbol{x}=\left[x_1,x_2,\cdots,x_n\right]^{\mathrm{T}}$ 。只有一个元素为 1，其他元素皆等于 0 的列向量被称为基向量，在正交变换计算中使用频繁，基向量常记为 $\boldsymbol{e}_i$ 。下面说明常用且简便的向量与矩阵表示方法。通常，向量 $\boldsymbol{a}_i$ 由多个元素 a_{ij} 构成，如式(2.1.1)中的列向量 $\boldsymbol{a}_1\in\mathbb{R}^{m\times 1}$ 是由 m 个元素构成的。

$$\boldsymbol{a}_1=\left[a_{11}\quad\cdots\quad a_{m1}\right]^{\mathrm{T}},\boldsymbol{a}_2=\left[a_{12}\quad\cdots\quad a_{m2}\right]^{\mathrm{T}},\cdots,\boldsymbol{a}_n=\left[a_{1n}\quad\cdots\quad a_{mn}\right]^{\mathrm{T}}\tag{2.1.1}$$

那么，用上述 n 个列向量则可以方便地表示一个 $n\times n$ 正方矩阵 $\boldsymbol{A}\in\mathbb{R}^{n\times n}$ ：

$$\boldsymbol{A}=\left[\boldsymbol{a}_1,\boldsymbol{a}_2,\cdots,\boldsymbol{a}_n\right]\tag{2.1.2}$$

一个 $n\times n$ 正方矩阵 $\boldsymbol{A}$ 的主对角线是指从左上角到右下角沿 $i=j,j=1,2,\cdots,n$ 相连接的线段，位于主对角线上的元素称为 $\boldsymbol{A}$ 的对角元素。主对角线以外元素全部为零的 $n\times n$ 矩阵称为对角矩阵，记作

$$D = \mathrm{diag}\left(d_{11},\cdots,d_{nn}\right) \tag{2.1.3}$$

若对角矩阵主对角元素全部为 1，则称其为单位矩阵，用符号 $\boldsymbol{I}_{n\times n}$ 表示。所有元素为零的矩阵称为零矩阵，记为 $\boldsymbol{O}$ 。一个全部元素为零的向量称为零向量。当维数已经明了或者不紧要时，常省去单位矩阵、零矩阵、零向量表示维数的下标，将它们分别记为 $\boldsymbol{I}$ 、$\boldsymbol{O}$ 和 $\boldsymbol{0}$。用 $\mathbb{R}$ 表示实数的集合，$\mathbb{R}^{m\times n}$ 表示所有 $m\times n$ 实数矩阵的向量空间。当 $m=n$ 时，则称矩阵为方阵。于是，矩阵可用下列符号表示：

$$\boldsymbol{A}\in\mathbb{R}^{m\times n} \Leftrightarrow \boldsymbol{A}=\left[a_{ij}\right]=\begin{bmatrix} a_{11} & \cdots & a_{1n} \\ \vdots & & \vdots \\ a_{m1} & \cdots & a_{mn} \end{bmatrix},\ a_{ij}\in\mathbb{R} \tag{2.1.4}$$

2.1.2　向量与矩阵范数

1. 向量的范数

向量范数是一个函数，赋予某个向量空间中的每个向量以长度或大小。零向量的长度为零。直观地说，向量或矩阵的范数越大，则可以说这个向量或矩阵也就越大。范数可能有多种形式和许多名称，包括一些流行的表述：欧几里得距离、均方误差等。有趣的是，尽管每个范数的表示符号看起来都非常相似，但它们的数学性质却非常不同，它们的应用也大不相同，在此详细阐述其中的一些范数。常用的向量范数有以下几种。

(1) ℓ_0 范数也称为 0 范数。向量 $\boldsymbol{x}$ 的 ℓ_0 范数强制约束该向量中非零元素的个数：

$$\|\boldsymbol{x}\|_0 = \text{非零元素的个数} \tag{2.1.5}$$

例如，$\|\boldsymbol{x}\|_0 = r$ 意味着该向量仅包含 r 个非零元素，其余元素均为 0。稀疏的 ℓ_0 范数可用参数 r 来确定或调节向量中非零元素的总数，因此常作为简便且有效的数学处理工具。近年来，其在压缩感知等领域受到了越加广泛的关注，借助该范数，一些研究人员试图找到欠定线性系统的最稀疏解。最稀疏解是指包含非零值最少的解，即最小 ℓ_0 范数。这个问题通常被视为 ℓ_0 范数的优化问题。许多应用，包括压缩感知技术等，试图最小化对应于某些约束的矢量的范数。标准的 ℓ_0 范数最小化问题可以表述为

$$\min_{\boldsymbol{x}} \|\boldsymbol{x}\|_0 \ \text{ s.t. } \boldsymbol{A}\boldsymbol{x} = b \tag{2.1.6}$$

ℓ_0 范数最小化问题的求解十分困难，常需要巨大的计算量(赵瑞珍等，2012)。因此，在许多情况下，ℓ_0 范数最小化问题被放宽为高阶范数问题，如 ℓ_1 范数最小

化和 ℓ_2 范数最小化。

(2) ℓ_1 范数也称为和范数或 1 范数，可以描述为该向量中所有元素的绝对值之和：

$$\|\boldsymbol{x}\|_1=\sum_{i=1}^{m}|x_i|=|x_1|+\cdots+|x_m| \tag{2.1.7}$$

标准的 ℓ_1 范数最小化问题可以表述为

$$\min_{\boldsymbol{x}}\|\boldsymbol{x}\|_1 \text{ s.t. } \boldsymbol{Ax}=b \tag{2.1.8}$$

ℓ_1 范数最小化问题的解是稀疏性的，因此 ℓ_1 范数被称为稀疏规则算子，可以通过 ℓ_1 范数实现特征的稀疏，过滤掉无关的特征。由于 ℓ_1 范数并没有平滑的函数表示，起初 ℓ_1 范数最小化问题求解起来非常困难，但近年来随着计算机技术的发展，很多凸优化算法使得 ℓ_1 范数最小化成为可能。

(3) ℓ_2 范数常称为欧几里得范数，被广泛地应用于样本之间的欧几里得距离度量。

$$\|\boldsymbol{x}\|_2=\left(|x_1|^2+\cdots+|x_m|^2\right)^{1/2} \tag{2.1.9}$$

例如，经典的 K 均值聚类算法采用样本 $\boldsymbol{x}$ 与聚类质心向量 $\boldsymbol{m}$ 之差的 ℓ_2 范数平方来计算距离度量损失，从而使类内样本距该类质心的距离尽可能小。标准的 ℓ_2 范数最小化问题可以表述为

$$\min_{\boldsymbol{x}}\|\boldsymbol{x}\|_2 \text{ s.t. } \boldsymbol{Ax}=b \tag{2.1.10}$$

ℓ_2 范数常被用作模型优化目标函数的正则化项，防止过拟合。ℓ_1 范数和 ℓ_2 范数最优化问题解如图 2.1.1 所示，从图中可以看出 ℓ_1 范数的最优解相对于 ℓ_2 范数要少，但往往是最优解，ℓ_2 范数的解很多，但更多地倾向于某种局部最优解。

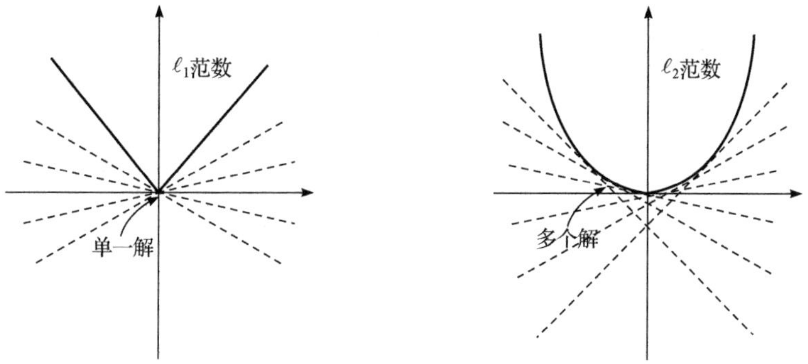

图 2.1.1　ℓ_1 范数和 ℓ_2 范数最优化问题解的示意图

此外，机器学习中，关于 ℓ_2 范数常用的导数计算公式有

$$\frac{\partial \| \boldsymbol{x}-\boldsymbol{a} \|_2}{\partial \boldsymbol{x}}=\frac{\boldsymbol{x}-\boldsymbol{a}}{\| \boldsymbol{x}-\boldsymbol{a} \|_2}, \quad \frac{\partial \| \boldsymbol{x} \|_2^2}{\partial \boldsymbol{x}}=\frac{\partial \| \boldsymbol{x}^{\mathrm{T}} \boldsymbol{x} \|_2}{\partial \boldsymbol{x}}=2\boldsymbol{x} \tag{2.1.11}$$

从统计建模的角度来看，ℓ_1 范数比 ℓ_2 范数更健壮，因为平方算子会放大较大偏差的影响，所以 ℓ_1 范数被广泛用于从建模上抑制噪声和异常值影响(Kwak, 2008)。

(4) ℓ_∞ 范数也称为无穷范数或极大范数。通过比较向量中所有元素绝对值的大小，选取绝对值最大的元素。

$$\|\boldsymbol{x}\|_\infty=\max\left\{|x_1|,\cdots,|x_m|\right\} \tag{2.1.12}$$

(5) ℓ_p 范数也称为赫尔德(Hölder)范数，该范数可以理解为向量范数的一般化定义，其中的指数 $p \geqslant 1$。

$$\|\boldsymbol{x}\|_p=\left(\sum_{i=1}^{m}|x_i|^p\right)^{1/p} \tag{2.1.13}$$

为了更加直观地理解向量范数，绘制范数在空间中的几何关系，见图 2.1.2，以便读者理解。

注释 1 ℓ_0 范数不满足范数公理中的齐次性 $\|c\boldsymbol{x}\|_0=|c|\cdot\|\boldsymbol{x}\|_0$，它只是一种虚拟的范数，在稀疏向量和稀疏表示中起着关键的作用。

注释 2 当 $p=1$ 时，ℓ_p 范数即 ℓ_1 范数。当 $p=2$ 时，ℓ_p 范数与欧几里得范数完全等价。另外，无穷范数是 ℓ_p 范数的极限形式，即

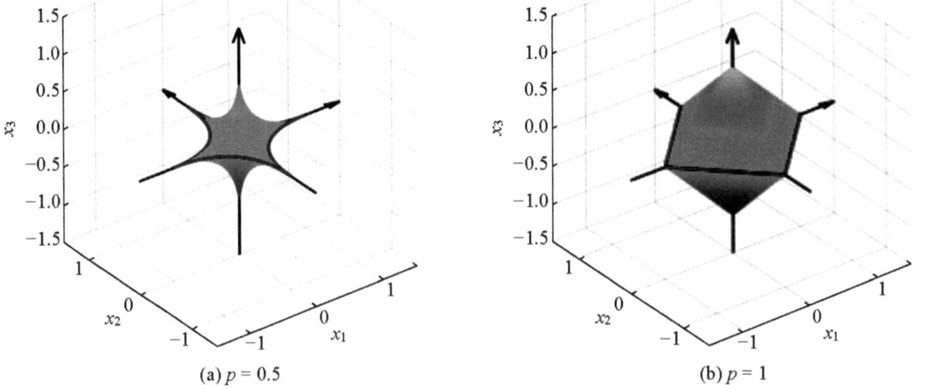

(a) $p=0.5$ (b) $p=1$

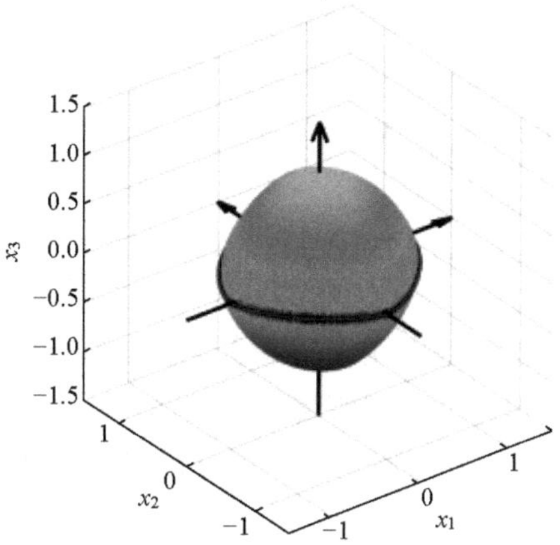

(c) $p = 1.5$

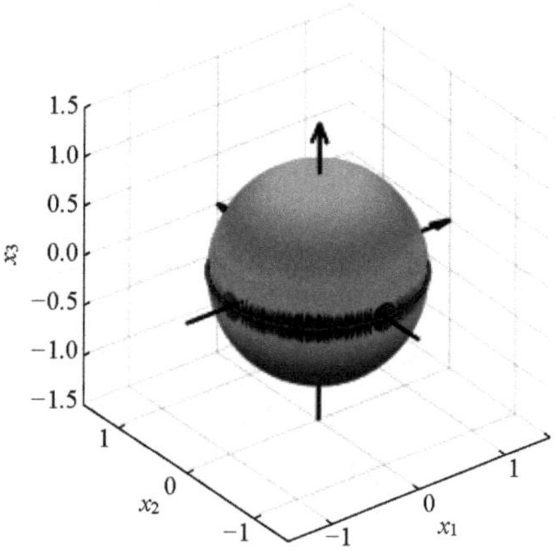

(d) $p = 2$

图 2.1.2　ℓ_p 范数空间几何分布差异

$$\|\boldsymbol{x}\|_\infty = \lim_{p\to\infty}\left(\sum_{i=1}^{m}|x_i|^p\right)^{1/p} \tag{2.1.14}$$

向量的内积 $\langle \boldsymbol{x}, \boldsymbol{y}\rangle = \boldsymbol{x}^{\mathrm{T}}\boldsymbol{y}$，$\|\cdot\|$ 为算子或矩阵的算子范数。两个向量之间的夹角可以由向量范数表示为

$$\cos\theta = \frac{\langle \boldsymbol{x}, \boldsymbol{y}\rangle}{\sqrt{\langle \boldsymbol{x}, \boldsymbol{x}\rangle}\sqrt{\langle \boldsymbol{y}, \boldsymbol{y}\rangle}} = \frac{\boldsymbol{x}^{\mathrm{T}}\boldsymbol{y}}{\|\boldsymbol{x}\|\cdot\|\boldsymbol{y}\|} \tag{2.1.15}$$

显然，若 $\boldsymbol{x}^{\mathrm{T}}\boldsymbol{y} = 0$，则 $\theta = \pi/2$。此时，称常数向量 $\boldsymbol{x}$ 和 $\boldsymbol{y}$ 正交，记作 $\boldsymbol{x} \perp \boldsymbol{y}$，若它们的内积为零，则 $\langle \boldsymbol{x}, \boldsymbol{y}\rangle = \boldsymbol{x}^{\mathrm{T}}\boldsymbol{y} = 0$。

2. 向量的相似比较

在机器学习的重要技术聚类和分类任务中，距离测度是其主要的数学工具，可以方便地用范数表示。两个概率密度之间的距离称为测度，显然，平方欧几里得距离为测度（张宇等，2009）。在模式识别中，原始数据向量需要通过某种变换或者处理方法变成一个低维的向量。由于这种低维向量抽取了原始数据向量的特征，可以直接用于聚类和分类，称为“模式向量”或“特征向量”。例如，云的颜色和语调的参数分别构成天气和语音分类的模式或特征向量。聚类或分类的基本准则可定义为用距离测度度量两个未知特征向量的相似度，或一个未知特征向量与某个已知特征向量之间的相似度。向量之间的相似度常用相异度来进行反向度量，相异度越小的两个向量之间越相似。

最简单和最直观的相异度是两个向量之间的欧几里得距离，又常称为欧氏距离。未知模式向量 $\boldsymbol{x}$ 与第 i 个已知模式向量 $\boldsymbol{s}_i$ 之间的欧几里得距离记作 $D_{\mathrm{E}}(\boldsymbol{x},\boldsymbol{s}_i)$，定义为

$$D_{\mathrm{E}}(\boldsymbol{x},\boldsymbol{s}_i)=\|\boldsymbol{x}-\boldsymbol{s}_i\|_2=\sqrt{(\boldsymbol{x}-\boldsymbol{s}_i)^{\mathrm{T}}(\boldsymbol{x}-\boldsymbol{s}_i)} \tag{2.1.16}$$

若满足：

$$D_{\mathrm{E}}(\boldsymbol{x},\boldsymbol{s}_i)=\min_k D_{\mathrm{E}}(\boldsymbol{x},\boldsymbol{s}_k),\quad k=1,\cdots,M \tag{2.1.17}$$

则称 $\boldsymbol{s}_i\in\{\boldsymbol{s}_1,\cdots,\boldsymbol{s}_M\}$ 是到 $\boldsymbol{x}$ 的近邻(最近的邻居)。基于此，近邻分类法作为一种广泛使用的分类法，将未知类型的模式向量 $\boldsymbol{x}$ 归并为近邻所属的模式类型。

另一个常用的距离函数是马氏距离，向量 $\boldsymbol{x}$ 到样本均值向量 $\boldsymbol{\mu}$ 的马氏距离为

$$D_{\mathrm{M}}(\boldsymbol{x},\boldsymbol{\mu})=\sqrt{(\boldsymbol{x}-\boldsymbol{\mu})^{\mathrm{T}}\boldsymbol{C}_x^{-1}(\boldsymbol{x}-\boldsymbol{\mu})} \tag{2.1.18}$$

式中，$\boldsymbol{C}_x=\mathrm{Cov}(\boldsymbol{x},\boldsymbol{x})=\mathrm{E}\left\{(\boldsymbol{x}-\boldsymbol{\mu})(\boldsymbol{x}-\boldsymbol{\mu})^{\mathrm{T}}\right\}$，是向量 $\boldsymbol{x}$ 的自协方差矩阵，E 表示期望。

类似地，计算两个向量之间的马氏距离，需要将 $\boldsymbol{C}_x$ 替换为两个向量之间的互协方差矩阵。此外，曼哈顿距离、汉明距离等也常被用作评定数据之间的相似度指标。

3. 矩阵的范数

矩阵 $\boldsymbol{A}\in\mathbb{R}^{m\times n}$ 的范数记作 $\|\boldsymbol{A}\|$，它是矩阵 $\boldsymbol{A}$ 的实值函数，必须具有以下性质。

(1) 正值性：对于任何非零矩阵 $\boldsymbol{A}\neq\boldsymbol{O}$，其范数大于零，即 $\|\boldsymbol{A}\|>0$ ($\boldsymbol{A}\neq\boldsymbol{O}$)；并且 $\|\boldsymbol{A}\|=0$ (当且仅当 $\boldsymbol{A}=\boldsymbol{O}$)。

(2) 正比例性：对于任意实数 c，有 $\|c\boldsymbol{A}\|=|c|\cdot\|\boldsymbol{A}\|$。

(3) 三角不等式：$\|\boldsymbol{A}+\boldsymbol{B}\|\leqslant\|\boldsymbol{A}\|+\|\boldsymbol{B}\|$。

(4) 两个矩阵乘积的范数小于等于两个矩阵范数的乘积，即 $\|\boldsymbol{AB}\|\leqslant\|\boldsymbol{A}\|\cdot\|\boldsymbol{B}\|$。

矩阵的范数有两种主要类型：诱导范数和元素形式范数。

1) 诱导范数

常用的诱导范数为 p 范数：

$$\|\boldsymbol{A}\|_p=\max_{x\neq 0}\frac{\|\boldsymbol{Ax}\|_p}{\|\boldsymbol{x}\|_p} \tag{2.1.19}$$

p 范数也称为闵可夫斯基(Minkowski) p 范数或 ℓ_p 范数。特别地，当 $p=1,2,\infty$ 时，对应的诱导范数分别为

$$\|\boldsymbol{A}\|_1 = \max_{1\leqslant j\leqslant n}\sum_{i=1}^{m}|a_{ij}| \tag{2.1.20}$$

$$\|\boldsymbol{A}\|_{\mathrm{spec}} = \|\boldsymbol{A}\|_2 \tag{2.1.21}$$

$$\|\boldsymbol{A}\|_\infty = \max_{1\leqslant i\leqslant m}\sum_{j=1}^{n}|a_{ij}| \tag{2.1.22}$$

也就是说，诱导ℓ_1和ℓ_∞范数分别直接是该矩阵各列元素绝对值之和的最大值(最大绝对列和)和最大绝对行和；诱导ℓ_2范数则是矩阵的最大奇异值。诱导ℓ_1范数$\|\boldsymbol{A}\|_1$和诱导ℓ_∞范数$\|\boldsymbol{A}\|_\infty$分别称为绝对列和范数和绝对行和范数。诱导$\ell_2$范数习惯称为谱范数。

2) 元素形式范数

将$m\times n$矩阵先按照列堆栈的形式排列成一个$mn\times 1$向量，然后采用向量的范数定义，即得到矩阵的范数。由于这类范数由矩阵元素表示，因此称为元素形式范数。元素形式范数是p矩阵范数：

$$\|\boldsymbol{A}\|_p = \left(\sum_{i=1}^{m}\sum_{j=1}^{n}|a_{ij}|^p\right)^{1/p} \tag{2.1.23}$$

以下是三种典型的元素形式p范数。

(1) ℓ_1范数(和范数)($p=1$)：

$$\|\boldsymbol{A}\|_1 = \sum_{i=1}^{m}\sum_{j=1}^{n}|a_{ij}| \tag{2.1.24}$$

(2) 弗罗贝尼乌斯(Frobenius)范数($p=2$)：

$$\|\boldsymbol{A}\|_{\mathrm{F}} = \left(\sum_{i=1}^{m}\sum_{j=1}^{n}|a_{ij}|^2\right)^{1/2} \tag{2.1.25}$$

Frobenius 范数又可写作迹函数的形式，有

$$\|\boldsymbol{A}\|_{\mathrm{F}} = \left(\sum_{i=1}^{m}\sum_{j=1}^{n}|a_{ij}|^2\right)^{1/2} = \sqrt{\mathrm{tr}\left(\boldsymbol{A}^{\mathrm{T}}\boldsymbol{A}\right)} \tag{2.1.26}$$

(3) 最大范数即$p=\infty$的p范数，定义为

$$\|\boldsymbol{A}\|_\infty = \max_{i=1,\cdots,m;\,j=1,\cdots,n}\left\{|a_{ij}|\right\} \tag{2.1.27}$$

2.1.3 矩阵性能指标与相关计算

1. 矩阵的行列式

一个 $n \times n$ 正方矩阵 $\boldsymbol{A}$ 的行列式记作 $\det(\boldsymbol{A})$，定义为

$$\det(\boldsymbol{A})=\begin{vmatrix} a_{11} & \cdots & a_{1n} \\ \vdots & & \vdots \\ a_{n1} & \cdots & a_{nn} \end{vmatrix} \tag{2.1.28}$$

矩阵 $\boldsymbol{A}$ 去掉第 i 行第 j 列之后，剩余的各元素按原来排列顺序组成的 $n-1$ 阶矩阵确定的行列式称为元素 a_{ij} 的余子式，记为 $\boldsymbol{M}_{ij}$，称 $\boldsymbol{A}_{ij}=(-1)^{i+j}\boldsymbol{M}_{ij}$ 为元素 a_{ij} 的代数余子式。行列式 $\det(\boldsymbol{A})$ 各个元素 a_{ij} 的代数余子式 $\boldsymbol{A}_{ij}$ 构成的矩阵称为矩阵的伴随矩阵：

$$\boldsymbol{A}^{*}=\begin{bmatrix} \boldsymbol{A}_{11} & \cdots & \boldsymbol{A}_{n1} \\ \vdots & & \vdots \\ \boldsymbol{A}_{1n} & \cdots & \boldsymbol{A}_{nn} \end{bmatrix}=\left(\boldsymbol{A}_{ij}\right)^{\mathrm{T}} \tag{2.1.29}$$

矩阵的行列式主要用于刻画矩阵的奇异性，行列式不等于零的矩阵称为非奇异矩阵。

1) 行列式常用的等式关系

$$\det(\boldsymbol{A})=\prod\nolimits_i \lambda_i\,,\quad \lambda_i=\mathrm{eig}(\boldsymbol{A}) \tag{2.1.30}$$

$$\det(c\boldsymbol{A})=c^n\det(\boldsymbol{A})\,,\quad \det\left(\boldsymbol{A}^{\mathrm{T}}\right)=\det(\boldsymbol{A})\,,\quad \det\left(\boldsymbol{A}^{\mathrm{T}}\right)=\left[\det(\boldsymbol{A})\right]^{*} \tag{2.1.31}$$

$$\det(\boldsymbol{AB})=\det(\boldsymbol{A})\det(\boldsymbol{B})\,,\quad \det(\boldsymbol{A}^{-1})=1/\det(\boldsymbol{A}) \tag{2.1.32}$$

$$\det(\boldsymbol{A}^n)=\det(\boldsymbol{A})^n\,,\quad \det(\boldsymbol{I}+\boldsymbol{u}\boldsymbol{v}^{\mathrm{T}})=1+\boldsymbol{u}^{\mathrm{T}}\boldsymbol{v} \tag{2.1.33}$$

三角(上三角或下三角)矩阵 $\boldsymbol{A}$ 的行列式等于其主对角线所有元素的乘积：

$$\det(\boldsymbol{A})=\prod_{i=1}^{n}a_{ii} \tag{2.1.34}$$

2) 行列式的不等式关系

(1) 柯西-施瓦茨(Cauchy-Schwartz)不等式：若 $\boldsymbol{A}$、$\boldsymbol{B}$ 都是 $m \times n$ 矩阵，则有

$$\left|\det\left(\boldsymbol{A}^{\mathrm{T}}\boldsymbol{B}\right)\right|^2 \leqslant \det\left(\boldsymbol{A}^{\mathrm{T}}\boldsymbol{A}\right)\det\left(\boldsymbol{B}^{\mathrm{T}}\boldsymbol{B}\right) \tag{2.1.35}$$

(2) 阿达马(Hadamard)不等式：对于 $m \times m$ 矩阵 $\boldsymbol{A}$，有

$$\det(\boldsymbol{A}) \leqslant \prod_{i=1}^{m}\left(\sum_{j=1}^{m}\left|a_{ij}\right|^2\right)^{1/2} \tag{2.1.36}$$

(3) Fischer 不等式：$\boldsymbol{A}_{m\times m}$、$\boldsymbol{B}_{m\times n}$、$\boldsymbol{C}_{n\times n}$ 有

$$\det\left(\begin{bmatrix}\boldsymbol{A} & \boldsymbol{B}\\ \boldsymbol{B}^{\mathrm{T}} & \boldsymbol{C}\end{bmatrix}\right) \leqslant \det(\boldsymbol{A})\det(\boldsymbol{C}) \tag{2.1.37}$$

(4) 若矩阵 $\boldsymbol{A}_{m\times m}$、$\boldsymbol{B}_{m\times m}$ 均半正定，则 $\det(\boldsymbol{A}+\boldsymbol{B}) \geqslant \det(\boldsymbol{A})+\det(\boldsymbol{B})$。若 $\boldsymbol{A}_{m\times m}$ 正定，$\boldsymbol{B}_{m\times m}$ 半正定，则 $\det(\boldsymbol{A}+\boldsymbol{B}) \geqslant \det(\boldsymbol{A})$。若 $\boldsymbol{A}_{m\times m}$ 正定，$\boldsymbol{B}_{m\times m}$ 半负定，则 $\det(\boldsymbol{A}+\boldsymbol{B}) \leqslant \det(\boldsymbol{A})$。

2. 矩阵求逆

定义矩阵 $\boldsymbol{A}\in\mathbb{R}^{n\times n}$ 的逆矩阵为 $\boldsymbol{A}^{-1}$，使得

$$\boldsymbol{A}\boldsymbol{A}^{-1} = \boldsymbol{A}^{-1}\boldsymbol{A} = \boldsymbol{I}_{n\times n} \tag{2.1.38}$$

式中，$\boldsymbol{I}_{n\times n}$ 是单位矩阵。如果 $\boldsymbol{A}^{-1}$ 存在，则 $\boldsymbol{A}$ 为非奇异矩阵。否则，$\boldsymbol{A}$ 为奇异矩阵。

n 阶方阵 $\boldsymbol{A}$ 可逆的充分必要条件是 $|\boldsymbol{A}|\neq 0$，当 $\boldsymbol{A}$ 可逆时，$\boldsymbol{A}$ 的逆矩阵可表示为

$$\boldsymbol{A}^{-1} = \frac{1}{\det(\boldsymbol{A})}\boldsymbol{A}^{*} \tag{2.1.39}$$

假设矩阵 $\boldsymbol{A}$ 和 $\boldsymbol{B}$ 均可逆，有如下性质：

$$\left(\boldsymbol{I}+\boldsymbol{A}^{-1}\right)^{-1} = \boldsymbol{A}(\boldsymbol{A}+\boldsymbol{I})^{-1},\quad \left(\boldsymbol{A}+\boldsymbol{B}\boldsymbol{B}^{\mathrm{T}}\right)^{-1}\boldsymbol{B} = \boldsymbol{A}^{-1}\boldsymbol{B}\left(\boldsymbol{I}+\boldsymbol{B}^{\mathrm{T}}\boldsymbol{A}^{-1}\boldsymbol{B}\right)^{-1} \tag{2.1.40}$$

$$\left(\boldsymbol{A}^{-1}+\boldsymbol{B}^{-1}\right)^{-1} = \boldsymbol{A}(\boldsymbol{A}+\boldsymbol{B})^{-1}\boldsymbol{B} = \boldsymbol{B}(\boldsymbol{A}+\boldsymbol{B})^{-1}\boldsymbol{A} \tag{2.1.41}$$

$$\boldsymbol{A}-\boldsymbol{A}(\boldsymbol{A}+\boldsymbol{B})^{-1}\boldsymbol{A} = \boldsymbol{B}-\boldsymbol{B}(\boldsymbol{A}+\boldsymbol{B})^{-1}\boldsymbol{B},\quad \boldsymbol{A}^{-1}+\boldsymbol{B}^{-1} = \boldsymbol{A}^{-1}(\boldsymbol{A}+\boldsymbol{B})\boldsymbol{B}^{-1} \tag{2.1.42}$$

$$(\boldsymbol{I}+\boldsymbol{A}\boldsymbol{B})^{-1} = \boldsymbol{I}-\boldsymbol{A}(\boldsymbol{I}+\boldsymbol{B}\boldsymbol{A})^{-1}\boldsymbol{B},\quad (\boldsymbol{I}+\boldsymbol{A}\boldsymbol{B})^{-1}\boldsymbol{A} = \boldsymbol{A}(\boldsymbol{I}+\boldsymbol{B}\boldsymbol{A})^{-1} \tag{2.1.43}$$

令 $\boldsymbol{J}_n$ 是一个 $n\times n$ 矩阵，其元素全部为 1，则由于 $n\times n$ 矩阵

$$\boldsymbol{V} = \begin{bmatrix} a & b & \dots & b\\ b & a & \dots & b\\ \vdots & \vdots & & \vdots\\ b & b & \dots & a\end{bmatrix} = \left[(a-b)\boldsymbol{I}_n + b\boldsymbol{J}_n\right] = (a-b)\left(\boldsymbol{I}_n + \frac{b}{a-b}\boldsymbol{J}_n\right) \tag{2.1.44}$$

有 $\boldsymbol{J}_n=\boldsymbol{1}\boldsymbol{1}^{\mathrm{T}}$ (其中 $\boldsymbol{1}$ 是全部元素为 1 的向量)，可求得逆矩阵：

$$\boldsymbol{V}^{-1}=\frac{1}{a-b}\left(\boldsymbol{I}_n+\frac{b}{a-b}\boldsymbol{J}_n\right)^{-1}=\frac{1}{a-b}\left(\boldsymbol{I}_n-\frac{b}{a+(n-1)b}\boldsymbol{J}_n\right) \tag{2.1.45}$$

假定 $\boldsymbol{A}$ 、$\boldsymbol{U}$ 、$\boldsymbol{V}$ 均为 $n\times n$ 矩阵，求解矩阵方程 $(\boldsymbol{A}-\boldsymbol{U}\boldsymbol{V})\boldsymbol{x}=\boldsymbol{b}$ 的方法如下。所有步骤都只需要矩阵的初等变换和基本运算，并不需要直接计算逆矩阵。

(1) 求解矩阵方程 $\boldsymbol{A}\boldsymbol{y}=\boldsymbol{b}$ 得到 $\boldsymbol{y}$ 。

(2) 求解矩阵方程 $\boldsymbol{A}\boldsymbol{\omega}_i=\boldsymbol{u}_i$ 得到 $\boldsymbol{\omega}_i$ ，其中 $\boldsymbol{u}_i$ 是矩阵 $\boldsymbol{U}$ 的第 i 列；然后构造矩阵 $\boldsymbol{W}=[\boldsymbol{\omega}_1,\boldsymbol{\omega}_2,\cdots,\boldsymbol{\omega}_n]$ ，即 $\boldsymbol{W}=\boldsymbol{A}^{-1}\boldsymbol{U}$ 的结果。

(3) 构造矩阵 $\boldsymbol{C}=\boldsymbol{I}-\boldsymbol{V}\boldsymbol{W}$ 和向量 $\boldsymbol{V}\boldsymbol{y}$ ，并求解线性方程 $\boldsymbol{C}\boldsymbol{z}=\boldsymbol{V}\boldsymbol{y}$ ，得到 $\boldsymbol{z}$ 。

(4) 矩阵方程 $(\boldsymbol{A}-\boldsymbol{U}\boldsymbol{V})\boldsymbol{x}=\boldsymbol{b}$ 的解由 $\boldsymbol{x}=\boldsymbol{y}+\boldsymbol{W}\boldsymbol{z}$ 给出。

3. 矩阵的迹

$n\times n$ 矩阵 $\boldsymbol{A}$ 的对角元素之和称为矩阵的迹(trace)，记作 $\mathrm{tr}(\boldsymbol{A})$，有

$$\mathrm{tr}(\boldsymbol{A})=a_{11}+a_{22}+\cdots+a_{nn}=\sum_{i=1}^{n}a_{ii} \tag{2.1.46}$$

1) 关于迹的等式

(1) 若 $\boldsymbol{A}$ 和 $\boldsymbol{B}$ 均为 $n\times n$ 矩阵，则 $\mathrm{tr}(\boldsymbol{A}\pm\boldsymbol{B})=\mathrm{tr}(\boldsymbol{A})\pm\mathrm{tr}(\boldsymbol{B})$。若 c_1 和 c_2 为常数，则 $\mathrm{tr}(c_1\boldsymbol{A}\pm c_2\boldsymbol{B})=c_1\mathrm{tr}(\boldsymbol{A})\pm c_2\mathrm{tr}(\boldsymbol{B})$。

(2) $\mathrm{tr}(\boldsymbol{A}^{\mathrm{T}})=\mathrm{tr}(\boldsymbol{A})$， $\mathrm{tr}(\boldsymbol{A}\boldsymbol{B})=\mathrm{tr}(\boldsymbol{B}\boldsymbol{A})$， $\mathrm{tr}(\boldsymbol{A}\boldsymbol{B}\boldsymbol{C})=\mathrm{tr}(\boldsymbol{B}\boldsymbol{C}\boldsymbol{A})=\mathrm{tr}(\boldsymbol{C}\boldsymbol{A}\boldsymbol{B})$ 。

(3) 迹等于矩阵特征值之和， $\mathrm{tr}(\boldsymbol{A})=\lambda_1+\lambda_2+\cdots+\lambda_n$ 。

(4) 若 $\boldsymbol{A}\in\mathbb{R}^{m\times m}$ ， $\boldsymbol{B}\in\mathbb{R}^{m\times n}$ ， $\boldsymbol{C}\in\mathbb{R}^{n\times m}$ ， $\boldsymbol{D}\in\mathbb{R}^{n\times n}$ ，其构成的分块矩阵的迹满足：

$$\mathrm{tr}\begin{bmatrix}\boldsymbol{A} & \boldsymbol{B}\\ \boldsymbol{C} & \boldsymbol{D}\end{bmatrix}=\mathrm{tr}(\boldsymbol{A})+\mathrm{tr}(\boldsymbol{D}) \tag{2.1.47}$$

(5) 对于任何正整数，有

$$\mathrm{tr}(\boldsymbol{A}^k)=\sum_{i=1}^{n}\lambda_i^k，\quad \lambda_i=\mathrm{eig}(A) \tag{2.1.48}$$

2) 关于迹的不等式

(1) 舒尔(Schur)不等式： $\mathrm{tr}(\boldsymbol{A}^2)\leqslant\mathrm{tr}(\boldsymbol{A}^{\mathrm{T}}\boldsymbol{A})$ 。

(2) 若 $\boldsymbol{A}$ 和 $\boldsymbol{B}$ 均为 $m\times n$ 矩阵，则 $\mathrm{tr}\left[(\boldsymbol{A}^{\mathrm{T}}\boldsymbol{B})^2\right]\leqslant\mathrm{tr}(\boldsymbol{A}^{\mathrm{T}}\boldsymbol{A})\mathrm{tr}(\boldsymbol{B}^{\mathrm{T}}\boldsymbol{B})$ (Cauchy-

Schwartz 不等式)，$\operatorname{tr}\left[\left(\boldsymbol{A}^{\mathrm{T}}\boldsymbol{B}\right)^2\right]\leqslant\operatorname{tr}\left(\boldsymbol{A}^{\mathrm{T}}\boldsymbol{A}\boldsymbol{B}^{\mathrm{T}}\boldsymbol{B}\right)$，$\operatorname{tr}\left[\left(\boldsymbol{A}^{\mathrm{T}}\boldsymbol{B}\right)^2\right]\leqslant\operatorname{tr}\left(\boldsymbol{A}\boldsymbol{A}^{\mathrm{T}}\boldsymbol{B}\boldsymbol{B}^{\mathrm{T}}\right)$。

(3) $\operatorname{tr}\left[(\boldsymbol{A}+\boldsymbol{B})(\boldsymbol{A}+\boldsymbol{B})^{\mathrm{T}}\right]\leqslant 2\left[\operatorname{tr}\left(\boldsymbol{A}^{\mathrm{T}}\boldsymbol{A}\right)+\operatorname{tr}\left(\boldsymbol{B}^{\mathrm{T}}\boldsymbol{B}\right)\right]$。

(4) 若 $\boldsymbol{A}$ 和 $\boldsymbol{B}$ 均为 $m\times m$ 对称矩阵，则 $\operatorname{tr}(\boldsymbol{A}\boldsymbol{B})\leqslant 1/2\operatorname{tr}\left(\boldsymbol{A}^2+\boldsymbol{B}^2\right)$。

3) 关于迹的导数

(1) 对于一阶矩阵函数，其迹的导数满足：

$$\frac{\partial\operatorname{tr}(\boldsymbol{X})}{\partial\boldsymbol{X}}=\boldsymbol{I},\quad\frac{\partial\operatorname{tr}(\boldsymbol{X}\boldsymbol{A})}{\partial\boldsymbol{X}}=\boldsymbol{A}^{\mathrm{T}},\quad\frac{\partial\operatorname{tr}(\boldsymbol{A}\boldsymbol{X}\boldsymbol{B})}{\partial\boldsymbol{X}}=\boldsymbol{A}^{\mathrm{T}}\boldsymbol{B}^{\mathrm{T}}\tag{2.1.49}$$

$$\frac{\partial\operatorname{tr}(\boldsymbol{A}\boldsymbol{X}^{T})}{\partial\boldsymbol{X}}=\boldsymbol{A},\quad\frac{\partial\operatorname{tr}(\boldsymbol{X}^{\mathrm{T}}\boldsymbol{A})}{\partial\boldsymbol{X}}=\boldsymbol{A},\quad\frac{\partial\operatorname{tr}(\boldsymbol{A}\boldsymbol{X}^{T}\boldsymbol{B})}{\partial\boldsymbol{X}}=\boldsymbol{B}\boldsymbol{A}\tag{2.1.50}$$

(2) 对于二阶矩阵函数，其迹的导数满足：

$$\frac{\partial\operatorname{tr}(\boldsymbol{X}^{\mathrm{T}}\boldsymbol{B}\boldsymbol{X})}{\partial\boldsymbol{X}}=\frac{\partial\operatorname{tr}(\boldsymbol{B}\boldsymbol{X}\boldsymbol{X}^{\mathrm{T}})}{\partial\boldsymbol{X}}=\frac{\partial\operatorname{tr}(\boldsymbol{X}\boldsymbol{X}^{\mathrm{T}}\boldsymbol{B})}{\partial\boldsymbol{X}}=\boldsymbol{B}\boldsymbol{X}+\boldsymbol{B}^{\mathrm{T}}\boldsymbol{X}\tag{2.1.51}$$

$$\frac{\partial\operatorname{tr}(\boldsymbol{X}^{\mathrm{T}}\boldsymbol{X})}{\partial\boldsymbol{X}}=\frac{\partial\operatorname{tr}(\boldsymbol{X}\boldsymbol{X}^{\mathrm{T}})}{\partial\boldsymbol{X}}=2\boldsymbol{X},\quad\frac{\partial\operatorname{tr}(\boldsymbol{X}^{\mathrm{T}}\boldsymbol{X}\boldsymbol{B})}{\partial\boldsymbol{X}}=\frac{\partial\operatorname{tr}(\boldsymbol{B}\boldsymbol{X}^{\mathrm{T}}\boldsymbol{X})}{\partial\boldsymbol{X}}=\boldsymbol{X}\boldsymbol{B}^{\mathrm{T}}+\boldsymbol{X}\boldsymbol{B}\tag{2.1.52}$$

$$\frac{\partial\operatorname{tr}(\boldsymbol{A}\boldsymbol{X}\boldsymbol{B}\boldsymbol{X})}{\partial\boldsymbol{X}}=\boldsymbol{A}^{\mathrm{T}}\boldsymbol{X}^{\mathrm{T}}\boldsymbol{B}^{\mathrm{T}}+\boldsymbol{B}^{\mathrm{T}}\boldsymbol{X}^{\mathrm{T}}\boldsymbol{A}^{\mathrm{T}},\quad\frac{\partial\operatorname{tr}(\boldsymbol{A}\boldsymbol{X}\boldsymbol{B}\boldsymbol{X}^{\mathrm{T}}\boldsymbol{C})}{\partial\boldsymbol{X}}=\boldsymbol{A}^{\mathrm{T}}\boldsymbol{C}^{\mathrm{T}}\boldsymbol{X}\boldsymbol{B}^{\mathrm{T}}+\boldsymbol{C}\boldsymbol{A}\boldsymbol{X}\boldsymbol{B}\tag{2.1.53}$$

$$\frac{\partial\operatorname{tr}(\boldsymbol{B}^{\mathrm{T}}\boldsymbol{X}^{\mathrm{T}}\boldsymbol{C}\boldsymbol{X}\boldsymbol{B})}{\partial\boldsymbol{X}}=\boldsymbol{C}^{\mathrm{T}}\boldsymbol{X}\boldsymbol{B}\boldsymbol{B}^{\mathrm{T}}+\boldsymbol{C}\boldsymbol{X}\boldsymbol{B}\boldsymbol{B}^{\mathrm{T}},\quad\frac{\partial\operatorname{tr}(\boldsymbol{X}^{\mathrm{T}}\boldsymbol{B}\boldsymbol{X}\boldsymbol{C})}{\partial\boldsymbol{X}}=\boldsymbol{B}\boldsymbol{X}\boldsymbol{C}+\boldsymbol{B}^{\mathrm{T}}\boldsymbol{X}\boldsymbol{C}^{\mathrm{T}}\tag{2.1.54}$$

$$\frac{\partial\operatorname{tr}(\boldsymbol{X}^2)}{\partial\boldsymbol{X}}=2\boldsymbol{X}^{\mathrm{T}},\quad\frac{\partial\operatorname{tr}\left[(\boldsymbol{A}\boldsymbol{X}\boldsymbol{B}+\boldsymbol{C})(\boldsymbol{A}\boldsymbol{X}\boldsymbol{B}+\boldsymbol{C})^{\mathrm{T}}\right]}{\partial\boldsymbol{X}}=2\boldsymbol{A}^{\mathrm{T}}(\boldsymbol{A}\boldsymbol{X}\boldsymbol{B}+\boldsymbol{C})\boldsymbol{B}^{\mathrm{T}}\tag{2.1.55}$$

2.2　特征值分析

2.2.1　特征值问题与特征向量

方形矩阵和向量相乘表示对该向量进行线性变换，具体包括旋转和长度伸缩处理。特征向量是线性变换过程中较为特殊的情况，特殊之处在于变换仅影响向量长度，向量方向始终共线(同向或反向)。在机器学习领域，特征向量和特征值常用于表征线性变换矩阵的本质，从而近似描述矩阵对应的空间。为便于直观理解特征值与特征向量的物理意义，本小节以二维空间为例进行讲解，并进一步将其特性推广至高维空间。在此基础上，本小节将介绍特征向量的求解、特征向量的性质及特征向量与相关矩阵函数的关系。

以二维空间为例，任意两个线性无关的向量通过线性组合可以扩展成对应的二维空间。通常称这两个相互独立的向量为该二维空间的基底，并以列向量形式存储于方形矩阵，向量表示特定基底下的空间坐标。线性变换主要体现在基底的调整，即方形矩阵中列向量的变化。同时，变换前后矩阵与某向量相乘表示同一空间坐标、不同基底下的向量变化。为便于直观理解，可视化地表示二维空间基底变换和空间内向量变换，见图 2.2.1。

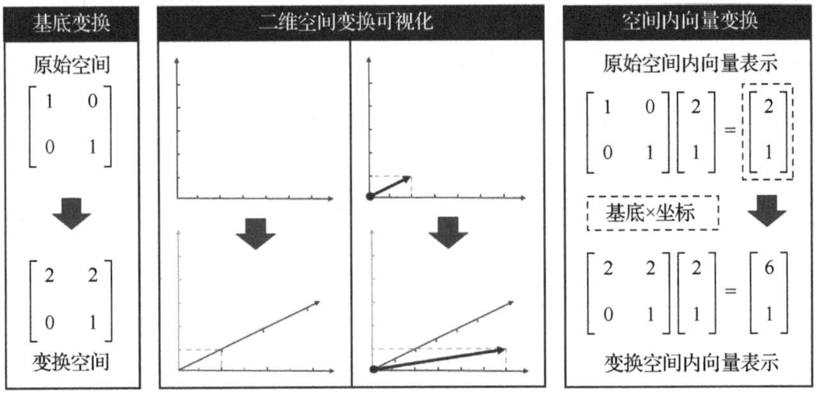

图 2.2.1　二维空间基底变换和空间内向量变换

如图 2.2.1 所示，原始空间基底由 $\boldsymbol{i}=(1,0)$ 和 $\boldsymbol{j}=(0,1)$ 组成，即正交基底；变换空间基底由 $\hat{\boldsymbol{i}}=(2,0)$ 和 $\hat{\boldsymbol{j}}=(2,1)$ 组成，同样满足空间基底线性无关的前提条件。线性变换即对空间基底进行旋转、伸缩处理，反映矩阵列向量的变化。与此同时，空间基底的线性变换使同一坐标变换前后对应的向量发生旋转或伸缩。矩阵与向量相乘的形式如图 2.2.1 右侧所示，其物理意义在于表示空间线性变换前后的向量。值得注意的是，存在无穷多种空间基底的选择能够满足线性无关的前提条件，因此二维空间内空间基底矩阵与向量相乘的一般形式可以表示为

$$\begin{bmatrix} a & b \\ c & d \end{bmatrix}\begin{bmatrix} x_1 \\ x_2 \end{bmatrix}=x_1\begin{bmatrix} a \\ c \end{bmatrix}+x_2\begin{bmatrix} b \\ d \end{bmatrix}=\begin{bmatrix} ax_1+bx_2 \\ cx_1+dx_2 \end{bmatrix}=\begin{bmatrix} y_1 \\ y_2 \end{bmatrix} \tag{2.2.1}$$

式中，$[a,c]^{\mathrm{T}}$ 和 $[b,d]^{\mathrm{T}}$ 表示线性变换后的空间基底。$\boldsymbol{w}=[w_1,w_2]^{\mathrm{T}}$ 表示向量在基底上的位置坐标；$\boldsymbol{y}=[y_1,y_2]^{\mathrm{T}}$ 表示基底对应的空间向量。特征值问题及特征向量是线性变换中存在的一种特殊情况，具体表现为变换前空间向量与变换后空间向

量仅相差实数倍。因此，二维矩阵的特征值问题和特征向量可以进一步表示为

$$\begin{bmatrix} a & b \\ c & d \end{bmatrix}\begin{bmatrix} w_1 \\ w_2 \end{bmatrix} = \begin{bmatrix} y_1 \\ y_2 \end{bmatrix} = \lambda\begin{bmatrix} w_1 \\ w_2 \end{bmatrix} \tag{2.2.2}$$

式中，实数 λ 表示特征值。式(2.2.2)表明特征向量在空间变换前后发生的变化仅在于向量元素的等比例放缩，特征值表示变换前后特征向量的放缩倍数。为便于理解线性变换对特征向量的影响，用图 2.2.2 直观反映特征向量在线性变换前后方向保持一致。

| 原始空间内向量 | 变换空间内向量 | 变换前后向量对比 |

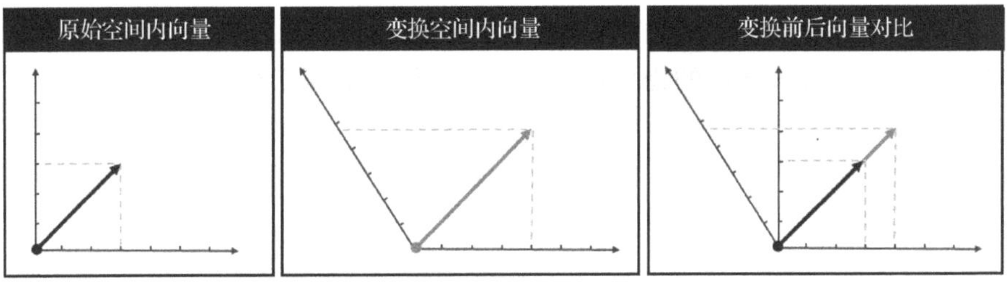

图 2.2.2　线性变换前后二维空间内特征向量分布可视化

由此可见，特征向量在线性变换过程中具有一定稳定性，从而能够代表变换矩阵的本质特征。二维空间内特征向量的性质可以拓展至任意高维空间，见图 2.2.3。

$$\begin{bmatrix} a_{11} & \cdots & a_{1n} \\ \vdots & & \vdots \\ a_{n1} & \cdots & a_{nn} \end{bmatrix}\begin{bmatrix} w_1 \\ \vdots \\ w_n \end{bmatrix} = \begin{bmatrix} y_1 \\ \vdots \\ y_n \end{bmatrix} = \lambda\begin{bmatrix} w_1 \\ \vdots \\ w_n \end{bmatrix} \qquad y_i = \sum_{j=1}^{n} a_{ij}w_j$$

特征值
特征向量

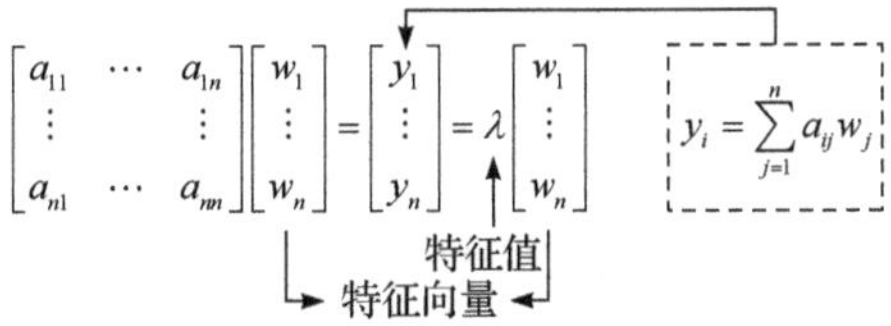

图 2.2.3　高维空间内特征值问题和特征向量的公式化表达
n 表示空间维度

通常情况下，涉及特征值问题的机器学习算法均建立在分析实对称矩阵的基础上，实对称矩阵的特征值 λ 均为实数。同样，方形矩阵 $A \in \mathbb{R}^{n \times n}$ 对应高维空间下某个线性变换，且有

$$\begin{aligned} A(w_1, w_2, \cdots, w_n) &= (\lambda_1 w_1, \lambda_2 w_2, \cdots, \lambda_n w_n) \\ &= (w_1, w_2, \cdots, w_n)\begin{bmatrix} \lambda_1 & \cdots & 0 \\ \vdots & & \vdots \\ 0 & \cdots & \lambda_n \end{bmatrix} \Rightarrow AW = W\Lambda \end{aligned} \tag{2.2.3}$$

式中，$w_i\,(i=1,2,\cdots,n)$ 表示特征向量；$W = [w_1, w_2, \cdots, w_n] \in \mathbb{R}^{n \times n}$ 表示特征矩阵，对应特征向量张成的特征空间；$\Lambda = \mathrm{diag}(\lambda_1, \lambda_2, \cdots, \lambda_n)$ 表示对角线矩阵。特征值

λ_i 和特征向量 $\boldsymbol{w}_i$ 经常成对出现，因此常称 $(\lambda_i, \boldsymbol{w}_i)$ 为方形矩阵 $\boldsymbol{A}$ 的特征对。根据式(2.2.3)，可以用特征矩阵和由特征值组成的对角线矩阵表示矩阵 $\boldsymbol{A}$：

$$\boldsymbol{A} = \boldsymbol{W\Lambda W}^{-1} \tag{2.2.4}$$

由此，特征向量对应于特征空间的子空间，特征矩阵不仅能够代表线性变换的 n 个主要特征，而且可以近似表示变换矩阵。在明确特征向量物理意义的基础上，以下对特征向量和特征值的求解进行分析。

$$\boldsymbol{A}\boldsymbol{w}_i = \lambda_i \boldsymbol{w}_i \Rightarrow (\boldsymbol{A} - \lambda_i \boldsymbol{I})\boldsymbol{w}_i = \boldsymbol{0} \tag{2.2.5}$$

式(2.2.5)表明，对于特征向量 $\boldsymbol{w}_i$ (非零向量)，存在矩阵 $(\boldsymbol{A} - \lambda_i \boldsymbol{I})$ 表示的线性变换与之对应，且该变换的物理意义在于将原始空间压缩至更低维度，即矩阵与特征向量的乘积为零向量。添加非零向量约束的必要性在于将零向量作为特征向量会使得式(2.2.5)恒成立，且有无数特征值与之对应，无实际意义。图 2.2.4 为二维原始空间压缩至一维空间的过程。

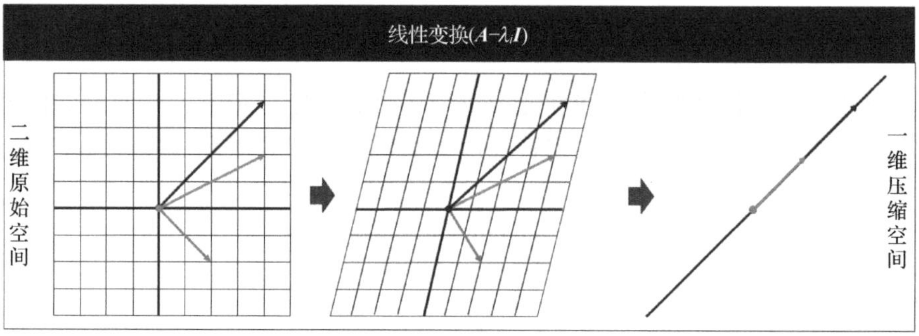

图 2.2.4　二维原始空间压缩至一维空间的过程

特征值与特征向量的求解依赖行列式计算，原因在于行列式能够表示线性变换矩阵对空间的伸缩程度。特别地，对于一个非满秩矩阵 $\boldsymbol{A} \in \mathbb{R}^{n \times n}$，行列式为 0 意味着将该 n 维空间压缩为 $n-1$ 维超平面甚至维度更低的子空间，与上述特征值问题现象一致。因此，式(2.2.5)存在非零解 $\boldsymbol{w}_i \neq \boldsymbol{0}$ 的唯一条件是矩阵 $\boldsymbol{A} - \lambda_i \boldsymbol{I}$ 的行列式等于零，即

$$\det(\boldsymbol{A} - \lambda_i \boldsymbol{I}) = 0 \tag{2.2.6}$$

式中，矩阵 $\boldsymbol{A} \in \mathbb{R}^{n \times n}$ 对应的特征值不一定是唯一的，即有可能存在多个特征值取值相同。同一特征值重复的次数称为特征值的多重度。若已知规模为 $n!$ 的方形矩阵 $\boldsymbol{A}$ 的特征值，进一步求解矩阵方程 $(\boldsymbol{A} - \lambda_i \boldsymbol{I})\boldsymbol{w}_i = 0$，即可得到与每个已知特征值 λ_i 对应的特征向量 $\boldsymbol{w}_i$。

接下来对特征值的一些重要性质进行介绍。

性质 1　当且仅当矩阵 $\boldsymbol{A}$ 奇异时，矩阵至少有一个特征值 $\lambda=0$ 。

性质 2　矩阵 $\boldsymbol{A}$ 和 $\boldsymbol{A}^{\mathrm{T}}$ 具有相同的特征值。

性质 3　若 λ 是 $n\times n$ 矩阵 $\boldsymbol{A}$ 的特征值，则有：

(1) λ^k 是矩阵 $\boldsymbol{A}^k$ 的特征值；

(2) 若 $\boldsymbol{A}$ 非奇异，则 $\boldsymbol{A}^{-1}$ 特征值包含 $1/\lambda$ ；

(3) 矩阵 $\boldsymbol{A}+\sigma^2\boldsymbol{I}$ 的特征值为 $\lambda+\sigma^2$ 。

特征值分解是矩阵分解的常用手段之一，矩阵的奇异值分解与其有较强的相似性，同时也存在差异。奇异值分解适用于任何规模为 $m\times n$ 的长方形矩阵($m\geqslant n$ 或者 $m<n$ 均可)，特征值分解只适用于规模为 $n\times n$ 的方阵。

2.2.2　矩阵特征值与相关计算

矩阵特征值与矩阵的其他标量函数有着密切的关系。在机器学习应用中，主要对矩阵的行列式、矩阵的迹、矩阵的谱进行分析，本小节重点讲解矩阵特征值与这三者之间的关系。

1. 矩阵的行列式和迹

矩阵 $\boldsymbol{A}$ 的迹等于其所有特征值的和，行列式 $|\boldsymbol{A}|$ 等于矩阵 $\boldsymbol{A}$ 所有特征值的乘积，即有

$$\operatorname{tr}(\boldsymbol{A})=\sum_{i=1}^{n}\lambda_i \tag{2.2.7}$$

$$\det(\boldsymbol{A})=\prod_{i=1}^{n}\lambda_i \tag{2.2.8}$$

采用 $\{\lambda_1,\lambda_2,\cdots,\lambda_n\}$ 表示矩阵特征值集合，若矩阵 $\boldsymbol{A}$ 具有零特征值，则 $\det(\boldsymbol{A})=0$ ，即矩阵 $\boldsymbol{A}$ 奇异；反之，若 $\boldsymbol{A}$ 的所有特征值都为零，则 $\det(\boldsymbol{A})\neq 0$ ，即矩阵 $\boldsymbol{A}$ 非奇异。机器学习算法通常采用矩阵求迹运算对算法模型进行优化。

2. 矩阵的谱

定义 2.2.1　特征值大小能够反映线性变换对特征向量放缩的程度。矩阵 $\boldsymbol{A}\in\mathbb{R}^{n\times n}$ 所有特征值 λ_i 的集合(通常按照升序排列)称为矩阵的谱，记作 $\lambda(\boldsymbol{A})$ 。矩阵 $\boldsymbol{A}$ 的谱半径是非负实数，定义为

$$\rho(\boldsymbol{A})=\max|\lambda|:\lambda\in\lambda(\boldsymbol{A}) \tag{2.2.9}$$

式中，谱半径 $\rho(\boldsymbol{A})$ 是最小圆盘的半径，且圆盘能够使得矩阵 $\boldsymbol{A}$ 所有特征值分布

于圆内或圆上(以原点为圆心)。特征值为 0 说明线性变换矩阵具有较好的数学性质，机器学习算法通常选择该特征值或数值接近 0 的特征值对应的特征向量进行分析，如特征提取算法中的主成分分析法和聚类算法中的谱聚类算法(详细内容请参见本书后续章节)。

2.3　奇异值分解

奇异值分解(singular value decomposition)广泛应用于机器学习领域，常用于特征提取算法中的特征分解。本节首先介绍奇异值分解的基本定义，其次讨论分析其与 2.2 节特征值分析的关系，最后总结奇异值分解的相关性质，便于读者查阅。

2.3.1　奇异值分解及其解释

对于实正方矩阵提出的奇异值分解，从双线性函数

$$f(\boldsymbol{x},\boldsymbol{y})=\boldsymbol{x}^{\mathrm{T}}\boldsymbol{A}\boldsymbol{y},\quad \boldsymbol{A}\in\mathbb{R}^{n\times n} \tag{2.3.1}$$

出发，通过引入线性变换 $\boldsymbol{x}=\boldsymbol{U}\boldsymbol{\xi}$, $\boldsymbol{y}=\boldsymbol{V}\boldsymbol{\eta}$，将双线性函数变为 $f(\boldsymbol{x},\boldsymbol{y})=\boldsymbol{\xi}^{\mathrm{T}}\boldsymbol{S}\boldsymbol{\eta}$，其中

$$\boldsymbol{S}=\boldsymbol{U}^{\mathrm{T}}\boldsymbol{A}\boldsymbol{V} \tag{2.3.2}$$

$\boldsymbol{\xi}$ 和 $\boldsymbol{\eta}$ 分别为原始向量 $\boldsymbol{x}$ 和 $\boldsymbol{y}$ 正交变换后的新坐标。

如果约束 $\boldsymbol{U}$ 和 $\boldsymbol{V}$ 为正交矩阵，则它们的选择各存在 n^2-n 个自由度。利用这些自由度使矩阵 $\boldsymbol{S}$ 对角线以外的元素全部为零，即矩阵 $\boldsymbol{S}=\boldsymbol{\Sigma}=\mathrm{diag}(\sigma_1,\sigma_2,\cdots,\sigma_n)$ 为对角矩阵。于是，用 $\boldsymbol{U}$ 和 $\boldsymbol{V}^{\mathrm{T}}$ 分别左乘和右乘式(2.3.2)，并利用 $\boldsymbol{U}$ 和 $\boldsymbol{V}$ 的正交性，得到

$$\boldsymbol{A}=\boldsymbol{U}\boldsymbol{\Sigma}\boldsymbol{V}^{\mathrm{T}} \tag{2.3.3}$$

任意长方矩阵的奇异值分解定理详见以下表述，其计算过程如图 2.3.1 所示。

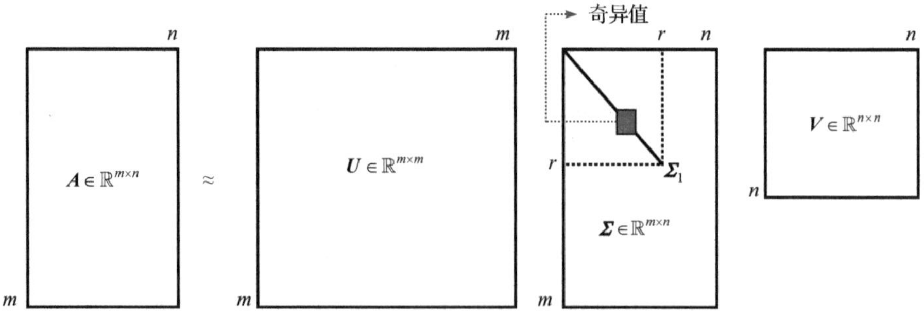

图 2.3.1　奇异值分解图示

定理 2.3.1(矩阵的奇异值分解)　令 $\boldsymbol{A}\in\mathbb{R}^{m\times n}$，则存在正交矩阵 $\boldsymbol{U}\in\mathbb{R}^{m\times m}$ 和 $\boldsymbol{V}\in\mathbb{R}^{n\times n}$ 使

$$\boldsymbol{A}=\boldsymbol{U}\boldsymbol{\Sigma}\boldsymbol{V}^{\mathrm{T}} \tag{2.3.4}$$

式中，$\boldsymbol{\Sigma}=\begin{bmatrix}\boldsymbol{\Sigma}_1 & \boldsymbol{O}\\ \boldsymbol{O} & \boldsymbol{O}\end{bmatrix}$，且 $\boldsymbol{\Sigma}_1=\operatorname{diag}(\sigma_1,\sigma_2,\cdots,\sigma_r)$，其对角元素按照顺序：

$$\sigma_1\geqslant\sigma_2\geqslant\cdots\geqslant\sigma_r>0,\ \ r=\operatorname{rank}(\boldsymbol{A}) \tag{2.3.5}$$

数值 $\sigma_1,\sigma_2,\cdots,\sigma_r$ 连同 $\sigma_{r+1}=\sigma_{r+2}=\cdots=\sigma_n=0$ 一起，称为矩阵 $\boldsymbol{A}$ 的奇异值。

定义 2.3.1　矩阵 $\boldsymbol{A}_{m\times n}$ 的奇异值 σ_i 称为单奇异值，若 $\sigma_i\neq\sigma_j$，$\forall j\neq i$。

下面是关于奇异值和奇异值分解的几点解释和标记。

(1) $n\times n$ 矩阵 $\boldsymbol{V}$ 为正交矩阵，用 $\boldsymbol{V}$ 右乘式(2.3.4)，得 $\boldsymbol{AV}=\boldsymbol{U\Sigma}$，列向量形式为

$$\boldsymbol{A}\boldsymbol{v}_i=\begin{cases}\sigma_i\boldsymbol{u}_i, & i=1,2,\cdots,r\\ 0, & i=r+1,r+2,\cdots,n\end{cases} \tag{2.3.6}$$

因此，$\boldsymbol{V}$ 的列向量 $\boldsymbol{v}_i$ 称为矩阵 $\boldsymbol{A}$ 的右奇异向量，$\boldsymbol{V}$ 称为 $\boldsymbol{A}$ 的右奇异向量矩阵。

(2) $m\times m$ 矩阵 $\boldsymbol{U}$ 为正交矩阵，用 $\boldsymbol{U}^{\mathrm{T}}$ 左乘式(2.3.4)，得到 $\boldsymbol{U}^{\mathrm{T}}\boldsymbol{A}=\boldsymbol{\Sigma V}$，列向量形式为

$$\boldsymbol{u}_i^{\mathrm{T}}\boldsymbol{A}=\begin{cases}\sigma_i\boldsymbol{v}_i^{\mathrm{T}}, & i=1,2,\cdots,r\\ 0, & i=r+1,r+2,\cdots,n\end{cases} \tag{2.3.7}$$

因此，$\boldsymbol{U}$ 的列向量 $\boldsymbol{u}_i$ 称为矩阵 $\boldsymbol{A}$ 的左奇异向量，$\boldsymbol{U}$ 称为 $\boldsymbol{A}$ 的左奇异向量矩阵。

(3) 矩阵 $\boldsymbol{A}$ 的奇异值分解式可以改写成向量表达形式：

$$\boldsymbol{A}=\sum_{i=1}^{T}\sigma_i\boldsymbol{u}_i\boldsymbol{v}_i^{\mathrm{T}} \tag{2.3.8}$$

这种表达有时称为 $\boldsymbol{A}$ 的并向量(奇异值)分解。

(4) 当矩阵 $\boldsymbol{A}$ 的秩 $r=\operatorname{rank}(\boldsymbol{A})<\min\{m,n\}$ 时，由于奇异值 $\sigma_{r+1}=\cdots=\sigma_h=0$，且 $h=\min\{m,n\}$，奇异值分解式(2.3.4)可以简化为

$$\boldsymbol{A}=\boldsymbol{U}_r\boldsymbol{\Sigma}_r\boldsymbol{V}_r^{\mathrm{T}} \tag{2.3.9}$$

式中，$\boldsymbol{U}_r=[\boldsymbol{u}_1,\boldsymbol{u}_2,\cdots,\boldsymbol{u}_r]$；$\boldsymbol{V}_r=[\boldsymbol{v}_1,\boldsymbol{v}_2,\cdots,\boldsymbol{v}_r]$；$\boldsymbol{\Sigma}_r=\operatorname{diag}(\sigma_1,\sigma_2,\cdots,\sigma_r)$。

式(2.3.9)称为矩阵 $\boldsymbol{A}$ 的截尾奇异值分解或薄奇异值分解，式(2.3.4)称为全奇异值分解。

(5) 用 $\boldsymbol{u}_i^{\mathrm{T}}$ 左乘式(2.3.6)，并注意到 $\boldsymbol{u}_i^{\mathrm{T}}\boldsymbol{u}_i=1$，易得

$$\boldsymbol{u}_i^{\mathrm{T}}\boldsymbol{A}\boldsymbol{v}_i=\sigma_i,\ i=1,2,\cdots,\min\{m,n\} \tag{2.3.10}$$

或用矩阵形式写为

$$\boldsymbol{U}^{\mathrm{T}}\boldsymbol{A}\boldsymbol{V}=\begin{bmatrix}\boldsymbol{\Sigma}_1 & \boldsymbol{O}\\ \boldsymbol{O} & \boldsymbol{O}\end{bmatrix},\quad \boldsymbol{\Sigma}_1=\begin{bmatrix}\sigma_1 & \cdots & 0\\ \vdots & & \vdots\\ 0 & \cdots & \sigma_r\end{bmatrix} \tag{2.3.11}$$

式(2.3.4)和式(2.3.10)是矩阵奇异值分解的两种定义方式。事实上，式(2.3.4)很容易由式(2.3.10)导出。由于 $\boldsymbol{U}$ 和 $\boldsymbol{V}$ 分别是 $m\times m$ 和 $n\times n$ 的正交矩阵，满足 $\boldsymbol{U}\boldsymbol{U}^{\mathrm{T}}=\boldsymbol{I}_m$ 和 $\boldsymbol{V}\boldsymbol{V}^{\mathrm{T}}=\boldsymbol{I}_n$，所以在式(2.3.10)两边左乘 $\boldsymbol{U}$ 和右乘 $\boldsymbol{V}^{\mathrm{T}}$ 后，即得式(2.3.4)。这也可以看作是定理 2.3.1 的另一种推导。

(6) 由式(2.3.4)易得

$$\boldsymbol{A}\boldsymbol{A}^{\mathrm{T}}=\boldsymbol{U}\boldsymbol{\Sigma}^2\boldsymbol{U}^{\mathrm{T}} \tag{2.3.12}$$

这表明，$m\times n$ 矩阵 $\boldsymbol{A}$ 的奇异值 σ_i 是矩阵乘积 $\boldsymbol{A}\boldsymbol{A}^{\mathrm{T}}$ 的特征值(这些特征值是非负的)的正平方根。

(7) 如果矩阵 $\boldsymbol{A}_{m\times n}$ 的秩为 r，则有：① $m\times m$ 正交矩阵 $\boldsymbol{U}$ 的前 r 列组成矩阵 $\boldsymbol{A}$ 的列空间标准正交基；② $n\times n$ 正交矩阵 $\boldsymbol{V}$ 的前 r 列组成矩阵 $\boldsymbol{A}$ 的行空间标准正交基；③ $\boldsymbol{V}$ 的后 $n-r$ 列组成矩阵 $\boldsymbol{A}$ 的零空间的标准正交基；④ $\boldsymbol{U}$ 的后 $n-r$ 列组成矩阵 $\boldsymbol{A}$ 的零空间的标准正交基。

2.3.2　奇异值分解与特征值

1. 特征值分解回顾

通常，如 2.2 节所述，定义特征值与特征向量的关系为

$$\boldsymbol{A}\boldsymbol{x}=\lambda\boldsymbol{x} \tag{2.3.13}$$

式中，$\boldsymbol{A}\in\mathbb{R}^{n\times n}$ 为方阵；$\boldsymbol{x}$ 为 n 维列向量；λ 为矩阵 $\boldsymbol{A}$ 的一个特征值；$\boldsymbol{x}$ 为矩阵 $\boldsymbol{A}$ 的特征值对应的特征向量。

特征值分解常用于机器学习领域的特征提取任务，用于求解特征向量构成的投影矩阵。本小节简要回顾特征值分解的基础内容，定义矩阵 $\boldsymbol{A}$ 的 n 个特征值为 $\lambda_1\leqslant\lambda_2\leqslant\cdots\leqslant\lambda_n$，这 n 个特征值对应的特征向量为 $\boldsymbol{w}_1,\boldsymbol{w}_2,\cdots,\boldsymbol{w}_n$，$\boldsymbol{\Sigma}=\mathrm{diag}(\lambda_1,\lambda_2,\cdots,\lambda_n)$，特征向量张成的 $n\times n$ 维矩阵为 $\boldsymbol{W}=(\boldsymbol{w}_1,\boldsymbol{w}_2,\cdots,\boldsymbol{w}_n)$，矩阵 $\boldsymbol{A}$ 可以由如下特征值分解表示：

$$\boldsymbol{A}=\boldsymbol{W}\boldsymbol{\Sigma}\boldsymbol{W}^{-1} \tag{2.3.14}$$

一般将矩阵$\boldsymbol{W}=(\boldsymbol{w}_1,\boldsymbol{w}_2,\cdots,\boldsymbol{w}_n)$的这$n$个特征向量标准化，即满足$\|\boldsymbol{w}_i\|_2=1$，或者$\boldsymbol{w}_i^{\mathrm{T}}\boldsymbol{w}_i=1$，此时$\boldsymbol{W}$的$n$个特征向量为标准正交基，满足$\boldsymbol{W}^{\mathrm{T}}\boldsymbol{W}=\boldsymbol{I}_{n\times n}$，即$\boldsymbol{W}^{\mathrm{T}}=\boldsymbol{W}^{-1}$，也就是说$\boldsymbol{W}$为正交矩阵。这样特征分解可表示为

$$\boldsymbol{A}=\boldsymbol{W}\boldsymbol{\Sigma}\boldsymbol{W}^{\mathrm{T}} \tag{2.3.15}$$

特征值分解要求矩阵$\boldsymbol{A}$必须为方阵，但实际应用中大部分数据矩阵不是方阵。例如，UMIST 人脸图像数据集(Ye et al., 2014)中的一张图片含 112 像素 × 92 像素，可存储为112×92的数据矩阵$\boldsymbol{X}\in\mathbb{R}^{m\times n}$，由于该矩阵非方阵，此时需要对矩阵$\boldsymbol{X}$进行特征提取，无法采用特征值分解方法。

2. 奇异值分解与特征值的关系

如果矩阵不是方阵，则可以采用奇异值分解对矩阵进行分解。奇异值分解是一个适用于任意矩阵的一种分解方法，对于任意矩阵$\boldsymbol{A}$，总是存在一个奇异值分解，根据定理 2.3.1，矩阵$\boldsymbol{A}\in\mathbb{R}^{m\times n}$的奇异值分解表示为

$$\boldsymbol{A}=\boldsymbol{U}\boldsymbol{\Sigma}\boldsymbol{V}^{\mathrm{T}} \tag{2.3.16}$$

式中，$\boldsymbol{A}\in\mathbb{R}^{m\times n}$为非方阵；$\boldsymbol{U}\in\mathbb{R}^{m\times m}$和$\boldsymbol{V}\in\mathbb{R}^{n\times n}$为正交矩阵；$\boldsymbol{\Sigma}=\begin{bmatrix}\boldsymbol{\Sigma}_1 & \boldsymbol{O}\\ \boldsymbol{O} & \boldsymbol{O}\end{bmatrix}$，$\boldsymbol{\Sigma}_1=\operatorname{diag}(\sigma_1,\sigma_2,\cdots,\sigma_n)$。

计算奇异值分解得到的$\boldsymbol{U}$、$\boldsymbol{\Sigma}$、$\boldsymbol{V}$可以与特征值分解相联系。令矩阵$\boldsymbol{A}$左乘$\boldsymbol{A}^{\mathrm{T}}$，可以得到$n\times n$的方阵$\boldsymbol{A}^{\mathrm{T}}\boldsymbol{A}=\boldsymbol{V}\boldsymbol{\Sigma}^{\mathrm{T}}\boldsymbol{U}^{\mathrm{T}}\boldsymbol{U}\boldsymbol{\Sigma}\boldsymbol{V}^{\mathrm{T}}=\boldsymbol{V}\boldsymbol{\Sigma}^2\boldsymbol{V}^{\mathrm{T}}$，对其进行特征值分解，其特征值与特征向量满足：

$$\boldsymbol{A}^{\mathrm{T}}\boldsymbol{A}\boldsymbol{v}_i=\lambda_i\boldsymbol{v}_i \tag{2.3.17}$$

令矩阵$\boldsymbol{A}$右乘$\boldsymbol{A}^{\mathrm{T}}$，可以得到$m\times m$的方阵$\boldsymbol{A}\boldsymbol{A}^{\mathrm{T}}=\boldsymbol{U}\boldsymbol{\Sigma}\boldsymbol{V}^{\mathrm{T}}\boldsymbol{V}\boldsymbol{\Sigma}^{\mathrm{T}}\boldsymbol{U}^{\mathrm{T}}=\boldsymbol{U}\boldsymbol{\Sigma}^2\boldsymbol{U}^{\mathrm{T}}$，对其进行特征值分解，其特征值与特征向量满足：

$$\boldsymbol{A}\boldsymbol{A}^{\mathrm{T}}\boldsymbol{u}_i=\lambda_i\boldsymbol{u}_i \tag{2.3.18}$$

此时，根据$\boldsymbol{A}^{\mathrm{T}}\boldsymbol{A}$、$\boldsymbol{A}\boldsymbol{A}^{\mathrm{T}}$特征向量和特征值的计算，可以求得$\boldsymbol{U}$、$\boldsymbol{V}$。根据式(2.3.6)，可以求出$\boldsymbol{\Sigma}$中的每个奇异值：

$$\sigma_i=\boldsymbol{A}\boldsymbol{v}_i/\boldsymbol{u}_i \tag{2.3.19}$$

这样可以求得奇异值矩阵$\boldsymbol{\Sigma}$，至此求得奇异值分解得到的$\boldsymbol{U}$、$\boldsymbol{\Sigma}$、$\boldsymbol{V}$三个矩阵。对于奇异值，与前述特征分解中的特征值类似，在奇异值矩阵中也是按照从大到小排列，而且奇异值减小得特别快，在很多情况下，前 10%甚至 1%的奇异值之和就占全部奇异值之和 99%以上。也就是说，可以用最大的r个奇异值和对

应的左右奇异向量来近似描述矩阵，此时可以将奇异值分解公式写为

$$\boldsymbol{A}_{m\times n}=\boldsymbol{U}_{m\times r}\boldsymbol{\Sigma}_{r\times r}\boldsymbol{V}_{r\times n}^{\mathrm{T}} \tag{2.3.20}$$

式中，r 是远小于 m 和 n 的值。矩阵 $\boldsymbol{A}$ 可以近似地用三个小的矩阵相乘来表示，如图 2.3.2 所示。如果 r 越接近于 n，则相乘的结果越接近于 $\boldsymbol{A}$；如果 r 的取值远小于 n，从计算机内存的角度来说，三个矩阵的存储内存要远远小于矩阵 $\boldsymbol{A}$。因此，在奇异值分解中，r 的取值很重要，意味着在计算精度和时间空间之间做选择。

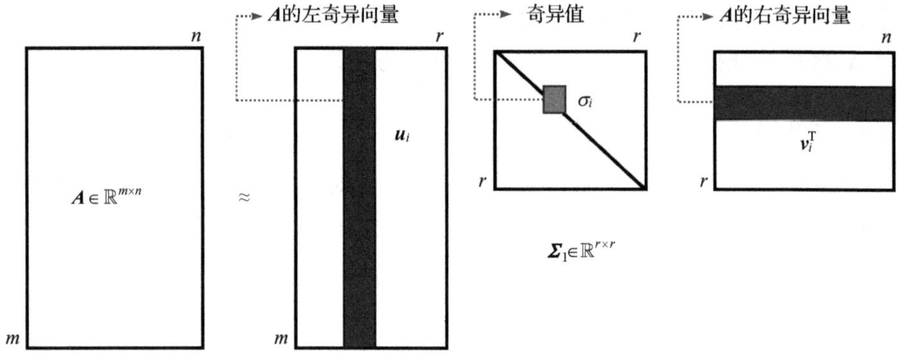

图 2.3.2 奇异值分解近似表示矩阵 $\boldsymbol{A}$

另外，根据等式 $\boldsymbol{A}^{\mathrm{T}}\boldsymbol{A}=\boldsymbol{V}\boldsymbol{\Sigma}^{\mathrm{T}}\boldsymbol{U}^{\mathrm{T}}\boldsymbol{U}\boldsymbol{\Sigma}\boldsymbol{V}^{\mathrm{T}}=\boldsymbol{V}\boldsymbol{\Sigma}^2\boldsymbol{V}^{\mathrm{T}}$，可以直观地发现所得特征值矩阵等于奇异值矩阵的平方，可得特征值和奇异值满足如下关系：

$$\sigma_i=\sqrt{\lambda_i} \tag{2.3.21}$$

也就是说，计算奇异值可以不用计算 $\sigma_i=\boldsymbol{A}\boldsymbol{v}_i/\boldsymbol{u}_i$，而是可以通过求出 $\boldsymbol{A}^{\mathrm{T}}\boldsymbol{A}$ 的特征值取平方根来求奇异值。也可以发现，矩阵 $\boldsymbol{A}$ 非零奇异值的数量等于矩阵的秩。

3. 奇异值分解应用

奇异值分解是矩阵分解、降维、压缩、特征学习的一个基础的工具，还可以用于推荐系统、图像处理(刘瑞祯等，2001)和自然语言处理等领域，是很多机器学习算法的基石。另外，读者应当注意的是，奇异值分解在机器学习领域相关基础理论的应用较为灵活。例如，在近年来一些机器学习的先进算法中，奇异值分解相关算法被嵌入在相关变量的求解中，可起到降低计算复杂度的作用。简要总结奇异值分解的一些常见应用。

1) 特征提取

通过奇异值分解的公式，可以很直观地观察到，原来矩阵 $\boldsymbol{A}$ 的特征有 n 维。经过奇异值分解后，可以用前 r 个非零奇异值对应的奇异向量表示矩阵 $\boldsymbol{A}$ 的主要

特征，这样就执行了对矩阵 $\boldsymbol{A}$ 的特征提取，又可称为降维。

在主成分分析方法中，对样本数据矩阵 $\boldsymbol{X} \in \mathbb{R}^{n\times d}$ 执行特征提取时，需要找到样本协方差矩阵 $\boldsymbol{X}^{\mathrm{T}}\boldsymbol{X}$ 最大的 d' 个特征向量，然后采用最大的 d' 个特征向量张成的矩阵做数据的低维投影，提取关键特征信息。可以看出，在这个过程中需要先求出协方差矩阵 $\boldsymbol{X}^{\mathrm{T}}\boldsymbol{X}$，当数据 $\boldsymbol{X}$ 的样本数 n 或样本特征数 d 较大时，计算负担较重。注意到奇异值分解也可以得到协方差矩阵 $\boldsymbol{X}^{\mathrm{T}}\boldsymbol{X}$ 最大的 d' 个特征向量张成的矩阵，奇异值分解的优势在于，一些奇异值分解相关算法可以无须计算协方差矩阵 $\boldsymbol{X}^{\mathrm{T}}\boldsymbol{X}$，也能求出右奇异矩阵 $\boldsymbol{V}$。这意味着主成分分析方法可以不用做特征分解，可以采用奇异值分解，这在样本量很大或特征维数较高时可以有效提升计算效率。例如，Scikit-learn 的主成分分析方法采用的是奇异值分解，而不是通常认为的暴力特征值分解。

另外，注意到上述过程仅仅使用了奇异值分解获取右奇异矩阵，下面类似地介绍左奇异矩阵的作用。样本数据矩阵 $\boldsymbol{X} \in \mathbb{R}^{n\times d}$，$\boldsymbol{X}^{\mathrm{T}} \in \mathbb{R}^{d\times n}$，如果通过奇异值分解找到了矩阵 $\boldsymbol{X}^{\mathrm{T}}\boldsymbol{X}$ 最大的 d' 个特征向量张成的 $d\times d'$ 维矩阵 $\boldsymbol{U}$，则可以得到投影后数据矩阵 $\boldsymbol{X}'$：

$$\boldsymbol{X}'_{d'\times n} = \boldsymbol{U}^{\mathrm{T}}_{d'\times d}\boldsymbol{X}^{\mathrm{T}}_{d\times n} \tag{2.3.22}$$

投影后数据矩阵 $\boldsymbol{X}' \in \mathbb{R}^{d'\times n}$，这个矩阵和原始空间数据矩阵 $\boldsymbol{X}^{\mathrm{T}} \in \mathbb{R}^{d\times n}$ 相比，特征维数从 d 减小到了 d'，即左奇异矩阵 $\boldsymbol{U}$ 对数据矩阵 $\boldsymbol{X}^{\mathrm{T}}$ 的行数进行了压缩。相对地，右奇异矩阵可以用于数据矩阵 $\boldsymbol{X}^{\mathrm{T}} \in \mathbb{R}^{d\times n}$ 列数的压缩。数据矩阵行和列的定义在不同应用中并不是完全相同或是一成不变的，通常而言，数据特征维数层面的压缩称为数据降维。特征维数的压缩可以将数据矩阵从原始空间投影到低纬度的子空间进行处理，在一些最优子空间的操作有助于相关机器学习算法更加准确地挖掘数据潜在结构。

2) 数据压缩

通过式(2.3.20)可以看出，矩阵 $\boldsymbol{A}$ 经过奇异值分解后，要表示原来的大矩阵 $\boldsymbol{A}$，只需要存储 $\boldsymbol{U}$、$\boldsymbol{\Sigma}$、$\boldsymbol{V}$ 三个较小的矩阵即可。这三个较小规模的矩阵占用内存也是远远小于原有矩阵 $\boldsymbol{A}$ 的，这样奇异值分解就起到了压缩的作用。例如，可以采用奇异值分解进行图像数据压缩，通过奇异值来重构图片。

2.3.3 奇异值的性质

本小节总结矩阵的各种变形与奇异值变化的关系。

(1) $m\times n$ 矩阵 $\boldsymbol{A}$ 的转置 $\boldsymbol{A}^{\mathrm{T}}$ 的奇异值分解为

$$\boldsymbol{A}^{\mathrm{T}}=\boldsymbol{V}\boldsymbol{\Sigma}^{\mathrm{T}}\boldsymbol{U}^{\mathrm{T}} \tag{2.3.23}$$

即矩阵 $\boldsymbol{A}$ 和 $\boldsymbol{A}^{\mathrm{T}}$ 具有完全相同的奇异值。

(2) $\boldsymbol{A}^{\mathrm{T}}\boldsymbol{A}$、$\boldsymbol{A}\boldsymbol{A}^{\mathrm{T}}$ 的奇异值分解分别为

$$\boldsymbol{A}^{\mathrm{T}}\boldsymbol{A}=\boldsymbol{V}\boldsymbol{\Sigma}^{\mathrm{T}}\boldsymbol{\Sigma}\boldsymbol{V}^{\mathrm{T}},\ \boldsymbol{A}\boldsymbol{A}^{\mathrm{H}}=\boldsymbol{U}\boldsymbol{\Sigma}^{\mathrm{T}}\boldsymbol{\Sigma}\boldsymbol{U}^{\mathrm{T}} \tag{2.3.24}$$

其中，有

$$\boldsymbol{\Sigma}^{\mathrm{T}}\boldsymbol{\Sigma}=\mathrm{diag}\left(\sigma_1^2,\sigma_2^2,\cdots,\sigma_r^2,\overbrace{0,\cdots,0}^{n-r\text{个}}\right) \tag{2.3.25}$$

$$\boldsymbol{\Sigma}\boldsymbol{\Sigma}^{\mathrm{T}}=\mathrm{diag}\left(\sigma_1^2,\sigma_2^2,\cdots,\sigma_r^2,\overbrace{0,\cdots,0}^{m-r\text{个}}\right) \tag{2.3.26}$$

(3) 当 $\boldsymbol{P}$ 和 $\boldsymbol{Q}$ 分别为 $m\times m$ 和 $n\times n$ 正交矩阵时，$\boldsymbol{P}\boldsymbol{A}\boldsymbol{Q}^{\mathrm{T}}$ 的奇异值分解为

$$\boldsymbol{P}\boldsymbol{A}\boldsymbol{Q}^{\mathrm{T}}=\tilde{\boldsymbol{U}}\boldsymbol{\Sigma}\tilde{\boldsymbol{V}}^{\mathrm{T}} \tag{2.3.27}$$

式中，$\tilde{\boldsymbol{U}}=\boldsymbol{P}\boldsymbol{U}$，$\tilde{\boldsymbol{V}}=\boldsymbol{Q}\boldsymbol{V}$。也就是说，矩阵 $\boldsymbol{P}\boldsymbol{A}\boldsymbol{Q}^{\mathrm{T}}$ 与 $\boldsymbol{A}$ 具有相同的奇异值，即奇异值具有正交不变性，但奇异向量不同。

(4) 当 $\boldsymbol{A}$ 是一个正方的非奇异矩阵时，如果 $\boldsymbol{A}$ 的奇异值是 $\sigma_1,\sigma_2,\cdots,\sigma_n$，那么 $\boldsymbol{A}^{-1}$ 的奇异值就是 $1/\sigma_1,1/\sigma_2,\cdots,1/\sigma_n$。

此外，矩阵的奇异值与矩阵的范数、行列式、条件数、特征值等有着密切的关系。

(1) 奇异值与范数的关系。矩阵 $\boldsymbol{A}$ 的谱范数等于 $\boldsymbol{A}$ 的最大奇异值，即

$$\|\boldsymbol{A}\|_{\mathrm{spec}}=\sigma_1 \tag{2.3.28}$$

注意到矩阵 $\boldsymbol{A}$ 的 Frobenius 范数 $\|\boldsymbol{A}\|_{\mathrm{F}}$ 是正交不变的，即 $\left\|\boldsymbol{U}^{\mathrm{T}}\boldsymbol{A}\boldsymbol{V}\right\|_{\mathrm{F}}=\|\boldsymbol{A}\|_{\mathrm{F}}$，有

$$\|\boldsymbol{A}\|_{\mathrm{F}}=\left[\sum_{i=1}^{m}\sum_{j=1}^{n}\left|a_{ij}\right|^2\right]^{1/2}=\left\|\boldsymbol{U}^{\mathrm{T}}\boldsymbol{A}\boldsymbol{V}\right\|_{\mathrm{F}}=\|\boldsymbol{\Sigma}\|_{\mathrm{F}}=\sqrt{\sigma_1^2+\sigma_2^2+\cdots+\sigma_r^2} \tag{2.3.29}$$

也就是说,任何一个矩阵的 Frobenius 范数等于该矩阵所有非零奇异值平方和的正平方根。

(2) 奇异值与行列式的关系。设 $\boldsymbol{A}$ 是 $n\times n$ 正方矩阵，由于正交矩阵的行列式绝对值等于 1，所以由定理 2.3.1 有

$$\left|\det(\boldsymbol{A})\right|=\left|\det\boldsymbol{\Sigma}\right|=\sigma_1\sigma_2\cdots\sigma_n \tag{2.3.30}$$

若所有 σ_i 都不等于零，则 $\left|\det(\boldsymbol{A})\right|\neq 0$，这表明 $\boldsymbol{A}$ 是非奇异的；若至少有一个

$\sigma_i(i>r)$ 等于零，则 $\det(\boldsymbol{A})=0$，即 $\boldsymbol{A}$ 奇异。这就是把全部 σ_i 统称为奇异值的原因。

(3) 奇异值与特征值的关系。设 $n\times n$ 正方对称矩阵 $\boldsymbol{A}$ 的特征值为 $\lambda_1,\lambda_2,\cdots,\lambda_n\left(|\lambda_1|\geqslant|\lambda_2|\geqslant\cdots\geqslant|\lambda_n|\right)$，奇异值为 $\sigma_1,\sigma_2,\cdots,\sigma_n\ (\sigma_1\geqslant\sigma_2\geqslant\cdots\geqslant\sigma_n\geqslant 0)$，则 $\sigma_1\geqslant|\lambda_i|\geqslant\sigma_n\,(i=1,2,\cdots,n)$，$\operatorname{cond}(\boldsymbol{A})\geqslant|\lambda_1|/|\lambda_n|$。

奇异值的一些性质汇总如下。

(1) 奇异值服从的等式关系：

① 矩阵 $\boldsymbol{A}_{m\times n}$ 及其转置 $\boldsymbol{A}^{\mathrm{T}}$ 具有相同的奇异值；

② 矩阵 $\boldsymbol{A}_{m\times n}$ 的非零奇异值为 $\boldsymbol{A}\boldsymbol{A}^{\mathrm{T}}$ 或者 $\boldsymbol{A}^{\mathrm{T}}\boldsymbol{A}$ 的非零特征值的正平方根；

③ $\sigma>0$ 是矩阵 $\boldsymbol{A}_{m\times n}$ 的单奇异值，当且仅当 σ^2 是 $\boldsymbol{A}\boldsymbol{A}^{\mathrm{T}}$ 或者 $\boldsymbol{A}^{\mathrm{T}}\boldsymbol{A}$ 的单特征值；

④ 若 $p=\min\{m,n\}$，且 $\sigma_1,\sigma_2,\cdots,\sigma_p$ 是矩阵 $\boldsymbol{A}_{m\times n}$ 的奇异值，则

$$\operatorname{tr}\left(\boldsymbol{A}^{\mathrm{T}}\boldsymbol{A}\right)=\sum_{i=1}^{p}\sigma_i^2 \tag{2.3.31}$$

⑤ 矩阵行列式的绝对值等于矩阵奇异值之乘积，即 $\det(\boldsymbol{A})=\sigma_1\sigma_2\cdots\sigma_n$；

⑥ 矩阵 $\boldsymbol{A}$ 的谱范数等于 $\boldsymbol{A}$ 的最大奇异值，即 $\|\boldsymbol{A}\|_{\mathrm{spec}}=\sigma_{\max}$；

⑦ 若 $\boldsymbol{A}=\boldsymbol{U}\begin{bmatrix}\boldsymbol{\Sigma}_1 & \boldsymbol{O}\\ \boldsymbol{O} & \boldsymbol{O}\end{bmatrix}\boldsymbol{V}^{\mathrm{T}}$ 是 $m\times n$ 矩阵 $\boldsymbol{A}$ 的奇异值分解，则 $\boldsymbol{A}$ 的逆矩阵为

$$\boldsymbol{A}^{-1}=\boldsymbol{V}\begin{bmatrix}\boldsymbol{\Sigma}_1^{-1} & \boldsymbol{O}\\ \boldsymbol{O} & \boldsymbol{O}\end{bmatrix}\boldsymbol{U}^{-1} \tag{2.3.32}$$

(2) 奇异值服从的不等式关系如下：

① 若 $\boldsymbol{A}$ 和 $\boldsymbol{B}$ 是 $m\times n$ 矩阵，则对于 $p=\min\{m,n\}$，有

$$\sigma_{i+j-1}(\boldsymbol{A}+\boldsymbol{B})\leqslant\sigma_i(\boldsymbol{A})+\sigma_j(\boldsymbol{B}),\ 1\leqslant i,j\leqslant p,i+j\leqslant p+1 \tag{2.3.33}$$

特别地，当 $j=1$ 时，$\sigma_i(\boldsymbol{A}+\boldsymbol{B})\leqslant\sigma_i(\boldsymbol{A})+\sigma_1(\boldsymbol{B})$ 对 $i=1,2,\cdots,p$ 成立；

② 对矩阵 $\boldsymbol{A}_{m\times n}$、$\boldsymbol{B}_{m\times n}$，有 $\sigma_{\max}(\boldsymbol{A}+\boldsymbol{B})\leqslant\sigma_{\max}(\boldsymbol{A})+\sigma_{\max}(\boldsymbol{B})$；

③ 矩阵 $\boldsymbol{A}_{m\times n}$ 的最大奇异值满足：

$$\sigma_{\max}(\boldsymbol{A})\geqslant\left[\frac{1}{n}\operatorname{tr}\left(\boldsymbol{A}^{\mathrm{T}}\boldsymbol{A}\right)\right]^{1/2} \tag{2.3.34}$$

2.4 图论基础

在复杂的实际场景中，大量先验的数据信息十分珍贵且获取困难，这在数据生成过程复杂而先验数据信息较少的情况下，会导致诸多神经模型方法的性能受到阻碍，且在某些复杂实际场景的建模也比较困难。因此，希望用生成过程的先验知识来指导模型的构建，同时深入挖掘数据内部的依赖关系。在机器学习中，概率图模型将先验知识转化为变量间的概率关系，可以对复杂场景有效建模，同时保留足够的灵活性，可以基于数据来学习模型中的参数，使其适应目标任务。该模型以图的形式来描述变量，而且衍生出一套统一的推理方法的相关性，不仅可以对目标问题有更直观的参数估计，而且简化了概率模型的构建及学习和推理过程。概率图模型是概率论和图论的结合。该模型将变量表示成图中的节点，变量之间的相关性表示成节点之间的边，通过定义变量间的局部相关性，即可由推理算法得出任意两个变量之间的全局性概率关系。这一框架特别适合描述包含多元信息的复杂系统，使变量间的相关性变得一目了然；同时，该框架提供了一套通用的推理方法和参数估计方法，降低了建模复杂度。值得说明的是，图模型本身更关注变量之间的拓扑结构，而不是变量间概率关系的具体形式。不同拓扑结构的推理和参数估计方法有很大区别，图模型关注同一拓扑结构下的通用算法。

概率图模型分为有向图模型和无向图模型两种，前者一般称为信任网络(belief network)或贝叶斯网络(Bayesian network)，后者称为马尔可夫随机场(Markov random field)。有向图模型的优点在于可以直观表示随机变量间的依赖关系，无向图模型的优点则在于表示变量之间的概率相关性。

2.4.1 权重图与图切

基于图的算法，把样本数据看作图的顶点，根据数据点之间的距离构造边，形成带权重的图。通过图的切割实现聚类，即将图切分成多个子图，这些子图就是对应的簇。

一般用点的集合$\mathcal{V}$和边的集合$\mathcal{E}$来描述一个图$\mathcal{G}$，即$\mathcal{G}(\mathcal{V},\mathcal{E})$，$\mathcal{V}$即数据集里面所有的点$\{v_1,v_2,\cdots,v_n\}$。对于图的顶点集合$\mathcal{V}$中的任意两个点，可以有边连接，也可以没有边连接。定义权重s_{ij}为点v_i和点v_j之间的权重，如果v_i和点v_j之间有边相连，则$s_{ij}>0$，否则$s_{ij}=0$。在无向图中，$s_{ij}=s_{ji}$。基于此，可以有如下的规范定义。

定义 2.4.1　一个图是一个三元组，这个组包含一个顶点集$\mathcal{V}(\mathcal{G})$、一个边集$\mathcal{E}(\mathcal{G})$和一个关系，该关系使得每一条边和两个顶点(不一定是不同的点)相关联，将这两个顶点称为这条边的端点。

在纸上作图就是将每一个顶点定位到一个点上，并将边用连接其端点的曲线来表示。对于任意两个子图，其顶点集合分别为 $\mathcal{R}$ 和 $\mathcal{W}$，它们之间的图切权重定义为连接两个子图节点的所有边的权重之和：

$$\boldsymbol{S}(\mathcal{R},\mathcal{W})=\sum_{i\in\mathcal{R},j\in\mathcal{W}}s_{ij} \tag{2.4.1}$$

对于图中的任意一个点 v_i，它的度 d_i 定义为和它相连的所有边的权重之和：

$$d_i=\sum_{j=1}^{n}s_{ij} \tag{2.4.2}$$

利用每个点度的定义可以得到一个 $n\times n$ 的度矩阵，它是一个对角矩阵，主对角线分别表示第 i 个顶点的度，其余元素为 0。定义如下：

$$\boldsymbol{D}=\begin{pmatrix} d_1 & 0 & \cdots & 0 \\ 0 & d_2 & \cdots & 0 \\ \vdots & \vdots & & \vdots \\ 0 & 0 & \cdots & d_n \end{pmatrix} \tag{2.4.3}$$

以图 2.4.1(a)中的人造环状数据为例，可以从图 2.4.1(b)中直观地理解度矩阵 $\boldsymbol{D}$ 的稀疏元素分配，其对称性和包含大量 0 值的稀疏特性等有趣性质使其得到了广泛应用。

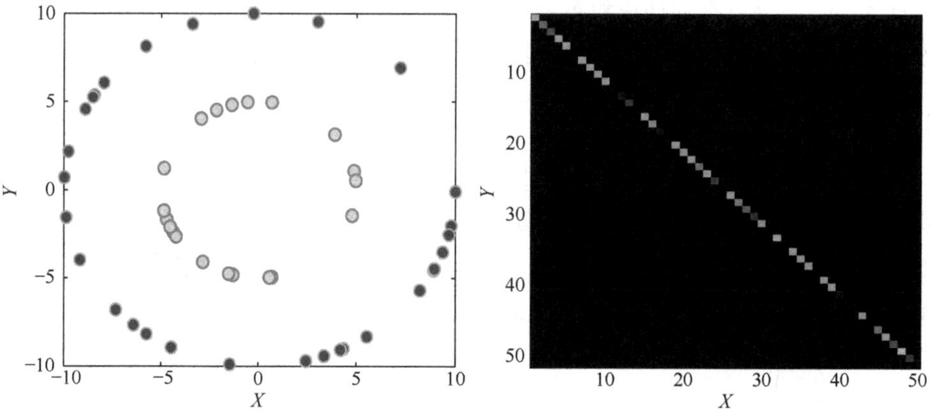

(a) 人造环状数据　　(b) 度矩阵$\boldsymbol{D}$

图 2.4.1　聚类算法构图的度矩阵 $\boldsymbol{D}$

同样地，所有边的权重都储存在邻接矩阵 $\boldsymbol{S}$ 中。图的邻接矩阵 $\boldsymbol{S}$ 也是一个 $n\times n$ 的矩阵，第 i 行第 j 列表示权重 s_{ij} 的值。对于点集 $\mathcal{V}$ 的一个子集 $\mathcal{A}\subset\mathcal{V}$，定

义$|\mathcal{A}|$为子集$\mathcal{A}$中点的个数，vol是图中所有顶点的加权度之和：

$$\mathrm{vol}(\mathcal{A})=\sum_{i\in\mathcal{A}}d_i \tag{2.4.4}$$

对于无向图$\mathcal{G}$的图切，目标是将图$\mathcal{G}(\mathcal{V},\mathcal{E})$切成相互没有连接的$k$个子图，每个子图点的集合为$\mathcal{A}_1,\mathcal{A}_2,\cdots,\mathcal{A}_k$，它们满足$\mathcal{A}_i\cap\mathcal{A}_j=\varnothing$，且$\mathcal{A}_1\cup\mathcal{A}_2\cup\cdots\cup\mathcal{A}_k=\mathcal{V}$。对于任意两个子图点的集合$\mathcal{A},\mathcal{B}\subset\mathcal{V}$，$\mathcal{A}\cap\mathcal{B}=\varnothing$，定义$\mathcal{A}$和$\mathcal{B}$之间的图切权重为

$$\boldsymbol{S}(\mathcal{A},\mathcal{B})=\sum_{i\in\mathcal{A},\,j\in\mathcal{B}}s_{ij} \tag{2.4.5}$$

对于k个子图点的集合$\mathcal{A}_1,\mathcal{A}_2,\cdots,\mathcal{A}_k$，定义图切cut为

$$\mathrm{cut}(\mathcal{A}_1,\mathcal{A}_2,\cdots,\mathcal{A}_k)=\frac{1}{2}\sum_{i=1}^{k}\boldsymbol{S}(\mathcal{A}_i,\bar{\mathcal{A}}_i) \tag{2.4.6}$$

式中，$\bar{\mathcal{A}}_i$为$\mathcal{A}_i$的补集，意为除$\mathcal{A}_i$子集外其他$\mathcal{V}$的子集的并集；$\boldsymbol{S}(\mathcal{A}_i,\bar{\mathcal{A}}_i)$为$\mathcal{A}_i$与其他子集的连边的和，有

$$\boldsymbol{S}(\mathcal{A}_i,\bar{\mathcal{A}}_i)=\sum_{m\in\mathcal{A}_i,n\in\bar{\mathcal{A}}_i}s_{m,n} \tag{2.4.7}$$

其中，$s_{m,n}$为邻接矩阵$\boldsymbol{S}$中的元素。

图切的目标让子图内的点权重和大，子图间的点权重和小，但最小化$\mathrm{cut}(\mathcal{A}_1,\mathcal{A}_2,\cdots,\mathcal{A}_k)$存在切出权重最小的边缘点的可能，为此提出了一些更优的图切方法，相关内容在7.1.5小节谱聚类算法部分进行更加详细的阐述。

2.4.2　邻接矩阵构建

数据集信息可以来源于样本属性及样本间相似度关系，图学习通过分析原始样本点构成的图结构，发掘样本点间潜在的关联规律。例如，采用如图2.4.2所示的无向图描述样本点间相似度关系，表示为$\mathcal{G}(\mathcal{V},\mathcal{E})$，$\mathcal{V}$表示图中的样本点，$\mathcal{E}$表示样本点间的边线。样本间相似度关系可以通过边线权重体现，边线权重数值越大，则样本间相似度越高；边线权重数值越小，则样本间相似度越低。通常而言，边线权重数值与几何度量距离相关，且几何度量距离越小，样本间相似度关系越强，符合直观理解。

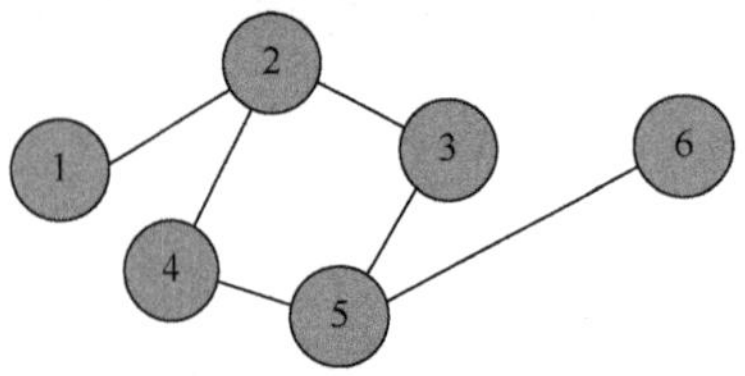

图2.4.2　无向图构造

为便于进行图学习算法研究，机器学习常采用无向图描述样本间相似度关系，并用邻接

矩阵 $\boldsymbol{S}$ (又常称“相似矩阵”)储存图结构信息。邻接矩阵无法直观体现样本点属性，其元素由任意两点之间的边线权重 s_{ij} 组成，且样本点间连接状态的判定及边线权重的定义决定邻接矩阵的信息含量。同时，研究人员期望邻接矩阵符合稀疏构造的特征以降低算法分析的时空复杂度。本小节介绍常见的邻接矩阵 $\boldsymbol{S}$ 构造方法，包括全连接法、ε-近邻法和 K 近邻法。

1. 全连接法

全连接法并不预先判定样本点间连接状态，即认为任意两点间均存在边线连接。因此，邻接矩阵的构造需要计算并储存任意两点间边线权重，且矩阵元素均大于 0 。边线权重可以选择不同的核函数来定义，如多项式核函数、高斯核函数和 Sigmoid 核函数等。其中，最常用的是高斯核函数：

$$s_{ij} = s_{ji} = \boldsymbol{S}(\boldsymbol{x}_i, \boldsymbol{x}_j) = \exp\left(-\frac{\left\|\boldsymbol{x}_i - \boldsymbol{x}_j\right\|_2^2}{2\sigma^2}\right) \tag{2.4.8}$$

样本点间几何度量距离 $\left\|\boldsymbol{x}_i - \boldsymbol{x}_j\right\|_2^2$ 较大，边线权重反而较小，同时高斯核函数能够为几何度量距离较小的样本点间边线赋予高权重，符合图构造的直观理解。然而，全连接图的构造需要消耗更多计算资源与存储空间，噪声及冗余特征信息等也会严重干扰全连接图的分析处理。因此，在实际应用中通常不使用全连接法作为构图策略。

2. ε-近邻法

ε-近邻法预先对样本点间连接状态进行判定。具体而言，任意两点 $\boldsymbol{x}_i$ 和 $\boldsymbol{x}_j$ 间的几何度量距离 s_{ij} 采取欧氏距离进行表示，即 $s_{ij} = \left\|\boldsymbol{x}_i - \boldsymbol{x}_j\right\|_2^2$，并设置参数 ε 作为距离阈值进行邻域判定。当且仅当几何度量距离 s_{ij} 小于距离阈值 ε (样本位于 ε 邻域内)时，认为样本间存在连接关系，其余样本间则不存在连接关系，并将边线权重赋值为 0。邻接矩阵 $\boldsymbol{S}$ 元素定义为

$$s_{ij} = s_{ji} = \begin{cases} 0, & s_{ij} > \varepsilon \\ \varepsilon, & s_{ij} \leqslant \varepsilon \end{cases} \tag{2.4.9}$$

为 ε 赋予较小(合理范围内)的数值能够满足邻接矩阵稀疏构造的特征，但 ε 邻域内样本点间边线权重相同，从而导致邻域范围内相似度差异完全丢失，难以进一步开展判别分析。除此以外，应用场景涉及的数据分布复杂，样本点间度量距离各异，导致阈值 ε 的选择极为困难且难以统一。因此，在实际应用中同样很少

使用ε-近邻法。

3. *K* 近邻法

K 近邻法同样预先对样本点间连接状态进行判定，但近邻关系的判定无须设置距离阈值ε。具体而言，该构图策略遍历计算所有样本点间的边线权重，并选取与某样本点相似度较高的前k个样本点组成近邻点集。由此，样本点仅与距其最近的k个数据点之间的边线权重$s_{ij}>0$，与其余数据点$\boldsymbol{x}_i$间的边线权重均赋值为 0。根据非零权重的设置策略，可以将 *K* 近邻法进一步划分为简单图(Nie et al., 2022)、线性核图、多项式核图、高斯核图、自调整高斯核图(Zelnik-Manor et al., 2004)和自适应近邻图(Nie et al., 2016)等。其中，线性核图、多项式核图、高斯核图和自调整高斯核图均属于基于核函数的构图策略，自适应近邻图则是基于概率模型的构图策略。

(1) 简单图。该构图策略为邻接矩阵中的非零元素赋予相同值，即设置样本点与距其最近的k个数据点之间的边线权重$s_{ij}=1$，其余元素均赋值为零

$$s_{ij}=s_{ji}=\begin{cases}0, & \boldsymbol{x}_j\notin \mathrm{KNN}\left(\boldsymbol{x}_i\right)\\ 1, & \boldsymbol{x}_j\in \mathrm{KNN}\left(\boldsymbol{x}_i\right)\end{cases} \tag{2.4.10}$$

式中，$\boldsymbol{x}_j\notin \mathrm{KNN}\left(\boldsymbol{x}_i\right)$表示样本点$\boldsymbol{x}_j$属于$\boldsymbol{x}_i$的近邻点集。值得强调的是，在$\varepsilon$-近邻图中，阈值参数$\varepsilon$的调节范围受数据分布差异影响显著，而 *K* 近邻构图的参数k为整数，易于确定且通常不大于 20。通过观察大量实验并总结经验，常选取$k=5$。与ε-近邻图类似，简单图能够实现稀疏构图，但样本点与近邻点集内任意数据点间边线权重均被赋值为 1，这一粗略的赋值策略将导致样本点邻域内相似度细节信息完全缺失。

为此，研究人员引入多种形式的核函数，期望在实现稀疏构图的同时，能够详细描述邻域内样本点间相似度关系。根据不同的核函数形式，可以将基于核函数的 *K* 近邻构图进一步划分为如下几类。

(2) 线性核图。相较于简单图构造，该构图策略引入线性核函数为边线权重赋予不同数值，进而能够体现邻域范围内样本点间相似关系差异，为图学习提供更加丰富的细节。近邻点集内边线权重可以表示为

$$s_{ij}=s_{ji}=\boldsymbol{x}_i^{\mathrm{T}}\boldsymbol{x}_j,\quad \boldsymbol{x}_j\in \mathrm{KNN}\left(\boldsymbol{x}_i\right) \tag{2.4.11}$$

(3) 多项式核图。多项式核函数指以多项式表示的核函数，属于非标准核函数。与线性核函数相比，它能够表示样本点间相似度并适用于非线性模型，其边线权重可以表示为

$$s_{ij}=s_{ji}=\left(\alpha\boldsymbol{x}_i^{\mathrm{T}}\boldsymbol{x}_j+\beta\right)^d,\quad \boldsymbol{x}_j\in\mathrm{KNN}\left(\boldsymbol{x}_i\right) \tag{2.4.12}$$

式中，α 表示多项式系数；β 表示多项式中的常数项；$d\geqslant 1$，表示多项式次数(取整数)。

(4) 高斯核图。该种构图采用的高斯核函数与式(2.4.9)一致，区别在于 K 近邻法只计算近邻点集内边线权重，将其余边线权重赋值为 0。

$$s_{ij}=\exp\left(-\frac{\left\|\boldsymbol{x}_i-\boldsymbol{x}_j\right\|_2^2}{2\sigma^2}\right),\quad \boldsymbol{x}_j\in\mathrm{KNN}\left(\boldsymbol{x}_i\right) \tag{2.4.13}$$

式中，$\boldsymbol{x}_j$ 属于 $\boldsymbol{x}_i$ 近邻点集时，$\boldsymbol{x}_j$ 的近邻点集可能不包括 $\boldsymbol{x}_i$。因此，边线权重不具有对称性，即 $s_{ij}=s_{ji}$ 未必成立，进而导致邻接矩阵 $\boldsymbol{S}$ 为非对称矩阵，不便于矩阵分析。通常可采取如下两种方法解决这种问题。

方法一：若一个点属于另一个点的近邻点集，则保留 s_{ij}，有

$$s_{ij}=s_{ji}=\begin{cases}0, & \boldsymbol{x}_i\notin\mathrm{KNN}\left(\boldsymbol{x}_j\right)\text{和}\boldsymbol{x}_j\notin\mathrm{KNN}\left(\boldsymbol{x}_i\right)\\ \exp\left(-\dfrac{\left\|\boldsymbol{x}_i-\boldsymbol{x}_j\right\|_2^2}{2\sigma^2}\right), & \boldsymbol{x}_i\in\mathrm{KNN}\left(\boldsymbol{x}_j\right)\text{或}\boldsymbol{x}_j\in\mathrm{KNN}\left(\boldsymbol{x}_i\right)\end{cases} \tag{2.4.14}$$

方法二：当且仅当两个点互属于彼此近邻点集时，保留 s_{ij}，有

$$s_{ij}=s_{ji}=\begin{cases}0, & \boldsymbol{x}_i\notin\mathrm{KNN}\left(\boldsymbol{x}_j\right)\text{或}\boldsymbol{x}_j\notin\mathrm{KNN}\left(\boldsymbol{x}_i\right)\\ \exp\left(-\dfrac{\left\|\boldsymbol{x}_i-\boldsymbol{x}_j\right\|_2^2}{2\sigma^2}\right), & \boldsymbol{x}_i\in\mathrm{KNN}\left(\boldsymbol{x}_j\right)\text{和}\boldsymbol{x}_j\in\mathrm{KNN}\left(\boldsymbol{x}_i\right)\end{cases} \tag{2.4.15}$$

高斯核函数的构造使得样本点邻域范围内的几何度量距离相近样本点间边线的权值较大，并且通过全局系数 σ 能够抑制噪声和离群点的影响。尽管相比于简单图，高斯核图能够详细描述邻域范围内样本点间相似度差异，但是该种相似度差异均须通过全局系数 σ 进行调节，未能根据各自近邻点集的分布情况具体衡量样本点间相似度差异。

(5) 自调整高斯核图。考虑到实际应用场景中样本分布往往不均匀，自调整高斯核函数中 σ 的赋值将参考不同样本点的局部邻域特征。对于样本点，邻域参数 σ_i 将被设定为 $\left\|\boldsymbol{x}_i-\boldsymbol{x}_k\right\|_2^2$。其中，$\boldsymbol{x}_k$ 表示距离样本点 $\boldsymbol{x}_i$ 最近的第 k 个样本点。自调整高斯核图通过结合两样本点各自的邻域参数 σ_i 和 σ_j 计算边线权重：

$$s_{ij} = \exp\left(-\frac{\left\|\boldsymbol{x}_i - \boldsymbol{x}_j\right\|_2^2}{\sigma_i \sigma_j}\right), \quad \boldsymbol{x}_j \in \mathrm{KNN}(\boldsymbol{x}_i) \tag{2.4.16}$$

式中，邻域参数σ_i和σ_j可以根据样本点$\boldsymbol{x}_i$和$\boldsymbol{x}_j$邻域特征进行自调整，从而更加详细地描述邻域内相似度关系。同样地，按照式(2.4.16)构造得到的邻接矩阵可能不满足对称矩阵的性质，解决方法可参考高斯核图。

(6) 自适应近邻图。简单图与线性核图的构图策略较为简单，在复杂数据集上的构造效果不佳。多项式核函数和高斯核函数均需要人为调整参数设置，且在不同数据集下，相同的参数设定难以保证构图效果符合预期。尽管自调整高斯核函数对以上两点均有所改进，但参数设定需要进行额外计算，导致图构造时间复杂度升高。自适应近邻图则基于概率模型对样本间相似度关系进行描述和优化，无须借助核函数。构图策略的核心在于为距离较远的样本间边线权重赋予较小数值，为距离较近的样本间边线权重赋予较大数值。

$$\min_{\boldsymbol{s}_i^{\mathrm{T}}\boldsymbol{1}=1, \boldsymbol{s}_i \geqslant 0, s_{ii}=0} \quad \sum_{j=1}^{n}\left\|\boldsymbol{x}_i - \boldsymbol{x}_j\right\|_2^2 s_{ij} + \gamma \sum_{j=1}^{n} s_{ij}^2 \tag{2.4.17}$$

式中，γ为正则化参数；$\boldsymbol{s}_i^{\mathrm{T}}\boldsymbol{1}=1$，$\boldsymbol{s}_i \geqslant 0$为概率约束，即邻接矩阵元素$s_{ij}$表示样本点$\boldsymbol{x}_i$与样本点$\boldsymbol{x}_j$存在连接关系的概率且邻接矩阵的行和为 1。分析式(2.4.17)结构可知：若样本点间几何度量距离$\left\|\boldsymbol{x}_i - \boldsymbol{x}_j\right\|_2^2$较大，模型优化将倾向于为$s_{ij}$赋予较小值。正则化项存在的意义在于消除平凡解，即仅样本点与距其最近的数据点间边线权重被赋值为 1，与其他数据点间相似度均被赋予权重值 0。此时，所有样本点邻域范围内均包含单个数据点，进而丧失物理意义。

在自适应近邻图构建过程中，同样期望获得的邻接矩阵$\boldsymbol{S}$为稀疏矩阵，以提升图学习质量，在优化过程中进一步添加秩约束$\left\|\boldsymbol{s}_i\right\|_0 = k$，可以使得矩阵行向量中非零元素的个数为$k$(类似于$K$近邻法图构造中的近邻点集)。为便于优化求解，可以进一步采用$e_{ij} = \left\|\boldsymbol{x}_i - \boldsymbol{x}_j\right\|_2^2$，$\boldsymbol{e}_i \in \mathbb{R}^{n\times 1}$表示由该元素组成的列向量。此时，自适应近邻图模型的目标函数可以表示为

$$\min_{\boldsymbol{s}_i^{\mathrm{T}}\boldsymbol{1}=1, \boldsymbol{s}_i \geqslant 0, s_{ii}=0} \quad \frac{1}{2}\left\|\boldsymbol{s}_i + \frac{\boldsymbol{e}_i}{2\gamma}\right\|_2^2 \tag{2.4.18}$$

根据等式约束及不等式约束下的拉格朗日乘子法进行求解，邻接图矩阵元素的最优化结果如式(2.4.19)所示，参数γ的数值可以随着图构造进行自适应优化，无须人为设定。

$$\hat{s}_{ij}=\begin{cases}\dfrac{\boldsymbol{e}'_{i,k+1}-\boldsymbol{e}'_{ij}}{k\boldsymbol{e}'_{i,k+1}-\sum\limits_{h=1}^{k}\boldsymbol{e}'_{ih}}, & j\leqslant k\\ 0, \quad j>k\end{cases},\quad \gamma=\frac{1}{n}\sum_{i=1}^{n}\left(\frac{k}{2}\boldsymbol{e}'_{i,k+1}-\frac{1}{2}\sum_{j=1}^{k}\boldsymbol{e}'_{ij}\right) \tag{2.4.19}$$

式中，$\boldsymbol{e}'_{i,1},\boldsymbol{e}'_{i,2},\cdots,\boldsymbol{e}'_{i,n}$为按照从小到大排序后得到的递增序列。最终习得的相似度矩阵仅需要人为设定行向量非零元素个数k，相当于确定样本点x_i的近邻点集。

(7) 自适应近邻二部图。上述构图策略获得的相似度矩阵规模均为$n\times n$，意味着模型需要计算全体样本点间相似度，该过程所需时间复杂度为$\mathcal{O}\left(n^2d\right)$。除此以外，$K$近邻法需要对样本点间距进行排序以确定近邻点集，所需时间复杂度为$\mathcal{O}\left(n^2\log\left(n\right)\right)$。随着数据集规模的增加(样本数量$n$较大时)，构图对硬件存储空间与计算效率的要求越发苛刻，使现有运算设备难以承担大规模数据集的图学习任务(Wang et al., 2017c)。考虑到大规模数据集分布的稀疏性和流形假设，少量采样点便能够大致覆盖整个数据集。研究人员对样本点集$\left\{\boldsymbol{x}_1,\boldsymbol{x}_2,\cdots,\boldsymbol{x}_n\right\}$进行稀疏采样以获得锚点集$\left\{\boldsymbol{u}_1,\boldsymbol{u}_2,\cdots,\boldsymbol{u}_m\right\}$，并构造二部图矩阵$\boldsymbol{B}=[\boldsymbol{b}_1^{\mathrm{T}};\boldsymbol{b}_2^{\mathrm{T}};\cdots;\boldsymbol{b}_n^{\mathrm{T}}]\in\mathbb{R}^{n\times m}$描述样本点与锚点间相似度关系，其中$m$为锚点数量。图 2.4.3 为一般的二部图构造过程。

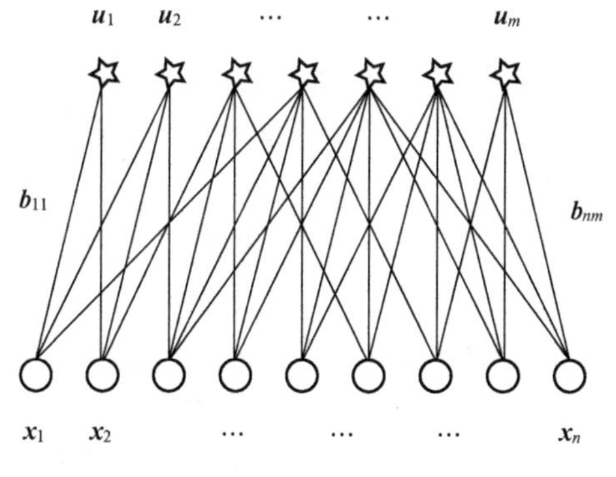

图 2.4.3　二部图构造示意图

随机选取样本点作为锚点属于简单采样手段，通常难以确保锚点能够大致覆盖样本集。因此，研究人员倾向于采用聚类算法获得m个聚类中心作为锚点，常见的锚点聚类算法包括K均值聚类及其改进算法K-means++等(详细内容参考 7.1.1 小节)。锚点生成相当于对原始数据进行稀疏编码，学习稀疏编码矩阵的过程相当于求解概率分布下带有稀疏约束的线性回归问题：

$$\min_{\boldsymbol{b}_i^{\mathrm{T}}\boldsymbol{1}=1,\boldsymbol{b}_i\geqslant 0} \sum_{j=1}^{m}\left\|\boldsymbol{x}_i-\boldsymbol{u}_j\right\|_2^2 \boldsymbol{b}_{ij}+\gamma\sum_{j=1}^{n}\boldsymbol{b}_{ij}^2 \tag{2.4.20}$$

式中，$\boldsymbol{b}_{ij}$ 表示样本点 $\boldsymbol{x}_i$ 与锚点 $\boldsymbol{u}_j$ 间的相似度，即两点间存在连接的概率。样本点与锚点间距离越近则相似度越高，同时意味着存在连接的概率越大。式(2.4.20)从左向右第一项为基于流形学习假设的聚类项，表示样本点与锚点之间的平滑性；第二项为二部图矩阵的稀疏正则化项，其中 $\gamma\geqslant 0$，为正则化参数且数值无须人为设定。

此时，$\boldsymbol{e}_i=\left\|\boldsymbol{x}_i-\boldsymbol{u}_j\right\|_2^2$，$\boldsymbol{e}_i\in\mathbb{R}^{m\times 1}$，则自适应近邻图模型的目标函数可以表示为

$$\min_{\boldsymbol{b}_i^{\mathrm{T}}\boldsymbol{1}=1,\boldsymbol{b}_i\geqslant 0,b_{ii}=0} \frac{1}{2}\left\|\boldsymbol{b}_i+\frac{\boldsymbol{e}_i}{2\gamma}\right\|_2^2 \tag{2.4.21}$$

通过拉格朗日乘子法与卡罗需–库恩–塔克(Karush-Kuhb-Tucker, KKT)条件，相似度数值与正则化参数的最优解可分别表示为

$$\hat{b}_{ij}=\begin{cases}\dfrac{\boldsymbol{e}'_{i,k+1}-\boldsymbol{e}'_{ij}}{k\boldsymbol{e}'_{i,k+1}-\sum\limits_{j'=1}^{k}\boldsymbol{e}'_{ij'}}, & j\leqslant k\\ 0, & j>k\end{cases},\quad \gamma=\frac{1}{n}\sum_{i=1}^{n}\left(\frac{k}{2}\boldsymbol{e}'_{i,k+1}-\frac{1}{2}\sum_{j=1}^{k}\boldsymbol{e}'_{ij}\right) \tag{2.4.22}$$

式中，$\boldsymbol{e}'_{i,1},\boldsymbol{e}'_{i,2},\cdots,\boldsymbol{e}'_{i,m}$ 在求解时执行升序排序以获得 k 近邻锚点。相比 $n\times n$ 的相似度图矩阵规模，二部图矩阵规模为 $n\times m$，并且相似度数值计算和排序所需的时间复杂度分别被优化至 $\mathcal{O}(nmd)$ 和 $\mathcal{O}(nm\log(m))$，有效提升大规模数据集上的图学习效率。

全连接构图虽避免了相似度信息损失，但是易受到噪声和冗余数据影响，导致图学习效率降低。因此，ε-近邻法与 K 近邻法稀疏化构造邻接矩阵，在尽可能降低信息损失的同时过滤冗余数据。与此同时，ε-近邻法与 K 近邻法简单图仅区别邻域内样本与邻域外样本，且邻域内样本间边线权重一致，无法进一步体现邻域内相似度差异。为此，K 近邻法引入线性核函数、多项式核函数、高斯核函数、自调整高斯核函数和自适应近邻图模型弥补邻域内相似度信息损失。自调整高斯核图和自适应近邻图无须人为设定参数(除邻域点集规模 k 以外)，能够适用于复杂数据分布。除此以外，自适应近邻二部图在近邻图构造思想基础上引入锚点精简图矩阵规模，进而提升大规模数据集上的图学习效率。

2.4.3 拉普拉斯矩阵

拉普拉斯矩阵是由拉普拉斯算子推广到图论中的，拉普拉斯算子的本质是对

矩阵中某一点进行微小扰动后获得的收益。在图论中，即为对于一个有 n 个节点的图 $\mathcal{G}$ 中，每个点处的函数表达为 $f=\left[f_1,f_2,\cdots,f_n\right]$，第 i 个节点的函数值为 f_i，节点 i 经过扰动有可能变成图中的任意一个节点 j，这一过程中产生的收益累计即为拉普拉斯矩阵。拉普拉斯矩阵也可以理解为根据流形假设表示样本点之间的距离与相似性关系，因此被广泛地用于一些聚类算法，其中最为经典的就是谱聚类算法。

拉普拉斯矩阵天然具有一定的稀疏性，一般结构如图 2.4.4 所示。其处理的数据为图 2.4.1(a)的人造环状数据，该数据包含两个真实类别，可以直观地观察到其图的拉普拉斯矩阵具有两个明显的分块矩阵，这对应两个连通分量，所以可以自然地获取指示数据两个类别的划分。

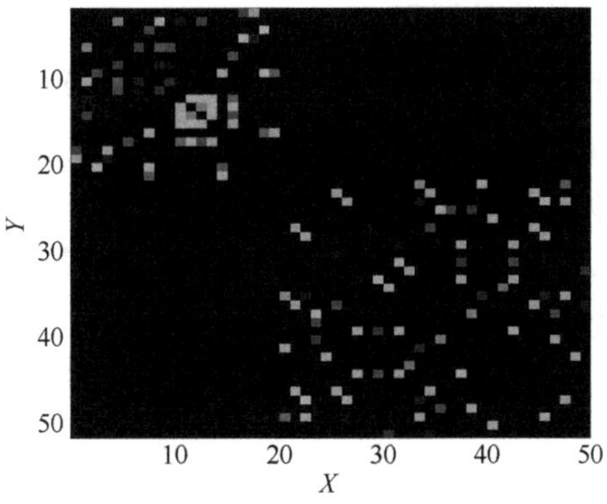

图 2.4.4　图的拉普拉斯矩阵 $\boldsymbol{L}$

常见的拉普拉斯矩阵主要分为非归一化拉普拉斯矩阵与归一化拉普拉斯矩阵，其中归一化拉普拉斯矩阵中又多常见随机游走归一化拉普拉斯矩阵与对称归一化拉普拉斯矩阵。定义非归一化拉普拉斯矩阵为 $\boldsymbol{L}=\boldsymbol{D}-\boldsymbol{S}$。其中，$\boldsymbol{D}$ 为 2.4.1 小节的度矩阵，是一个对角矩阵；$\boldsymbol{S}$ 为邻接矩阵，可以由 2.4.2 小节的方法构建得到。拉普拉斯矩阵具有良好的数学性质。

(1) 拉普拉斯矩阵是对称矩阵，可以由 $\boldsymbol{D}$ 和 $\boldsymbol{S}$ 都是对称矩阵而得。

(2) 由于拉普拉斯矩阵是对称矩阵，则它的所有特征值都是实数。

(3) 对于任意向量 $\boldsymbol{f}\in\mathbb{R}^{n\times1}=\left[f_1,f_2,\cdots,f_i,\cdots,f_n\right]$，都可以得到

$$\boldsymbol{f}^{\mathrm{T}}\boldsymbol{L}\boldsymbol{f}=\frac{1}{2}\sum_{i,j=1}^{n}s_{ij}\left(f_i-f_j\right)^2 \tag{2.4.23}$$

将 $\boldsymbol{L}=\boldsymbol{D}-\boldsymbol{S}$ 代入式(2.4.23)等号左侧，可以得到右式，具体推导过程如下：

$$\begin{aligned}
\boldsymbol{f}^{\mathrm{T}}\boldsymbol{L}\boldsymbol{f} &= \boldsymbol{f}^{\mathrm{T}}\boldsymbol{D}\boldsymbol{f} - \boldsymbol{f}^{\mathrm{T}}\boldsymbol{S}\boldsymbol{f} \\
&= \sum_{i=1}^{n} d_i f_i^2 - \sum_{i,j=1}^{n} s_{ij} f_i f_j \\
&= \frac{1}{2}\left(\sum_{i=1}^{n} d_i f_i^2 - 2\sum_{i,j=1}^{n} s_{ij} f_i f_j + \sum_{j=1}^{n} d_j f_j^2\right) \\
&= \frac{1}{2}\sum_{i,j=1}^{n} s_{ij}\left(f_i - f_j\right)^2
\end{aligned} \tag{2.4.24}$$

式中，$d_i = s_{i1} + s_{i2} + \cdots + s_{in}$，是度矩阵 $\boldsymbol{D}$ 的第 i 个对角线上的元素；s_{ij} 是邻接矩阵的第 i 行第 j 列的元素。这一性质揭示了拉普拉斯矩阵的本质，即样本点受到扰动移动到其他点产生的收益累积。

(4) 拉普拉斯矩阵是对称半正定矩阵，由式(2.4.24)的结论可知，拉普拉斯矩阵 $\boldsymbol{L}$ 对于任意向量 $\boldsymbol{f}$ 都有 $\boldsymbol{f}^{\mathrm{T}}\boldsymbol{L}\boldsymbol{f} \geqslant 0$，结合矩阵二次型等知识可知，拉普拉斯矩阵是半正定的，其证明详见后文。因此，拉普拉斯矩阵 $\boldsymbol{L}$ 对应的 n 个实数特征值都大于等于 0，即 $0 = \lambda_1 \leqslant \lambda_2 \leqslant \cdots \leqslant \lambda_n$，且最小的特征值一定为 0，其对应的特征向量是元素值全为常数 1 的向量。

证明　对于任意一个拉普拉斯矩阵 $\boldsymbol{L}$，其第 i 行之和都为 $d_i - s_{i1} - s_{i2} - \cdots - s_{in} = 0$，则可以得到

$$\boldsymbol{L}\boldsymbol{1}^{\mathrm{T}} = (\boldsymbol{D} - \boldsymbol{S})\boldsymbol{1}^{\mathrm{T}} = 0 = 0\boldsymbol{1}^{\mathrm{T}} \tag{2.4.25}$$

式中，$\boldsymbol{1} \in \mathbb{R}^{n\times 1}$，是元素值全为 1 的常数向量。

归一化拉普拉斯矩阵一般有两种形式，即随机游走归一化拉普拉斯矩阵 $\boldsymbol{L}_{\mathrm{rw}}$ 和对称归一化拉普拉斯矩阵 $\boldsymbol{L}_{\mathrm{sym}}$，这两种归一化拉普拉斯矩阵定义分别为 (Luxburg，2007)

$$\begin{cases}
\boldsymbol{L}_{\mathrm{rw}} = \boldsymbol{D}^{-1}\boldsymbol{L} = \boldsymbol{I} - \boldsymbol{D}^{-1}\boldsymbol{S} \\
\boldsymbol{L}_{\mathrm{sym}} = \boldsymbol{D}^{-1/2}\boldsymbol{L}\boldsymbol{D}^{-1/2} = \boldsymbol{I} - \boldsymbol{D}^{-1/2}\boldsymbol{S}\boldsymbol{D}^{-1/2}
\end{cases} \tag{2.4.26}$$

式中，$\boldsymbol{I} \in \mathbb{R}^{n\times n}$，是 n 维单位向量。

归一化拉普拉斯矩阵同样具有良好的数学性质。

(1) 归一化拉普拉斯矩阵是对称矩阵，这可以由 $\boldsymbol{D}$ 和 $\boldsymbol{S}$ 都是对称矩阵而得。

(2) 由于归一化拉普拉斯矩阵是对称矩阵，则它的所有的特征值都是实数。

(3) 对于任意向量 $\boldsymbol{f} \in \mathbb{R}^{n\times 1} = \left[f_1, f_2, \cdots, f_i, \cdots, f_n\right]$，都可以得到

$$\boldsymbol{f}^{\mathrm{T}}\boldsymbol{L}_{\mathrm{rw}}\boldsymbol{f}=\boldsymbol{f}^{\mathrm{T}}\boldsymbol{L}_{\mathrm{sym}}\boldsymbol{f}=\frac{1}{2}\sum_{i,j=1}^{n}s_{ij}\left(\frac{f_i}{\sqrt{d_i}}-\frac{f_j}{\sqrt{d_j}}\right)^2 \tag{2.4.27}$$

将归一化拉普拉斯矩阵 $\boldsymbol{L}_{\mathrm{rw}}=\boldsymbol{I}-\boldsymbol{D}^{-1}\boldsymbol{S}$ 和 $\boldsymbol{L}_{\mathrm{sym}}=\boldsymbol{I}-\boldsymbol{D}^{-1/2}\boldsymbol{S}\boldsymbol{D}^{-1/2}$ 代入式(2.4.27)，首先可以得到左边等式成立：

$$\begin{aligned}\boldsymbol{f}^{\mathrm{T}}\boldsymbol{L}_{\mathrm{rw}}\boldsymbol{f}&=\boldsymbol{f}^{\mathrm{T}}\boldsymbol{f}-\boldsymbol{f}^{\mathrm{T}}\boldsymbol{D}^{-1}\boldsymbol{S}\boldsymbol{f}\\&=\sum_{i,j=1}^{n}f_i^2-\sum_{i,j=1}^{n}s_{ij}\frac{f_if_j}{d_i}\\&=\sum_{i,j=1}^{n}s_{ij}\frac{f_i^2}{d_i}-\sum_{i,j=1}^{n}s_{ij}\frac{f_if_j}{\sqrt{d_i}\sqrt{d_j}}\\&=\boldsymbol{f}^{\mathrm{T}}\boldsymbol{f}-\boldsymbol{f}^{\mathrm{T}}\boldsymbol{D}^{-1/2}\boldsymbol{S}\boldsymbol{D}^{-1/2}\boldsymbol{f}=\boldsymbol{f}^{\mathrm{T}}\boldsymbol{L}_{\mathrm{sym}}\boldsymbol{f}\end{aligned} \tag{2.4.28}$$

进一步推导右边等式成立，具体推导过程如下：

$$\begin{aligned}\boldsymbol{f}^{\mathrm{T}}\boldsymbol{L}_{\mathrm{rw}}\boldsymbol{f}=\boldsymbol{f}^{\mathrm{T}}\boldsymbol{L}_{\mathrm{sym}}\boldsymbol{f}&\\&=\sum_{i,j=1}^{n}s_{ij}\frac{f_i^2}{d_i}-\sum_{i,j=1}^{n}s_{ij}\frac{f_if_j}{\sqrt{d_i}\sqrt{d_j}}\\&=\frac{1}{2}\sum_{i,j=1}^{n}s_{ij}\left(\frac{f_i}{\sqrt{d_i}}-\frac{f_j}{\sqrt{d_j}}\right)^2\end{aligned} \tag{2.4.29}$$

由性质(3)可知，归一化拉普拉斯矩阵的行和都为 1，可以表示样本点在移动到另外位置点时的概率。

(4) 根据矩阵乘法易得，当 λ 是 $\boldsymbol{L}_{\mathrm{rw}}$ 和 $\boldsymbol{L}_{\mathrm{sym}}$ 的特征值时，假如 $\boldsymbol{\mu}$ 是 $\boldsymbol{L}_{\mathrm{rw}}$ 特征值为 λ 时的特征向量，则 $\boldsymbol{L}_{\mathrm{sym}}$ 的特征向量为 $\boldsymbol{D}^{1/2}\boldsymbol{\mu}$ 。

(5) 根据 $\boldsymbol{L}_{\mathrm{rw}}=\boldsymbol{D}^{-1}\boldsymbol{L}$ 可知，当 λ 是 $\boldsymbol{L}_{\mathrm{rw}}$ 的特征值时，$\boldsymbol{\mu}$ 是对应特征值的特征向量，则 λ 和 $\boldsymbol{\mu}$ 满足 $\boldsymbol{L}\boldsymbol{\mu}=\lambda\boldsymbol{D}\boldsymbol{\mu}$ 广义特征值问题的形式。

(6) 归一化拉普拉斯矩阵是对称半正定矩阵，由式(2.4.28)的结论可知，归一化拉普拉斯矩阵对于任意向量 $\boldsymbol{f}$ 都有 $\boldsymbol{f}^{\mathrm{T}}\boldsymbol{L}_{\mathrm{rw}}\boldsymbol{f}=\boldsymbol{f}^{\mathrm{T}}\boldsymbol{L}_{\mathrm{sym}}\boldsymbol{f}\geqslant 0$ ，结合矩阵二次型等知识可知，归一化拉普拉斯矩阵是半正定的。因此，归一化拉普拉斯矩阵对应的 n 个实数特征值都大于等于 0，即 $0=\lambda_1\leqslant\lambda_2\leqslant\cdots\leqslant\lambda_n$ ，且归一化拉普拉斯矩阵最小的特征值一定为 0。当该矩阵为随机游走归一化拉普拉斯矩阵时，其对应特征向量是 $\boldsymbol{1}^{\mathrm{T}}$ ，当该矩阵为对称归一化拉普拉斯矩阵时，其对应特征向量是 $\boldsymbol{D}^{1/2}\boldsymbol{1}^{\mathrm{T}}$ 。其半正定证明过程与式(2.4.25)类似。

2.5 张量基础

在现代科学和工程领域中，随着技术的快速发展和数据的爆炸式增长，经常面临着各种高维数据和多变量的挑战。这些数据具有复杂的结构和丰富的信息，如图像、语音、时间序列等。为了能够准确地描述和处理这些复杂的数据结构，人们迫切需要一种强大的数学工具，能够同时考虑多个维度的信息，并捕捉它们之间的关系。正是在这个背景下，张量的概念应运而生。张量作为一种多维数组或矩阵的推广，提供了一种灵活而强大的方式来表示和操作高维数据和多变量。与传统的向量和矩阵相比，张量能够处理更高维度的数据，并能够更好地捕捉数据在各个维度上的相互作用和依赖关系。通过使用张量，可以更加准确地描述现实世界中的复杂问题，并从中提取有用的模式和结构。

张量的数学基础涉及多线性代数和线性代数的扩展。多线性代数研究的是多个变量之间的线性关系，扩展了传统线性代数中向量和矩阵的概念，使其适用于高维数据。线性代数提供了一套强大的数学工具和运算规则，用于处理向量和矩阵的代数性质。这些数学基础为深入理解和应用张量提供了坚实的基础。本节将介绍张量的基本概念、表示方法和运算规则，学习如何定义和操作张量，理解张量的秩、形状和模式，并介绍不同领域应用张量的具体例子。通过学习张量的数学基础，读者能够更加灵活和准确地处理高维数据和多变量的问题，并为进一步学习和应用奠定坚实的基础。

2.5.1 基本概念

在机器学习和人工智能领域，张量是一种多维数组或矩阵的推广，用于表示和处理高维数据和多变量，是指若干坐标系改变时满足一定坐标转化关系的有序数组成的集合，即

$$\mathcal{T}:\underbrace{\boldsymbol{V}^{*}\times\boldsymbol{V}^{*}\times\cdots\times\boldsymbol{V}^{*}}_{r}\times\underbrace{\boldsymbol{V}\times\cdots\times\boldsymbol{V}}_{s}\to\mathbb{R} \tag{2.5.1}$$

式中，有 s 个来自向量空间 $\boldsymbol{V}$ 的向量，r 个来自对偶空间 $\boldsymbol{V}^{*}$ 的向量。该多重线性映射满足向量空间的公理化定义，构成一个矢量空间，记为 $\boldsymbol{V}_s^r$ (称为“张量积空间”)，其中的元素是多重线性映射 $\mathcal{T}$ 。因此，张量是张量积空间 $\boldsymbol{V}_s^r$ 中的一个元素，称为 (s,r) 型张量。

从几何角度讲，张量是一个不随参照系坐标变换而变化的几何量，也就是说，基向量与对应基向量上分量的组合(也就是张量)保持不变。例如，对于 $\boldsymbol{V}_1^0$ ，选定

一组基底 $e_{\mu}^{a}(\mu=1,2,\cdots,n)$，任意矢量可表示为 $v^{a}=v^{\mu}e_{\mu}^{a}$，基底 e_{μ}^{a} 是 $(1,0)$ 型张量(矢量)，$v^{\mu}(\mu=1,2,\cdots,n)$ 是 v^{a} 在每个基底下的分量，是大小为 n 的一维实数数组；更广泛地，对于 $(2,1)$ 型张量，有 $T_{c}^{ab}=T_{\sigma}^{\mu\nu}e_{\mu}^{a}\otimes e_{\nu}^{b}\otimes e_{c}^{\sigma}$，基底 $e_{\mu}^{a}\otimes e_{\nu}^{b}\otimes e_{c}^{\sigma}$ 是 $(2,1)$ 型张量，$T_{\sigma}^{\mu\nu}$ 是 T_{c}^{ab} 在每个基底下的分量，是大小为 n^3 的三维实数数组。

张量具有多个重要的性质和特点。首先，它们具有阶的概念，即张量涉及的维度数量。通过灵活调整张量的阶，可以适应不同问题中的数据复杂性。其次，张量的形状描述了它在每个维度上的大小，这提供了对数据进行灵活切片、重塑和操作的能力。最后，张量的元素是构成它的个别数值，因此可以通过索引和操作这些元素来实现对张量的处理和计算。

1. 张量的阶

张量的阶指的是张量涉及的维度数量，也称为张量的阶数。张量的阶数可以理解为轴的个数，或者是向量空间的维数。在机器学习和人工智能中，常处理的是高阶张量，它们包含多个维度，用于表示复杂的数据结构和关系。

一个一维数组可以被视为一个一阶张量，因为它只有一个维度。这个维度可以表示数组中的元素个数或向量的长度。类似地，一个二维矩阵可以被视为一个二阶张量，因为它有两个维度，分别对应矩阵的行和列。这样的二阶张量可以用于表示图像、表格或二维网格数据。进一步地，一个三维数据集可以被视为一个三阶张量，有三个维度，这些维度可以对应数据集的行、列和深度。例如，一组图像数据可以被组织成一个三阶张量，其中每个图像由像素构成，行和列表示图像的高度和宽度，深度表示图像的数量。随着数据的复杂性增加，还可以遇到更高阶的张量，如四阶、五阶甚至更高阶的张量。这些高阶张量用于表示更多维度的数据结构，如视频序列、时间序列或多维感知数据。

了解张量的阶对于理解数据的维度和结构非常重要，它提供了处理多维数据的数学工具，使得人们能够在机器学习和人工智能任务中更好地表示、处理和分析复杂的数据集。

2. 张量的维度

张量的维度指的是张量在各个轴上的大小，也称为张量的形状。形状描述了张量的结构和大小，提供了关于张量各个维度大小的信息。

以二阶张量(矩阵)为例，形状可以表示为 (m,n)，其中 m 表示矩阵的行数，n 表示矩阵的列数。这个形状信息包含矩阵在行和列方向上的维度大小，帮助理解矩阵的结构和尺寸。对于高阶张量，形状的描述会更加复杂。一个三维张量的形状可以表示为 (m,n,p)，其中 m 、n 和 p 分别表示张量在各个维度上的大小。这意味着张量在每个维度上都有不同的大小，可以看作一个由 m 个矩阵组成的集合，每个矩阵具有 n 行和 p 列。这样的三维张量在许多应用中都很常见，如在计算机视觉中表示图像数据时可以使用三维张量表示图像的高度、宽度和颜色通道。

通过理解张量的维度可以更好地了解数据的结构和组织方式。形状信息对于数据处理和分析非常重要，它决定了如何操作张量中的元素。在机器学习和人工智能任务中，正确理解和处理张量的维度是构建有效模型和进行高效计算的关键。

3. 张量的元素

张量的元素是构成张量的各个数值，可以是实数或复数。每个元素在张量中的位置由它在各个维度上的索引确定，这意味着可以使用索引来访问和操作张量中的特定元素。以二阶张量(矩阵)为例，每个元素可以通过行和列的索引来定位和访问。对于一个形状为 (m,n) 的矩阵，第 i 行、第 j 列的元素可以用索引 (i,j) 来表示。通过指定相应的索引，可以准确地定位并获取张量中特定元素的值。

在实际应用中，张量的元素可以表示各种不同类型的信息。例如，在图像处理任务中，一个三维张量可以表示一张彩色图像，其中每个元素代表图像的像素值，每个像素包含红、绿、蓝三个颜色通道的数值。在自然语言处理任务中，一个二维张量可以表示一个文本序列，其中每个元素代表一个单词或一个字符的编码。

通过访问和操作张量中的元素，可以获取数据的具体数值，并对其进行各种数学运算和操作。张量的元素是构建机器学习和人工智能模型的基础，可以对这些元素进行处理和转换，以提取有用的特征并进行模型训练和预测。

2.5.2 相关运算

张量的基本运算涵盖了以下几种常见的操作，它们对于处理和操作张量数据具有重要的意义。

1. 和差、数乘、相等关系

和差运算：通过逐元素的加法和减法运算，可以对形状相同的两个张量进行组合操作，得到新的张量，即 $\mathcal{Z}_{ij} = \mathcal{T}_{ij} \pm \mathcal{S}_{ij}$ 。这对于聚合多个张量或计算差异非常有用。

数乘运算：数乘是将一个标量与张量的每个元素相乘，得到一个与原张量形状相同的新张量，即 $\lambda \times \mathcal{T} = \left(\lambda \times \mathcal{T}_{ij}\right)\boldsymbol{e}_i \otimes \boldsymbol{e}_j$ ，得到的新张量维度没有变化，且分量也进行同样的数乘运算。这在对张量进行缩放或标准化时非常有用。

相等关系：通过逐元素比较，可以判断两个张量的对应元素是否相等。若 $\mathcal{T}=\mathcal{T}_{ij}\boldsymbol{e}_i\otimes\boldsymbol{e}_j$ 和 $\mathcal{S}=\mathcal{S}_{ij}\boldsymbol{e}_i\otimes\boldsymbol{e}_j$ 相等，那么它们对应的分量也满足 $\mathcal{T}_{ij}=\mathcal{S}_{ij}$，返回一个布尔类型的张量，用于检查张量之间的相等性。

2. 张量并积

张量并积是一种逐元素相乘的操作，将两个张量的对应元素进行相乘，并生成一个新的张量。设 $\mathcal{A}=\mathcal{A}_{ijk}\boldsymbol{e}_i\otimes\boldsymbol{e}_j\otimes\boldsymbol{e}_k$，$\mathcal{B}=\mathcal{B}_{lm}\boldsymbol{e}_l\otimes\boldsymbol{e}_m$，则并积得到的新张量为

$$\mathcal{T}=\mathcal{A}\mathcal{B}=\mathcal{T}_{ijklm}\boldsymbol{e}_i\otimes\boldsymbol{e}_j\otimes\boldsymbol{e}_k\otimes\boldsymbol{e}_l\otimes\boldsymbol{e}_m \tag{2.5.2}$$

张量 $\mathcal{A}$ 和 $\mathcal{B}$ 并积得到的新张量是一个阶数等于 $\mathcal{A}$ 与 $\mathcal{B}$ 阶数之和的高阶张量，并积操作可以用于计算两个张量的逐元素乘积，对于逐元素的相关性或相似性分析非常有用。

3. 克罗内克积

克罗内克积是一种张量运算，用于将两个张量进行扩展，生成一个新的张量。克罗内克积在张量计算中非常常见，是衔接矩阵计算和张量计算的桥梁。给定矩阵 $\boldsymbol{A}\in\mathbb{R}^{I\times J}$ 和 $\boldsymbol{B}\in\mathbb{R}^{K\times L}$，其克罗内克积为

$$\begin{aligned}\boldsymbol{A}\otimes\boldsymbol{B}&=\begin{bmatrix}a_{11}\boldsymbol{B} & a_{12}\boldsymbol{B} & \cdots & a_{1J}\boldsymbol{B}\\ a_{21}\boldsymbol{B} & a_{22}\boldsymbol{B} & \cdots & a_{2J}\boldsymbol{B}\\ \vdots & \vdots & & \vdots\\ a_{I1}\boldsymbol{B} & a_{I2}\boldsymbol{B} & \cdots & a_{IJ}\boldsymbol{B}\end{bmatrix}\\ &=\begin{bmatrix}\boldsymbol{a}_1\otimes\boldsymbol{b}_1 & \boldsymbol{a}_1\otimes\boldsymbol{b}_2 & \cdots & \boldsymbol{a}_J\otimes\boldsymbol{b}_{L-1} & \boldsymbol{a}_J\otimes\boldsymbol{b}_L\end{bmatrix}\in\mathbb{R}^{IK\times JL}\end{aligned} \tag{2.5.3}$$

通过对一个张量的每个元素与另一个张量的所有元素进行相乘，得到一个扩展后的张量。克罗内克积在图像处理和信号处理中常被用于特征提取和数据增强。

4. 阿达马积

阿达马积是一种对两个张量的对应元素进行逐个相乘的操作，得到一个新的张量，其形状与原张量相同，也称为元素级乘法。给定两个大小相同的矩阵 $\boldsymbol{A},\boldsymbol{B}\in\mathbb{R}^{I\times J}$，阿达马积运算法则如下：

$$\boldsymbol{A}\circ\boldsymbol{B}=\begin{bmatrix}a_{11}b_{11} & a_{12}b_{12} & \cdots & a_{1J}b_{1J}\\ a_{21}b_{21} & a_{22}b_{22} & \cdots & a_{2J}b_{2J}\\ \vdots & \vdots & & \vdots\\ a_{I1}b_{I1} & a_{I2}b_{I2} & \cdots & a_{IJ}b_{IJ}\end{bmatrix}\in\mathbb{R}^{I\times J} \tag{2.5.4}$$

阿达马积常用于计算张量的逐元素乘积，如逐元素的逻辑运算、权重更新和损失计算。

5. Khatri-Rao 乘积

Khatri-Rao 乘积是一种对两个矩阵进行乘积运算的操作，生成一个新的矩阵，通过对两个矩阵的列进行逐个相乘，得到一个新的矩阵。Khatri-Rao 乘积在信号处理和多元统计分析中具有重要应用，可表示矩阵之间的逐列相关性。给定两个矩阵 $\boldsymbol{A}\in\mathbb{R}^{I\times k}$ 和 $\boldsymbol{B}\in\mathbb{R}^{J\times k}$，Khatri-Rao 乘积运算法则如下：

$$\boldsymbol{A}\odot\boldsymbol{B}=\begin{pmatrix}\boldsymbol{a}_1\otimes\boldsymbol{b}_1 & \boldsymbol{a}_2\otimes\boldsymbol{b}_2 & \cdots & \boldsymbol{a}_k\otimes\boldsymbol{b}_k\end{pmatrix}\in\mathbb{R}^{IJ\times k} \tag{2.5.5}$$

这些基本运算在处理和操作张量数据时起着关键作用，可以进行数据聚合、计算差异、缩放和标准化、逐元素分析及特征提取等任务。对于机器学习和人工智能领域的数据处理和模型构建而言，掌握这些基本运算是至关重要的。在这些基本运算中，特别值得提及的是克罗内克积、阿达马积和 Khatri-Rao 乘积，见表 2.5.1，它们在张量计算中具有重要的作用，并在不同的应用领域中发挥着不同的作用。

表 2.5.1　乘积性质

乘积	计算规律	维数变化	乘子要求	是否满足交换律
克罗内克积	$\boldsymbol{A}$ 中每个元素数乘 $\boldsymbol{B}$ 中所有元素	$(\mathbb{R}^{I\times J\times K},\mathbb{R}^{L\times M})\to\mathbb{R}^{I\times J\times K\times L\times M}$	任意大小	不满足
阿达马积	对应元素相乘	$(\mathbb{R}^{I\times J},\mathbb{R}^{I\times J})\to\mathbb{R}^{I\times J}$	大小相等	满足
Khatri-Rao 乘积	对应列做克罗内克积	$(\mathbb{R}^{I\times k},\mathbb{R}^{J\times k})\to\mathbb{R}^{IJ\times k}$	列数相等	不满足

根据表 2.5.1，可以更清楚地了解克罗内克积、阿达马积和 Khatri-Rao 乘积之间的差异。这种对比分析可以帮助读者选择合适的操作来处理具体的张量数据，并为特定任务提供更精确的数据操作。

2.5.3　张量分解

张量分解(tensor decomposition)是一种在数学和计算机科学领域广泛应用的技术，用于将高维张量表示为低维张量乘积的形式。张量可以视为多维数组的扩展，可以具有任意数量的维度，如二维矩阵是二阶张量，三维数组是三阶张量，以此类推。张量分解的目标是将复杂的高维张量转换为一组简单的低维张量乘积，从而实现数据的降维和提取潜在特征。张量分解的关键思想是寻找合适的基向量或原子张量，以线性组合的方式表示原始张量。这种分解将原始数据拆解为多个低秩分量的乘积形式，每个分量都包含了数据的特定信息。通过这种方式，可以对高维数据进行更简洁、更紧凑的表示，从而降低数据的维度和复杂性。同时，这种分解有助于提取数据中的潜在结构和特征，使得数据的分析和理解更加容易和有效。张量分解在数据挖掘、信号处理、机器学习等领域发挥着重要作用，不仅可以减少存储和计算的成本，还可以帮助发现数据中的模式和关联，提高数据分析和预测的准确性。此外，张量分解在推荐系统、图像处理、社交网络分析等应用中得到了广泛应用，为处理和理解高维数据提供了有力的工具和方法。张量分解的主要方法包括 CP 分解和 Tucker 分解。

1. CP 分解

CP 分解(canonical polyadic decomposition)，也称为 PARAFAC 分析(parallel factor analysis，平行因子分析)，是一种将张量表示为多个分量累加的分解方法，通过对每个模态(张量的每个维度)引入一个因子矩阵，实现张量的分解。CP 分解的数学表达为

$$\mathcal{T}=\sum_{r=1}^{R}\boldsymbol{A}_r\circ\boldsymbol{B}_r\circ\boldsymbol{C}_r \tag{2.5.6}$$

式中，$\mathcal{T}$ 是原始的三阶张量；R 是分解的秩(或称为因子的数量)；$\boldsymbol{A}_r$、$\boldsymbol{B}_r$ 和 $\boldsymbol{C}_r$ 分别是第一、第二和第三模态的因子矩阵；符号 $\circ$ 表示逐元素乘法(阿达马积)。

CP 分解的关键思想是将原始张量拆解为多个模态的因子矩阵逐元素乘积的累加。通过调整因子矩阵的大小和数值，可以逼近原始张量，并捕捉数据的潜在结构和特征。分解后的因子矩阵可以解释数据中每个模态的特征，并且分解的秩决定了分解的复杂度和拟合的精确度。CP 分解的目标是通过优化损失函数来获得最佳的因子矩阵。常见的优化算法包括最小二乘法、交替最小二乘法和梯度下降法等。常见的优化算法之一是最小二乘法(method of least squares)，通过最小化损失函数来求解 CP 分解中的因子矩阵。最小二乘法的核心思想是通过计算梯度和求解线性方程组来更新因子矩阵，直到达到最小化损失函数的条件。还有一种常用的优化算法是交替最小二乘法(method of alternating least squares)，固定其中一个因子矩阵，通过最小化损失函数来更新其他因子矩阵。通过交替迭代，逐步优化每个因子矩阵，直到达到收敛的结果。此外，梯度下降(gradient descent)法也可用于优化 CP 分解。梯度下降法通过计算损失函数关于因子矩阵的梯度，并在每次迭代中根据梯度的反方向来更新因子矩阵的数值，经过迭代优化，可以逐渐接近损失函数的最小值。这些优化算法在 CP 分解中起着重要的作用，它们迭代优化因子矩阵的数值，使得分解结果逼近原始张量。适当优化算法的选择取决于问题的特性和计算资源的可用性，同时还要考虑收敛速度和解的质量等因素。

CP 分解在许多领域中被广泛应用，包括信号处理、图像处理、化学分析等，可以用于数据压缩、特征提取、模式识别等任务。通过分解得到的因子矩阵，可以获得对原始数据更加紧凑和可解释的表示，从而方便后续的分析和应用。

2. Tucker 分解

塔克(Tucker)分解是一种将张量表示为一个核心张量和一组模态矩阵的逐元素乘积的分解方法。在 Tucker 分解中，核心张量包含了张量的全局结构，模态矩阵则用于捕捉每个模态的特定信息。具体地说，考虑一个 N 阶张量 $\mathcal{T}$，具有 N 个维度。Tucker 分解的目标是将 $\mathcal{T}$ 近似表示为一个核心张量 $\boldsymbol{G}$ 和一组模态矩阵 $\boldsymbol{U}_1, \boldsymbol{U}_2, \cdots, \boldsymbol{U}_N$ 的乘积形式，如下所示：

$$\mathcal{T} \approx \boldsymbol{G} \times_1 \boldsymbol{U}_1 \times_2 \boldsymbol{U}_2 \times \cdots \times_N \boldsymbol{U}_N \tag{2.5.7}$$

式中，$\times_N$ 表示在第 N 个模态上的张量乘积运算。

核心张量 $\boldsymbol{G}$ 的大小与原始张量的大小相同，包含了张量的全局结构信息。核心张量中的每个元素代表张量在各个模态上的交互作用和关联。模态矩阵 $\boldsymbol{U}_N$ 的列数与张量在第 N 个模态上的模态数相同，捕捉每个模态的特定信息。模态矩阵的每一列代表张量在对应模态上的基向量或原子张量。

Tucker 分解的目标是通过优化损失函数来获得最佳的核心张量和模态矩阵。常见的优化算法包括交替最小二乘法和梯度下降法。交替最小二乘法通过交替固定某些因子矩阵并优化其他因子矩阵的方式进行迭代优化。在每次迭代中，固定其中一个因子矩阵，通过最小化损失函数来更新其他因子矩阵。通过交替迭代，逐步优化核心张量和模态矩阵，直到达到收敛的结果。梯度下降法通过计算损失函数关于核心张量和模态矩阵的梯度，并在每次迭代中根据梯度的反方向来更新其数值，经过迭代优化，逐渐接近损失函数的最小值。这些优化算法在 Tucker 分解中起着关键的作用，迭代优化核心张量和模态矩阵的数值，使得分解结果逼近原始张量。适当优化算法的选择取决于问题的特性和计算资源的可用性，同时还要考虑收敛速度和解的质量等因素。

通过 Tucker 分解，可以将高阶张量的复杂结构转化为核心张量和模态矩阵的逐元素乘积的形式。这种分解能够降低数据的维度和复杂性，提取关键特征，并减少存储和计算的开销。同时，Tucker 分解还能够帮助理解和解释高维数据，发现不同模态之间的依赖关系和结构。Tucker 分解在许多领域中具有广泛的应用，包括信号处理、图像处理、文本分析等，可以用于数据降维、特征提取、数据压缩、模式识别等任务。选择合适的分解秩和优化算法，可以根据具体问题的需求，有效地应用 Tucker 分解来探索和利用高维数据中的潜在信息。

张量作为向量和矩阵的扩展，具备表达高维数据的强大能力和广泛适用性。

在图像分析领域，张量可用于表示图像的像素信息，并通过对张量的操作和分析，实现图像的特征提取、目标检测和图像生成等任务。在数据恢复方面，张量广泛应用于处理缺失数据的问题，利用已有的数据信息填补缺失值，从而恢复完整的数据集。此外，张量在推荐系统中建模和分析用户行为数据，可以有效提升用户个性化推荐系统的使用体验。

(1) 图像分析。在图像分析领域，张量的应用得到了广泛的认可和应用。图像通常包含大量的像素信息，张量可以作为一种高维数据结构，有效地表示图像的像素信息。通过对图像张量进行操作和分析，可以实现各种图像分析任务。其中，特征提取是一项重要的任务，对图像张量进行滤波、卷积等操作，可以提取出图像中的关键特征，如边缘、纹理等。此外，张量在目标检测中也发挥着重要的作用，通过对图像张量进行目标定位和分类，可以实现自动化的目标检测和识别。在图像生成方面，对张量进行生成模型的训练，可以实现图像的合成和重建，从而扩展了图像分析的应用领域。张量的应用不仅限于静态图像，还可以处理动态图像序列，如视频。将视频帧序列表示为时间维度上排列的张量，可以利用张量的方法来分析和提取视频中的动态信息。这种方法在视频内容理解、动作识别和行为分析等任务中具有广泛的应用。在图像分析中，张量的应用不仅限于传统的图像处理任务，还延伸到计算机视觉和深度学习领域。例如，卷积神经网络(CNN)是一种常用的深度学习模型，在图像分类和目标识别中取得了巨大成功。CNN 利用张量作为输入数据的表示形式，通过卷积操作和池化操作对图像张量进行特征提取，从而实现对图像的自动分类和识别。此外，生成对抗网络(GAN)也是一种重要的图像生成模型，通过对图像张量进行生成模型和判别模型的对抗训练，可以生成逼真的图像样本，具有重要的艺术创造和图像生成的应用价值。

(2) 数据补全。在数据恢复方面，张量在处理缺失数据的问题上发挥着重要作用。在实际应用中，数据集中常常存在着缺失值，这些缺失值可能是各种原因导致的，如传感器故障、数据采集错误等。缺失数据会对后续的分析和建模任务产生影响，因此需要进行数据补全以恢复完整的数据集。张量可以将数据集表示为高维数组的形式，并且在这种表示下具备较强的表达能力。利用已有的数据信息和张量分解技术，可以对缺失的数值进行估计和填补，从而恢复完整的数据集。这种方法被广泛应用于各个领域，如医学影像分析、气象预测、金融数据分析等。基于张量的数据补全方法主要利用张量分解的模型，如 Tucker 分解和 CP 分解。这些方法对已有的数据进行分解和重构，填补缺失的数值，并尽可能保持数据的结构和特征。其中，Tucker 分解在处理高维数据补全问题时表现出较好的性能，将数据表示为一个核心张量和一组模态矩阵的逐元素乘积，通过优化损失函数来获得最佳的核心张量和模态矩阵。数据补全的目标是尽可能准确地还原缺失的数据，并保持数据的统计特性和结构信息。利用张量分解和相关的优化算法，可以有效地填补缺失值，从而使得数据集具备更全面、完整的信息，为后续的数据分析和建模提供更准确、可靠的基础。

(3)推荐系统。在推荐系统中，张量也扮演着重要的角色，通过对用户行为数据进行建模和分析，可以构建个性化的推荐模型，从而为用户提供更优质的推荐结果。推荐系统的目标是根据用户的历史行为和偏好，预测用户可能感兴趣的物品，并向其进行推荐。张量在推荐系统中的应用主要涉及对用户、物品和评分的三维数据进行建模和分析。将这些数据表示为张量形式，可以更好地捕捉用户和物品之间的复杂关系，实现更准确和个性化的推荐。张量分解在推荐系统中的应用是一种重要的应用方法，将用户-物品评分数据表示为一个三维张量，可以利用张量分解技术将其分解为一个核心张量和一组模态矩阵的逐元素乘积。其中，核心张量表示用户和物品之间的共享特征，模态矩阵则捕捉用户和物品的个性化特征。通过优化损失函数，可以获得最佳的核心张量和模态矩阵，从而实现对用户-物品评分的准确预测和推荐。除了张量分解，还有其他推荐系统常用的方法，如基于邻域的方法和基于矩阵分解的方法。基于邻域的方法通过计算用户和物品之间的相似度，来推荐与用户历史行为相似的物品或具有相似特征的用户；基于矩阵分解的方法则将用户-物品评分矩阵分解为低秩的用户特征矩阵和物品特征矩阵，通过乘积来预测评分和生成推荐结果。推荐系统中的张量分解方法可以提供更丰富和准确的推荐结果。通过对用户行为数据进行建模和分析，可以发现更深层次的用户兴趣和物品关联，从而提供更个性化和精准的推荐服务，这在电子商务、社交媒体和在线娱乐等领域具有广泛的应用，帮助用户发现更感兴趣的产品和内容，提升用户体验和平台的商业价值。

2.6　小　　结

本章从机器学习领域解决问题所需的基础数学知识角度入手，对于理解算法的求解推导过程起到了打基础的作用。本章介绍了矩阵和向量的一些重要概念和定义，并介绍了矩阵与向量代数的基本知识，对向量与矩阵的范数、矩阵的行列式与求逆等问题进行了理论分析与定理总结。矩阵特征分析包含着丰富多彩的内容，其中矩阵的特征值分解有许多有趣的性质，被广泛应用于机器学习算法中。

另外，奇异值分解在机器学习中常用于矩阵完备化、低秩和稀疏矩阵分解，本章详细介绍了奇异值分解的内涵与性质，希望能为读者应用其解决相关问题提供启发。最后介绍了近年来广泛应用于机器学习领域的图学习理论、研究者提出的一系列相关算法，希望根据图论的底层知识为读者理解基于图论的新颖算法提供帮助，并总结了应用图论常用且可移植的一般理论。现实中的复杂问题面临着各种高维数据和多变量的挑战，张量是表示和操作高维数据和多变量的灵活且强大的方式，本章简要介绍了张量的基础理论，并给出了部分应用分析，为进一步的学习和应用奠定坚实的基础。

第 3 章　机器学习优化基础

优化问题是在许多不同领域中自然而然产生的。很多时候，人们期望以最好的方式来安排事情，将这一意图转化为数学形式，就成为某种类型的优化问题。找到数学模型的解这一步骤却远非易事，尽管一般优化问题的“解”很容易获得，但它们往往不能满足一个缺乏经验的用户的期望。在机器学习领域，随着近年来技术的蓬勃发展，涌现了海量丰富的模型且基于不同的假设，这些模型的优化求解方法经过各领域长期研究成果的积淀，具有较强的针对性，从而实现对高相关模型的高效学习。为了得到模型的“解”，机器学习是离不开优化方法的，机器学习和优化方法的关系可以概括为机器学习=表示+优化+评估。遗憾的是，很多时候人们不得不在无法求解的“完美”模型和肯定可以求解的“粗略”模型之间做出选择。本章关注机器学习求解模型中常采用的优化理论，为读者在相关先进算法的优化理论理解上起到一些启发作用，当然前述章节中提及的扎实丰厚的基础理论知识也是必不可少的。值得注意的是，机器学习的优化求解方法往往包含很强的共通性，很多模型可以转化为有相似性的优化问题来进行求解。本章基于广泛机器学习模型优化理论共性的分析，总结机器学习中最常用的四种优化理论：拉格朗日乘子法、梯度下降法、牛顿迭代法、坐标下降法，了解其学习和推理过程，并深入理解后续具体算法的优化求解过程。

3.1　优化理论基本概念

绝大多数机器学习算法在解决具体问题时，通常先根据解决问题的类型和要求等建立合适的优化模型，然后结合实际数据对优化模型中的参数进行学习。模型的建立、参数学习和优化是机器学习的重要环节，优化理论为其提供了必要的数学基础(Jongen et al., 2007)。优化理论主要研究的是满足某些条件限制下如何达到最优目标的一系列方法。一般来说，优化理论算法研究可以分为三个部分：最优化模型的建立、优化算法的设计、优化算法的实现。最优化模型用于将实际应用问题抽象为数学模型表达式，以便设计算法进行优化求解，模型建立的好坏将直接影响问题求解结果的优劣。优化问题一般可以描述为

$$\begin{aligned}&\min f(\boldsymbol{x})\\&\text{s.t. } \boldsymbol{x}\in\Omega\end{aligned}\tag{3.1.1}$$

式中，$\boldsymbol{x}=\left(\boldsymbol{x}_1,\boldsymbol{x}_2,\cdots,\boldsymbol{x}_n\right)^{\mathrm{T}}\in\mathbb{R}^n$，为决策变量；$f:\mathbb{R}^n\to\mathbb{R}$，为目标函数；记号 s.t. 为 subject to 的缩写，专指约束条件；Ω 为约束集合，用以约束决策变量 $\boldsymbol{x}$ 的可行域 $\mathcal{X}$。

根据式(3.1.1)可知，一个优化问题必要的因素包括决策变量、目标函数和约束集合，因此最优化模型的建立包括确定变量、确定目标函数表达式、确定约束条件三个部分。首先，分析实际问题中具有实际意义的个体与个体之间的关系，并根据不同个体的性质和特点等将其抽象为数学符号。其次，根据问题中个体之间的关系和问题求解的目标，可以建立抽象的数学符号之间的关系表达式，并进一步建立求解问题的目标函数式。最后，分析问题对变量的约束，将约束也抽象为数学形式并添加到目标函数式中。完成这三步后，实际问题就被抽象为数学问题，可以设计算法进行求解。

3.1.1　建立最优化模型

针对不同问题有不同的最优化模型，一一列举这些模型并不现实，但根据一定条件可以将最优化模型进行分类，从而对不同的模型进行归纳总结。

(1) 根据决策变量的取值，可以将最优化模型分为连续模型和离散模型。连续优化问题是指决策变量的可行域取值是连续的，离散优化问题是指决策变量的可行域取值是离散的。在实际求解中，离散优化问题由于取值具有离散性，通常比连续优化问题更难求解，往往通过松弛约束转化为连续优化问题进行求解。当然，也有专门用于求解离散优化问题的优化算法，如坐标下降法。

(2) 根据约束条件是否存在，可以将最优化模型分为无约束问题、有约束问题。无约束优化问题是指决策变量没有约束条件限制的问题，对应式(3.1.1)中约束集合 $\Omega=\varnothing$，其求解目标是在欧几里得空间中找到一个使目标函数取最值的点。有约束问题指决策变量受条件限制的问题，根据约束条件的类型可以分为等式约束问题、不等式约束问题、复杂约束问题。有约束问题的约束集合一般形式为

$$\Omega=\begin{Bmatrix} h_i\left(\boldsymbol{x}\right)=0, & i=1,2,\cdots,m \\ g_j\left(\boldsymbol{x}\right)\leqslant 0, & j=1,2,\cdots,n \end{Bmatrix} \tag{3.1.2}$$

在进行求解时，可以将约束条件作为惩罚项添加到目标函数中，将有约束问题转化为无约束问题，如常用的拉格朗日乘子法、罚函数法等方法就基于这种“惩罚”的概念。

(3) 根据目标函数的凹凸性和可行域是否为凸集，可以将最优化模型分为凸优化问题和非凸优化问题。凸优化问题是指目标函数是凸函数且可行域是凸集的优化问题，除此之外的问题均为非凸优化问题。在建立最优化模型时，更倾向于

能够得到一个凸优化模型，因为凸优化模型的任何局部最优解都是全局最优解，这种良好的性质使得实际求解过程相对简单。并不是所有的实际问题都可以抽象为凸优化问题，因此将非凸优化问题转换为凸优化问题也十分重要。例如，在本书第 2 章介绍的向量范数约束中，求解 ℓ_0 范数约束问题是一个非凸优化问题，在实际求解中一般用 ℓ_0 范数的最优凸近似 ℓ_1 范数作为代替进行求解。此外，拉格朗日乘子法利用对偶性也可以将任意一个非凸优化问题转换为凸优化问题进行求解，相关内容将在本章 3.2 节进行讲解，此处重点讨论凸优化问题的定义、性质等。

3.1.2　凸优化问题及求解

凸优化问题是指目标函数为凸函数且可行域是凸集的优化问题，研究凸优化问题的性质首先要了解凸集与凸函数的定义与性质。

1. 凸集

若集合 $C \subseteq \mathbb{R}^n$，且满足：

$$t\boldsymbol{x}+(1-t)\boldsymbol{y} \in C, \quad \forall \boldsymbol{x},\boldsymbol{y} \in C, \quad \forall t \in [0,1] \tag{3.1.3}$$

则称集合 C 为凸集。当 t 取任意值时，一系列坐标为 $t\boldsymbol{x}+(1-t)\boldsymbol{y}$ 的点形成了过点 $\boldsymbol{x}$ 和点 $\boldsymbol{y}$ 的直线；当 $0 \leqslant t \leqslant 1$ 时，坐标为 $t\boldsymbol{x}+(1-t)\boldsymbol{y}$ 的点形成了连接点 $\boldsymbol{x}$ 和点 $\boldsymbol{y}$ 的线段。因此，几何意义上，凸集中连接任意两点间线段上的点均在集合内部。常见的范数、超平面、半空间、仿射空间、多面体等均是凸集，由此形成的约束均是凸约束。

凸集的性质如下。

1) 保凸运算

(1) 交集运算：任意凸集的交集仍是凸集。

(2) 放缩平移：对任意凸集 C 与任意 a、b，集合 $aC+b=\{ax+b:\boldsymbol{x}\in C\}$ 是凸集。

(3) 仿射函数：对任意仿射函数 $f(\boldsymbol{x})=A\boldsymbol{x}+b$ 和凸集 C，集合 $f(C)=\{f(x):\boldsymbol{x}\in C\}$ 与集合 $f^{-1}(C)=\{\boldsymbol{x}:f(\boldsymbol{x})\in C\}$ 均是凸集。

(4) 透视函数：对透视函数 $P:\mathbb{R}^n\times\mathbb{R}_{++}\to\mathbb{R}^n$，$P(\boldsymbol{x},\boldsymbol{z})=\boldsymbol{x}/\boldsymbol{z}$（$\mathbb{R}_{++}$ 表示正实数集合，$\boldsymbol{z}>0$），如果 $C\subseteq \mathrm{dom}(P)$ 是凸集，则 $P(C)$ 是凸集；如果 D 是凸集，则 $P^{-1}(D)$ 是凸集。

(5) 线性分式：线性分式是仿射函数和透视函数的复合函数，形如：

$$f(x)=\frac{\boldsymbol{A}\boldsymbol{x}+b}{\boldsymbol{c}^{\mathrm{T}}\boldsymbol{x}+d} \tag{3.1.4}$$

式中，$c^{\mathrm{T}}\boldsymbol{x}+d>0$。如果 $C\subseteq \mathrm{dom}(f)$，则 $f(C)$ 是凸集；如果 D 是凸集，则 $f^{-1}(D)$ 是凸集。

2) 分离超平面定理

若 C、D 是非空凸集，且有 $C\cap D=\varnothing$，则必然存在超平面 $\boldsymbol{a}^{\mathrm{T}}\boldsymbol{x}+b$ 完全分离 C、D，即

$$\begin{aligned} C&\subseteq\left\{\boldsymbol{x}:\boldsymbol{a}^{\mathrm{T}}\boldsymbol{x}\leqslant b\right\} \\ D&\subseteq\left\{\boldsymbol{x}:\boldsymbol{a}^{\mathrm{T}}\boldsymbol{x}\geqslant b\right\} \end{aligned} \tag{3.1.5}$$

3) 支撑超平面定理

若 C 为非空凸集，对于集合 C 的任意边界点 $\boldsymbol{x}_0$，存在 $\boldsymbol{a}$ 使得

$$C\subseteq\left\{\boldsymbol{x}:\boldsymbol{a}^{\mathrm{T}}\boldsymbol{x}\leqslant \boldsymbol{a}^{\mathrm{T}}\boldsymbol{x}_0\right\} \tag{3.1.6}$$

凸集的分离超平面定理和支撑超平面定理为机器学习分类问题提供了重要的理论支撑，尤其是对于支持向量机等算法。

2. 凸函数

若函数 f 满足定义域 $\mathrm{dom}(f)$ 是凸集，且有

$$f\left(t\boldsymbol{x}+(1-t)\boldsymbol{y}\right)\leqslant tf(\boldsymbol{x})+(1-t)f(\boldsymbol{y}),\quad \forall t\in[0,1],\quad \forall \boldsymbol{x},\boldsymbol{y}\in\mathrm{dom}(f) \tag{3.1.7}$$

则称 f 是凸函数，相应的 $-f$ 为凹函数。凸函数如图 3.1.1 所示，凸函数的几何意

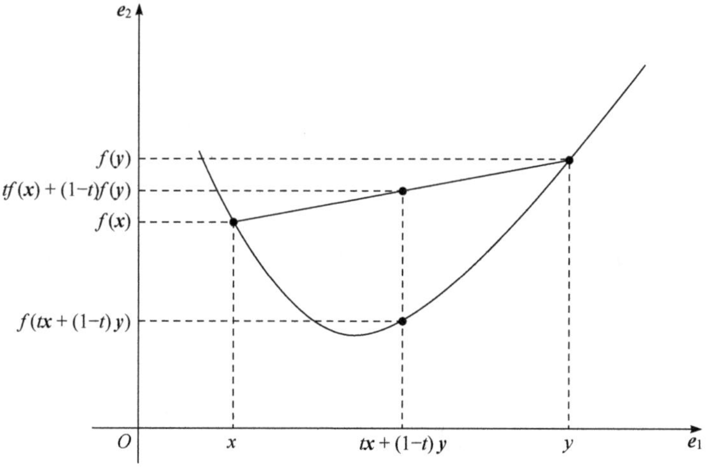

图 3.1.1　凸函数示意图

$\boldsymbol{e}_1$ 和 $\boldsymbol{e}_2$ 分别表示空间中两条无关向量

义在于定义域中任意两点连线组成的线段都在这两点间的函数曲线(面)上方。优化方法中常见的仿射函数、二次函数、最小二乘函数、范数函数等均是凸函数。

凸函数的性质如下。

1) 保凸运算

(1) 若 $f_1,f_2,\cdots,f_n$ 是凸函数，则 $a_1f_1+a_2f_2+\cdots+a_nf_n$ 是凸函数，其中 $a_1,a_2,\cdots,a_n\geqslant 0$。

(2) 若 $f_1,f_2,\cdots,f_n$ 是凸函数，则 $f(\boldsymbol{x})=\max\{f_1(\boldsymbol{x}),f_2(\boldsymbol{x}),\cdots,f_n(\boldsymbol{x})\}$ 是凸函数。

(3) 若 f 是凸函数，则 $f(\boldsymbol{Ax}+b)$ 是凸函数。

(4) 若 $f(\boldsymbol{x},\boldsymbol{y})$ 关于 $(\boldsymbol{x},\boldsymbol{y})$ 是凸函数，C 是凸集，则 $g(\boldsymbol{x})=\min_{\boldsymbol{y}\in C}f(\boldsymbol{x},\boldsymbol{y})$ 是凸集。

2) 凸上方图

当且仅当函数上方图 $\operatorname{epi}(f)=\{(\boldsymbol{x},t)\in\operatorname{dom}(f)\times\mathbb{R}:f(\boldsymbol{x})\leqslant t\}$ 为凸集时，函数 f 是凸函数。

3) 凸下水平集

若 f 是凸函数，则其下水平集 $\{\boldsymbol{x}\in\operatorname{dom}(f):f(\boldsymbol{x})\leqslant t\},t\in\mathbb{R}$ 为凸集。

4) 一阶性质

若函数 f 一阶可导，当且仅当函数定义域 $\operatorname{dom}(f)$ 是凸集且满足 $f(\boldsymbol{y})\geqslant\nabla f(\boldsymbol{x})^{\mathrm{T}}(\boldsymbol{y}-\boldsymbol{x})$，$\forall\boldsymbol{x},\boldsymbol{y}\in\operatorname{dom}(f)$ 时，函数 f 是凸函数。因此，对于任意一个可导凸函数，求其一阶导数为零的点即可求得函数最值。

5) 二阶性质

若函数 f 二阶可导，当且仅当函数定义域 $\operatorname{dom}(f)$ 是凸集且满足 $\nabla^2 f(\boldsymbol{x})\succeq 0$ 时，函数 f 是凸函数。

6) Jensen 不等式

若 f 是凸函数，$\boldsymbol{X}$ 是定义域 $\operatorname{dom}(f)$ 中的任意向量，则 $f(\mathrm{E}[\boldsymbol{X}])\leqslant\mathrm{E}[f(\boldsymbol{X})]$。

3. 凸优化问题

结合式(3.1.1)与式(3.1.2)可以得到一般优化问题的数学模型，在此基础上，凸优化对函数和约束集合有更严格的要求，其数学模型为

$$\begin{aligned}&\min\ f_0(\boldsymbol{x})\\&\text{s.t.}\ \ f_i(\boldsymbol{x})=0,\quad i=1,2,\cdots,m\\&\qquad\boldsymbol{a}_j^{\mathrm{T}}\boldsymbol{x}=\boldsymbol{b}_j,\quad j=1,2,\cdots,n\end{aligned}\tag{3.1.8}$$

式中，$f_0,f_1,\cdots,f_m$ 均为凸函数。原一般优化问题中的等式约束均变为仿射函数约

束。凸优化问题最重要的性质是，任意一个局部最优解即为全局最优解，可以很容易地根据函数的梯度方向求得问题最优解。

在建立最优化模型后，需要设计并实现合适的算法对模型的参数进行优化求解，从而得到问题的结果。本章接下来几节将介绍几种通用且常用的优化算法，此处主要讨论问题求解结果是否令人满意。对于任意一个问题，希望得到的是使目标函数取得最值的全局最优解，然而实际上往往只能得到局部最优解。尽管可以通过一些手段将问题转换为易求解、性质好的形式，如非凸问题向凸问题的转换，但是仍不可避免地会导致结果落入局部最优解。以式(3.1.1)表示的最小化问题为例，问题的全局最优解和局部最优解分别定义如下：

(1) 如果 $f\left(\boldsymbol{x}^*\right) \leqslant f\left(\boldsymbol{x}\right), \forall \boldsymbol{x} \in \mathcal{X}$，则 $\boldsymbol{x}^*$ 被称为问题的全局最优解。

(2) 如果存在 $\boldsymbol{x}^*$ 一个邻域 $N\left(\boldsymbol{x}\right)$，使得 $f\left(\boldsymbol{x}^*\right) \leqslant f\left(\boldsymbol{x}\right), \forall \boldsymbol{x} \in \mathcal{X} \cap N\left(\boldsymbol{x}\right)$，则 $\boldsymbol{x}^*$ 被称为问题的局部最优解。

全局最优解与局部最优解如图 3.1.2 所示，(a)与(b)两点对应的数据为局部最优解，(c)为问题的全局最优解(假定未画出的函数曲线中不存在任何比该点取值更小的点)。

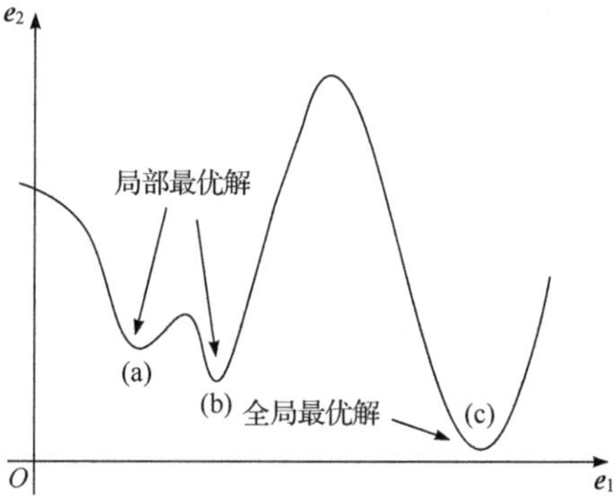

图 3.1.2　全局最优解与局部最优解示意图

3.2　拉格朗日乘子法与 KKT 条件

在最优化问题中，拉格朗日乘子法(Lagrange multiplier method，LMM)是解决带约束优化问题的基本方法(Lagrange et al., 1853)，广泛用于寻找变量受一个或多个限制的多元函数的极值。这种方法通过引入一种被称为拉格朗日乘子的标量未知数，将一个有 n 个变量与 l 个约束的最优化问题转换为一个求解 $n+l$ 个变量方程组的极值问题，且这一方程组的变量不受任何约束。本节讨论等式约束和不等式约束下拉格朗日乘子法的问题形式和解决方案，以及拉格朗日乘子法取得可行解时需要满足的必要条件，并阐述拉格朗日乘子法的原始问题和对偶问题之间的关系。

3.2.1 等式约束问题

考虑一个有 n 个变量与 l 个等式约束的最优化问题，即

$$\begin{aligned}&\min f(\boldsymbol{x})\\&\text{s.t. } h_k(\boldsymbol{x})=0,\quad k=1,2,\cdots,l\end{aligned}\tag{3.2.1}$$

式中，$\boldsymbol{x}$ 是一个 n 维变量。直观理解，该问题的求解目标是在由一组约束条件 $h_k(\boldsymbol{x})=0$ 确定的超平面上寻找能使目标函数最小化的点。对于任意一个约束平面 $h_k(\boldsymbol{x})=0\,(1\leqslant k\leqslant l)$，与该约束平面垂直的向量为

$$\nabla h_k=\left(\frac{\partial h_k}{\partial \boldsymbol{x}_1},\frac{\partial h_k}{\partial \boldsymbol{x}_2},\cdots,\frac{\partial h_k}{\partial \boldsymbol{x}_n}\right)^{\mathrm{T}}\tag{3.2.2}$$

假设该约束问题的最优解在 x^* 处取得，则该点处由所有约束平面交集构成的约束超平面的梯度可以表示为 $\boldsymbol{\lambda}\nabla h(\boldsymbol{x}^*)=\sum_{k=1}^{l}\lambda_k h_k(\boldsymbol{x}^*)$，其中 $\boldsymbol{\lambda}=[\lambda_1,\lambda_2,\cdots,\lambda_l]^{\mathrm{T}}\in\mathbb{R}^l$。当目标函数与约束平面相切时，必有一个切点为最优解 x^*，该点处目标函数梯度与超平面梯度满足：

$$\nabla f(\boldsymbol{x}^*)+\boldsymbol{\lambda}\nabla h_k(\boldsymbol{x}^*)=0\tag{3.2.3}$$

式中，$\boldsymbol{\lambda}\neq 0$。至此，从目标函数和约束超平面的梯度出发，得到了最优解必然满足的条件：目标函数和约束超平面梯度共线。

定义拉格朗日参数为 $\boldsymbol{\lambda}=[\lambda_1,\lambda_2,\cdots,\lambda_l]^{\mathrm{T}}\in\mathbb{R}^l$，拉格朗日乘子法引入该参数转换原优化问题，构造原优化问题的拉格朗日函数 $L(\boldsymbol{x},\lambda)$：

$$L(\boldsymbol{x},\lambda)=f(\boldsymbol{x})+\sum_{k=1}^{l}\lambda_k h_k(\boldsymbol{x})\tag{3.2.4}$$

进而对拉格朗日函数求偏导，并令其等于零，即可求得优化问题最优解。不难发现，拉格朗日函数对自变量 $\boldsymbol{x}$ 求偏导的结果与式(3.2.3)一致，这一现象说明了拉格朗日乘子法求解结果与从梯度角度直接分析问题所得结果一致。通过引入标量参数，拉格朗日乘子法将原始较难解决的等式约束优化问题转换为无约束优化问题，拉格朗日函数求导过程可以具体展开为

$$\begin{cases}\dfrac{\partial L}{\partial \boldsymbol{x}_1}=0,\cdots,\dfrac{\partial L}{\partial \boldsymbol{x}_n}=0\\ \dfrac{\partial L}{\partial \boldsymbol{\lambda}_1}=0,\cdots,\dfrac{\partial L}{\partial \boldsymbol{\lambda}_n}=0\end{cases} \tag{3.2.5}$$

3.2.2 不等式约束问题

现考虑一个有 n 个变量、l 个不等式约束的最优化问题，即

$$\begin{aligned}&\min f(\boldsymbol{x})\\ &\text{s.t. } h_k(\boldsymbol{x})\leqslant 0,\quad k=1,2,\cdots,l\end{aligned} \tag{3.2.6}$$

此时，最优解 $\boldsymbol{x}^*$ 落在 $h_k(\boldsymbol{x})<0$ 围成的区域内或者 $h_k(\boldsymbol{x})=0$ 确定的超平面上。对于前一种情况，直接对目标函数求导，得 $\nabla f(\boldsymbol{x}^*)=0$，即可求得最优解；后一种情况与前述等式约束问题类似，不同的是此时 $\nabla f(\boldsymbol{x}^*)$ 方向与 $\nabla h_k(\boldsymbol{x}^*)$ 方向必须相反，即要求 $\nabla f(\boldsymbol{x}^*)+\boldsymbol{\lambda}\nabla h_k(\boldsymbol{x}^*)=0$ 必须满足 $\lambda_k>0(1\leqslant k\leqslant l)$。考虑目标函数梯度与约束条件梯度的关系，两种情况可以规范地表示如下。

(1) 情况一：最优解在 $h_k(\boldsymbol{x})<0$ 围成的区域内，此时目标函数的约束条件无作用，令 $\nabla f(\boldsymbol{x}^*)+\boldsymbol{\lambda}\nabla h_k(\boldsymbol{x}^*)=0$，并要求 $\lambda_k=0$，即可求得最优解。

(2) 情况二：最优解在 $h_k(\boldsymbol{x})=0$ 确定的超平面上，目标函数与超平面相切且二者梯度反向处即为最优解。此时，令 $\nabla f(\boldsymbol{x}^*)+\boldsymbol{\lambda}\nabla h_k(\boldsymbol{x}^*)=0$，并要求 $\lambda_k>0$，即可求得最优解。

对两种情况进行合并，可以将原问题不等式约束条件转化为

$$\begin{cases}h_k(\boldsymbol{x})\leqslant 0\\ \lambda_k\geqslant 0\\ \lambda_k h_k(\boldsymbol{x})=0\end{cases} \tag{3.2.7}$$

这一方程组表明了拉格朗日乘子法取到最优解的必要条件，称为 Karush-Kuhn-Tucker 条件(KKT 条件)，常用于求解有约束的优化问题。式(3.2.7)中第一个方程代表求解目标函数过程中受到的不等式约束；第二个方程和第三个方程由上述讨论的两种情况归纳而来，综合考虑两式可以得到 $\lambda_k=0$、$h_k(\boldsymbol{x})<0$ 和 $\lambda_k>0$、$h_k(\boldsymbol{x})=0$ 两种情况。KKT 条件是非线性规划(nonlinear programming)最佳解的必要条件，可以将拉格朗日乘子法处理涉及等式的约束优化问题推广至不等式。在实际应用中，KKT 条件(方程组)一般不存在代数解，许多优化算法可供数值计算选用。

3.2.3 原始问题与对偶问题

3.2.1 小节和 3.2.2 小节分析了等式约束和不等式约束下用拉格朗日乘子法求解原始问题(primal problem)的理论依据，并总结得出拉格朗日函数取极值的必要条件——KKT 条件。通常，一个优化问题可以从原始问题和对偶问题(dual problem)两个角度来考虑。在优化问题中，对偶问题的复杂度往往低于原始问题，可以利用拉格朗日对偶性将原始问题转换为对偶问题，通过求解对偶问题得到原始问题的解。为便于介绍原始问题和对偶问题，将等式约束和不等式约束两种情况进行整合，即考虑有 m 个等式约束和 n 个不等式约束的最优化问题：

$$\begin{aligned} &\min f(\boldsymbol{x}) \\ &\text{s.t. } h_i(\boldsymbol{x})=0, \quad i=1,2,\cdots,m \\ &\qquad g_j(\boldsymbol{x})\leqslant 0, \quad j=1,2,\cdots,n \end{aligned} \tag{3.2.8}$$

其定义域为 $\boldsymbol{x}\in\mathcal{D}$，将这个最优化问题作为拉格朗日乘子法求解的原始问题。通过引入拉格朗日乘子 $\boldsymbol{\lambda}=[\lambda_1,\lambda_2,\cdots,\lambda_m]^{\mathrm{T}}\in\mathbb{R}^m$ 和 $\boldsymbol{\alpha}=[\alpha_1,\alpha_2,\cdots,\alpha_n]^{\mathrm{T}}\in\mathbb{R}^n$，可以构造拉格朗日函数：

$$L(\boldsymbol{x},\boldsymbol{\lambda},\boldsymbol{\alpha})=f(\boldsymbol{x})+\sum_{i=1}^{m}\lambda_i h_i(\boldsymbol{x})+\sum_{j=1}^{n}\alpha_j g_j(\boldsymbol{x}) \tag{3.2.9}$$

将等式约束和不等式约束情况下的 KKT 条件进行线性结合，即可得到求解该问题需要的 KKT 条件：

$$\begin{cases} h_i(\boldsymbol{x})=0 \\ g_j(\boldsymbol{x})\leqslant 0 \\ \lambda_i\neq 0 \\ \alpha_j\geqslant 0 \\ \alpha_j g_j(\boldsymbol{x})=0 \end{cases} \tag{3.2.10}$$

根据前文分析可知，通过求解 KKT 条件方程组即可求得原始问题的最优解 p^*。虽然 KKT 条件从理论上给出了求极值的必要条件，但实际求解中并不容易实现，因此引入拉格朗日对偶问题进行辅助求解。取拉格朗日函数的下确界可以得到拉格朗日对偶函数的定义式，即

$$\Gamma(\boldsymbol{\lambda},\boldsymbol{\alpha})=\inf_{\boldsymbol{x}\in\mathcal{D}} L(\boldsymbol{x},\boldsymbol{\lambda},\boldsymbol{\alpha})=\inf_{\boldsymbol{x}\in\mathcal{D}}\left(f(\boldsymbol{x})+\sum_{i=1}^{m}\lambda_i h_i(\boldsymbol{x})+\sum_{j=1}^{n}\alpha_j g_j(\boldsymbol{x})\right) \tag{3.2.11}$$

对任意 $\alpha\geqslant 0$ 和 λ，若 $\tilde{\boldsymbol{x}}\in\mathcal{D}$ 是原始问题可行域中的点，根据原始问题 KKT

条件中的部分方程可以推导出不等式：

$$\sum_{i=1}^{m}\lambda_i h_i\left(\tilde{\boldsymbol{x}}\right)+\sum_{j=1}^{n}\alpha_j g_j\left(\tilde{\boldsymbol{x}}\right)\leqslant 0 \tag{3.2.12}$$

将式(3.2.12)代入拉格朗日对偶函数的定义式中，可得对偶函数取值总是小于等于原目标函数：

$$\Gamma\left(\boldsymbol{\lambda},\boldsymbol{\alpha}\right)=\inf_{x\in\mathcal{D}} L\left(\boldsymbol{x},\boldsymbol{\lambda},\boldsymbol{\alpha}\right)\leqslant L\left(\tilde{\boldsymbol{x}},\boldsymbol{\lambda},\boldsymbol{\alpha}\right)\leqslant f\left(\tilde{\boldsymbol{x}}\right) \tag{3.2.13}$$

同理，对于原始问题的最优解 $p^*\in\mathcal{D}$，任意 $\boldsymbol{\alpha}\geqslant 0$ 和 $\boldsymbol{\lambda}$ 均有

$$\Gamma\left(\boldsymbol{\lambda},\boldsymbol{\alpha}\right)\leqslant p^* \tag{3.2.14}$$

从而可以看出，拉格朗日对偶函数给出了原始问题最优解的不平凡下界，并且这一下界取决于 $\boldsymbol{\alpha}$ 和 $\boldsymbol{\lambda}$ 的取值。当原始问题求解较为困难时，可以通过求解对偶函数的最大值解决：

$$\begin{aligned}&\max\ \Gamma\left(\boldsymbol{\lambda},\boldsymbol{\alpha}\right)\\&\text{s.t.}\ \ \boldsymbol{\alpha}\geqslant 0\end{aligned} \tag{3.2.15}$$

这一问题即为原始问题的对偶问题，其中 $\boldsymbol{\alpha}$ 和 $\boldsymbol{\lambda}$ 称为对偶变量。对偶问题具有良好的凸优化性质，不论原始问题的凸性质如何，对偶函数始终是凹函数，为凸优化问题，相较于原始问题更容易进行求解。

此外，对偶问题能否取到或在何种情况下可以取到原始问题的最优解也较为重要。不妨假设对偶问题的最优解为 $d^*=\max\Gamma\left(\boldsymbol{\lambda},\boldsymbol{\alpha}\right)$，则根据式(3.2.14)，有 $p^*\geqslant d^*$。不难得知，当等式成立时，通过求解对偶问题即可得到原始问题最优解，否则得到的解只是近似解。并不是所有情况下等式都严格成立，根据等式是否成立，可以分为弱对偶和强对偶两种情况。

(1) 弱对偶：满足 $p^*\geqslant d^*$ 即可，可知无论原始问题是否为凸问题，弱对偶性总成立。

(2) 强对偶：满足 $p^*=d^*$，此时由对偶问题可以直接获得原始问题的最优下界。强对偶性并不总是成立。在最优化问题中，使强对偶性成立的条件称为规范性条件(constraint qualification，CQ)。若原始问题为凸优化问题，且存在一个点使得所有约束成立且非线性不等式约束严格成立，则强对偶性满足。此时，解决对偶问题即可解决原始问题。

值得强调的是，深入理解并且巧妙地运用 KKT 条件有助于高效求解相关问题，研究者可以结合本书后续算法 KKT 条件的使用进一步体会其应用，从而在实际问题求解中灵活使用 KKT 条件。

3.3 梯度下降法

梯度下降法是一种非常通用的无约束凸优化问题优化算法，中心思想是迭代地调整参数从而使损失函数取得最优解。由于无约束优化问题不考虑约束条件，大多数优化问题没有闭式解，因此大部分算法采用迭代法求解。迭代法从一个初始点开始，借用一阶导数信息即梯度，移动到下一个点，直至到达函数的极值点。算法的依据是寻找梯度值为 0 的点，因为根据极值定理，极值点处函数的梯度必须为 0。需要注意的是，梯度为 0 是函数取得极值的必要条件而非充分条件，并且梯度下降仍然可能面临收敛到局部最优解的问题。

以线性回归模型为例，模型的优化目标是最小化损失函数，其损失函数为凸函数，意味着连接曲线上任意两点的线段永远不会和曲线相交，不存在局部最小值，只有一个全局最小值。它同时也是一个连续函数，所以斜率不会发生陡峭的变化。

下面用线性回归的例子来具体描述梯度下降，线性回归模型预测为

$$\hat{y}=\theta_0+\theta_1x_1+\theta_2x_2+\cdots+\theta_nx_n \tag{3.3.1}$$

式中，$\hat{y}$ 是预测值；n 是特征数量；x_i 是第 i 个特征值；θ_i 是第 i 个模型参数。

$$\hat{y}=h_\theta(\boldsymbol{x})=\sum_{i=1}^{n}\theta_ix_i \tag{3.3.2}$$

假设样本为

$$\left(x_1^0,x_2^0,\cdots,x_n^0,y^0\right),\left(x_1^1,x_2^1,\cdots,x_n^1,y^1\right),\cdots,\left(x_1^m,x_2^m,\cdots,x_n^m,y^m\right) \tag{3.3.3}$$

最优化回归模型可以表述为求解最小化损失函数的问题，损失函数为

$$J(\theta_0,\theta_1,\cdots,\theta_n)=\frac{1}{2m}\sum_{j=1}^{m}\left(h_\theta\left(x_0^j,x_1^j,x_2^j,\cdots,x_n^j\right)-y^j\right)^2 \tag{3.3.4}$$

由于样本中没有 x_0，式(3.3.4)中令所有的 x_0^j 为 1。

使用梯度下降法最小化损失函数，首先需要初始化相关参数。主要初始化为 θ_i，算法迭代步长为 η，终止距离为 ζ，可据经验初始化 θ 为 0，步长 η 初始化为 1，当前步长记为 φ_i。同样，可以采用随机初始化。

3.3.1 批量梯度下降法

算法在更新参数时使用所有的样本来进行更新，称为批量梯度下降法。批量梯度下降法具体的迭代计算如下。

(1) 计算当前位置损失函数的梯度，对于 θ_i，其梯度表示为

$$\frac{\partial}{\partial\theta_i}J(\theta_0,\theta_1,\cdots,\theta_n)=\frac{1}{m}\sum_{j=1}^{m}\left(h_\theta\left(x_0^j,x_1^j,x_2^j,\cdots,x_n^j\right)-y^j\right)x_i^j \tag{3.3.5}$$

(2) 计算当前位置下降的距离：

$$\varphi_i=\eta\frac{\partial}{\partial\theta_i}J(\theta_0,\theta_1,\cdots,\theta_n) \tag{3.3.6}$$

式中，算法迭代步长 η 又称为学习率。图 3.3.1 为不同学习率取值对应的梯度下降法更新过程，图中虚线为初始超平面。从图中可以看出，学习率越小，更新步长越小，体现为超平面直接距离较近；当学习率较大时，迭代步长较大，甚至难以收敛。

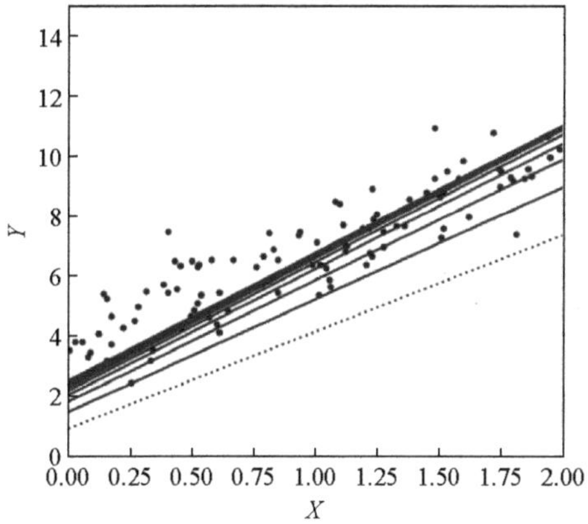

(a) $\eta=0.1$

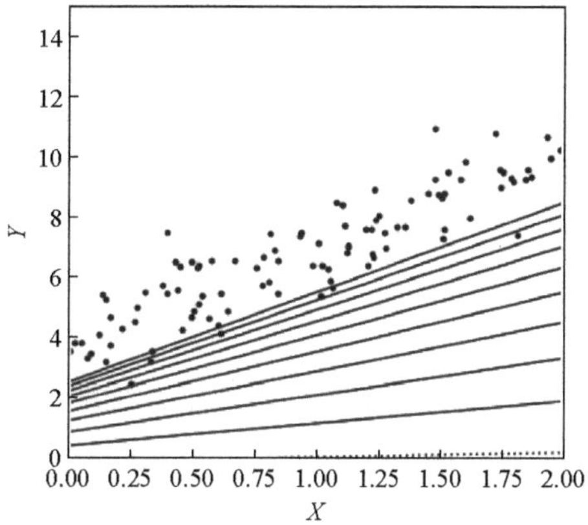

(b) $\eta=0.04$

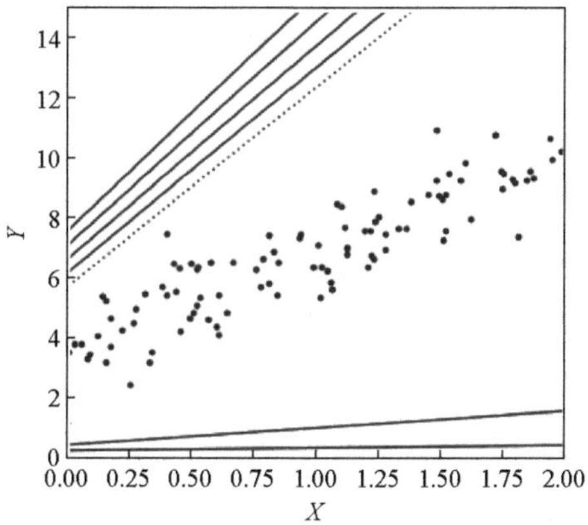

(c) $\eta=0.5$

图 3.3.1　不同学习率取值对应的梯度下降法更新过程

(3) 判断迭代是否终止：确定是否所有 θ_i 梯度下降距离 φ_i 都小于终止距离 ζ，如果都小于 ζ，则算法终止，当前值即为最终结果，否则进入下一步。

(4) 更新所有的 θ_i，更新后的表达式为

$$\begin{aligned}\theta_{i+1} &= \theta_i - \eta\frac{\partial}{\partial\theta_i}J(\theta_0,\theta_1,\cdots,\theta_n)\\ &= \theta_i - \eta\frac{1}{m}\sum_{j=1}^{m}\left(h_\theta\left(x_0^j,x_1^j,x_2^j,\cdots,x_n^j\right)-y^j\right)x_i^j\end{aligned} \tag{3.3.7}$$

(5) 更新完毕后转入(1)。

由此可看出，当前位置的梯度方向由所有样本决定。图 3.3.1 展示了分别使用三种不同学习率 η 时梯度下降的前 10 步。同样，可以采用矩阵方式描述批量梯度下降法，其矩阵表达方式为

$$\boldsymbol{h}_\theta(\boldsymbol{x}) = \boldsymbol{X}\boldsymbol{\theta} \tag{3.3.8}$$

式中，假设函数 $h_\theta(\boldsymbol{x})$ 为 $m\times1$ 的向量；$\boldsymbol{\theta}$ 为 $(n+1)\times1$ 的向量；$\boldsymbol{X}$ 为 $m\times(n+1)$ 维的矩阵。

损失函数的表达式为

$$J(\boldsymbol{\theta}) = \frac{1}{2}(\boldsymbol{X}\boldsymbol{\theta}-\boldsymbol{Y})^{\mathrm{T}}(\boldsymbol{X}\boldsymbol{\theta}-\boldsymbol{Y}) \tag{3.3.9}$$

式中，$\boldsymbol{Y}$ 为样本的输出向量，维度为 $m\times1$。

更新向量，其更新表达式可写为

$$\begin{aligned}\boldsymbol{\theta} &= \boldsymbol{\theta} - \eta\frac{\partial}{\partial\boldsymbol{\theta}}J(\boldsymbol{\theta})\\ &= \boldsymbol{\theta} - \eta\boldsymbol{X}^{\mathrm{T}}(\boldsymbol{X}\boldsymbol{\theta}-\boldsymbol{Y})\end{aligned} \tag{3.3.10}$$

3.3.2 随机梯度下降法

批量梯度下降法的主要问题是需要采用所有数据来计算每一步的梯度，所以随着数据量增加计算会变得特别慢。随机梯度下降法则每次仅采用一个样本数据进行迭代，因此训练速度很快，可以用来训练海量数据，每次迭代只需要在内存中运行一个实例即可。

$$\theta_{i+1} = \theta_i - \eta\left(h_\theta\left(x_0^j,x_1^j,x_2^j,\cdots,x_n^j\right)-y^j\right)x_i^j \tag{3.3.11}$$

对于准确度来说，随机梯度下降法仅用一个样本决定梯度方向，导致解很有可能不是最优。对于收敛速度来说，随机梯度下降法一次迭代一个样本，导致迭代方向变化很大，不能很快地收敛到局部最优解。当损失函数非常不规则时，随

机梯度下降法可以更好地帮助算法跳出局部最小值，此时对于找到全局最优解，随机梯度下降法相较批量梯度下降法更有优势。

由于随机梯度下降法的性质，损失函数的下降不再是缓慢下降而是存在一定的跳跃，随着时间推移会非常接近最小值，但是即便到达最小值，损失函数还是会持续反弹，所以存在的一个缺点是永远定位不出最小值。解决这个问题的一个思路是逐步降低学习率，开始步长比较大，以此快速迭代和逃离局部最小值，然后不断降低学习率，让算法靠近全局最小值。这个方法称作模拟退火算法，其中确定每个迭代学习率的函数称为学习率调度函数。采用简单的学习率调度函数实现随机梯度下降，梯度下降的前 20 步如图 3.3.2 所示，以对比与批量梯度下降相比迭代步骤的不规则性。

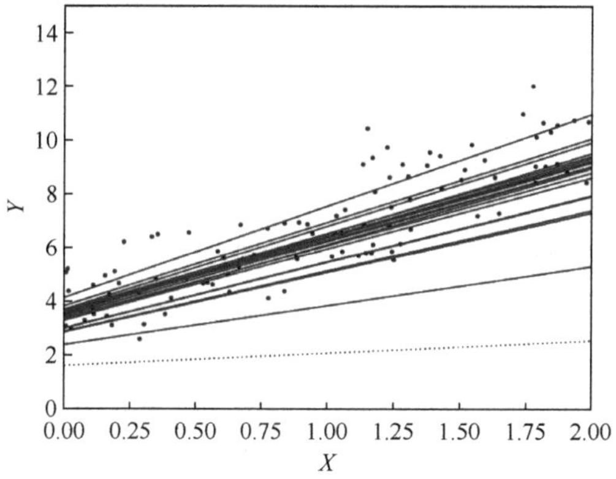

图 3.3.2　随机梯度下降法的前 20 步示例

3.4　牛顿迭代法

牛顿迭代法也常用于求解无约束优化问题，与梯度下降法相似的是，均需要先确定一个合理的搜索方向，再基于该方向搜索最优解。牛顿迭代方法的特点在于，如果目标函数是二次可微分的，其能够利用目标函数的二阶曲率信息，从而更快速收敛(Luenberger，1973)。本节详细阐述牛顿迭代法的基本原理，值得一提的是，牛顿迭代法可以用于求解等式约束问题，本节仅关注无约束优化问题。

根据极值定理，函数在点 $\boldsymbol{x}^*$ 处取得极值的必要条件是导数(对于多元函数是梯度)为 0，即

$$f'\left(\boldsymbol{x}^*\right)=0 \tag{3.4.1}$$

式中，$\boldsymbol{x}^*$ 为函数的驻点，可以通过寻找函数的驻点求解函数的极值。如果函数是

一个复杂的非线性函数，直接计算函数的梯度并求解一般比较困难，而且并不是所有的方程都有易求解的求根公式，因此与梯度下降法类似，在这里也采用迭代法。

利用泰勒公式，将 $f(\boldsymbol{x})$ 在 $\boldsymbol{x}_0$ 处展开到一阶：

$$f(\boldsymbol{x}) \approx f(\boldsymbol{x}_0) + f'(\boldsymbol{x}_0)(\boldsymbol{x}-\boldsymbol{x}_0) \tag{3.4.2}$$

由式(3.4.2)求解 $f(\boldsymbol{x})=0$，即 $f(\boldsymbol{x}_0)+f'(\boldsymbol{x}_0)(\boldsymbol{x}-\boldsymbol{x}_0)=0$，可以得

$$\boldsymbol{x}=\boldsymbol{x}_1=\boldsymbol{x}_0-\frac{f(\boldsymbol{x}_0)}{f'(\boldsymbol{x}_0)} \tag{3.4.3}$$

由泰勒展开的性质可知，式(3.4.2)在 $\boldsymbol{x}_0$ 处是近似相等，求得的 $\boldsymbol{x}_1$ 并不能让 $f(\boldsymbol{x})=0$，只能使 $f(\boldsymbol{x}_1)$ 的值比 $f(\boldsymbol{x}_0)$ 更接近 0，所以采用迭代法进行变量更新，进而可以推导出：

$$\boldsymbol{x}_{k+1}=\boldsymbol{x}_k-\frac{f(\boldsymbol{x}_k)}{f'(\boldsymbol{x}_k)} \tag{3.4.4}$$

通过迭代，式(3.4.4)必然在 $f(\boldsymbol{x}^*)=0$ 时收敛，整个过程如图 3.4.1 所示。在最优化的问题中，线性最优化至少可以使用单纯形法(或称不动点算法)求解，但对于非线性优化问题，牛顿迭代法是一种求解的办法。假设任务是优化一个目标函数 $f(\boldsymbol{x})$，求函数 $f(\boldsymbol{x})$ 的极大极小问题，可以转化为求解函数 $f(\boldsymbol{x})$ 的导数 $f'(\boldsymbol{x})=0$ 的问题，这样就可以把优化问题看成方程求解问题($f'(\boldsymbol{x})=0$)，然后利用牛顿迭代法进行求解。

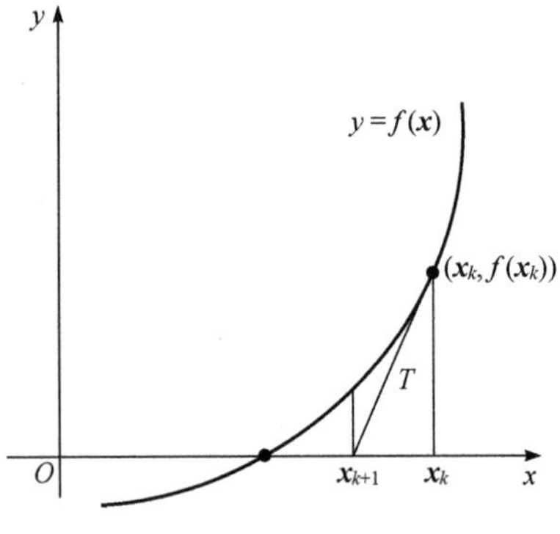

图 3.4.1　牛顿迭代法求实根图示
T 表示切线

为了求解 $f'(\boldsymbol{x})=0$ 的根，将 $f(x)$ 的泰勒展开式展开到二阶形式：

$$f(\boldsymbol{x}+\Delta\boldsymbol{x})=f(\boldsymbol{x})+f'(\boldsymbol{x})\Delta\boldsymbol{x}+\frac{1}{2}f''(\boldsymbol{x})\Delta\boldsymbol{x}^2 \tag{3.4.5}$$

这个式子是成立的，当且仅当 $\Delta\boldsymbol{x}$ 无限趋近于 0 时，$f(\boldsymbol{x}+\Delta\boldsymbol{x})=f(\boldsymbol{x})$，约去这两项，余项式 $f'(\boldsymbol{x})\Delta\boldsymbol{x}+1/2\,f''(\boldsymbol{x})\Delta\boldsymbol{x}^2$ 对 $\Delta\boldsymbol{x}$ 求导($f'(\boldsymbol{x})$、$f''(\boldsymbol{x})$)均为常数项)，此时式(3.4.5)等价于：

$$f'(\boldsymbol{x})+f''(\boldsymbol{x})\Delta\boldsymbol{x}=0 \tag{3.4.6}$$

可以解得

$$\Delta \boldsymbol{x} = -\frac{f'(\boldsymbol{x}_k)}{f''(\boldsymbol{x}_k)} \tag{3.4.7}$$

得出迭代公式

$$\boldsymbol{x}_{k+1} = \boldsymbol{x}_k - \frac{f'(\boldsymbol{x}_k)}{f''(\boldsymbol{x}_k)} \tag{3.4.8}$$

一般认为，牛顿迭代法可以利用曲线本身的二阶曲率信息，比梯度下降法更容易收敛(迭代更少次数)。由讨论的二维情况推广至高维，多维 $f(\boldsymbol{x}) = \left(f_1(\boldsymbol{x}), f_2(\boldsymbol{x}), \cdots, f_m(\boldsymbol{x})\right)^{\mathrm{T}}$，此时的一阶导数构成的矩阵为雅可比(Jacobian)矩阵：

$$\nabla f(\boldsymbol{x}) = \begin{bmatrix} \frac{\partial f_1(\boldsymbol{x})}{\partial x_1} & \frac{\partial f_1(\boldsymbol{x})}{\partial x_2} & \cdots & \frac{\partial f_1(\boldsymbol{x})}{\partial x_n} \\ \frac{\partial f_2(\boldsymbol{x})}{\partial x_1} & \frac{\partial f_2(\boldsymbol{x})}{\partial x_2} & \cdots & \frac{\partial f_2(\boldsymbol{x})}{\partial x_n} \\ \vdots & \vdots & & \vdots \\ \frac{\partial f_m(\boldsymbol{x})}{\partial x_1} & \frac{\partial f_m(\boldsymbol{x})}{\partial x_2} & \cdots & \frac{\partial f_m(\boldsymbol{x})}{\partial x_n} \end{bmatrix} \tag{3.4.9}$$

二阶偏导数组成的矩阵为黑塞(Hessian)矩阵：

$$H(f) = \begin{bmatrix} \frac{\partial^2 f_1(\boldsymbol{x})}{\partial x_1^2} & \frac{\partial^2 f_1(\boldsymbol{x})}{\partial x_1 \partial x_2} & \cdots & \frac{\partial^2 f_1(\boldsymbol{x})}{\partial x_1 \partial x_n} \\ \frac{\partial^2 f_2(\boldsymbol{x})}{\partial x_2 \partial x_1} & \frac{\partial^2 f_2(\boldsymbol{x})}{\partial x_2^2} & \cdots & \frac{\partial^2 f_2(\boldsymbol{x})}{\partial x_2 \partial x_n} \\ \vdots & \vdots & & \vdots \\ \frac{\partial^2 f_m(\boldsymbol{x})}{\partial x_n \partial x_1} & \frac{\partial^2 f_m(\boldsymbol{x})}{\partial x_n \partial x_2} & \cdots & \frac{\partial^2 f_m(\boldsymbol{x})}{\partial x_n^2} \end{bmatrix} \tag{3.4.10}$$

高维情况的牛顿迭代公式为

$$\boldsymbol{x}_{k+1} = \boldsymbol{x}_k - \left|Hf(\boldsymbol{x}_k)\right|^{-1} \nabla f(\boldsymbol{x}_k) \tag{3.4.11}$$

高维情况依然可以采用牛顿迭代法进行求解，但是 Hessian 矩阵引入的复杂性使得牛顿迭代求解的难度大大增加，为此引入拟牛顿(quasi-Newton)法解决这个问题。quasi-Newton 法不再直接计算 Hessian 矩阵，而是每一步使用梯度向量更新 Hessian 矩阵的近似值。将梯度向量 $\nabla f(\boldsymbol{x}_n)$ 简写为 $\boldsymbol{g}_n$。利用式(3.4.11)进行迭代，最终会到达函数的驻点处，$-\left|Hf(\boldsymbol{x}_n)\right|^{-1} \boldsymbol{g}_n$ 称为牛顿方向。迭代终止的条件

是梯度的模接近 0，或者函数值下降小于指定阈值。其完整流程如下：

(1) 给定初始值 $\boldsymbol{x}_0$ 和精度阈值 ε，设置 $k=0$；

(2) 计算梯度、矩阵 $\boldsymbol{g}_k$ 和矩阵 $Hf\left(\boldsymbol{x}_k\right)$；

(3) 如果 $\left\|\boldsymbol{g}_k\right\|<\varepsilon$，则停止迭代；

(4) 计算搜索方向 $\boldsymbol{d}_k=-\left|Hf\left(\boldsymbol{x}_k\right)\right|^{-1}\boldsymbol{g}_k$；

(5) 计算新的迭代点 $\boldsymbol{x}_{k+1}=\boldsymbol{x}_k+\gamma\boldsymbol{d}_k$；

(6) 令 $k=k+1$，返回步骤(2)。

γ 是一个接近 0 的常数，由人工设定，与梯度下降法一样，这个参数用于保证 $\boldsymbol{x}_{k+1}$ 在 $\boldsymbol{x}_k$ 的邻域内，从而可以忽略泰勒展开的高次项。如果目标函数是二次函数，Hessian 矩阵是一个常数矩阵，对于任意给定的初始点，牛顿迭代法只需要一步迭代就可以收敛到极值点。

牛顿迭代法不能保证每一步迭代的函数值下降，即不保证一定收敛。为此，提出一些补救措施，其中常用的是直线搜索，即搜索最优步长。具体做法是令 γ 取一些典型的离散值，如 0.0001、0.001、0.01，比较取哪个值时函数值下降最快，作为最优步长。

与梯度下降法相比，牛顿迭代法有更快的收敛速度，但每一步迭代的成本更高。在每次迭代时，除了要计算梯度向量，还要计算 Hessian 矩阵，并求解 Hessian 矩阵的逆矩阵。实现时一般不直接求 Hessian 矩阵的逆矩阵，而是求解以下方程：

$$Hf\left(\boldsymbol{x}_k\right)\boldsymbol{d}=-\boldsymbol{g}_k \tag{3.4.12}$$

求解这个线性方程组一般使用迭代法，如共轭梯度法。

牛顿迭代法面临的另一个问题是 Hessian 矩阵可能不可逆，从而导致这种方法失败。

3.5 坐标下降法

坐标下降法广泛应用于数据分析、机器学习等领域(Daubechies et al., 2004)。坐标下降法是一种非梯度优化方法，通过循环连续求解一系列维度更低甚至是一维的子问题最优解，逼近原始高维度目标函数的极值点。坐标下降法的核心思想是将一个复杂的优化问题分解为一系列简单的优化子问题进行求解，在低维甚至是一维的空间中逐步逼近目标函数的局部极值点，这样求解的计算规模远小于直接求解原问题。本节阐述最基础的坐标下降法原理，解释坐标下降法中局部最优解与全局最优解的关系，并结合实例对部分内容进行简单演示。

坐标下降法迭代如图 3.5.1 所示，不利用目标函数的梯度信息进行优化，而是在每一步迭代中沿坐标轴方向进行搜索，求解原始问题在该坐标轴方向上的最小值，然后通过循环沿不同的坐标轴进行优化，达到目标函数的局部最小值。

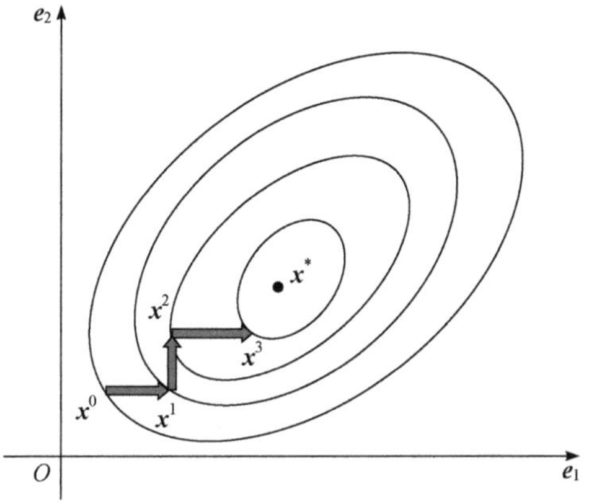

图 3.5.1　坐标下降法迭代图示

相比梯度优化法，坐标下降法不需要计算目标函数的梯度，并且迭代求解的问题规模更小，对于某些复杂的问题计算较为简便。假设优化问题是求解函数 f 的最小值，即目标函数为

$$\min_{\boldsymbol{x}\in\Omega} f(\boldsymbol{x}) \tag{3.5.1}$$

式中，$\boldsymbol{x}=(x_1,x_2,\cdots,x_d)^{\mathrm{T}}\in\mathbb{R}^d$，是一个 d 维向量；Ω 是该函数的解空间。从一个初始点 $\boldsymbol{x}^0$ 开始，坐标下降法在迭代过程中循环从不同坐标方向寻找目标函数的最小值，循环求解过程顺序可以是从 1 到 d 的任意排列。从每一个坐标方向求目标函数的极值是原问题的一个子问题，假设第 k 次迭代后得到的当前解为 $\boldsymbol{x}^k=\left(x_1^k,\cdots,x_{i-1}^k,x_i^k,x_{i+1}^k,\cdots,x_d^k\right)$，则第 $k+1$ 次迭代中，自变量 $\boldsymbol{x}$ 第 i 个维度的更新子问题为

$$x_i^{k+1}\leftarrow \arg\min\nolimits_y f\left(x_1^{k+1},\cdots,x_{i-1}^{k+1},y,x_{i+1}^k,\cdots,x_d^k\right) \tag{3.5.2}$$

因此，从一个初始的 $\boldsymbol{x}^0$ 开始，可以迭代获取 $\boldsymbol{x}^0,\boldsymbol{x}^1,\boldsymbol{x}^2\cdots$ 的序列，以求得目标函数 $f(\boldsymbol{x})$ 的局部最优解，并且在求解过程中每次迭代后的目标函数值是非增的，即满足：

$$f\left(\boldsymbol{x}^0\right)\geqslant f\left(\boldsymbol{x}^1\right)\geqslant f\left(\boldsymbol{x}^2\right)\geqslant\cdots \tag{3.5.3}$$

保证了坐标下降法一定可以达到目标函数的局部极小值，但不能保证取得全局最优解。

坐标下降法的完整流程如下：

(1) 给定初始值 $\boldsymbol{x}^0$，设置 $k=0$；

(2) 选取要更新的自变量 $\boldsymbol{x}$ 的维度 i；

(3) 选定更新步长 α；

(4) 更新 $x_i^{k+1} = x_i^k - \alpha \dfrac{\partial f}{\partial x_i}(\boldsymbol{x})$；

(5) 若满足迭代停止条件，则停止迭代，否则令 $k = k+1$，返回步骤(2)。

步长 α 的设置方式较为灵活，可以选择在该维度上直接求取最小化，或按照线搜索的最优条件设定步长(类似牛顿迭代法步长设置)，也可以基于函数 f 的先验知识选取人工设定步长(Wright，2015)。此外，由于坐标下降法不依赖梯度进行自变量的更新，因此其迭代停止条件无法根据梯度信息确定，常用的迭代停止条件是设定精度阈值或最大迭代次数，当目标函数的变化量小于精度阈值或迭代次数超过最大迭代次数时停止迭代。

虽然坐标下降法容易计算且收敛较快，但由于每次迭代中仅在单一维度上进行线性搜索，其收敛性不能得到保证(Tseng，2001)。一般而言，坐标下降法只适用于光滑函数，如果是非光滑函数，可能会陷入非驻点从而无法更新。此外，由于坐标下降法只依赖目标函数在某一维度上的梯度信息进行更新，该方法得到的解仅是近似最优解，不能保证达到全局最优解，甚至是局部最优解。

接下来用 LASSO 回归的例子具体描述坐标下降法。3.3 节中定义了线性回归的模型，LASSO 回归在线性回归模型的基础上增添了 ℓ_1 正则化项，其损失函数矩阵化表示为

$$f(\boldsymbol{\theta}) = \frac{1}{2}\|\boldsymbol{Y} - \boldsymbol{X}\boldsymbol{\theta}\|_2^2 + \lambda\|\boldsymbol{\theta}\|_1 \tag{3.5.4}$$

式中，λ 为正则化参数，其他变量意义与 3.3 节中定义一致。

利用坐标下降法求该损失函数最小值，在求解中需要循环沿不同坐标轴方向寻找目标函数的最小值。在第 k 次迭代时，需要求目标函数对 θ_k 的最小值，即求解 $\min_{\theta_i} f(\theta_0,\cdots,\theta_{i-1},\theta_i,\theta_{i+1},\cdots,\theta_n)$，可以对 $f(\boldsymbol{\theta})$ 求导并令其等于 0 求解，对 $f(\boldsymbol{\theta})$ 求偏导可得

$$\begin{aligned}
\frac{\partial f(\boldsymbol{\theta})}{\partial \theta_k} &= \frac{\sum_{j=1}^{m}\left(\sum_{i=1}^{n}\theta_i x_i^j - y^j\right)^2 + \lambda\sum_{i=1}^{n}\theta_i}{\partial \theta_k} \\
&= \sum_{j=1}^{m}\left(\sum_{i=1}^{n}\theta_i x_i^j - y^j\right)x_k^j + \lambda\frac{\partial|\theta_k|}{\partial \theta_k} \\
&= \sum_{j=1}^{m}\left(\sum_{i\neq k}^{n}\theta_i x_i^j - y^j\right) + \theta_k\sum_{j=1}^{m}\left(x_k^j\right)^2 + \lambda\frac{\partial|\theta_k|}{\partial \theta_k}
\end{aligned} \tag{3.5.5}$$

对于绝对值求导项，需要引入次梯度的概念，即

$$\lambda\frac{\partial|\theta_k|}{\partial\theta_k}=\begin{cases}\lambda, & \theta_k>0\\ [-\lambda,\lambda], & \theta_k=0\\ -\lambda, & \theta_k<0\end{cases} \tag{3.5.6}$$

基于此，可以得到 θ_k 的最优解为

$$\theta_k^*=\begin{cases}-\dfrac{r_k+\lambda}{z_k}, & r_k<-\lambda\\ 0, & -\lambda\leqslant r_k\leqslant\lambda\\ -\dfrac{r_k-\lambda}{z_k}, & r_k>\lambda\end{cases} \tag{3.5.7}$$

式中，$r_k=\sum_{j=1}^{m}\left(\sum_{i\neq k}^{n}\theta_i x_i^j-y^j\right)$；$z_k=\sum_{j=1}^{m}\left(x_k^j\right)^2$。通过循环更新 θ_k，即可求得该 LASSO 问题的局部最优解。

3.6 小　　结

本章介绍了机器学习中最常用的四种优化理论：拉格朗日乘子法、梯度下降法、牛顿迭代法、坐标下降法。在机器学习的实际应用中，常常遇到约束优化问题，求解约束化问题的常用方法是将约束问题转化为无约束优化问题。拉格朗日乘子法通过引入一种新的标量未知数，称为拉格朗日乘子，来寻找变量受一个或多个限制的多元函数方程组的极值，这一方程组的变量不受任何约束。本章还介绍了机器学习中非常通用的梯度下降法并详细分析了其优化理论，其中心思想是迭代地调整参数从而使损失函数取得最优解。

在机器学习最优化的问题中，线性最优化至少可以使用单纯形法(或称不动点算法)求解，但对于非线性优化问题，牛顿迭代法是一种常见的求解方法。本章讨论了牛顿迭代法的优势与缺陷，并给出了对于缺陷的一些补救措施。坐标下降法广泛应用于数据分析、机器学习等领域，本章阐述了最基础的坐标下降法原理，解释了坐标下降法中局部最优解与全局最优解的关系，并结合实例进行了简单演示。

第 4 章　机器学习数据基础

对数据进行分析与预测，并抽象出具体模型以供使用，是机器学习的主要目的之一。数据在机器学习中有着举足轻重的地位，因此对数据基础进行研究，是系统学习机器学习的重要环节。本章将介绍机器学习常用的数据集类型，包括合成数据集和真实数据集。合成数据集是根据已知模型或规则生成的人工数据集，常用于机器学习算法的验证和调试。真实数据集则是从实际场景或问题中收集获得的，反映了真实世界的多样性和复杂性。本章列举一些常用的合成数据集和真实数据集，并探讨它们在机器学习中的应用和特点。在处理机器学习数据时，通常需要进行数据清洗、特征处理、不平衡问题处理和数据类型转换等常见的数据处理。数据清洗是为了去除噪声、处理缺失或异常值，使数据更加可靠和准确。特征处理包括特征选择、特征变换和特征构建等步骤，用于提取和转化数据中的相关信息。不平衡问题处理是为了解决分类问题中样本数量不平衡引起的问题，通过采样策略或分类算法的调整，提高模型的性能。数据类型转换是将原始数据转化为机器学习算法所需的数据类型，如将文本数据转化为数字矩阵。

本章将对上述常用的数据处理方法进行简要介绍，帮助读者快速理解和掌握机器学习数据基础的主要内容。通过学习数据处理方法，读者能够更好地理解和应用机器学习算法，处理和利用各种类型的数据，在实践中取得良好的预测和分析效果。了解和掌握机器学习数据基础是成为一名优秀的机器学习从业者的必要条件。通过本章的学习，读者能够系统地了解数据集类型、数据处理方法及其在机器学习中的应用，为进一步学习和应用机器学习算法打下坚实的基础。本章将深入探讨机器学习的核心算法和技术，不同领域的应用和问题的解决，不断扩展和提升读者的机器学习理论水平。

4.1　合成数据集

二维可视化人造数据集简单直观，在验证机器学习算法的初步可行性时有重要作用，能直观反映算法的预测结果。一般而言，针对具体任务模型，根据某种分布模型，在二维空间中产生若干样本点，即可产生一个二维人造数据集。本节整理部分经典的二维可视化人造数据集。

4.1.1　数据线性可分

高斯数据集(Fränti et al., 2018)由若干组满足不同高斯分布的数据点构成，每个高斯分布的均值和方差不同，且可以根据具体需求选择不同产生的数据点类型数和每类数据点的数量。图 4.1.1(a)为三类高斯数据集模型及用于区分不同类数据的超平面，可以看出高斯数据集既可以是线性可分的(类别 1 与类别 3)，也可以是非线性可分的(类别 1 与类别 2)。

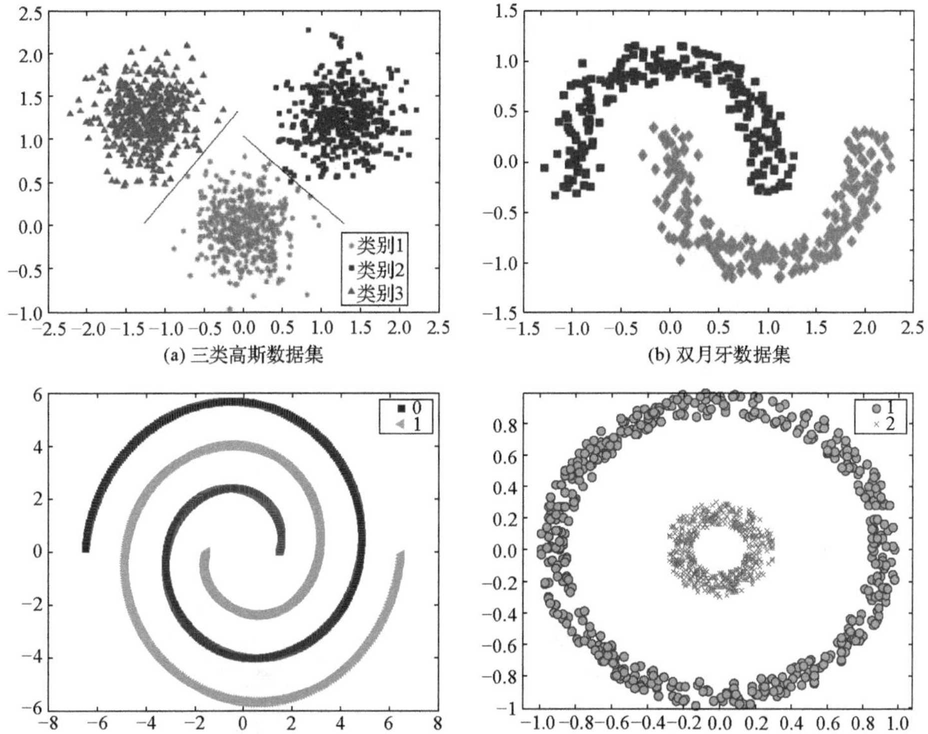

图 4.1.1　数据集可视化示意

各虚拟数据集横纵轴表示数据大小，无明确物理意义

4.1.2　数据线性不可分

1) 双月牙数据集

双月牙数据集由两类形如月牙的数据点组成，是线性不可分的数据集，见图 4.1.1(b)，为非线性数据集。使用时，一般关注算法对处于“月牙尖”位置的数据点的预测能力。

2) 螺旋数据集

螺旋数据集(Chang et al., 2008)一般由若干组按螺旋线分布的数据点构成，每条螺旋线上的数据是同类型数据，如图 4.1.1(c)所示。该数据集是线性不可分数据集，常用于测试分类、聚类等方法的效果。

3) 圆环数据集

圆环数据集由若干环状数据组成，每个环上的数据为同类数据，如图 4.1.1(d)所示。该数据集是一种线性不可分数据集，常用于测试分类、聚类等方法的效果。

4) S-sets 二维数据集

S-sets 二维数据集(Fränti et al., 2018)是一组二维数据集的集合，每个数据集含有 15 类满足高斯分布的数据，共有 5000 个数据点。每个数据集的区别在于各类数据之间的重叠程度不同，如图 4.1.2 中 S1、S2、S3、S4 分别显示了不同重叠程度的数据集。

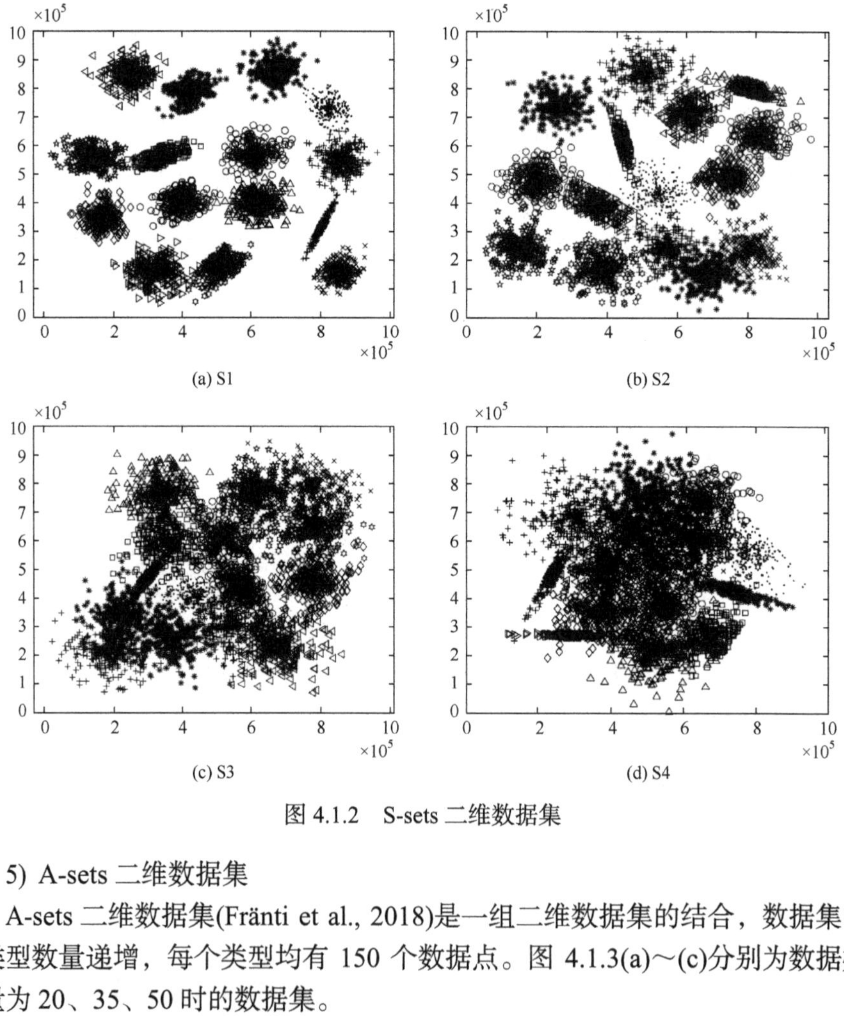

图 4.1.2　S-sets 二维数据集

5) A-sets 二维数据集

A-sets 二维数据集(Fränti et al., 2018)是一组二维数据集的结合，数据集中数据类型数量递增，每个类型均有 150 个数据点。图 4.1.3(a)～(c)分别为数据类型数量为 20、35、50 时的数据集。

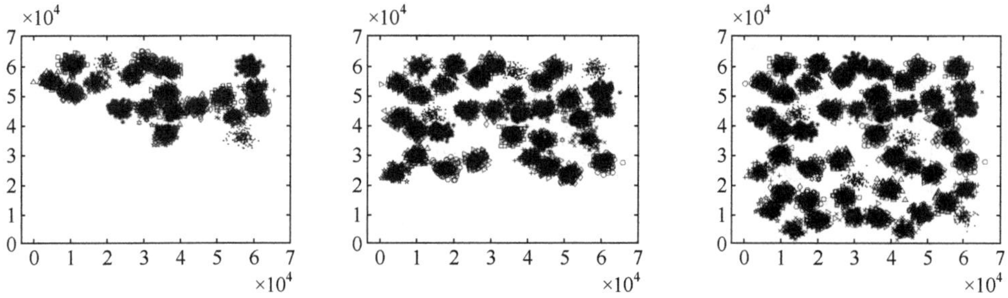

(a) 数据类型数量为20　(b) 数据类型数量为35　(c) 数据类型数量为50

图 4.1.3　A-sets 二维数据集

6) Birch-sets 二维数据集

Birch-sets 二维数据集(Fränti et al., 2018)是一组二维数据集的集合，每个数据集有 100 类数据，共计 100000 个数据点。每个数据集满足不同的形状分布，图 4.1.4(a)～(c)分别为满足网格结构、正弦曲线结构、随机分布的数据集。

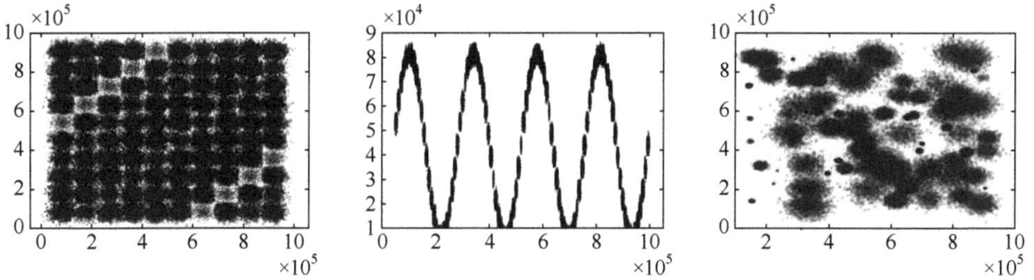

(a) 网格结构　(b) 正弦曲线结构　(c) 随机分布

图 4.1.4　Birch-sets 二维数据集

7) DIM-sets high 高维数据集

DIM-sets high 高维数据集(Fränti et al., 2018)包含 16 类满足高斯分布的数据集，共计 1024 个数据点，这些数据都具有较高维度的特征，分布在高维空间中。图 4.1.5(a)～(f)分别对应维度为 32、64、128、256、512、1024 时的数据集。

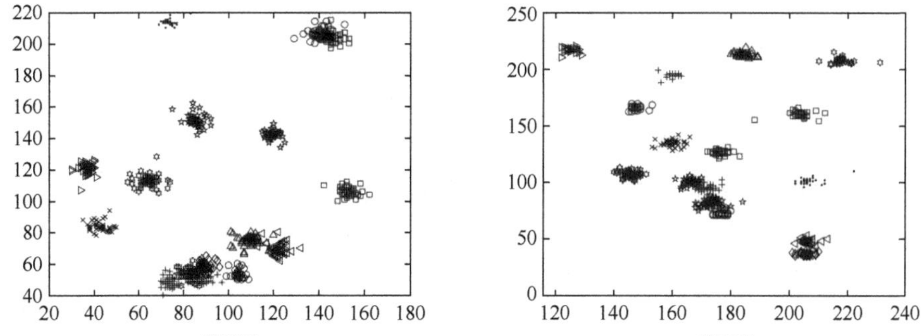

(a) 维度为32　(b) 维度为64

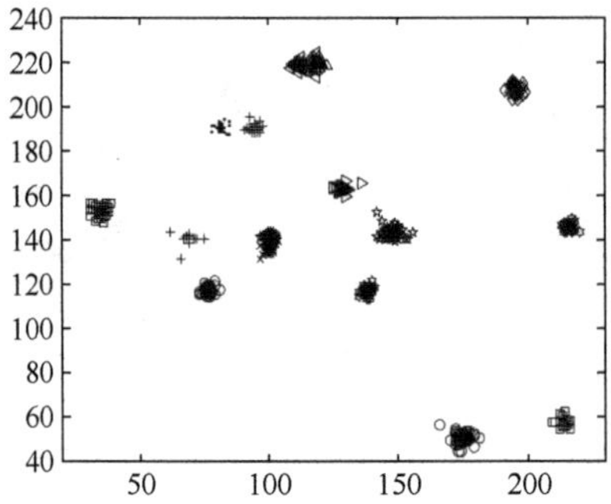

(c) 维度为128

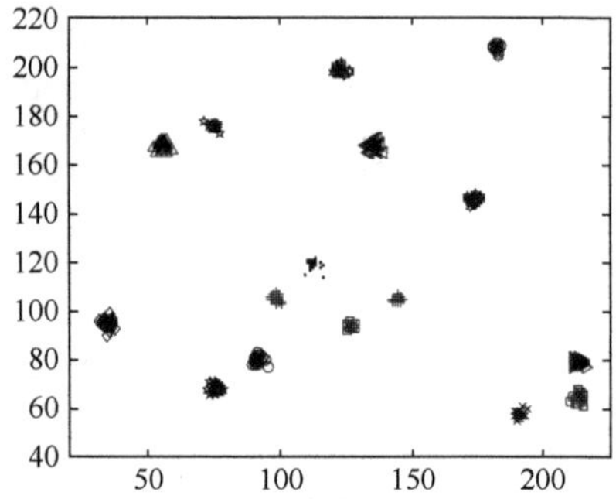

(d) 维度为256

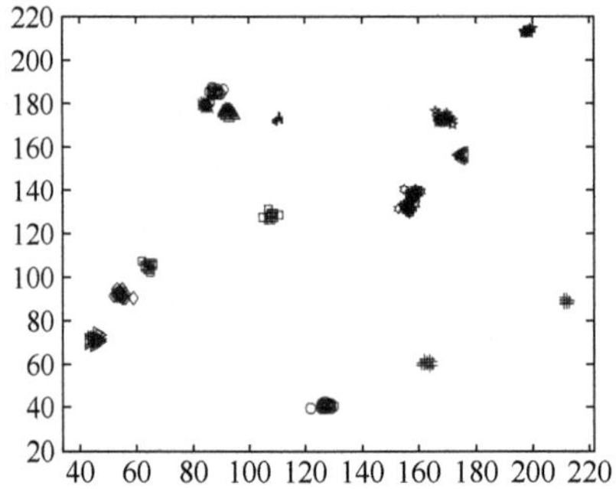

(e) 维度为512

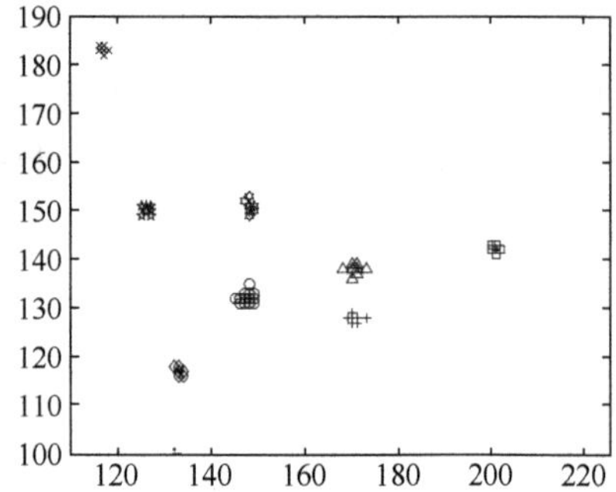

(f) 维度为1024

图 4.1.5　DIM-sets high 高维数据集

4.2　真实数据集

4.2.1　图像数据集

图像数据具有其他数据不能比拟的信息表达能力，机器学习常用的图像数据有人脸图像、物体图像、手写字符等多种类型数据，下面对一些经典图像数据集进行介绍。

1. 简单图像数据集

(1) AT&T 人脸数据集(Martinez et al., 1998)。该数据集包含 126 名参与者拍摄的 3276 照片，其中男士 70 名，女士 56 名，每人有 26 张不同的图片，每张图像大小为 165 像素 × 120 像素。该数据库的样本均为人脸的正面图像，包含光照、表情、面部遮挡等变化，每类数据中 14 张含有光照和表情变化，12 张含有面部遮挡。此数据集不仅可以用于含有面部遮挡的人脸识别，还广泛用于人脸表情识别。

(2) Umist 人脸数据集。该数据集由英国曼彻斯特大学建立，包括 20 人共 564 幅图像，数据集涵盖每个人从侧面到正面不同角度、不同姿态的多幅图像，每幅图像尺寸为 220 像素 × 220 像素，为 8 位深度的灰度图像。不同类别数据单独存放，图像标号连续。该数据集是人脸识别、图像聚类、图像分类等任务常用的人脸数据集之一。

(3) Extended Yale B 数据集。该数据集由耶鲁大学建立，包含 28 人在 9 种姿态和 64 种光照条件下的 16128 张图像，其中具有姿态和光照变化的图像都是在严格控制的条件下采集的，主要用于光照和姿态问题的建模与分析，也可用于图像分类、聚类等任务。

(4) ORL 人脸数据集。该数据集由英国剑桥大学 AT&T 实验室创建，包含 40 人共 400 张面部图像，部分志愿者的图像包括姿态、表情和面部饰物变化。ORL 人脸数据集中一个采集对象的全部样本包含 10 幅经过归一化处理的灰度图像，图像尺寸为 92 像素 × 112 像素，采集对象的面部表情和细节均有变化，不同人脸样本的姿态也有变化。该数据集可用于多视角聚类等任务。

(5) JAFFE 人脸数据集。该数据集是日本女性面部表情数据集，共有 213 张表情图片，由 10 个女性的 7 种表情图片组成，这些图像由 60 个注释者对每个面部表情进行平均语义评级注释。该数据集常用于面部表情识别、人脸检测、图像聚类等任务。

(6) MSRA-CFW 人脸数据集(Zhang et al., 2012)。该数据集由微软亚洲研究院采集而成，包含 1583 人共计 202792 张图片。这些数据从网页中提取得到，广泛用于人脸识别、聚类、性别识别、名人识别等与人脸相关的研究任务。

(7) Caltech101 图像数据集。该数据集包含 101 类图像，每类有 40～800 张图像，大部分是 50 张。该数据集由李飞飞建立，每张图像的大小约是 300 像素 × 200 像素。该数据集常用于图像识别、图像分类、异常检测等任务。

(8) Coil20 多角度数据集。该数据集包含 20 个物体不同角度的拍摄图像，每隔 5°拍摄一幅图像，每个物体共 72 张图像，每张图像被处理成 16 像素 × 16 像素的灰度图。该数据集常用于特征选择、图像聚类等任务。

(9) USPS 手写数字识别数据集。该数据集包含 0～9 共 10 个数字，图像的尺寸为 16 像素 × 16 像素。该数据集常用于手写字符识别、图像聚类、域适应、深度聚类等任务。

(10) MNIST 数据集。该数据集为手写数字数据集，样本为数字 0～9 的图像，每张图像尺寸为 28 像素 × 28 像素。该数据集在图像分类、图像聚类、图像生成等领域有广泛的应用。

2. 复杂图像数据集

(1) CIFAR-10 分类数据集。该数据集由 10 类 60000 个 32 像素×32 像素的彩色图像组成，每类 6000 个图像，各类相互排斥，包括 50000 个训练图像和 10000 个测试图像。数据集分为五个训练批次和一个测试批次，每个批次有 10000 个图像。测试批次包含来自每个类别的 1000 个随机选择的图像。CIFAR-100 与 CIFAR-10 数据形式类似，CIFAR-100 图像有 100 类，每类包含 600 个图像(500 个训练图像和 100 个测试图像),并且 CIFAR-100 中的 100 个类被分为 20 个超类，每个图像都有一个类别标签与超类标签。两种数据集常用于图像分类、图像聚类、长尾学习等任务中。

(2) SVHN 数据集(Netzer et al., 2011)。该数据集是一个数字分类数据集，包含 600000 个三原色(RGB)数字图像，尺寸均为 32 像素×32 像素。该数据集中的数字均采集于街景门牌号，采集得到的数据图像以数字为中心，但图像中保留了较近的数字干扰或其他复杂背景的干扰，如图 4.2.1 所示。该数据集在图像分类、域适应等任务中较为常用。

图 4.2.1　SVHN 数据集示例(Netzer et al., 2011)

(3) CrowdHuman 数据集(Shao et al., 2018)。该数据集是由旷视科技发布的用于行人检测的大型数据集，数据库中图片大多数来自谷歌(Google)搜索，包含 15000 张训练数据，5000 张测试数据，4370 张验证数据，训练集和验证集中共有 470000 个实例，每张图片约包含 23 人。数据集中存在各种复杂的遮挡情况，注释框由头部边界框、人类可见区域边界框和人体全身边界框组成，如图 4.2.2 所示。

图 4.2.2　CrowdHuman 数据集示例(Shao et al., 2018)

(4) MS COCO(Microsoft Common Objects in Context)数据集(Lin et al., 2014)。该数据集由微软构建，包含自然图片及生活中常见的目标图片，图像背景较为复杂，目标数量较多且小目标相对较小。图像包括 91 类目标、328000 个影像和 2500000 个标注，整个数据集中个体的数目超过 150 万个。MS COCO 数据集可以用于解决多种任务，包含 5 种类型的标注：物体检测、关键点检测、实例分割、全景分割、图片标注。

4.2.2　视频数据集

(1) UCF101 数据集。该数据集是一个现实动作视频的动作识别数据集，收集自油管(YouTube)，数据集提供了来自 101 个动作类别的 13320 个视频，共计 27h。该数据集主要包括 5 大类动作：人与物体交互、单纯的肢体动作、人与人交互、演奏乐器、体育运动。该数据集在动作识别、视频生成等任务中有广泛的应用。

(2) Cityscapes 数据集(Cordts et al., 2016)。该数据集为城市街道场景的语义理解数据集，包含 2975 张图片，包含来自 50 个不同城市的街道场景记录的多种立体视频序列，数据标签包括 20000 个弱注释帧和 5000 个高质量像素级注释帧。Cityscapes 数据集共有 fine 和 coarse 两套评测标准，前者提供 5000 张精细标注的图像，后者提供 5000 张精细标注外加 20000 张粗糙标注的图像。图 4.2.3 为 Cityscapes 用于图像分割的示例，该幅图像为精细标注图像。

(3) UCF-Crime 数据集。该数据集是视频影像数据集，包含正常事件和 13 种异常事件，图 4.2.4 为其中的 6 种异常事件(虐待、纵火、交通事故、逮捕、袭击、入室盗窃)。数据集中共有 1900 个视频，共计 128h，平均 7274 帧，视频尺寸大

图 4.2.3　Cityscapes 精细标注分割示例(Cordts et al., 2016)

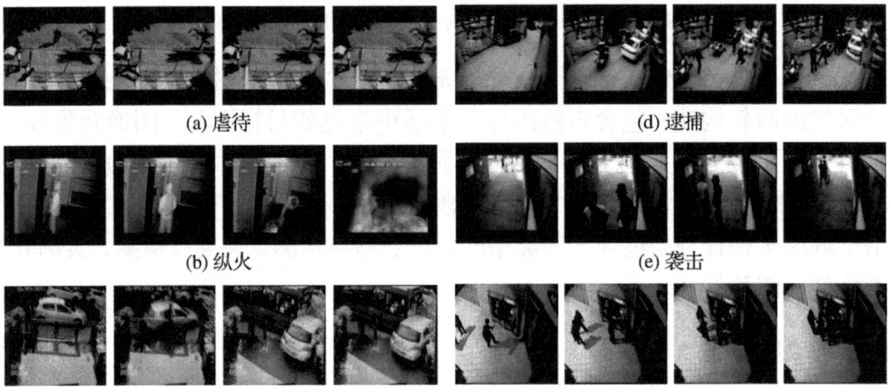

(a) 虐待　(d) 逮捕　(b) 纵火　(e) 袭击　(c) 交通事故　(f) 入室盗窃

图 4.2.4　UCF-Crime 正常与异常视频示例(Sultani et al., 2018)

部分是 240 像素 × 320 像素，其中异常和正常视频各 950 个。该数据集可用于两种任务：一是检测影像中存在的异常行为，即异常检测任务；二是识别影像中存在的异常行为类别。该数据集常应用于语义分割、全景分割、实时语义分割等任务。

4.2.3　生物信息数据集

(1) Lung and Colon 病理数据集(Borkowski et al., 2019)。该数据集包含 25000 张组织病理学图像，分为 5 个类别。所有图像的大小均为 768 像素 × 768 像素，这些图像是经过验证来源的原始样本生成的。该数据集广泛用于图像分类、图像识别等领域中，是医学影像处理领域中常用的数据集之一。

(2) Gene expression 数据集。该数据集来自戈卢布(Golub)等 1999 年发表的一项概念验证研究，展示了如何通过基因表达监测(通过 DNA 微阵列)对癌症病例进行分类，提供了一种识别新癌症类别并将肿瘤归入已知类别的通用方法。这些数据在疾病分类、疾病预测等任务中广泛应用。

(3) MHIST 数据集(Wei et al., 2021)。该数据集是一个二分类数据集，包含 3152 个固定大小的结直肠息肉图像，每个图像都有一个标准标签，该标签由七名获得委员会认证的胃肠道病理学家的多数票决定。MHIST 数据集还包括每个图像的注释协议级别，可协助研究组织病理学图像分类中出现的自然问题，如数据集大小、网络深度、迁移学习和高分歧示例如何影响模型性能。

4.2.4 自然语言数据集

(1) WebKB 数据集。该数据集是不同大学计算机科学系网页组成的数据集，4518 个网页被分为 6 个不平衡的类别(学生、教师、员工、系、课程、项目)。此外，还有其他杂项类别无法与其他类别相比。常用的 WebKB-Cornell 网页数据集和 WebKB-Washington 数据集包含 1166 个文本样本，共包含 7 个不同的文本类别，每个样本有 4165 个特征。

(2) MSPars 语义数据集(Duan, 2019)。该数据集是微软亚洲研究院发布的语义分析数据集，1.0 版本数据集包含 81826 个自然语言处理问题及其对应的结构化语义表示，覆盖了 12 种不同的问题类型和 2071 个知识图谱谓词。该数据集基于微软的知识图谱 Satori 进行注释，数据集中的实体、谓词和类型均遵循 Satori 的标准形式。

(3) WikiText-2 数据集(Merity et al., 2016)。该数据集由大约两百万个从维基百科文章中提取的单词构成，具有更大的词汇量，并保留了原始大小写、标点符号和数字。由于该数据集由完整的文章组成，因此非常适合可以利用长期依赖关系的模型，常用于语言建模、文本生成、对话生成、屏蔽词建模等任务。

(4) SST(Stanford Sentiment Treebank)数据集。该数据集是一个标准情感数据集，主要用于情感分类，由斯坦福大学自然语言处理组发布，其中句子和短语共计 239232 条。该数据集建立了基于句子树结构的完整表示，每个句子分析树的节点均有细粒度的情感注释，可以根据单词组成的短语判断情绪。

4.2.5 其他数据集

1. 图学习数据集

(1) Cora 科学出版物数据集。该数据集包含 2708 篇科学出版物，5429 条边，总共 7 种类别。数据集中的每个出版物都由一个 0/1 值的词向量描述，表示字典中相应词的缺失/存在，该字典由 1433 个独特的词组成。

(2) CiteSeer 数据集。该数据集包含 3312 种科学出版物，分为六类，引用网络由 4732 个链接组成。数据集中的每个出版物都用 0/1 值的词向量描述，该词向量指示字典中是否存在相应的词，该字典包含 3703 个独特的单词。

(3) Wiki-CS 图学习数据集(Mernyei et al., 2020)。该数据集采集自维基百科，用于对图神经网络进行基准测试。共有 11701 个图节点和 216123 条边，图中节点由对应计算机科学文章的节点组成，边基于超链接设置，用于代表该领域不同分支的 10 个类。该数据集可视化模型如图 4.2.5 所示，可以用于评估半监督节点分类和单关系链接预测模型。

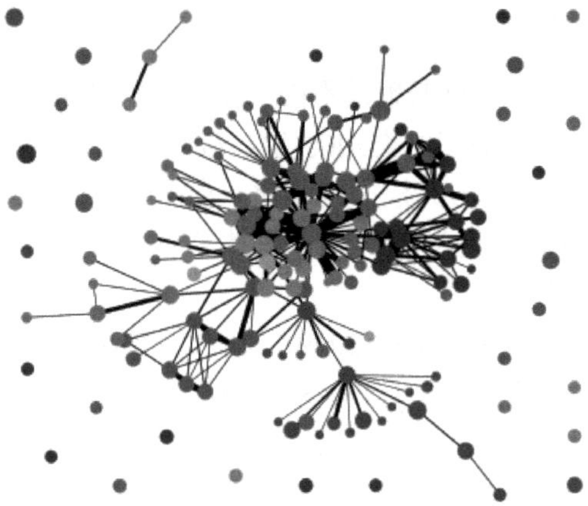

图 4.2.5　基于 Wiki-CS 图学习数据集可视化图示例(Mernyei et al., 2020)

2. 高光谱数据集

(1) Indian Pines 红外数据集。该数据集于 1992 年由机载可见光红外成像光谱仪(AVIRIS)传感器获得，图像场景包含 145 像素 × 145 像素和 220 个光谱波段。使用时，一般会从原 220 个波段中共去除 20 个质量较差的波段(104～108、150～163 和 220)，留下 200 个光谱特征。样本总数为 21025 个，数据集有 16 个类。

(2) Salinas 高光谱数据集。该数据集由 AVIRIS 传感器采集。图像场景包含 512 像素 × 217 像素和 224 个光谱波段。从原本的 224 个波段中总共去除 20 个较差的波段(108～112、154～167 和 224)，留下 204 个光谱特征用于实验。样本总数为 111104 个，数据集有 16 类。

(3) Pavia Center 高光谱数据集。该数据集由反射光学系统成像光谱仪传感器采集，图像场景包含 1096 像素 × 1096 像素和 102 个光谱波段。由于图像中的一些样本不包含任何信息，必须从原始图像中丢弃，一般只留下 1096 像素 × 715 像素。样本总数为 783640 个，数据集有 9 类。

3. 推荐系统数据集

(1) Gowalla 数据集(Liang et al., 2016)。该数据集是从美国社交网站 Gowalla 获取的数据集，该数据集包括好友关系数据集和签入数据集。好友关系数据集覆盖了 196591 个用户的 950327 条好友关系记录，每条记录表示两两对应的朋友关系。Gowalla 是兴趣点(point of interest，POI)推荐的经典数据集，在用户-项目协同过滤和序列推荐中也被采用。

(2) Yelp 数据集。该数据集是美国著名商户点评网站，囊括各地餐馆、购物中心、酒店、旅游等领域的商户，用户可以在 Yelp 网站中给商户打分，提交评论，交流购物体验等。Yelp 公开数据集是 Yelp 业务、评论和用户数据的子集，由来自 8 大都市区域的约 16 万商户、863 万条评论和 20 万张图片数据构成，数据集包括三大类数据：商品数据、用户数据、交互数据。

(3) Amazon Product 数据集。该数据集包括亚马逊(Amazon)提供的一些用户-物品数据，这些数据包含了亚马逊多种产品相关的数据，如书籍、电子产品、电影和电视、家居厨房、运动户外、数字音乐、乐器等。此数据集包括评论、产品元数据和链接。

4.3 数据处理

4.3.1 数据清洗与特征处理

数据与特征是机器学习领域的重要概念。在数据挖掘中，往往使用结构化数据进行表征，其中每一行成为样本，每一列成为特征。特征是一种可测量的属性，在结构化数据中，常常以列的形式出现，代表该样本在某些方面的属性。在实际应用中，特征分布不确定，可能涵盖噪声、存在异常值等，因此有必要在使用前对特征进行合理处理，规范特征构造，方便后续对数据的分析与应用。对机器学习而言，特征处理是特征工程的核心部分，数据与特征往往决定机器学习的上限，模型与算法仅是逼近上限的方式。因此，特征处理是提高机器学习效果的有效手段。特征处理往往包含两大类，分别为数据清洗与特征变换处理。随着机器学习技术的发展，作为学习样本的数据在机器学习中的地位越来越重要，数据的质量直接关系到模型效果，在实际应用场景中，数据清洗时间往往会占据整个数据分析过程的五成至八成。从广义上讲，数据清洗是对数据的一种全流程操作，包含数据的抓取、收集、筛选、增加、删除、修改等一系列操作；从狭义上讲，数据清洗将无效与错误的数据剔除，保留干净整洁的数据，即去除冗余、消除噪声、提高一致性。

当建立一个数据集时，有必要对数据集的质量进行评估。利用形式化的方法定义数据的一致性(consistency)、正确性(correctness)、完整性(completeness)和最小性(minimality)，并定义数据质量为这四个指标在信息系统中得到满足的程度(Aebi et al., 1993)，能够较好地衡量一个数据集的质量优劣，从而确定数据清洗的方式方法。在数据清洗时，一般满足如下条件：不论数据的来源为单源或多源，均须检测并修正数据的错误与不一致性；在进行清洗时，须尽可能减少人工干预，且应使用适用性广的模型理论进行处理；数据清洗可以与数据转化相结合，并尽可能在统一的框架下执行(郭志懋等，2002)。在一般情况下，数据清洗主要包含如图 4.3.1 所示的四个阶段。通过数据清洗，能够更好地为模型提供训练样本，提高模型训练效率，得到精度更好的训练结果。

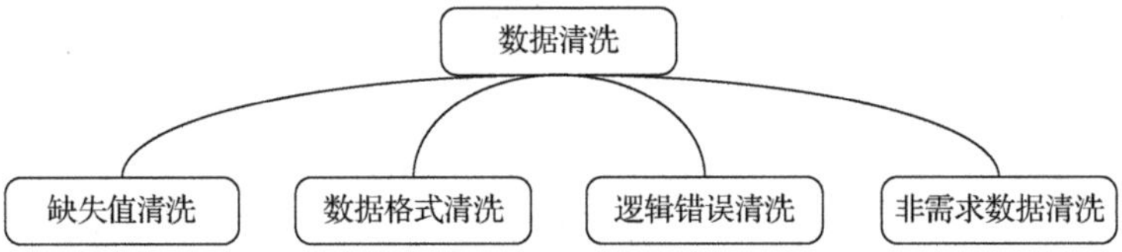

图 4.3.1　数据清洗流程

(1) 数据格式清洗。在实际应用场景中，数据的来源多种多样。如果数据的来源为人工收集或用户填写等较为随意的方式，往往难以得到统一的数据格式，这会对后期进行分析与计算产生较大负面影响，因此需要对数据进行格式统一。

(2) 逻辑错误清洗。收集到的数据有时可能存在明显的逻辑错误，或存在通过简单推理即可发现问题的数据，如果不加处理直接采用此类数据进行分析，可能会造成分析结果走偏，不利于得到正确结论。在面对此类数据时，往往采用去除重复项、去除不合理值、修正矛盾关系等方式进行清洗。

(3) 非需求数据清洗。收集到的数据在许多情况下包含诸多冗余项，如果不加处理直接进行进一步分析，可能会对算法效率产生影响，不利于分析的时效性。在实际应用中，针对非需求数据，应先使用经验等手段合理估计该项数据的重要性，再谨慎进行删除，且在删除前应对相关数据进行备份。

特征变换主要是指对数据进行规范化处理，将数据由原始的较为混乱的形式，转换为更利于挖掘任务的规范形式。特征变换一般包含简单变换、规范化、离散化、属性改造四类基本方法。

(1) 简单变换。简单变换指利用函数变换对原始数据进行初步处理，常用变换包括平方、开平方、取对数、差分等方法。利用简单变换进行处理，可以在不改变数据相对关系的情况下，改变数据的取值范围与密集程度，挖掘数据与数据的深层关系。

(2) 规范化。对特征进行规范化是机器学习中的一项重要基础工作。不同特征往往拥有不同的量纲，特征与特征间的数值差异也可能较大，如果不加处理就应用算法进行分析，会对分析结果产生负面印象。因此，在实际应用中，往往先对特征进行规范化处理，将不同特征的量纲与取值范围差异缩小，或统一特征的形式，方便进一步使用算法。常用的特征规范化有最小-最大规范化和零-均值规范化。

最小-最大规范化是对原始数据进行一种线性变换，通过将每类特征的数值映射至(0,1]，达到标准化的作用。最小-最大规范化的公式如式(4.3.1)所示：

$$x^{*}=\frac{x-\min}{\max-\min} \tag{4.3.1}$$

式中，min 和 max 分别为该类特征中的最小值和最大值；x 为原始数据；x^{*}为标准化后的数据。通过最小-最大规范化，可以在保存数据之间关系的同时，消除量纲和数据取值范围的影响。此类方法计算简便，但如果数据集中存在某个极端的极大值或极小值，离群数据会导致规范化后各值趋近于 0，且相差较小，因此须针对具体情况进行使用。

零-均值规范化也称为标准差标准化，通过零-均值规范化处理的特征，其均值为 0，标准差为 1。具体计算公式如式(4.3.2)所示：

$$x^{*}=\frac{x-\bar{x}}{\sigma} \tag{4.3.2}$$

式中，$\bar{x}$ 为均值；σ 为标准差。

4.3.2　不平衡问题

在深度学习、机器学习等领域中，数据不平衡是一种常见的现象，可能会对模型的性能产生冲击。不同学习任务处理的数据有较大差异，数据特征、数据获取方式不尽相同，因此相关学习领域的数据不平衡问题定义有所不同。例如，在目标检测任务中，数据不平衡现象通常可以分为四大类(Oksuz et al., 2021)：类别不平衡、尺度不平衡、空间不平衡、目标不平衡。在自然语言处理任务中，数据不平衡常见于序列标注任务中，标注的负例数和正例数之比通常较大。

不同领域中的数据不平衡现象不尽相同，本书关注机器学习任务中的不平衡问题。本书第 1 章指出了机器学习方法的性能取决于模型本身和训练模型的样本数据，因此机器学习中影响较大的数据不平衡问题是样本不均衡。样本不均衡指的是分类任务中不同类别的训练样本数据量差异较大的情况，一般而言，当数据中多数类与少数类数据比例明显大于 1∶1 时，就可以归为样本不均衡问题。当处理样本不均衡问题时，需要考虑学习任务的复杂度和训练样本的分布情况。一般而言，学习任务的复杂度与样本不平衡的敏感度成正比，简单的、线性可分的任务通常受样本不均衡的影响较小。此外，需要判断训练样本的分布情况与真实样本分布情况是否一致且稳定，如果两者分布情况相对一致，此时模型习得关于样本的先验知识是相对正确的，对模型拟合预测能力的影响较小。图 4.3.2 为一个线性分类器的二分类决策边界，将圆点数据视为正例，在四次实验中样本数量保持一致，将星形数据视为负例，数据量递减；数据比例=负例：正例。由图 4.3.2(a)～(c)所示的实验结果可以看出，模型面对不均衡数据习得的分类边界会偏向压缩少数类区域，但此时学习任务较为简单，区域压缩的情况并不十分显著。图 4.3.2(d)展示了一种极端不平衡现象，负例样本数目非常稀少，模型将全部样本空间均认作正例空间，此时模型学习效果较差，需要借助合适的方式解决样本不均衡问题。

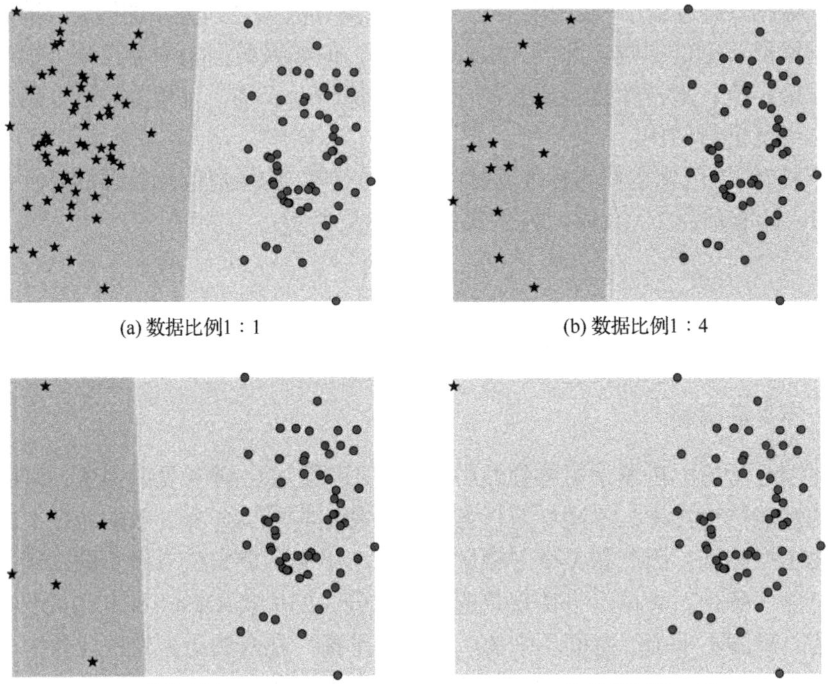

(a) 数据比例1：1　　(b) 数据比例1：4

(c) 数据比例1：10　　(d) 数据比例1：60

图 4.3.2　不同比例数据集分类器边界

通常而言，分类任务中样本不均衡问题可以从样本数据、损失函数、模型选择等层面进行处理。后文将不均衡数据集中占比较大的一类称为大类，将占比较小的一类称为小类。

1. 样本数据

从样本数据层面入手，是处理样本不均衡问题最自然的一种方式。最直接的处理方式是调整数据集中各类数据量。重采样类方法旨在直接改变数据集中样本数量以减少样本类别不平衡问题的影响，一般可分为欠采样和过采样两类。欠采样方法的目的是减少大类数据量，过采样方法的目的是增加小类数据量，最基础的采样方法为随机采样。随机欠采样方法从大类数据中随机筛选出部分样本点并删除，这种简单的处理方式会改变原始数据的分布，使某些重要信息丢失。随机过采样方法通过复制小类中的样本点增加小类在数据集中的占比，但这种复制方法只是数据量的增长，并没有增加小类数据的特征信息，可能会产生过拟合现象。因此，研究人员提出了针对欠采样和过采样的改进方法。

常用于欠采样的方法有 EasyEnsemble 方法、BalanceCascade 方法、NearMiss 方法(Mani et al., 2003)等。EasyEnsemble 和 BalanceCascade 方法是集成学习方法，对大类数据执行多次欠采样，与小类数据组合为若干相对平衡的子集，然后训练多个分类器产生最终结果。NearMiss 方法是一类基于大类样本与小类样本之间距离进行采样的方法，该方法有 NearMiss-1、NearMiss-2、NearMiss-3 三种版本。NearMiss-1 方法和 NearMiss-2 方法均从大类样本点出发进行采样；NearMiss-3 方法从小类样本出发进行采样。改进的过采样方法通常有 SMOTE 方法(Nathalie et al., 2002)、Borderline-SMOTE 方法(Han et al., 2005)、ADASYN 方法(He et al., 2008)。其中，SMOTE 方法为每个小类样本随机选出 k 个近邻点，进而在该点与近邻点的连线上随机取点，从而无重复地生成若干新的小类样本点。Borderln-SMOTE 方法是对 SMOTE 方法的改进，先根据规则判断出小类的边界样本，再根据这些边界样本产生新样本。ADASYN 方法根据数据分布情况为不同的小类样本生成不同数量的新样本，通常为位于边界处的小类样本产生更多新样本，而非边界样本则产生少量的新样本。

2. 损失函数

从损失函数层面处理不均衡分布样本问题的主流方法为代价敏感学习，该方法对不同的分类错误给予不同惩罚力度。基于代价敏感学习的不均衡数据分类方法以代价敏感理论为基础，关注错误代价较高类别的样本，以分类错误总代价最低为诊断算法的优化目标。关于代价敏感学习的研究主要集中在代价敏感直接学习和代价敏感元学习两个方面。

不同比例数据集分类器边界如图 4.3.3 所示。代价敏感直接学习的基本思想是在传统学习算法的基础上引入代价敏感因子，改进分类器模型的内部构造，将基于最小错误率的分类器转化为基于最小代价的代价敏感分类器。代价敏感元方法修改训练数据或分类器的输出，不直接修改基础训练算法，因此该方法几乎适用于任何类型的分类器。代价敏感元方法可被应用于数据预处理和结果后处理阶段。在数据预处理阶段，该方法旨在修改原始数据集，使得在新数据集上进行分类决策的结果等价于在原数据集上采用代价敏感分类决策的结果。在结果后处理阶段，代价敏感元学习方法采用调整分类器决策阈值的策略解决代价敏感学习问题。

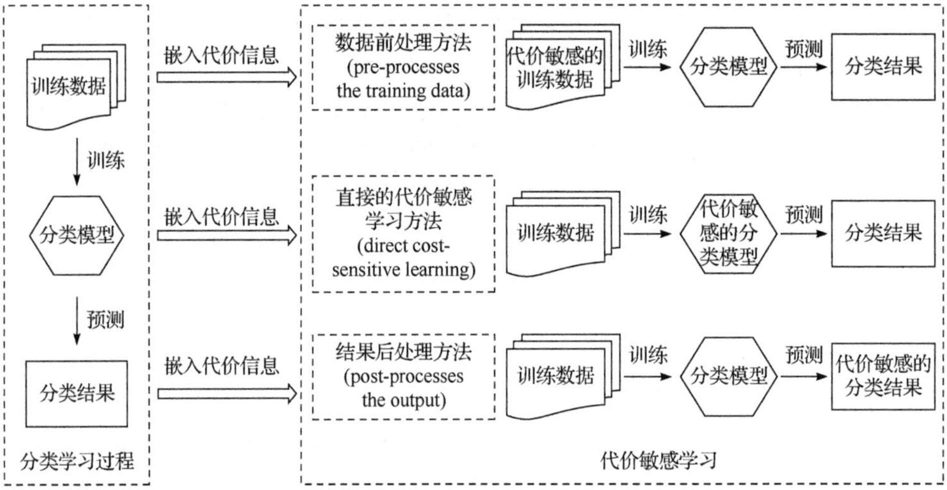

图 4.3.3 不同比例数据集分类器边界(万建武等，2020)

3. 模型选择

在模型选择方面，主要是选择一些对不均衡分布不敏感的模型。例如，对比逻辑回归模型学习的是全量训练样本的最小损失，自然会比较偏向减少多数类样本造成的损失；决策树在不平衡数据上表现得相对好一些，树模型是按照增益递归的划分数据，划分过程考虑的是局部增益，全局样本不均衡但局部空间内不均衡性有所削弱，所以较不敏感，但还是会有一定偏向性。

除此之外，当两个类别样本规模悬殊时，尤其是小类样本数量很少的情况下，可以考虑用异常检测(anomaly detection)算法或 One-Class 分类方法，只对其中一类数据建模。异常检测算法通过数据挖掘发现与数据集分布不一致的异常数据，也被称为离群点、异常值等。无监督异常检测按其算法思想大致可分为几类：基于聚类的方法、基于统计的方法、基于深度的方法(孤立森林)、基于分类模型(One-Class SVM)及基于神经网络的方法(自编码器)等。

4.3.3 数据类型转换

一般而言，当数据来自不同数据源时，不同类型的数据源数据不兼容可能导致系统报错，这时需要将不同数据源的数据类型统一转换为一种兼容的数据类型。即使是同一采集器获得的原始数据，也不一定能作为机器学习算法的直接输入，需要转换数据类型后才能进行模型训练等流程。例如，自然语言处理领域中的原始数据通常是文本集合或字符串集合，并不能送入算法中进行矩阵乘法或其他运算，需要将字符串转换为一些数字表示；一些线性模型或某些网络结构具有固定数量的输入节点，通常要求输入数据的大小必须相同，因而需要对可能存在规模差异的数据模型进行一定处理，如改变图像数据的图片尺寸等。此外，对数据类型进行适当的转换可能有助于机器学习模型展现出更好的学习能力。例如，对文本数据进行词元化(tokenization)，将文本数据表示为更小单元(token)有助于提高机器的理解；对数值特征执行标准化等操作能够提升大多数模型的性能。

数据类型转换可以在训练之前和训练过程中进行。在训练前转换数据类型，通常是借助一定的预处理操作将数据转换为后续机器学习模型指定的类型。此类方法在单一模型上执行训练时仅需要系统执行一次转换过程即可，对模型训练几乎不造成效率层面的影响，但当涉及实时数据处理任务时，容易导致数据转换后内容的偏差性。在训练过程中转换数据类型，是将数据转换代码作为模型代码的一部分，在真正使用数据的时刻进行类型转换。该种方法直接输入是原始数据，对类型要求的改变不敏感，但是类型转换会增加模型学习的计算负担。因此，在实际过程中需要视数据来源、模型特征等多方面因素选择合适的数据类型转换方式。

4.4 小　结

数据是机器学习算法能够成功实现的关键因素，机器学习算法需要在大量的数据集上进行训练、测试，才能真正地应用到具体场景中。本章对机器学习中常用的二维人造数据、图像数据、生物信息数据、自然语言处理等数据集进行了简单的介绍，并列举了数据集的适用任务和数据处理的基本方法。基于这些数据集，可以训练不同的机器学习模型。尽管目前已有大量的数据集可用于具体任务，但随着算法的不断迭代优化，算法在常用数据集上的性能逐渐趋于饱和，需要新的未知数据集测试算法的性能。另外，部分应用领域可用的数据集仍然较少，如医学影像处理等领域，对相关算法的发展造成了一定的限制。因此，如何产生更多可用、有效的数据集仍是一个亟待解决的问题。本章没有对数据集的生成进行过多介绍，对此感兴趣的读者可以查阅其他相关文献等进一步了解。

第 5 章　特征提取方法

真实数据往往具有高维度和冗余的特点，给机器学习任务带来了挑战。因此，需要找到一种途径来降低维度并保留相关信息，以便更好地训练模型和预测，这引发了人们对特征提取方法的广泛关注和探索。特征提取将输入的数据维度减少并进行重组，是机器学习中的关键步骤和重要方法之一，致力于从原始数据中提取出最具代表性和有用的特征信息，以便更好地描述和解释数据。特征提取有两个作用：剔除不感兴趣的特征、整理已有的特征。例如，在奖学金评定中，每位学生都具有诸多相关特征，可根据不同特征指标判断一个学生是否应该获得奖学金。一方面，需要将感兴趣的特征提取出来，如学生的文化成绩及各种参赛获奖情况等，身高、体重等特征则无须考虑；另一方面，需要对已有数据特征进行整理，如对提取的特征进行加权，得到每位学生的最终分数。在图像处理等领域，图像数据通常维度较高，直接处理这些图像会消耗大量时间与计算资源，因此在实际应用中往往需要先对图像进行特征提取预处理，便于后续模型训练和学习。

本章将介绍三种经典的特征提取方法：主成分分析、局部保持投影和线性判别分析。通过学习这三种特征提取方法，读者将理解其基本原理和优势，以及在实际问题中的应用。了解每种特征提取方法的优缺点和适用范围后，读者可根据具体问题的需求来选择合适的方法，并在实践中得到更好结果。此外，读者将掌握更全面的机器学习技能，更好地处理和利用不同类型的数据，并在实际问题中完成数据分析和预测建模等任务。

5.1　经 典 方 法

5.1.1　主成分分析

主成分分析(principal component analysis，PCA)是一种无监督的特征提取方法，旨在找到一组新的主成分(投影后新超平面上的一组正交坐标轴)投影至低维空间，将原始样本点中可能存在的线性相关特征转为线性无关特征，达到剔除冗余特征或者重组特征的效果，并在投影过程中尽可能减少信息损失。PCA 主要从最大可分性和最小重构性这两个思路来寻找新的主成分(Wold et al., 1987)。

PCA 模型的物理意义是最大程度地保留数据的方差信息，其中最大可分性主成分分析方法是使原始样本点在投影后尽可能分开，其数学推导过程如下。

假设样本数量为 n 、特征数为 d 的样本矩阵 $\boldsymbol{X}'=\{\boldsymbol{x}_1,\boldsymbol{x}_2,\cdots,\boldsymbol{x}_n\}\in\mathbb{R}^{d\times n}$ ，每一列表示一个样本。投影矩阵为 $\boldsymbol{W}=\{\boldsymbol{w}_1,\boldsymbol{w}_2,\cdots,\boldsymbol{w}_n\}\in\mathbb{R}^{d\times d'}$ ， $d'\leqslant d$ ，表示投影后的数据特征数。为了使投影特征之间线性无关并方便后续计算，将每个 $\boldsymbol{w}$ 都约束为一个标准正交基，即 $\boldsymbol{w}_i^{\mathrm{T}}\boldsymbol{w}_i=1$ ， $\boldsymbol{w}_i^{\mathrm{T}}\boldsymbol{w}_j=0$ 。另外，对原始的数据进行中心化处理： $\sum_{i=1}^{n}\boldsymbol{x}_i=0$ ，得到新的数据矩阵 $\boldsymbol{X}\in\mathbb{R}^{d\times n}$ 。每个样本点在新超平面表示为 $\boldsymbol{W}^{\mathrm{T}}\boldsymbol{x}_i$ ，为了让样本点在新的超平面尽可能分开(最大可分性)，可得

$$\max_{\boldsymbol{W}^{\mathrm{T}}\boldsymbol{W}=\boldsymbol{I}}\sum_{i=1}^{n}\left\|\boldsymbol{W}^{\mathrm{T}}\boldsymbol{x}_i\right\|_2^2 \tag{5.1.1}$$

式中，$\boldsymbol{I}$ 为单位矩阵。

对式(5.1.1)进行展开化简，可得

$$\begin{aligned}&\max_{\boldsymbol{W}^{\mathrm{T}}\boldsymbol{W}=\boldsymbol{I}}\sum_{i=1}^{n}\left\|\boldsymbol{W}^{\mathrm{T}}\boldsymbol{x}_i\right\|_2^2\\ \Leftrightarrow&\max_{\boldsymbol{W}^{\mathrm{T}}\boldsymbol{W}=\boldsymbol{I}}\sum_{i=1}^{n}\boldsymbol{W}^{\mathrm{T}}\boldsymbol{x}_i\boldsymbol{x}_i^{\mathrm{T}}\boldsymbol{W}\\ \Leftrightarrow&\max_{\boldsymbol{W}^{\mathrm{T}}\boldsymbol{W}=\boldsymbol{I}}\operatorname{tr}(\boldsymbol{W}^{\mathrm{T}}\boldsymbol{X}\boldsymbol{X}^{\mathrm{T}}\boldsymbol{W})\end{aligned} \tag{5.1.2}$$

式中，目标函数中只有单一待求变量 $\boldsymbol{W}$ 。由于常数系数不影响优化问题的求解，因此 $\sum_{i=1}^{n}\boldsymbol{W}^{\mathrm{T}}\boldsymbol{x}_i\boldsymbol{x}_i^{\mathrm{T}}\boldsymbol{W}$ 可以等价为投影后的样本协方差矩阵 $1/n\sum_{i=1}^{n}\boldsymbol{W}^{\mathrm{T}}\boldsymbol{x}_i\boldsymbol{x}_i^{\mathrm{T}}\boldsymbol{W}$ 。

由式(5.1.2)得到基于最大可分性的 PCA 目标函数，进一步对目标函数利用拉格朗日乘子法求解，可得

$$\boldsymbol{X}\boldsymbol{X}^{\mathrm{T}}\boldsymbol{w}_i=\lambda_i\boldsymbol{w}_i \tag{5.1.3}$$

式中，λ_i 等价于原始样本协方差矩阵的特征值。基于最大可分性的 PCA 是一个求最大化的问题，对特征值进行排序，选取前 d' 个最大特征值对应的特征向量组成 $\boldsymbol{W}$ 矩阵，即可得到 PCA 的所有新主成分。因此，PCA 模型优化的本质是一个逐一选取最大方差方向的过程。

最小重构性是指投影后的样本经过反投影重构，与原始样本点的距离尽可能小，从该角度进行数学推导，可得

$$\min_{\boldsymbol{W}^{\mathrm{T}}\boldsymbol{W}=\boldsymbol{I}}\sum_{i=1}^{n}\left\|\boldsymbol{W}\boldsymbol{W}^{\mathrm{T}}\boldsymbol{x}_i-\boldsymbol{x}_i\right\|_2^2 \tag{5.1.4}$$

对式(5.1.4)进行展开化简，可得

$$
\begin{aligned}
&\min_{W^{\mathrm{T}}W=I}\sum_{i=1}^{n}\left\|WW^{\mathrm{T}}x_i-x_i\right\|_2^2\\
\Leftrightarrow&\min_{W^{\mathrm{T}}W=I}\sum_{i=1}^{n}x_iWW^{\mathrm{T}}WW^{\mathrm{T}}x_i-2\sum_{i=1}^{n}x_i^{\mathrm{T}}WW^{\mathrm{T}}x_i+\sum_{i=1}^{n}x_i^{\mathrm{T}}x_i\\
\Leftrightarrow&\min_{W^{\mathrm{T}}W=I}-\sum_{i=1}^{n}x_i^{\mathrm{T}}WW^{\mathrm{T}}x_i+\sum_{i=1}^{n}x_i^{\mathrm{T}}x_i
\end{aligned}
\tag{5.1.5}
$$

略去式(5.1.5)中的常值变量后可得

$$
\min_{W^{\mathrm{T}}W=I}-\mathrm{tr}(W^{\mathrm{T}}XX^{\mathrm{T}}W) \tag{5.1.6}
$$

显然，式(5.1.6)等价于式(5.1.2)，因此通过最小重构性与最大可分性进行建模是完全等价的。图 5.1.1 从几何的角度解释了最大可分性与最小重构性的等价关系，可知在原始样本点到原点距离不变的情况下，两种推导方式是等价的(Li et al., 2021)。

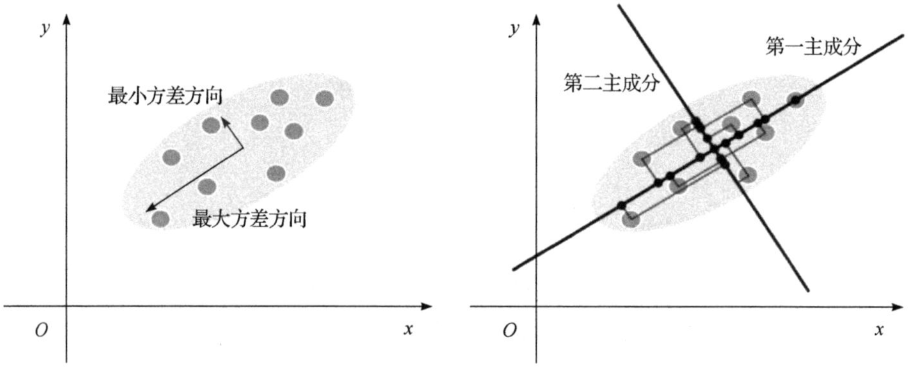

图 5.1.1　PCA 投影原理示意图

为确定主成分个数，通常采用特定方差贡献率的方式确定子空间维度，其中方差贡献率是指被选择的主成分的方差占样本所有主成分方差的百分比。定义样本的第 i 个主成分的方差贡献率 η_i 为 $x_i x_i^{\mathrm{T}}$ 的方差与所有方差之和的比值，即

$$
\eta_i=\frac{\lambda_i}{\sum_{i=1}^{d}\lambda_i} \tag{5.1.7}
$$

PCA 的累积方差贡献率通常需要达到某个指定值，累积方差贡献率反映了 PCA 对原始数据信息量的保留程度。选择 d' 个主成分，满足如下条件：

$$\sum_{i=1}^{d'}\eta_i = \frac{\sum_{i=1}^{d'}\lambda_i}{\sum_{i=1}^{d}\lambda_i} \geqslant a\% \tag{5.1.8}$$

图 5.1.2 为 PCA 结果(Matthias，2006)。选取前 d' 个最大特征值对应特征向量的意义在于，特征值对应的特征向量是能使各维度区分度最大的坐标轴，特征值是数据旋转之后对应坐标维度的方差。要获取大方差的主成分，便要选取大特征值对应的特征向量，以保留更多的原始数据信息。PCA 的优点是简单有效，不仅能够尽可能多地保留数据潜在信息，而且获得的各主成分之间是正交不相关的。但是，PCA 保留的信息没有针对性，且主成分这一概念定义模糊，可解释性较差。

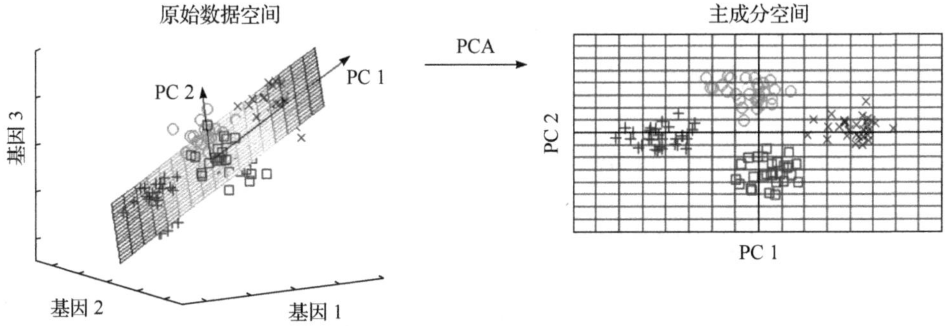

图 5.1.2　PCA 结果示意图(Matthias，2006)

5.1.2　局部保持投影

局部保持投影(locality preserving projection, LPP)是一种无监督特征提取算法(He et al., 2003)，也被认为是在流形假设下结合图学习衍生的降维算法。流形假设是具有相似性质的数据，通常处于较小的局部邻域，因此其标记也十分相似，这种假设反映了决策函数的局部平滑性。流形假设主要考虑模型的局部特性，有助于更加准确地刻画局部区域特性，使得决策函数能够更好地进行数据拟合(He et al., 2021)。LPP 旨在降维后的子空间保留原始数据间的局部相邻关系，即原始高维空间中距离相近的数据在降维的空间中也是相邻的，避免原始近邻结构的样本分散。

1. 局部保持投影模型

LPP 基于图拉普拉斯思想，通过构造样本点的邻接图分析样本点局部信息，实现特征提取。对于给定样本矩阵 $\boldsymbol{X} = \{\boldsymbol{x}_1, \boldsymbol{x}_2, \cdots, \boldsymbol{x}_n\} \in \mathbb{R}^{d\times n}$，假设投影矩阵 $\boldsymbol{W} = \{\boldsymbol{w}_1, \boldsymbol{w}_2, \cdots, \boldsymbol{w}_n\} \in \mathbb{R}^{d\times d'}$，$d' \leqslant d$，表示投影后的数据特征数。以下为 LPP 的

一般算法流程。

(1) 根据原始数据构建邻接矩阵。通过谱图理论构造原始空间的拉普拉斯图，并根据图和近邻关系构建邻接矩阵 $\boldsymbol{S} \in \mathbb{R}^{n\times n}$，表示原始空间中样本点间的局部位置关系。具体构图方式在 2.4 节图论基础有详尽的阐述。在实际应用中，为了使邻接矩阵尽可能地稀疏，一般采用 K 近邻法和高斯核函数构造邻接矩阵。

(2) 找到原始空间的潜在低维流形结构。根据样本间的距离关系构建目标函数：

$$\min_{\boldsymbol{W}} \sum_{i=1}^{n}\sum_{j=1}^{n}\left\|\boldsymbol{W}^{\mathrm{T}}\boldsymbol{x}_i - \boldsymbol{W}^{\mathrm{T}}\boldsymbol{x}_j\right\|_2^2 s_{ij} \tag{5.1.9}$$

式中，s_{ij} 是在上一步骤中构造的邻接矩阵 $\boldsymbol{S}$ 的第 i 行第 j 类元素，用以表示第 i 个与第 j 个样本间的邻近关系。由于所构的图为无向图，有 $s_{ij} = s_{ji}$。上述目标函数仅有一个变量 $\boldsymbol{W}$，因此最小化目标函数会寻找一个遵循原始空间内样本近邻关系的子空间。

对式(5.1.9)中的损失函数进行展开化简：

$$\begin{aligned}
&\sum_{i=1}^{n}\sum_{j=1}^{n}\left\|\boldsymbol{W}^{\mathrm{T}}\boldsymbol{x}_i - \boldsymbol{W}^{\mathrm{T}}\boldsymbol{x}_j\right\|_2^2 s_{ij} \\
&= \sum_{i=1}^{n}(\sum_{j=1}^{n} s_{ij})\mathrm{tr}(\boldsymbol{W}^{\mathrm{T}}\boldsymbol{x}_i\boldsymbol{x}_i^{\mathrm{T}}\boldsymbol{W}) + \sum_{j=1}^{n}(\sum_{i=1}^{n} s_{ij})\mathrm{tr}(\boldsymbol{W}^{\mathrm{T}}\boldsymbol{x}_j\boldsymbol{x}_j^{\mathrm{T}}\boldsymbol{W}) \\
&\quad - 2\sum_{i=1}^{n}\sum_{j=1}^{n}\mathrm{tr}(\boldsymbol{W}^{\mathrm{T}}\boldsymbol{x}_i\boldsymbol{x}_j^{\mathrm{T}}\boldsymbol{W}s_{ij})
\end{aligned} \tag{5.1.10}$$

邻接矩阵 $\boldsymbol{S}$ 为对称矩阵，有 $\sum_{i=1}^{n} s_{ij} = \sum_{j=1}^{n} s_{ij}$。设 $d_{ii} = \sum_{i=1}^{n} s_{ij}$，$\boldsymbol{D}$ 为 d_{ii} 构成的对角矩阵。构造拉普拉斯矩阵 $\boldsymbol{L} = \boldsymbol{D} - \boldsymbol{S}$，则有

$$\begin{aligned}
&\sum_{i=1}^{n}(\sum_{j=1}^{n} s_{ij})\mathrm{tr}(\boldsymbol{W}^{\mathrm{T}}\boldsymbol{x}_i\boldsymbol{x}_i^{\mathrm{T}}\boldsymbol{W}) + \sum_{j=1}^{n}(\sum_{i=1}^{n} s_{ij})\mathrm{tr}(\boldsymbol{W}^{\mathrm{T}}\boldsymbol{x}_j\boldsymbol{x}_j^{\mathrm{T}}\boldsymbol{W}) \\
&\quad - 2\sum_{i=1}^{n}\sum_{j=1}^{n}\mathrm{tr}(\boldsymbol{W}^{\mathrm{T}}\boldsymbol{x}_i\boldsymbol{x}_j^{\mathrm{T}}\boldsymbol{W})s_{ij} \\
&= 2\left[\sum_{j=1}^{n}\mathrm{tr}(\boldsymbol{W}^{\mathrm{T}}\boldsymbol{x}_i d_{ii}\boldsymbol{x}_i^{\mathrm{T}}\boldsymbol{W}) - \sum_{i=1}^{n}\sum_{j=1}^{n}\mathrm{tr}(\boldsymbol{W}^{\mathrm{T}}\boldsymbol{x}_i s_{ij}\boldsymbol{x}_j^{\mathrm{T}}\boldsymbol{W})\right] \\
&= 2\mathrm{tr}(\boldsymbol{W}^{\mathrm{T}}\boldsymbol{X}\boldsymbol{L}\boldsymbol{X}^{\mathrm{T}}\boldsymbol{W})
\end{aligned} \tag{5.1.11}$$

进一步地，由于 LPP 只关注投影矩阵的方向，不关注投影矩阵的元素大小，为了使优化问题能够有唯一解，添加约束条件 $\boldsymbol{W}^{\mathrm{T}}\boldsymbol{X}\boldsymbol{D}\boldsymbol{X}^{\mathrm{T}}\boldsymbol{W} = \boldsymbol{I}$，则有目标函数：

$$\begin{aligned} &\min_{\boldsymbol{W}} \ \operatorname{tr}\left(\boldsymbol{W}^{\mathrm{T}} \boldsymbol{X} \boldsymbol{L} \boldsymbol{X}^{\mathrm{T}} \boldsymbol{W}\right) \\ &\text{s.t.} \ \boldsymbol{W}^{\mathrm{T}} \boldsymbol{X} \boldsymbol{D} \boldsymbol{X}^{\mathrm{T}} \boldsymbol{W}=\boldsymbol{I} \end{aligned} \tag{5.1.12}$$

得到 LPP 的最终目标函数：

$$\begin{aligned} &\min_{\boldsymbol{W}} \sum_{i=1}^{n} \sum_{j=1}^{n}\left\|\boldsymbol{W}^{\mathrm{T}} \boldsymbol{x}_{i}-\boldsymbol{W}^{\mathrm{T}} \boldsymbol{x}_{j}\right\|_{2}^{2} s_{ij} \\ &\text{s.t.} \ \boldsymbol{W}^{\mathrm{T}} \boldsymbol{X} \boldsymbol{D} \boldsymbol{X}^{\mathrm{T}} \boldsymbol{W}=\boldsymbol{I} \end{aligned} \tag{5.1.13}$$

其简化形式为

$$\begin{aligned} &\min_{\boldsymbol{W}} \ \operatorname{tr}\left(\boldsymbol{W}^{\mathrm{T}} \boldsymbol{X} \boldsymbol{L} \boldsymbol{X}^{\mathrm{T}} \boldsymbol{W}\right) \\ &\text{s.t.} \ \boldsymbol{W}^{\mathrm{T}} \boldsymbol{X} \boldsymbol{D} \boldsymbol{X}^{\mathrm{T}} \boldsymbol{W}=\boldsymbol{I} \end{aligned} \tag{5.1.14}$$

对问题(5.1.14)应用拉格朗日乘子法，可得

$$\boldsymbol{X} \boldsymbol{L} \boldsymbol{X}^{\mathrm{T}} \boldsymbol{W}=\boldsymbol{X} \boldsymbol{D} \boldsymbol{X}^{\mathrm{T}} \boldsymbol{W} \boldsymbol{\Lambda} \tag{5.1.15}$$

式中，$\boldsymbol{\Lambda} \in \mathbb{R}^{d' \times d'}$，为对角矩阵，其对角元素为矩阵 $\boldsymbol{XLX}^{\mathrm{T}}$ 和 $\boldsymbol{XDX}^{\mathrm{T}}$ 前 d' 个最小广义特征值，其特征向量构成的矩阵即为投影矩阵 $\boldsymbol{W}$ 。矩阵 $\boldsymbol{XLX}^{\mathrm{T}}$ 和 $\boldsymbol{XDX}^{\mathrm{T}}$ 都为对称正定矩阵，因此可以通过特征值分解求得最终的投影矩阵 $\boldsymbol{W}$ ，从而完成对 LPP 问题的求解。

2. 局部保持投影与主成分分析的关系

与 LPP 关注样本点的局部信息不同，PCA 关注样本的全局方差信息。以两个人工数据集实验进行简要分析，在这两个数据集中，二维数据均被投影至一维。LPP 与 PCA 投影如图 5.1.3 所示，图 5.1.3(a)和(c)为 PCA 根据数据生成投影坐标轴的结果，图 5.1.3(b)和(d)为 LPP 的结果。图 5.1.3(a)中，PCA 受异常值的影响，其第一主成分对应较长的坐标轴，从而使下方正常数据经过降维后投影至一个点，因此不同数据无法区分。图 5.1.3(b)中，LPP 的降维结果对应较长的坐标轴，正常数据点在该轴上的投影可以较为明显地区分。图 5.1.3(c)和(d)中，两个椭圆为两类数据，经 PCA 投影后的两个椭圆在第一主成分对应方向上彼此混合，判别性较差，而在 LPP 降维主方向上的投影可以实现显著分离。因此，LPP 更强调子空间流形和固有结构的保持，相比于 PCA，LPP 受异常值影响较小，判别性较强(Jin et al., 2007)。在利用降维进行数据预处理时，利用 LPP 方法对数据进行处理可以得到与原始数据局部关系更相近的子空间投影，从而使降维后的数据更加光滑，减少子空间内数据出现异常值的概率；同时，LPP 可以减小原始数据中异常值对降维及后续数据处理的影响。

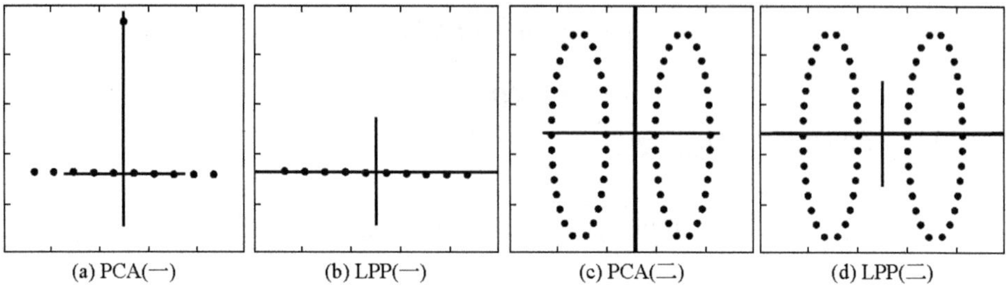

图 5.1.3　PCA 与 LPP 投影示意图

5.1.3　线性判别分析

线性判别分析(linear discriminant analysis，LDA)是一种有监督的特征提取算法。与无监督方法不同，LDA 旨在利用数据标签信息，同时最小化低维空间的类内距离、最大化类间距离(同类的样本尽可能近，不同类的样本尽可能远)，使得子空间内的样本分布达到类内紧致、类间可分的效果，从而提取具有类别判别性的特征。

LDA 的投影如图 5.1.4 所示，不同形状代表不同类别的数据点，投影方向上的曲线代表投影后数据点的密度分布曲线。可以看到，在最优投影方向上，相同类别的数据点聚集在一个区域，不同类别的数据点完全分离并且相距最远，这是 LDA 模型追求的优化结果；在无效投影方向上，投影后两个类别的数据点分布重合，这种情况下不同类别的数据点无法区分，因此该投影方向无法保留类别判别信息，是无效投影方向。

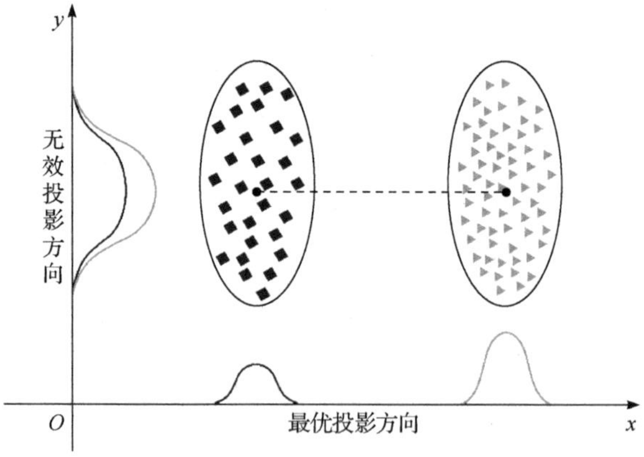

图 5.1.4　LDA 投影示意图

为量化前文提到的类内和类间数据距离，LDA 构造了三个散度矩阵：类内散度矩阵 $\boldsymbol{S}_{\mathrm{w}}$、类间散度矩阵 $\boldsymbol{S}_{\mathrm{b}}$ 和全局散度矩阵 $\boldsymbol{S}_{\mathrm{t}}$。根据已知的标签信息，用

$C_j\left(j=1,2,\cdots,c\right)$ 表示包含第 j 类所有样本的集合，令 $\boldsymbol{X}=\left\{\boldsymbol{x}_1,\boldsymbol{x}_2,\cdots,\boldsymbol{x}_n\right\}\in\mathbb{R}^{d\times n}$ 表示样本数量为 n、特征数为 d 的样本矩阵，其中每列代表一个样本，每个样本属于一个类别，可以用公式表达为 $\boldsymbol{x}_i\in C_j\ \left(i=1,2,\cdots,n;j=1,2,\cdots,c\right)$。据此，定义 $\boldsymbol{S}_{\mathrm{w}}$、$\boldsymbol{S}_{\mathrm{b}}$ 和 $\boldsymbol{S}_{\mathrm{t}}$ 的表达式为

$$\boldsymbol{S}_{\mathrm{w}}=\sum_{j=1}^{c}\sum_{\boldsymbol{x}_i\in C_j}\left(\boldsymbol{x}_i-\boldsymbol{m}_j\right)\left(\boldsymbol{x}_i-\boldsymbol{m}_j\right)^{\mathrm{T}} \tag{5.1.16}$$

$$\boldsymbol{S}_{\mathrm{b}}=\sum_{j=1}^{c}n_j\left(\boldsymbol{m}_j-\boldsymbol{m}\right)\left(\boldsymbol{m}_j-\boldsymbol{m}\right)^{\mathrm{T}} \tag{5.1.17}$$

$$\boldsymbol{S}_{\mathrm{t}}=\boldsymbol{S}_{\mathrm{w}}+\boldsymbol{S}_{\mathrm{b}}=\sum_{i=1}^{n}\left(\boldsymbol{x}_i-\boldsymbol{m}\right)\left(\boldsymbol{x}_i-\boldsymbol{m}\right)^{\mathrm{T}} \tag{5.1.18}$$

式中，n_j 为属于第 j 类的样本数量；$\boldsymbol{m}_j$ 为类别集合 C_j 的均值向量，$\boldsymbol{m}_j=\left(1/n_j\right)\sum_{\boldsymbol{x}_i\in C_j}\boldsymbol{x}_i$；$\boldsymbol{m}$ 为所有样本的均值向量，$\boldsymbol{m}=\left(1/n\right)\sum_{i=1}^{n}\boldsymbol{x}_i$。

为了实现同时最小化低维空间类内距离、最大化类间距离的目标，LDA 的目标函数有多种表现形式，其中最常见的是迹比值(trace ratio)。考虑如下优化问题：

$$\max J\left(\boldsymbol{W}\right)=\max_{\boldsymbol{W}}\frac{\sum_{j=1}^{d'}\boldsymbol{w}_j^{\mathrm{T}}\boldsymbol{S}_{\mathrm{b}}\boldsymbol{w}_j}{\sum_{j=1}^{d'}\boldsymbol{w}_j^{\mathrm{T}}\boldsymbol{S}_{\mathrm{w}}\boldsymbol{w}_j}=\max_{\boldsymbol{W}}\frac{\operatorname{tr}\left(\boldsymbol{W}^{\mathrm{T}}\boldsymbol{S}_{\mathrm{b}}\boldsymbol{W}\right)}{\operatorname{tr}\left(\boldsymbol{W}^{\mathrm{T}}\boldsymbol{S}_{\mathrm{w}}\boldsymbol{W}\right)} \tag{5.1.19}$$

式中，$\boldsymbol{W}=\{\boldsymbol{w}_1,\boldsymbol{w}_2,\cdots,\boldsymbol{w}_{d'}\}\in\mathbb{R}^{d\times d'}$，是投影矩阵；$d'\leqslant d$，表示投影后的数据特征数。在问题(5.1.19)中，$\operatorname{tr}\left(\boldsymbol{W}^{\mathrm{T}}\boldsymbol{S}_{\mathrm{b}}\boldsymbol{W}\right)/\operatorname{tr}\left(\boldsymbol{W}^{\mathrm{T}}\boldsymbol{S}_{\mathrm{w}}\boldsymbol{W}\right)$ 就是 LDA 中一个常见的迹比值目标函数。$J\left(\boldsymbol{W}\right)$ 还存在其他表述方式，如根据关系 $\boldsymbol{S}_{\mathrm{t}}=\boldsymbol{S}_{\mathrm{w}}+\boldsymbol{S}_{\mathrm{b}}$ 将优化目标 $\operatorname{tr}\left(\boldsymbol{W}^{\mathrm{T}}\boldsymbol{A}\boldsymbol{W}\right)/\operatorname{tr}\left(\boldsymbol{W}^{\mathrm{T}}\boldsymbol{B}\boldsymbol{W}\right)$ 中的矩阵 $\boldsymbol{A}$ 和 $\boldsymbol{B}$ 进行灵活替换。此外，还可以将最大化问题转化为最小化问题，这时目标函数为原来目标函数的倒数。上述两种方式均可实现与问题(5.1.19)相同的目标，广泛应用于各种与 LDA 相关的模型中。

由于问题(5.1.19)没有对投影矩阵 $\boldsymbol{W}$ 进行任何约束，最大化目标函数 $J\left(\boldsymbol{W}\right)$ 得到的最优解 $\boldsymbol{W}^*$ 是一个秩为 1 的矩阵(Nie et al., 2019)，这个解对于 LDA 寻找判别性子空间的任务没有贡献，被称为平凡解。因此，研究人员通常在问题(5.1.19)中引入正交约束 $\boldsymbol{W}^{\mathrm{T}}\boldsymbol{W}=\boldsymbol{I}_{d'}$ 或不相关约束($\boldsymbol{W}^{\mathrm{T}}\boldsymbol{S}_{\mathrm{t}}\boldsymbol{W}=\boldsymbol{I}_{d'}$ 或 $\boldsymbol{W}^{\mathrm{T}}\boldsymbol{S}_{\mathrm{w}}\boldsymbol{W}=\boldsymbol{I}_{d'}$)来保证最优解的有效性：

$$\max_{\boldsymbol{W}^{\mathrm{T}}\boldsymbol{W}=\boldsymbol{I}_{d'}}\frac{\operatorname{tr}\left(\boldsymbol{W}^{\mathrm{T}}\boldsymbol{S}_{\mathrm{b}}\boldsymbol{W}\right)}{\operatorname{tr}\left(\boldsymbol{W}^{\mathrm{T}}\boldsymbol{S}_{\mathrm{w}}\boldsymbol{W}\right)} \tag{5.1.20}$$

$$\max_{\boldsymbol{W}^{\mathrm{T}}\boldsymbol{S}_{\mathrm{t}}\boldsymbol{W}=\boldsymbol{I}_{d'}} \frac{\operatorname{tr}\left(\boldsymbol{W}^{\mathrm{T}}\boldsymbol{S}_{\mathrm{b}}\boldsymbol{W}\right)}{\operatorname{tr}\left(\boldsymbol{W}^{\mathrm{T}}\boldsymbol{S}_{\mathrm{w}}\boldsymbol{W}\right)} \tag{5.1.21}$$

$$\max_{\boldsymbol{W}^{\mathrm{T}}\boldsymbol{S}_{\mathrm{w}}\boldsymbol{W}=\boldsymbol{I}_{d'}} \frac{\operatorname{tr}\left(\boldsymbol{W}^{\mathrm{T}}\boldsymbol{S}_{\mathrm{b}}\boldsymbol{W}\right)}{\operatorname{tr}\left(\boldsymbol{W}^{\mathrm{T}}\boldsymbol{S}_{\mathrm{w}}\boldsymbol{W}\right)} \tag{5.1.22}$$

在问题(5.1.20)中，正交约束规定投影矩阵 $\boldsymbol{W}$ 中的各投影向量 $\boldsymbol{w}_i\left(i=1,2,\cdots,d'\right)$ 应满足 $\boldsymbol{w}_i^{\mathrm{T}}\boldsymbol{w}_j=0\left(i\neq j\right)$ 且 $\boldsymbol{w}_i^{\mathrm{T}}\boldsymbol{w}_i=1\left(i=1,2,\cdots,d'\right)$，即投影向量为两两正交的单位向量，从而获得非平凡解。更一般地，不相关约束是正交约束的拓展，问题(5.1.21)和问题(5.1.22)中的投影向量应满足 $\boldsymbol{w}_i^{\mathrm{T}}\boldsymbol{C}\boldsymbol{w}_j=0\left(i\neq j\right)$ 且 $\boldsymbol{w}_i^{\mathrm{T}}\boldsymbol{C}\boldsymbol{w}_i=1\left(i=1,2,\cdots,d'\right)$（$\boldsymbol{C}=\boldsymbol{S}_{\mathrm{t}}$ 或 $\boldsymbol{C}=\boldsymbol{S}_{\mathrm{w}}$）。在该约束下，所有投影向量为线性无关的非零向量，同样可以避免平凡解。

问题(5.1.20)～问题(5.1.22)没有闭式解，因此有学者考虑将其转化为如下比值迹(ratio trace)LDA 问题：

$$\max_{\boldsymbol{W}} \operatorname{tr}\left[\left(\boldsymbol{W}^{\mathrm{T}}\boldsymbol{S}_{\mathrm{w}}\boldsymbol{W}\right)^{-1}\boldsymbol{W}^{\mathrm{T}}\boldsymbol{S}_{\mathrm{b}}\boldsymbol{W}\right] \tag{5.1.23}$$

问题(5.1.23)可以通过转化为求解如下广义特征值分解问题，来得到 $\boldsymbol{W}$ 的一个全局最优解(Fukunaga，2013)，即

$$\boldsymbol{S}_{\mathrm{b}}\boldsymbol{W}=\boldsymbol{S}_{\mathrm{w}}\boldsymbol{W}\boldsymbol{\Lambda} \tag{5.1.24}$$

式中，$\boldsymbol{\Lambda}\in\mathbb{R}^{d'\times d'}$，为 $\boldsymbol{S}_{\mathrm{b}}$ 和 $\boldsymbol{S}_{\mathrm{w}}$ 的前 d' 个最大广义特征值组成的对角矩阵；$\boldsymbol{W}$ 由这些广义特征值对应的广义特征向量按列排列构成。若采用特征值分解的方法来求解这个广义特征分解问题，则上述问题的最优解由 $\boldsymbol{S}_{\mathrm{w}}^{-1}\boldsymbol{S}_{\mathrm{b}}$ 前 d' 个最大特征值对应的特征向量按列排列组成。

需要注意的是，由式(5.1.24)求得的最优解并不是问题(5.1.23)的唯一解。事实上，问题(5.1.23)的闭式解在任何非奇异线性变换下具有不变性，给出如下引理 5.1.1。

引理 5.1.1　设 $\boldsymbol{W}\in\mathbb{R}^{d\times d'}$ 是问题(5.1.23)的解，$\boldsymbol{Q}$ 是任意 d' 阶可逆矩阵，则 $\boldsymbol{W}\boldsymbol{Q}$ 也是问题(5.1.23)的解。

证明　将 $\boldsymbol{W}\boldsymbol{Q}$ 代入问题(5.1.23)的目标函数中，可得

$$\begin{aligned}&\operatorname{tr}\left[\left(\boldsymbol{Q}^{\mathrm{T}}\boldsymbol{W}^{\mathrm{T}}\boldsymbol{S}_{\mathrm{w}}\boldsymbol{W}\boldsymbol{Q}\right)^{-1}\boldsymbol{Q}^{\mathrm{T}}\boldsymbol{W}^{\mathrm{T}}\boldsymbol{S}_{\mathrm{b}}\boldsymbol{W}\boldsymbol{Q}\right]\\&=\operatorname{tr}\left[\boldsymbol{Q}^{-1}\left(\boldsymbol{W}^{\mathrm{T}}\boldsymbol{S}_{\mathrm{w}}\boldsymbol{W}\right)^{-1}\boldsymbol{Q}^{-\mathrm{T}}\boldsymbol{Q}^{\mathrm{T}}\boldsymbol{W}^{\mathrm{T}}\boldsymbol{S}_{\mathrm{b}}\boldsymbol{W}\boldsymbol{Q}\right]\end{aligned}$$

$$= \operatorname{tr}\left[\left(\boldsymbol{W}^{\mathrm{T}}\boldsymbol{S}_{\mathrm{w}}\boldsymbol{W}\right)^{-1}\boldsymbol{W}^{\mathrm{T}}\boldsymbol{S}_{\mathrm{b}}\boldsymbol{W}\right]$$

综上，可以得出结论：$\boldsymbol{WQ}$ 也是问题(5.1.23)的最优解。

通过在问题(5.1.23)中引入迹比值优化问题(5.1.20)～问题(5.1.22)中的约束，可以分别得到在正交约束和不相关约束下比值迹优化问题的唯一最优解，只需要选择合适的矩阵 $\boldsymbol{Q}$ 使得约束条件满足即可。由于比值迹 LDA 问题具有闭式解，人们通常采取将迹比值 LDA 问题转化为比值迹 LDA 问题的策略来得到问题(5.1.20)～问题(5.1.22)的近似解。

这种近似求解的方式有两大缺陷：第一，比值迹 LDA 问题的解在任何非奇异变换下都满足该问题的优化目标，这导致求解偏离 LDA 的最初目标，并增加后续数据处理过程的不确定性(Wang et al., 2007)；此外，由类间散度矩阵 $\boldsymbol{S}_{\mathrm{b}}$ 的定义可知，$\operatorname{rank}\left(\boldsymbol{S}_{\mathrm{b}}\right) \leqslant c-1$，因此采用该方法所得的子空间有维数限制，即 $d' \leqslant c-1$。这些缺陷促使人们寻找其他方法求得迹比值 LDA 问题的最优解。

为获得迹比值 LDA 问题的精确解，学者提出了一种迭代求解迹差值(trace difference)LDA 问题的方法，在一定条件下将迹比值问题转化为迹差值问题求解。该方法不仅避免了目标函数分数的形式，还获得了迹比值 LDA 问题的全局最优解。以问题(5.1.20)为例，转化的迹差值 LDA 问题为

$$\max_{\boldsymbol{W}^{\mathrm{T}}\boldsymbol{W}=\boldsymbol{I}_{d'}} \operatorname{tr}\left(\boldsymbol{W}^{\mathrm{T}}\boldsymbol{S}_{\mathrm{b}}\boldsymbol{W}\right) - \lambda \operatorname{tr}\left(\boldsymbol{W}^{\mathrm{T}}\boldsymbol{S}_{\mathrm{w}}\boldsymbol{W}\right) \tag{5.1.25}$$

式中，λ 为预先给定的参数。显然，迹差值问题(5.1.25)可以直接通过求矩阵 $\boldsymbol{S}_{\mathrm{b}} - \lambda\boldsymbol{S}_{\mathrm{w}}$ 的特征值分解，取其前 d' 个最大特征值对应的特征向量得到最优解。

为给出迹比值问题等价转化为迹差值问题的条件，引入如下引理 5.1.2：

引理 5.1.2　设 $\lambda^* = \max\limits_{\boldsymbol{W}^{\mathrm{T}}\boldsymbol{W}=\boldsymbol{I}_{d'}} \dfrac{\operatorname{tr}\left(\boldsymbol{W}^{\mathrm{T}}\boldsymbol{S}_{\mathrm{b}}\boldsymbol{W}\right)}{\operatorname{tr}\left(\boldsymbol{W}^{\mathrm{T}}\boldsymbol{S}_{\mathrm{w}}\boldsymbol{W}\right)}$，则迹比值问题(5.1.20)与如下迹差值问题(5.1.26)的最优解 $\boldsymbol{W}^*$ 相等：

$$\max_{\boldsymbol{W}^{\mathrm{T}}\boldsymbol{W}=\boldsymbol{I}_{d'}} \operatorname{tr}\left(\boldsymbol{W}^{\mathrm{T}}\boldsymbol{S}_{\mathrm{b}}\boldsymbol{W}\right) - \lambda^* \operatorname{tr}\left(\boldsymbol{W}^{\mathrm{T}}\boldsymbol{S}_{\mathrm{w}}\boldsymbol{W}\right) \tag{5.1.26}$$

证明　设 $f(\boldsymbol{W}) = \operatorname{tr}\left(\boldsymbol{W}^{\mathrm{T}}\boldsymbol{S}_{\mathrm{b}}\boldsymbol{W}\right)$，$g(\boldsymbol{W}) = \operatorname{tr}\left(\boldsymbol{W}^{\mathrm{T}}\boldsymbol{S}_{\mathrm{w}}\boldsymbol{W}\right) > 0$，由于 λ^* 是问题 (5.1.20)中目标函数的最大值，有

$$\frac{f(\boldsymbol{W})}{g(\boldsymbol{W})} \leqslant \lambda^* \Rightarrow \max_{\boldsymbol{W}^{\mathrm{T}}\boldsymbol{W}=\boldsymbol{I}_{d'}} \frac{f(\boldsymbol{W})}{g(\boldsymbol{W})} = \frac{f\left(\boldsymbol{W}^*\right)}{g\left(\boldsymbol{W}^*\right)} = \lambda^*$$

$$\frac{f(\boldsymbol{W})}{g(\boldsymbol{W})} \leqslant \lambda^*, g(\boldsymbol{W}) > 0 \Rightarrow f(\boldsymbol{W}) - \lambda^* g(\boldsymbol{W}) \leqslant 0$$

$$\Rightarrow \max_{\boldsymbol{W}^{\mathrm{T}}\boldsymbol{W}=\boldsymbol{I}_{d'}} f(\boldsymbol{W}) - \lambda^* g(\boldsymbol{W}) = f(\boldsymbol{W}^*) - \lambda^* g(\boldsymbol{W}^*) = 0$$

从而，$\boldsymbol{W}^*$是问题(5.1.20)和问题(5.1.26)的最优解。

由引理 5.1.2 可知，当参数λ恰好为迹比值目标函数的最小值时，该迹比值优化问题可以等价转化为关于λ的迹差值问题求解。由于最小值未知，采用一种交替迭代的方法来求解迹比值问题(5.1.20)。该方法能得到问题(5.1.20)的全局最优解，具体过程见算法 5.1.1。

算法 5.1.1　问题(5.1.20)的求解过程

输入：数据矩阵$\boldsymbol{X} \in \mathbb{R}^{d\times n}$；标签$\boldsymbol{Y} \in \mathbb{R}^{n\times 1}$

输出：投影矩阵$\boldsymbol{W}_t \in \mathbb{R}^{d\times d'}$

初始化$\boldsymbol{W}_0 \in \mathbb{R}^{d\times d'}$使其满足$\boldsymbol{W}_0^{\mathrm{T}}\boldsymbol{W}_0 = \boldsymbol{I}$，$t=1$；

根据式(5.1.16)和式(5.1.17)计算类内散度矩阵$\boldsymbol{S}_{\mathrm{w}}$和类间散度矩阵$\boldsymbol{S}_{\mathrm{b}}$；

repeat

　　更新λ_t，$\lambda_t = \mathrm{tr}\left(\boldsymbol{W}_{t-1}^{\mathrm{T}}\boldsymbol{S}_{\mathrm{b}}\boldsymbol{W}_{t-1}\right) / \mathrm{tr}\left(\boldsymbol{W}_{t-1}^{\mathrm{T}}\boldsymbol{S}_{\mathrm{w}}\boldsymbol{W}_{t-1}\right)$；

　　更新$\boldsymbol{W}_t$，$\boldsymbol{W}_t = \arg\max_{\boldsymbol{W}^{\mathrm{T}}\boldsymbol{W}=\boldsymbol{I}_{d'}} \mathrm{tr}\left(\boldsymbol{W}^{\mathrm{T}}\boldsymbol{S}_{\mathrm{b}}\boldsymbol{W}\right) - \lambda_t \mathrm{tr}\left(\boldsymbol{W}^{\mathrm{T}}\boldsymbol{S}_{\mathrm{w}}\boldsymbol{W}\right)$；

　　$t=t+1$；

until (convergence)

受篇幅限制，算法 5.1.1 中有关迭代过程收敛性和全局最优解的完整证明过程请参考文献(Nie et al., 2007)。

LDA 方法在进行特征提取的同时使子空间内同类样本的距离尽可能小、异类样本的距离尽可能大，可通过近似解、迭代求解的方法来解决经典迹比值 LDA 问题在求解上的问题。综合来看，LDA 不仅能有效降低数据维度，而且能增强样本在子空间内的类别可判别性，还兼具在投影空间上进行分类的功能，是一种应用广泛的经典机器学习算法。

由前文可知，传统的 LDA 方法是有监督算法，需要大量先验的标签信息，使用时必须考虑人工标注的巨额成本问题。为了在利用 LDA 性能的同时解放标签标注，考虑引入指示矩阵$\boldsymbol{Y} \in \mathbb{R}^{n\times c}$来表达每个样本点的类别隶属信息。具体来说，当第$i$个样本属于第$j$类时，$y_{ij}=1$，反之$y_{ij}=0$。据此，可将式(5.1.16)～

式(5.1.18)中的三个散度矩阵写为矩阵形式：

$$\boldsymbol{S}_{\mathrm{w}} = \boldsymbol{X}\left(\boldsymbol{I} - \boldsymbol{Y}\left(\boldsymbol{Y}^{\mathrm{T}}\boldsymbol{Y}\right)^{-1}\boldsymbol{Y}^{\mathrm{T}}\boldsymbol{X}^{\mathrm{T}}\right)\boldsymbol{X}^{\mathrm{T}} \tag{5.1.27}$$

$$\boldsymbol{S}_{\mathrm{b}} = \boldsymbol{X}\boldsymbol{Y}\left(\boldsymbol{Y}^{\mathrm{T}}\boldsymbol{Y}\right)^{-1}\boldsymbol{Y}^{\mathrm{T}}\boldsymbol{X}^{\mathrm{T}} \tag{5.1.28}$$

$$\boldsymbol{S}_{\mathrm{t}} = \boldsymbol{X}\boldsymbol{X}^{\mathrm{T}} \tag{5.1.29}$$

式(5.1.27)～式(5.1.29)经式(5.1.16)～式(5.1.18)的推导过程参考文献(Ding et al., 2007)。据此，迹比值 LDA 的优化问题(5.1.20)可以改写为如下无监督 LDA 问题：

$$\max_{\boldsymbol{W}^{\mathrm{T}}\boldsymbol{W}=\boldsymbol{I},\boldsymbol{Y}\in\mathrm{Ind}} \frac{\operatorname{tr}\left[\boldsymbol{W}^{\mathrm{T}}\boldsymbol{X}\boldsymbol{Y}\left(\boldsymbol{Y}^{\mathrm{T}}\boldsymbol{Y}\right)^{-1}\boldsymbol{Y}^{\mathrm{T}}\boldsymbol{X}^{\mathrm{T}}\boldsymbol{W}\right]}{\operatorname{tr}\left[\boldsymbol{W}^{\mathrm{T}}\boldsymbol{X}\left(\boldsymbol{I} - \boldsymbol{Y}\left(\boldsymbol{Y}^{\mathrm{T}}\boldsymbol{Y}\right)^{-1}\boldsymbol{Y}^{\mathrm{T}}\boldsymbol{X}^{\mathrm{T}}\right)\boldsymbol{X}^{\mathrm{T}}\boldsymbol{W}\right]} \tag{5.1.30}$$

式中，$\boldsymbol{Y} \in \mathrm{Ind}$，表示矩阵$\boldsymbol{Y}$的元素为 0 或 1，即 $y_{ij} \in \{0,1\}$。

问题(5.1.30)可以通过交替迭代更新投影矩阵$\boldsymbol{W}$和指示矩阵$\boldsymbol{Y}$的方法来求解(Wang et al., 2019)。在更新$\boldsymbol{Y}$时，目标函数实质上是一个等价的子空间 K 均值聚类优化问题(Ding et al., 2007)，关于 K 均值聚类方法的介绍详见 7.1.1 小节。在更新$\boldsymbol{W}$时，根据之前聚类步骤得到的$\boldsymbol{Y}$来求解原先的有监督 LDA 问题，实现以低廉成本获得标签的目标。无监督 LDA 可以共同完成子空间学习和聚类，兼具有监督 LDA 模型的优秀判别性能。

5.1.4　张量分析方法

张量分析方法是一种使用张量技术对数据进行建模、分析和处理的方法。张量在机器学习任务中起着重要的作用，因为它们能够有效地表示高维数据和多模态数据的结构和关联。许多张量分析方法基于张量的弗罗贝尼乌斯范数进行建模和优化。弗罗贝尼乌斯范数是一种常用的矩阵或张量范数，用于度量矩阵或张量的大小。然而，这种方法对离群值非常敏感，即异常值可能对分解结果产生负面影响。

为了解决这个问题，可以利用张量技术来抑制异常值对投影矩阵或投影向量的影响。这些方法通过引入鲁棒损失函数或采用统计学方法来降低异常值的影响，并提高数据分布的鲁棒性。鲁棒性分解方法可以更好地适应包含异常值的数据集，并在面对噪声和异常情况时提供更可靠的分析结果。通过应用鲁棒性分解方法，可以有效地处理具有离群值的数据集，并提高在机器学习任务中的表现。这对于许多现实世界的应用场景非常重要，如异常检测、异常识别、异常排除等任务。利用张量分析的鲁棒性分解方法，可以更好地处理数据中的异常情况，并获得更准确和稳健的分析结果。

1. 基于 F 范数的张量分析

大多数张量分解方法可以表示为最小化重构误差的问题，其中重构误差通常使用弗罗贝尼乌斯范数(F 范数)来度量。为了符号的简便，采用$\boldsymbol{U}=\left[\boldsymbol{u}_1,\boldsymbol{u}_2,\cdots,\boldsymbol{u}_r\right]\in\mathbb{R}^{w\times r}$和$\boldsymbol{V}=\left[\boldsymbol{v}_1,\boldsymbol{v}_2,\cdots,\boldsymbol{v}_r\right]\in\mathbb{R}^{h\times r}$表示二阶张量数据集得到的两个正交投影矩阵，则基于 F 范数的张量分析(TPCA-F)的目标函数表示为

$$\begin{gathered}\max_{\boldsymbol{U},\boldsymbol{V}} F\left(\boldsymbol{U},\boldsymbol{V}\right)=\max_{\boldsymbol{U},\boldsymbol{V}}\sum_{j=1}^{n}\left\|\boldsymbol{V}^{\mathrm{T}}\boldsymbol{X}_i\boldsymbol{U}\right\|_{\mathrm{F}}^{2}\\ \text{s.t.}\ \ \boldsymbol{U}^{\mathrm{T}}\boldsymbol{U}=\boldsymbol{I}_r,\quad \boldsymbol{V}^{\mathrm{T}}\boldsymbol{V}=\boldsymbol{I}_r\end{gathered}\tag{5.1.31}$$

为了优化这个目标函数，可以采用交替更新的方法，依次更新$\boldsymbol{V}$和$\boldsymbol{U}$。具体而言，先固定$\boldsymbol{V}$，通过最小化目标函数来更新$\boldsymbol{U}$；然后固定$\boldsymbol{U}$，通过最小化目标函数来更新$\boldsymbol{V}$。这样交替进行更新，直到达到收敛条件。这个过程可以用以下更新公式来描述。

(1) 固定$\boldsymbol{V}^{(t)}$，计算$\boldsymbol{U}^{(t+1)}$。$\boldsymbol{U}^{(t+1)}$可以通过式(5.1.32)计算矩阵$\boldsymbol{Y}_{\boldsymbol{U}}{}^{(t+1)}$的特征向量得出：

$$\boldsymbol{Y}_{\boldsymbol{U}}{}^{(t+1)}=\sum_{i=1}^{n}\boldsymbol{X}_i^{\mathrm{T}}\boldsymbol{V}^{(t)}\left(\boldsymbol{V}^{(t)}\right)^{\mathrm{T}}\boldsymbol{X}_i\tag{5.1.32}$$

(2) 固定$\boldsymbol{U}^{(t+1)}$，计算$\boldsymbol{V}^{(t+1)}$。$\boldsymbol{V}^{(t+1)}$可以通过式(5.1.33)计算矩阵$\boldsymbol{Y}_{\boldsymbol{V}}{}^{(t+1)}$的特征向量得出：

$$\boldsymbol{Y}_{\boldsymbol{V}}{}^{(t+1)}=\sum_{i=1}^{n}\boldsymbol{X}_i^{\mathrm{T}}\boldsymbol{U}^{(t+1)}\left(\boldsymbol{U}^{(t+1)}\right)^{\mathrm{T}}\boldsymbol{X}_i\tag{5.1.33}$$

$\boldsymbol{U}^{(t)}$和$\boldsymbol{V}^{(t)}$分别表示第t次迭代时的$\boldsymbol{U}$和$\boldsymbol{V}$。

通过交替更新$\boldsymbol{U}$和$\boldsymbol{V}$可以逐步优化目标函数，寻找最优的投影矩阵，从而实现 TPCA 的优化过程。这种交替更新的优化方法可以有效地提高算法的收敛速度，并在每次更新中找到更好的解决方案，在张量分析和机器学习任务中得到广泛应用，特别适用于处理二阶张量数据集，如图像和视频数据。

2. 基于ℓ_1范数的张量分析

传统的张量分析方法通常使用弗罗贝尼乌斯范数(F 范数)来表示目标函数。F 范数和ℓ_2范数对许多实际情况中离群值都很敏感，为了增强对离群值的鲁棒性，

可以采用基于 ℓ_1 范数的目标函数，其函数表示为

$$\max_{U,V} g(\boldsymbol{u},\boldsymbol{v}) = \max_{U,V} \sum_{j=1}^{n} \left| \boldsymbol{v}_1^{\mathrm{T}} \boldsymbol{X}_i \boldsymbol{u}_1 \right| \quad \text{s.t. } \boldsymbol{u}^{\mathrm{T}}\boldsymbol{u}=1, \quad \boldsymbol{v}^{\mathrm{T}}\boldsymbol{v}=1 \tag{5.1.34}$$

式中，$\boldsymbol{U}$ 和 $\boldsymbol{V}$ 分别是张量分解的因子矩阵；$\boldsymbol{X}_i$ 是第 i 个观测样本。目标是最大化观测样本在因子矩阵乘积上的 ℓ_1 范数，从而实现张量的分解和重构。

与弗罗贝尼乌斯范数不同，ℓ_1 范数对离群值具有更强的鲁棒性，能够更好地处理异常数据。ℓ_1 范数在优化过程中会产生稀疏解，即将一些元素设置为零，从而实现对离群值的有效抑制。使用基于 ℓ_1 范数的目标函数，可以得到更鲁棒可靠的张量分解结果，特别适用于处理包含离群值的数据集。这种方法在许多机器学习任务中起着重要作用，如异常检测、稀疏表示和压缩感知等领域。

优化过程如下。

(1) 固定 $\boldsymbol{u}$ ，计算 $\boldsymbol{v}$ ：

$$\boldsymbol{v}(t+1) = \frac{\sum_{i=1}^{N} p_i(t)(\boldsymbol{X}_i\boldsymbol{u})}{\left\| \sum_{i=1}^{N} p_i(t)(\boldsymbol{X}_i\boldsymbol{u}) \right\|} \tag{5.1.35}$$

先暂定 $r=1$ ，未知参数为 $\boldsymbol{u}_r$ 和 $\boldsymbol{v}_r$ 。另外，定义极值方程 $s_i(t)$ ，以确定当 $\boldsymbol{v}$ 固定时 $\boldsymbol{u}$ 的最优解。$s_i(t)$ 和 $p_i(t)$ 都是−1 或 1，t 为迭代次数。$p_i(t)$ 的取值情况为

$$p_i(t) = \begin{cases} 1, & [\boldsymbol{v}(t)]^{\mathrm{T}}(\boldsymbol{x}_i\boldsymbol{u}) > 0 \\ -1, & [\boldsymbol{v}(t)]^{\mathrm{T}}(\boldsymbol{x}_i\boldsymbol{u}) \leqslant 0 \end{cases} \tag{5.1.36}$$

(2) 固定 $\boldsymbol{v}$ ，计算 $\boldsymbol{u}$ ：

$$\boldsymbol{u}(t+1) = \frac{\sum_{i=1}^{N} s_i(t)\left(\boldsymbol{X}_i^{\mathrm{T}}\boldsymbol{v}\right)}{\left\| \sum_{i=1}^{N} s_i(t)\left(\boldsymbol{X}_i^{\mathrm{T}}\boldsymbol{v}\right) \right\|} \tag{5.1.37}$$

$s_i(t)$ 的定义与 $p_i(t)$ 类似，有

$$s_i(t) = \begin{cases} 1, & \left(\boldsymbol{v}^{\mathrm{T}}\boldsymbol{X}_i\right)\boldsymbol{u}(t) > 0 \\ -1, & \left(\boldsymbol{v}^{\mathrm{T}}\boldsymbol{X}_i\right)\boldsymbol{u}(t) \leqslant 0 \end{cases} \tag{5.1.38}$$

(3) 基于 $\boldsymbol{u}_{k-1}$ 和 $\boldsymbol{v}_{k-1}$ 计算 $\boldsymbol{u}_k$ 和 $\boldsymbol{v}_k$：由于 $\boldsymbol{v}_1$ 是 $\boldsymbol{X}_i\boldsymbol{u}$ 的线性组合，可通过计算得

到 $\boldsymbol{v}_k$，有

$$\left(\boldsymbol{X}_i\boldsymbol{u}\right)^{(k)}=\left(\boldsymbol{X}_i\boldsymbol{u}\right)^{(k-1)}-\boldsymbol{v}_{k-1}\boldsymbol{v}_{k-1}^{\mathrm{T}}\left(\boldsymbol{X}_i\boldsymbol{u}\right)^{(k-1)} \tag{5.1.39}$$

这个更新方式可以保证 $\boldsymbol{v}_k$ 和 $\boldsymbol{v}_{k-1}$ 是正交的。类似地，可以通过式(5.1.40)计算 $\boldsymbol{u}_k$：

$$\left(\boldsymbol{v}^{\mathrm{T}}\boldsymbol{X}_i\right)^{(k)}=\left(\boldsymbol{v}^{\mathrm{T}}\boldsymbol{X}_i\right)^{(k-1)}-\left(\boldsymbol{v}^{\mathrm{T}}\boldsymbol{X}_i\right)^{(k-1)}\boldsymbol{u}_{k-1}\boldsymbol{u}_{k-1}^{\mathrm{T}} \tag{5.1.40}$$

TPCA-L1 和 TPCA-F 都采用了一种替代性投影的优化策略，但 TPCA-L1 在计算过程中不需要对类似协方差矩阵进行特征分解，这一特点使得 TPCA-L1 在处理规模较大的类协方差矩阵时具有优势，传统的张量分析算法在大多数情况下计算成本较高。当类协方差矩阵的规模较大时，特征分解的计算代价会显著增加。特征分解的计算复杂度与矩阵维度的平方成正比，因此在高维数据集上进行特征分解可能会导致计算开销巨大。

相比之下，TPCA-L1 方法避免了对类协方差矩阵进行特征分解的步骤，使用 ℓ_1 范数作为目标函数，并通过优化算法(如迭代阈值算法)来得到最优的投影矩阵。这种替代性投影的优化策略在计算上更为高效，尤其在面对规模较大的类协方差矩阵时具有明显优势。通过避免特征分解步骤，TPCA-L1 在处理大规模数据集时能够有效降低计算代价，并且在保持鲁棒性的同时获得较好的分解结果，这使得 TPCA-L1 成为处理高维数据和大规模数据的有力工具，特别适用于需要处理大量特征和样本的机器学习任务。

5.1.5　经典方法总结与分析

在无监督降维方法中，PCA 可以简单高效地对特征进行重组或者提取，且 PCA 相较于其他降维方法能更好地保留原始数据中的信息。传统 PCA 方法还存在一些需要改进的地方，最为关键的一点是缺乏获取鲁棒子空间的能力，使用 ℓ_2 范数会放大离群点对整个目标函数的影响(Nie et al., 2021a)。Ke 等(2005)通过最小化 ℓ_1 范数的最小重构误差来得到更鲁棒的子空间，称为 ℓ_1-PCA，但 ℓ_1 范数会使得 PCA 方法丢失旋转不变性，并且增大了求解难度。为了在 ℓ_1-PCA 的基础上保留 PCA 的旋转不变性，Ding(2006)提出了 R_1-PCA，通过在空间维度上施加 ℓ_2 范数和在不同数据点上施加 ℓ_1 范数来最小化重建误差。这并不是 R_1 范数的最优均值问题(He et al., 2011)，因此 Wang 等(2017b)在 R_1-PCA 的基础上提出了最优均值 PCA 方法。Wang 等(2017a)将基于 ℓ_2 范数最小重构误差 PCA 方法进行推广，提出了一种 $\ell_{2,p}$-PCA 方法，这一方法不仅具有 PCA 的优点，而且更能适应不同的数据类型。更进一步，Li 等(2021)将 $\ell_{2,p}$ 范数作为约束以获得鲁棒稀疏的投影矩阵，使模型具有更强的泛化能力。

对于音频、视频、文本文档数据，样本点之间相互关联，其分布结构蕴藏关键信息，在降维时需要尽可能保留各点之间的近邻关系。如果利用 PCA 模型降维，虽然数据的原始方差信息得到了尽可能的保留，但是其近邻关系可能在降维过程中丢失。因此，在数据局部结构较为重要的情况下需要重点关注数据的局部结构，LPP 就是适用于这种情况的一种降维方法。LPP 构建了一个包含数据集邻域信息的图，该图是基于数据流形几何形状连续图的线性离散近似(Belkin et al., 2001)，然后利用图拉普拉斯算子的概念，计算将数据点映射到子空间的变换矩阵，从而完成降维。这种线性变换在某种意义上最佳地保留了局部邻域信息，该算法的一些特点如下。①LPP 在信息检索中可能有较好的应用：由于 LPP 是为保留局部结构而设计的，因此在低维空间中的最近邻搜索可能产生与在高维空间中相似的结果，从而提升了信息检索的效率。②LPP 为线性降维方法：LPP 将数据点映射到子空间的变换与经典线性变换类似，这使得 LPP 在实际应用中速度更快、效率更高，从而更适用于实际情景。③LPP 适用于训练集外的数据：一些经典的非线性降维算法如 ISOMAP(Tenenbaum et al., 2000)、局部线性嵌入(locally linear embedding, LLE)(Roweis et al., 2000)、Laplacian Eigenmaps(Belkin et al., 2001)，仅适用于对训练集中数据进行映射变换，对于训练集外的新数据，由于缺乏明晰的物理意义而无法进行映射转换。LPP 则可以简单地应用于任何新数据点，将其定位在降维后的表示空间中。④LPP 可以在原始空间中进行，也可以在再现核希尔伯特空间(reproducing kernel Hilbert space，RKHS)中进行。LPP 可直接处理原始数据，也可以先将原始数据经核函数投影至 RKHS 中后，在 RKHS 中对投影后的数据进行处理。基于上述 LPP 的多种特质，LPP 成为探索性数据分析、信息检索和模式分类应用中不可或缺的方案。

LDA 根据先验的标签信息提取判别信息，是经典的监督数据降维方法(Rao，1948；Fisher，1936)，已在模式识别、人脸识别等领域取得了广泛应用(Wang et al., 2021)。它的基本思想是使投影后的低维空间数据分布达到同类样本聚集、异类样本分开的效果，其问题表示主要有比值迹和迹比值两种基本形式。比值迹问题可以转化为广义特征值分解的形式求解(Fukunaga，2013)，尽管能得到闭式解，但该策略求解可能会偏离最初目标，为分类、聚类等后续处理过程带来不确定性。与之相反，迹比值问题不存在上述困难，但是缺乏闭式解和有效的求解方法。研究表明，直接解决迹比值问题比解决比值迹问题更为合理，启发式二分法(Guo et al., 2003)、迭代迹比值算法(Wang et al., 2007)和特征值摄动(Jia et al., 2009)等方法先后被提出，其有效性在理论和实验上均得以验证。除求解方面的问题外，线性判别分析还存在散度矩阵奇异(Liu et al., 2014； Wang et al., 2013)、难以处理非高斯分布数据(Nie et al., 2022; Nie et al., 2021b)、容易忽略小方差(Wang et al., 2022a)和鲁棒性差(Liu et al., 2019; Nie et al., 2019b)等问题。为解决上述问题，研究人员在原有线性判别分析模型的基础上发展了许多变体，增强了线性判别分析模型的判别性和适用性，并将线性判别分析模型应用于分类任务(Li et al., 2017)。此外，学者试图将线性判别分析应用于无监督领域(Wang et al., 2023)，先通过聚类策略获取伪标签信息，再利用伪标签实施后续降维步骤，大大提升了线性判别分析模型的可拓展性、降低了模型的运行成本，是具有广阔发展前景的方向之一。

PCA、LPP 和 LDA 是三种经典的降维方法，前两者是无监督降维方法，后者是有监督降维方法。PCA 通过线性变换找到数据中方差较大的方向，在此基础上选择正交的投影向量组作为新的特征。LPP 则强调在低维空间中保持样本之间的局部关系，通过最小化样本点对之间的欧氏距离来构建投影方向，能更好地保留局部结构，进而有效处理非线性数据。这两种无监督方法由于没有使用先验的类别信息，无法通过考虑类别之间的差异来提升模型的降维性能。LDA 利用预先给定的类别标签，通过最大化子空间中类间距离与类内距离的比值来增强投影样本的可分性，有助于提高模型的分类性能。总的来说，PCA 通过找到高维数据中的主要方差来提取重要特征；LPP 主要保留数据的局部结构，能够处理非线性数据；LDA 在投影时强调不同类别的差异，更关注具有判别性的特征。根据不同的数据特点和应用场景，综合考虑不同方法的优点和适用范围，可以提高模型的实际性能。

5.2 进阶方法

5.2.1 基于自适应图嵌入的无监督方法

近年来，基于图的无监督降维方法受到广泛关注，该类方法将样本点视为图节点，节点之间的权重值代表节点之间的相似关系。LPP 是一种典型的基于近邻图的特征提取算法，但其近邻图需要提前构建，与后续特征提取步骤分离，特征提取步骤依赖近邻图的构建，导致降维算法效果不佳。针对此问题，本小节介绍一种同时进行近邻图构建和特征提取的自适应无监督降维(unsupervised adaptive embedding for dimensionality reduction)方法。该方法无须提前构建近邻图，在降维的同时自适应调整近邻信息，使得近邻图的构建有助于降维过程中学习投影矩阵。同时，该方法对噪声具有一定的鲁棒性。

1. 目标函数构建

假定数据矩阵为 $\boldsymbol{X}\in\mathbb{R}^{d\times n}$，其中 d 为数据矩阵的维度，n 为样本点的数量，定义矩阵 $\boldsymbol{X}$ 的第 i 个样本为向量 $\boldsymbol{x}_i\in\mathbb{R}^{d\times 1}, i=1,2,\cdots,n$。定义权值矩阵为

$\boldsymbol{S}\in\mathbb{R}^{n\times n}$，$s_{ij}$描述第$j$个样本点为第$i$个样本点近邻的可能性，值越大，表明这两个样本点越相似，定义$s_{ii}=0$。所有的样本与$\boldsymbol{x}_i$为近邻的可能性总和为1，即$\boldsymbol{S}$的行和为1。近邻图构建的基本假设为两个样本点之间的距离(为了简化，采用欧氏距离$\|\boldsymbol{x}_i-\boldsymbol{x}_j\|_2^2$来衡量)越小时，$s_{ij}$的值越大。一种自然分配$s_{ij}$的方法可用以下公式来描述：

$$\min_{\boldsymbol{s}_i\boldsymbol{1}=1,0\leqslant s_i\leqslant 1}\sum_{j=1}^{n}s_{ij}\|\boldsymbol{x}_i-\boldsymbol{x}_j\|_2^2 \tag{5.2.1}$$

问题(5.2.1)存在平凡解，即与样本点距离最近点的权值为1，与其他样本点间的权值为0。为了避免这种情况，添加权值幂指数r，取值范围为$(1,\infty)$，则上述分配近邻方法为

$$\min_{\boldsymbol{s}_i\boldsymbol{1}=1,0\leqslant s_i\leqslant 1}\sum_{j=1}^{n}s_{ij}^r\|\boldsymbol{x}_i-\boldsymbol{x}_j\|_2^2 \tag{5.2.2}$$

高维数据从多方面描述同一个事物，原始数据矩阵中不可避免地会存在噪声，因此本小节引入数据矩阵$\boldsymbol{F}\in\mathbb{R}^{n\times d}$，表示去除噪声后的纯净数据矩阵，通过对$\boldsymbol{F}$的迭代计算来减少原始数据中的噪声。设$\boldsymbol{f}_i\in\mathbb{R}^{d\times 1}$为$\boldsymbol{F}$的第$i$行向量的转置，则式(5.2.2)可写为

$$\min_{\boldsymbol{F},\boldsymbol{S}>0,\boldsymbol{S}\boldsymbol{1}=\boldsymbol{1}}\sum_{i,j=1}^{n}s_{ij}^r\|\boldsymbol{f}_i-\boldsymbol{f}_j\|_2^2+\lambda\|\boldsymbol{X}^{\mathrm{T}}-\boldsymbol{F}\|_{\mathrm{F}}^2 \tag{5.2.3}$$

式中，λ为正则化参数，当$\lambda\to\infty$时，有$\boldsymbol{X}^{\mathrm{T}}=\boldsymbol{F}$，此时该问题与原问题(5.2.2)完全等价。

基于以上两种思想，本小节提出了自适应无监督降维算法。设投影矩阵$\boldsymbol{W}\in\mathbb{R}^{d\times d'}$，其中$d$为高维空间的维度，$d'$为低维空间的维度。为了保证投影后数据在统计学意义上不相关，添加不相关约束$\boldsymbol{W}^{\mathrm{T}}\boldsymbol{S}_{\mathrm{t}}\boldsymbol{W}=\boldsymbol{I}_{d'}$，其中$\boldsymbol{S}_{\mathrm{t}}=\boldsymbol{X}(\boldsymbol{I}_n-1/n\,\boldsymbol{1}_n\boldsymbol{1}_n^{\mathrm{T}})\boldsymbol{X}^{\mathrm{T}}\in\mathbb{R}^{d\times d}$为全局散度矩阵，$\boldsymbol{I}_{d'}$和$\boldsymbol{I}_n$分别为$d'$维和$n$维单位矩阵，$\boldsymbol{1}_n$为$n$维全1向量，则提出算法的目标函数为

$$\min_{\boldsymbol{W}^{\mathrm{T}}\boldsymbol{S}_t\boldsymbol{W}=\boldsymbol{I},\boldsymbol{F},\boldsymbol{S}>0,\boldsymbol{S}\boldsymbol{1}=\boldsymbol{1}}\sum_{i,j=1}^{n}s_{ij}^r\|\boldsymbol{f}_i-\boldsymbol{f}_j\|_2^2+\lambda\|\boldsymbol{X}^{\mathrm{T}}\boldsymbol{W}-\boldsymbol{F}\|_{\mathrm{F}}^2 \tag{5.2.4}$$

式中，$\boldsymbol{F}\in\mathbb{R}^{n\times d'}$；$\boldsymbol{f}_i\in\mathbb{R}^{d'\times 1}$，为$\boldsymbol{F}$的第$i$行向量的转置。对于目标函数中的第一项，可做以下变换：

$$\sum_{i,j=1}^{n} s_{ij}^{r} \left\| \boldsymbol{f}_i - \boldsymbol{f}_j \right\|_2^2 = 2\mathrm{tr}(\boldsymbol{F}^{\mathrm{T}} \tilde{\boldsymbol{L}} \boldsymbol{F}) \tag{5.2.5}$$

式中，$\tilde{s}_{ij} = s_{ij}^{r}$，维度为$n \times n$；$\tilde{\boldsymbol{L}} = \tilde{\boldsymbol{D}} - \left(\tilde{\boldsymbol{S}} + \tilde{\boldsymbol{S}}^{\mathrm{T}}\right)/2$，为拉普拉斯矩阵。$\tilde{\boldsymbol{D}} \in \mathbb{R}^{d \times d}$为度矩阵，是一个对角阵，其第$i$个对角元素$\tilde{d}_{ii} = \sum_{j=1}^{n}\left(s_{ij}^{r} + s_{ji}^{r}\right)/2$；$\tilde{\boldsymbol{S}}$为相似度矩阵，每一个元素为权值矩阵$\boldsymbol{S}$中对应元素的$r$次方，维度为$n \times n$。此时，$\tilde{\boldsymbol{L}}$为正定实对称矩阵，因此问题(5.2.4)可写为

$$\min_{\boldsymbol{W}^{\mathrm{T}} \boldsymbol{S}_{\mathrm{t}} \boldsymbol{W} = \boldsymbol{I}, \boldsymbol{F}, \boldsymbol{S} > 0, \boldsymbol{S}\boldsymbol{1} = \boldsymbol{1}} 2\mathrm{tr}\left(\boldsymbol{F}^{\mathrm{T}} \tilde{\boldsymbol{L}} \boldsymbol{F}\right) + \lambda \left\| \boldsymbol{X}^{\mathrm{T}} \boldsymbol{W} - \boldsymbol{F} \right\|_{\mathrm{F}}^2 \tag{5.2.6}$$

根据迹和范数的转化关系，将式(5.2.6)化简，得

$$\min_{\boldsymbol{W}^{\mathrm{T}} \boldsymbol{S}_{\mathrm{t}} \boldsymbol{W} = \boldsymbol{I}, \boldsymbol{F}, \boldsymbol{S} > 0, \boldsymbol{S}\boldsymbol{1} = \boldsymbol{1}} \mathrm{tr}\left(2\boldsymbol{F}^{\mathrm{T}} \tilde{\boldsymbol{L}} \boldsymbol{F} + \lambda \boldsymbol{W}^{\mathrm{T}} \boldsymbol{X}\boldsymbol{X}^{\mathrm{T}} \boldsymbol{W} - 2\lambda \boldsymbol{F}^{\mathrm{T}} \boldsymbol{X}^{\mathrm{T}} \boldsymbol{W} + \lambda \boldsymbol{F}^{\mathrm{T}} \boldsymbol{F}\right) \tag{5.2.7}$$

在目标函数中存在投影矩阵$\boldsymbol{W}$、权值矩阵$\boldsymbol{S}$和数据矩阵$\boldsymbol{F}$三个变量，采用交替优化方法来求解问题(5.2.7)。

2. 优化算法

对相似度矩阵$\boldsymbol{S}$进行初始化，可通过式(5.2.2)求解相似度矩阵$\boldsymbol{S}$，作为$\boldsymbol{S}$的初始值。

第一步：固定$\boldsymbol{S}$，求解$\boldsymbol{F}$和$\boldsymbol{W}$。

固定$\boldsymbol{S}$，此时的优化目标函数为

$$\min_{\boldsymbol{F}} \mathrm{tr}\left(2\boldsymbol{F}^{\mathrm{T}} \tilde{\boldsymbol{L}} \boldsymbol{F} + \lambda \boldsymbol{W}^{\mathrm{T}} \boldsymbol{X}\boldsymbol{X}^{\mathrm{T}} \boldsymbol{W} - 2\lambda \boldsymbol{F}^{\mathrm{T}} \boldsymbol{X}^{\mathrm{T}} \boldsymbol{W} + \lambda \boldsymbol{F}^{\mathrm{T}} \boldsymbol{F}\right) \tag{5.2.8}$$

对$\boldsymbol{F}$求偏导，并令导数为 0，可得

$$\begin{aligned} \frac{\partial J}{\partial \boldsymbol{F}} &= \frac{\partial\left[\mathrm{tr}\left(2\boldsymbol{F}^{\mathrm{T}} \tilde{\boldsymbol{L}} \boldsymbol{F} + \lambda \boldsymbol{W}^{\mathrm{T}} \boldsymbol{X}\boldsymbol{X}^{\mathrm{T}} \boldsymbol{W} - 2\lambda \boldsymbol{F}^{\mathrm{T}} \boldsymbol{X}^{\mathrm{T}} \boldsymbol{W} + \lambda \boldsymbol{F}^{\mathrm{T}} \boldsymbol{F}\right)\right]}{\partial \boldsymbol{F}} \\ &= 4\tilde{\boldsymbol{L}}\boldsymbol{F} - 2\lambda \boldsymbol{X}^{\mathrm{T}} \boldsymbol{W} + 2\lambda \boldsymbol{I}_n \boldsymbol{F} = 0 \end{aligned} \tag{5.2.9}$$

可以观察到$\boldsymbol{F}$和$\boldsymbol{W}$是相关的，用$\boldsymbol{W}$表示$\boldsymbol{F}$，可得

$$\boldsymbol{F} = \boldsymbol{L}\boldsymbol{X}^{\mathrm{T}} \boldsymbol{W} \tag{5.2.10}$$

式中，$\boldsymbol{L} = (2\tilde{\boldsymbol{L}}/\lambda + \boldsymbol{I}_n)^{-1}$，$\boldsymbol{L}$为正定实对称矩阵。在这里可以看出，当$\lambda$较大时，$2\tilde{\boldsymbol{L}}/\lambda$中的元素接近 0，则$\boldsymbol{F} \approx \boldsymbol{X}^{\mathrm{T}} \boldsymbol{W}$为子空间内去除噪声后的数据矩阵。将$\boldsymbol{F}$的表达式代入目标函数中，可得到以下问题：

$$\min_{W^{\mathrm{T}}S_{\mathrm{t}}W=I} \operatorname{tr}\left(F^{\mathrm{T}}\left(\lambda X^{\mathrm{T}}W-\lambda F\right)+\lambda W^{\mathrm{T}}XX^{\mathrm{T}}W-2\lambda F^{\mathrm{T}}X^{\mathrm{T}}W+\lambda F^{\mathrm{T}}F\right)$$

$$\Rightarrow \min_{W^{\mathrm{T}}S_{\mathrm{t}}W=I} \lambda\operatorname{tr}\left(W^{\mathrm{T}}X(I_n-L)X^{\mathrm{T}}W\right) \Rightarrow \min_{W^{\mathrm{T}}S_{\mathrm{t}}W=I} \lambda\operatorname{tr}\left(W^{\mathrm{T}}XPX^{\mathrm{T}}W\right) \tag{5.2.11}$$

式中，$P=I-L$，为正定实对称矩阵。此时，目标函数为

$$\begin{gathered}\min_{W} \operatorname{tr}\left(W^{\mathrm{T}}XPX^{\mathrm{T}}W\right)\\ \text{s.t.}\ \ W^{\mathrm{T}}S_{\mathrm{t}}W=I_{d'}\end{gathered} \tag{5.2.12}$$

采用拉格朗日乘子法求解式(5.2.12)，可得W为$\left(S_{\mathrm{t}}\right)^{-1}XPX^{\mathrm{T}}$的前$d'$个最小的特征值对应特征向量组成的矩阵，在求得$W$的最优解后将其代入式(5.2.10)，可得$F$的最优值。

第二步：固定W和F，求S。

固定W和F后，此时的目标函数为

$$\begin{gathered}\min_{S} 2\operatorname{tr}\left(F^{\mathrm{T}}L_sF\right)=\min_{S}\sum_{i,j=1}^{n}s_{ij}^{r}\left\|f_i-f_j\right\|^2\\ \text{s.t.}\ \ S1_n=1_n,\quad S\geqslant 0\end{gathered} \tag{5.2.13}$$

显然，式(5.2.13)对任意一个样本$i(i=1,2,\cdots,n)$独立。对于每个i，目标函数可写为

$$\begin{gathered}\min\sum_{j=1}^{n}s_{ij}^{r}\left\|f_i-f_j\right\|^2\\ \text{s.t.}\ \ s_i1_n=1,\quad s_i\geqslant 0\end{gathered} \tag{5.2.14}$$

采用拉格朗日法求解式(5.2.14)，先得到拉格朗日函数为

$$L\left(s_i,\eta,\beta_i\right)=\sum_{i=1}^{n}s_{ij}^{r}\left\|f_i-f_j\right\|_2^2-\eta\left(s_i1_n-1\right)-s_i\beta_i^{\mathrm{T}} \tag{5.2.15}$$

式中，$\beta_i\in\mathbb{R}^{1\times n}$；$\eta$为拉格朗日乘子。可得$s_{ij}\left(i\neq j\right)$的最优解为

$$s_{ij}=\sqrt[r-1]{\frac{\eta}{r\left\|f_i-f_j\right\|_2^2}}\left(i\neq j\right) \tag{5.2.16}$$

从式(5.2.16)可看出，η应该取正值。根据 KKT 条件，$\beta_i\geqslant 0$，$\beta_is_i=0$。在权值矩阵S中，定义$s_{ii}=0$。当$i\neq j$时，$\beta_{ij}=0$，此时s_{ij}可通过式(5.2.16)计算；当$i=j$时，$s_{ij}=0$。根据$s_i1_n=1$，则有

$$\sum_{\substack{j=1\\ j\neq i}}^{n}\sqrt[r-1]{\frac{\eta}{r\left\|f_i-f_j\right\|_2^2}}=1 \tag{5.2.17}$$

令

$$\eta=\left(\sum_{\substack{j=1\\ j\neq i}}^{n}\sqrt[r-1]{\frac{1}{r\left\|\boldsymbol{f}_i-\boldsymbol{f}_j\right\|_2^2}}\right)^{1-r} \tag{5.2.18}$$

当η确定后，观察式(5.2.16)，可以得到当两个样本点之间的距离较小时，s_{ij}的取值较大，反之则越小，与 5.2.1 小节第一部分中的基本假设一致。至此$\boldsymbol{S}$更新完毕，重新进行下一次迭代运算，直到算法收敛，收敛条件可为迭代次数达到最大或目标函数变化量较小。算法 5.2.1 给出了算法的求解过程。

算法 5.2.1　问题(5.2.7)的求解过程

输入：数据矩阵$\boldsymbol{X}\in\mathbb{R}^{d\times n}$，低维空间维度$d'$，足够大的$\lambda$，权值幂指数$r$
输出：投影矩阵$\boldsymbol{W}$
通过求解问题(5.2.2)初始化权值矩阵$\boldsymbol{S}$；
repeat
　　更新拉普拉斯矩阵$\tilde{\boldsymbol{L}}=\tilde{\boldsymbol{D}}-\left(\tilde{\boldsymbol{S}}+\tilde{\boldsymbol{S}}^{\mathrm{T}}\right)/2$，计算$\boldsymbol{B}=\boldsymbol{I}-\boldsymbol{L}$，其中$\boldsymbol{L}=(2\tilde{\boldsymbol{L}}/\lambda+\boldsymbol{I}_n)^{-1}$；
　　计算$\boldsymbol{W}$，为$\left(\boldsymbol{S}_t\right)^{-1}\boldsymbol{XPX}^{\mathrm{T}}$的前$d'$个最小的特征值对应的单位特征向量组成的矩阵；
　　通过式(5.2.10)计算$\boldsymbol{F}$；
　　通过式(5.2.16)更新s_{ij}；
　　$t=t+1$；
until (convergence)

3. 仿真实验与对比分析

在合成数据上验证 UAE 的投影性能，投影结果如图 5.2.1 所示。合成数据分为两类，每类数据包含 100 个样本，均为高斯分布。对于y轴左边的正态分布，均值为$[-l,0]$，其中l为正，协方差矩阵为$[0.1,0;0,5]$。y轴右边的均值为$[0,l]$，协方差矩阵与左边数据相同。两类数据之间的距离与l呈正相关，主要目的是找到一个可以清晰地分离这两类数据的超平面。同时，对 UAE、PCA 和 LPP 算法进行了比较。l取三个不同的数，分别为 9[图 5.2.1(a)]、2[图 5.2.1(b)]和 1.2[图 5.2.1(c)]。

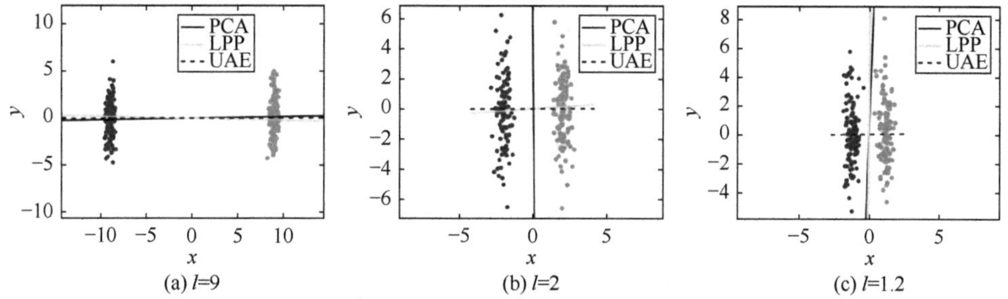

图 5.2.1　PCA、LPP 和 UAE 在两类高斯分布数据的投影结果

可以观察到，当两个类别之间的距离较远时，PCA、LPP 和 UAE 可以很容易地找到合适的超平面。随着距离减小，PCA 开始失效，LPP 逐渐失效，此时，在 PCA 和 LPP 得到的超平面中，两类投影点是混合的。在上述三种情况下，UAE 都能找到最佳超平面，表明 UAE 具有良好的投影能力。PCA 要求子空间具有最大的样本可分性，因此当两类数据接近时 PCA 失去效果。LPP 能保持数据的局部特性，并在距离较小时能够得到较好的降维性能。当数据距离更小时，LPP 无法保留每个聚类中最近的邻居。UAE 方法能够保留局部和全局结构，并通过子空间的交替迭代找到合适的投影方向。

5.2.2　基于快速构图的无监督方法

1. 无监督快速构图方法

在 5.2.1 小节中，局部保持投影方法是一种基于流形学习的高维数据降维方法，旨在学习得到一个投影矩阵，使原始空间内距离较近的样本点，在投影后的子空间内仍然保持较近的距离，保持数据间的局部结构。经典局部保持投影方法构图速度慢，且易受数据复杂分布、噪声的因素影响，导致后续处理准确性不高。针对局部保持投影方法这一问题，本小节采用少量代表点进行构图的快速构图方法，根据这一构图方法，设计两种具体的无监督快速构图算法，并给出模型构建和求解步骤。

2. 快速无监督投影

对于给定原始数据矩阵 $\boldsymbol{X}\in\mathbb{R}^{d\times n}$，假设相似度矩阵 $\boldsymbol{S}\in\mathbb{R}^{n\times n}$，其中第 i 个样本 $\boldsymbol{x}_i\in\mathbb{R}^{d\times 1}$ 和第 j 个样本 $\boldsymbol{x}_j\in\mathbb{R}^{d\times 1}$ 的成对相似度权重为 s_{ij}，并施加非负概率约束 $\boldsymbol{s}_i^{\mathrm{T}}\boldsymbol{1}_n=1$，$0\leqslant s_{ij}\leqslant 1$，低维投影矩阵为 $\boldsymbol{W}\in\mathbb{R}^{d\times d'}$。为了学习数据间的局部近邻结构，构造低维空间内的概率近邻图学习模型，描述在投影空间内的样本越靠近获得越高的相似度权重，相距越远的样本之间相似度权重越低。在学习数据局部结

构后，考虑数据间的全局结构，为投影矩阵添加全局不相关约束，保证子空间的数据在统计学上无关，至此构建得到如下优化问题：

$$\begin{aligned}&\min_{\boldsymbol{S},\boldsymbol{W}}\sum_{i,j=1}^{n}\left\|\boldsymbol{W}^{\mathrm{T}}\boldsymbol{x}_i-\boldsymbol{W}^{\mathrm{T}}\boldsymbol{x}_j\right\|_2^2 s_{ij}\\&\text{s.t.}\ \boldsymbol{s}_i^{\mathrm{T}}\boldsymbol{1}_n=1,\quad 0\leqslant s_{ij}\leqslant 1,\quad \boldsymbol{W}^{\mathrm{T}}\boldsymbol{S}_{\mathrm{t}}\boldsymbol{W}=\boldsymbol{I}_{d'}\end{aligned}\tag{5.2.19}$$

直接对式(5.2.19)中的相似度矩阵 $\boldsymbol{S}$ 进行求解会得到无意义的解，即只有距离 $\boldsymbol{x}_i$ 最近的样本点可以成为其概率为 1 的最近邻，这样会导致后续求得的投影矩阵无意义。为了使提出的方法学习到有效的投影矩阵 $\boldsymbol{W}$，避免出现无意义解，在问题(5.2.19)中加入一个正则化项，因此优化问题转变为

$$\begin{aligned}&\min_{\boldsymbol{S},\boldsymbol{W}}\sum_{i,j=1}^{n}\left\|\boldsymbol{W}^{\mathrm{T}}\boldsymbol{x}_i-\boldsymbol{W}^{\mathrm{T}}\boldsymbol{x}_j\right\|_2^2 s_{ij}+\gamma s_{ij}^2\\&\text{s.t.}\ \boldsymbol{s}_i^{\mathrm{T}}\boldsymbol{1}_n=1,\quad 0\leqslant s_{ij}\leqslant 1,\quad \boldsymbol{W}^{\mathrm{T}}\boldsymbol{S}_{\mathrm{t}}\boldsymbol{W}=\boldsymbol{I}_{d'}\end{aligned}\tag{5.2.20}$$

除此之外，基于流形学习的方法在运算时需要更新样本图，时常会消耗大量的计算资源，这会使其在应用时受到大样本数据集的限制。因此，在构建相似度矩阵时，考虑舍弃两两样本点之间的构建方法，采用 2.4.2 小节提到的自适应近邻二部图构造相似度矩阵，不再使用原本的相似度矩阵，而是从样本点间选取少量代表点，利用代表性锚点与样本点构建新的二部图相似度矩阵 $\boldsymbol{B}\in\mathbb{R}^{n\times m}$ $(m<n)$，m 为代表性锚点的数量。这种构图方式可以减少图的节点和连接权，简化构图过程，加快计算速度，使方法有更加广泛的应用。因此，进一步提出基于快速构图的快速无监督投影(fast unsupervised projection，FUP)方法，其目标函数为

$$\begin{aligned}&\min_{\boldsymbol{B},\boldsymbol{W}}\sum_{i=1}^{n}\sum_{j=1}^{n}\left\|\boldsymbol{W}^{\mathrm{T}}\boldsymbol{x}_i-\boldsymbol{W}^{\mathrm{T}}\boldsymbol{m}_j\right\|_2^2 b_{ij}+\gamma\left\|\boldsymbol{B}\right\|_{\mathrm{F}}^2\\&\text{s.t.}\ \boldsymbol{b}_i^{\mathrm{T}}\boldsymbol{1}_n=1,\quad 0\leqslant b_{ij}\leqslant 1,\quad \boldsymbol{W}^{\mathrm{T}}\boldsymbol{S}_{\mathrm{t}}\boldsymbol{W}=\boldsymbol{I}_{d'}\end{aligned}\tag{5.2.21}$$

式中，$\boldsymbol{m}_j$ 为 d 维锚点向量，是锚点矩阵 $\boldsymbol{M}\in\mathbb{R}^{d\times m}$ 的列向量。为了得到问题(5.2.21)的最优解，需要考虑锚点矩阵 $\boldsymbol{M}$ 的所有可能组成，提出一种交替优化的迭代求解算法，详细过程如下。

(1) 固定 $\boldsymbol{B}$ 和 $\boldsymbol{M}$，求解 $\boldsymbol{W}$。问题(5.2.21)可写为

$$\min_{\boldsymbol{W}^{\mathrm{T}}\boldsymbol{S}_{\mathrm{t}}\boldsymbol{W}=\boldsymbol{I}_{d'}}\sum_{i=1}^{n}\sum_{j=1}^{m}b_{ij}\left\|\boldsymbol{W}^{\mathrm{T}}\boldsymbol{x}_i-\boldsymbol{W}^{\mathrm{T}}\boldsymbol{m}_j\right\|_2^2\tag{5.2.22}$$

对问题(5.2.22)主体部分进行化简，有

$$
\begin{aligned}
&\sum_{i=1}^{n}\sum_{j=1}^{m} b_{ij}\left\|\boldsymbol{W}^{\mathrm{T}}\boldsymbol{x}_i-\boldsymbol{W}^{\mathrm{T}}\boldsymbol{m}_j\right\|_2^2\\
&=\operatorname{tr}(\boldsymbol{W}^{\mathrm{T}}\boldsymbol{XDX}^{\mathrm{T}}\boldsymbol{W}-2\boldsymbol{W}^{\mathrm{T}}\boldsymbol{XBM}^{\mathrm{T}}\boldsymbol{W}+\boldsymbol{W}^{\mathrm{T}}\boldsymbol{MD}^{\mathrm{col}}\boldsymbol{M}^{\mathrm{T}}\boldsymbol{W})\\
&=\operatorname{tr}\left[\boldsymbol{W}^{\mathrm{T}}\left(\boldsymbol{XDX}^{\mathrm{T}}-2\boldsymbol{XBM}^{\mathrm{T}}+\boldsymbol{MD}^{\mathrm{col}}\boldsymbol{M}^{\mathrm{T}}\right)\boldsymbol{W}\right]
\end{aligned}
\tag{5.2.23}
$$

式中，$\boldsymbol{D}=\operatorname{diag}\left(\sum_{j=1}^{m}b_{ij}\right)=\boldsymbol{I}$；$\boldsymbol{D}^{\mathrm{col}}=\operatorname{diag}\left(\sum_{i=1}^{n}b_{ij}\right)$。此时，问题(5.2.22)可以改写为

$$
\begin{aligned}
&\min_{\boldsymbol{W}}\operatorname{tr}\left[\boldsymbol{W}^{\mathrm{T}}\left(\boldsymbol{XX}^{\mathrm{T}}-2\boldsymbol{XBM}^{\mathrm{T}}+\boldsymbol{MD}^{\mathrm{col}}\boldsymbol{M}^{\mathrm{T}}\right)\boldsymbol{W}\right]\\
&\text{s.t. }\ \boldsymbol{W}^{\mathrm{T}}\boldsymbol{S}_{\mathrm{t}}\boldsymbol{W}=\boldsymbol{I}_{d'}
\end{aligned}
\tag{5.2.24}
$$

根据拉格朗日乘子法，优化问题的最优解为

$$
\left[\boldsymbol{XX}^{\mathrm{T}}-\left(\boldsymbol{XBM}^{\mathrm{T}}+\boldsymbol{MB}^{\mathrm{T}}\boldsymbol{X}^{\mathrm{T}}\right)+\boldsymbol{MD}^{\mathrm{col}}\boldsymbol{M}^{\mathrm{T}}\right]\boldsymbol{W}=\boldsymbol{S}_{\mathrm{t}}\boldsymbol{W}\boldsymbol{\Lambda} \tag{5.2.25}
$$

令 $\boldsymbol{A}=\boldsymbol{XX}^{\mathrm{T}}-\left(\boldsymbol{XBM}^{\mathrm{T}}+\boldsymbol{MB}^{\mathrm{T}}\boldsymbol{X}^{\mathrm{T}}\right)+\boldsymbol{MD}^{\mathrm{col}}\boldsymbol{M}^{\mathrm{T}}$，则可以简写为

$$
\boldsymbol{AW}=\boldsymbol{S}_{\mathrm{t}}\boldsymbol{W}\boldsymbol{\Lambda} \tag{5.2.26}
$$

因此，求解问题(5.2.22)转化为求解矩阵 $\boldsymbol{A}$ 和 $\boldsymbol{S}_{\mathrm{t}}$ 的广义特征向量，$\boldsymbol{W}$ 由 $\boldsymbol{A}$ 和 $\boldsymbol{S}_{\mathrm{t}}$ 的前 d' 个最小广义特征值对应的广义特征向量组成。

(2) 固定 $\boldsymbol{W}$ 和 $\boldsymbol{B}$，求解 $\boldsymbol{M}$。问题(5.2.21)可写为

$$
\min_{\boldsymbol{m}}\sum_{i=1}^{n}\sum_{j=1}^{m} b_{ij}\left\|\boldsymbol{W}^{\mathrm{T}}\boldsymbol{x}_i-\boldsymbol{W}^{\mathrm{T}}\boldsymbol{m}_j\right\|_2^2 \tag{5.2.27}
$$

将问题(5.2.27)进一步化简，得到：

$$
\begin{aligned}
&\sum_{i=1}^{n}\sum_{j=1}^{m} b_{ij}\left\|\boldsymbol{W}^{\mathrm{T}}\boldsymbol{x}_i-\boldsymbol{W}^{\mathrm{T}}\boldsymbol{m}_j\right\|_2^2\\
&=\sum_{i=1}^{n}\sum_{j=1}^{m} b_{ij}\left(\boldsymbol{y}_i-\hat{\boldsymbol{\mu}}_j\right)^{\mathrm{T}}\left(\boldsymbol{y}_i-\hat{\boldsymbol{\mu}}_j\right)\\
&=\operatorname{tr}(\boldsymbol{YDY}^{\mathrm{T}}-2\boldsymbol{YB}\hat{\boldsymbol{M}}^{\mathrm{T}}+\hat{\boldsymbol{M}}\boldsymbol{D}^{\mathrm{col}}\hat{\boldsymbol{M}}^{\mathrm{T}})
\end{aligned}
\tag{5.2.28}
$$

式中，$\boldsymbol{y}_i$ 为子空间内样本点，$\boldsymbol{y}_i=\boldsymbol{W}^{\mathrm{T}}\boldsymbol{x}_i$；$\hat{\boldsymbol{\mu}}_j$ 为子空间内锚点，$\hat{\boldsymbol{\mu}}_j=\boldsymbol{W}^{\mathrm{T}}\boldsymbol{m}_j$；$\hat{\boldsymbol{M}}$ 为子空间内代表点矩阵，$\hat{\boldsymbol{M}}\in\mathbb{R}^{d'\times m}$。$\boldsymbol{Y}$ 和 $\boldsymbol{D}$ 与所求变量 $\boldsymbol{m}$ 均无关系，可以看作是常值向量而略去。因此，问题(5.2.27)可以写为

$$
\min_{\boldsymbol{m}}\operatorname{tr}(\hat{\boldsymbol{M}}\boldsymbol{D}^{\mathrm{col}}\hat{\boldsymbol{M}}^{\mathrm{T}}-2\boldsymbol{YB}\hat{\boldsymbol{M}}^{\mathrm{T}}) \tag{5.2.29}
$$

将问题(5.2.29)主体部分对 $\hat{\boldsymbol{M}}$ 求偏导数，得

$$\frac{\partial}{\partial \hat{\boldsymbol{M}}}\operatorname{tr}(\hat{\boldsymbol{M}}\boldsymbol{D}^{\mathrm{col}}\hat{\boldsymbol{M}}^{\mathrm{T}}-2\boldsymbol{Y}\boldsymbol{B}\hat{\boldsymbol{M}}^{\mathrm{T}})=2\hat{\boldsymbol{M}}\boldsymbol{D}^{\mathrm{col}}-2\boldsymbol{Y}\boldsymbol{B} \tag{5.2.30}$$

假设 $\boldsymbol{D}^{\mathrm{col}}$ 的逆矩阵存在(矩阵 $\boldsymbol{B}$ 的列和不为零)，且求导结果为 0，有

$$\hat{\boldsymbol{M}}=\boldsymbol{Y}\boldsymbol{B}(\boldsymbol{D}^{\mathrm{col}})^{-1} \tag{5.2.31}$$

式(5.2.31)的独立向量形式为

$$\hat{\boldsymbol{\mu}}_j=\frac{1}{\sum_{i=1}^{n}b_{ij}}\sum_{i=1}^{n}\left(b_{ij}\boldsymbol{y}_i\right) \tag{5.2.32}$$

又因为 $\hat{\boldsymbol{M}}=\boldsymbol{W}^{\mathrm{T}}\boldsymbol{M}$，那么有

$$\begin{aligned}&\boldsymbol{W}^{\mathrm{T}}\boldsymbol{M}=\boldsymbol{Y}\boldsymbol{B}(\boldsymbol{D}^{\mathrm{col}})^{-1}=\boldsymbol{W}^{\mathrm{T}}\boldsymbol{X}\boldsymbol{B}(\boldsymbol{D}^{\mathrm{col}})^{-1}\\&\Rightarrow\boldsymbol{M}=\boldsymbol{X}\boldsymbol{B}(\boldsymbol{D}^{\mathrm{col}})^{-1}\end{aligned} \tag{5.2.33}$$

(3) 固定 $\boldsymbol{W}$ 和 $\boldsymbol{M}$，求解 $\boldsymbol{B}$。问题(5.2.21)可写为

$$\min_{\boldsymbol{B}^{\mathrm{T}}\boldsymbol{1}_n=\boldsymbol{1}_m,\boldsymbol{B}\geqslant 0}\sum_{i=1}^{n}\sum_{j=1}^{m}(\|\boldsymbol{y}_i-\hat{\boldsymbol{\mu}}_j\|_2^2 b_{ij}+\gamma b_{ij}^2) \tag{5.2.34}$$

令 $d_{ij}^{\boldsymbol{y}\hat{\boldsymbol{\mu}}}=\|\boldsymbol{y}_i-\hat{\boldsymbol{\mu}}_j\|_2^2$，$\boldsymbol{d}_i^{\boldsymbol{y}\hat{\boldsymbol{\mu}}}\in\mathbb{R}^{m\times 1}$，将问题(5.2.34)写成独立向量形式，可以得到单纯形问题求解的形式，具体公式表达形式为

$$\min_{\boldsymbol{b}_i^{\mathrm{T}}\boldsymbol{1}_n=1,0\leqslant p_{ij}\leqslant 1}\left\|\boldsymbol{b}_i+\frac{1}{2\gamma}\boldsymbol{d}_i^{\boldsymbol{y}\hat{\boldsymbol{\mu}}}\right\|_2^2 \tag{5.2.35}$$

观察优化问题(5.2.35)，不难发现其形式类似 2.4.2 小节提到的自适应近邻二部图的优化问题(2.4.21)，因此问题(5.2.35)的求解过程与之类似，其解的形式可以写为

$$b_{ij}=\begin{cases}\dfrac{d_{i,k+1}^{\boldsymbol{y}\hat{\boldsymbol{\mu}}}-d_{ij}^{\boldsymbol{y}\hat{\boldsymbol{\mu}}}}{kd_{i,k+1}^{\boldsymbol{y}\hat{\boldsymbol{\mu}}}-\sum_{h=1}^{k}d_{ih}^{\boldsymbol{y}\hat{\boldsymbol{\mu}}}}, & j\leqslant k\\[2ex] 0, & j>k\end{cases} \tag{5.2.36}$$

3. 正交快速无监督投影

为了提升快速无监督投影方法的性能，将原本投影矩阵的不相关约束转化为惩罚项 $\operatorname{tr}(\boldsymbol{W}^{\mathrm{T}}\boldsymbol{S}_{\mathrm{t}}\boldsymbol{W})$，并为其添加可调节的正则化参数 λ，使方法在面对不同结构的数据时能有更好的表现。在此基础上，为了保证低维投影空间的线性不相关，对投影矩阵加以正交约束，并使方法能获得正交投影低维空间。因此，提出第二

种基于快速构图的正交快速无监督投影(orthogonal fast unsupervised projection，OFUP)模型：

$$\begin{aligned}&\min_{\boldsymbol{W},\boldsymbol{B},\boldsymbol{m}_j}\sum_{i=1}^{n}\sum_{j=1}^{m}b_{ij}\left\|\boldsymbol{W}^{\mathrm{T}}\boldsymbol{x}_i-\boldsymbol{W}^{\mathrm{T}}\boldsymbol{m}_j\right\|_2^2+\gamma\left\|\boldsymbol{B}\right\|_{\mathrm{F}}^2-\lambda\operatorname{tr}(\boldsymbol{W}^{\mathrm{T}}\boldsymbol{S}_{\mathrm{t}}\boldsymbol{W})\\&\text{s.t. }\ \boldsymbol{W}^{\mathrm{T}}\boldsymbol{W}=\boldsymbol{I}_{d'},\quad \boldsymbol{b}_i^{\mathrm{T}}\boldsymbol{1}_n=1,\quad \boldsymbol{B}\geqslant 0\end{aligned}\tag{5.2.37}$$

当 $\lambda\to\infty$ 时，问题(5.2.37)等价于如下问题：

$$\begin{aligned}&\max_{\boldsymbol{W}}\operatorname{tr}(\boldsymbol{W}^{\mathrm{T}}\boldsymbol{S}_{\mathrm{t}}\boldsymbol{W})\\&\text{s.t. }\ \boldsymbol{W}^{\mathrm{T}}\boldsymbol{W}=\boldsymbol{I}_{d'}\end{aligned}\tag{5.2.38}$$

显然，当 $\lambda\to\infty$ 时，问题(5.2.38)即为 5.1.1 小节介绍的主成分分析目标函数。类似地，为了获取问题(5.2.37)的最优解，同样采用迭代优化的策略，具体优化过程如下。

(1) 固定 $\boldsymbol{B}$ 和 $\boldsymbol{M}$，求解 $\boldsymbol{W}$。问题(5.2.37)可写为

$$\begin{aligned}&\min_{\boldsymbol{W}}\sum_{i=1}^{n}\sum_{j=1}^{m}b_{ij}\left\|\boldsymbol{W}^{\mathrm{T}}\boldsymbol{x}_i-\boldsymbol{W}^{\mathrm{T}}\boldsymbol{m}_j\right\|_2^2-\lambda\operatorname{tr}(\boldsymbol{W}^{\mathrm{T}}\boldsymbol{S}_{\mathrm{t}}\boldsymbol{W})\\&\text{s.t. }\ \boldsymbol{W}^{\mathrm{T}}\boldsymbol{W}=\boldsymbol{I}_{d'}\end{aligned}\tag{5.2.39}$$

为了方便问题的求解，将问题(5.2.39)化简为矩阵形式，有

$$\begin{aligned}&\sum_{i=1}^{n}\sum_{j=1}^{m}b_{ij}\left\|\boldsymbol{W}^{\mathrm{T}}\boldsymbol{x}_i-\boldsymbol{W}^{\mathrm{T}}\boldsymbol{m}_j\right\|_2^2-\lambda\operatorname{tr}(\boldsymbol{W}^{\mathrm{T}}\boldsymbol{S}_{\mathrm{t}}\boldsymbol{W})\\&=\operatorname{tr}(\boldsymbol{W}^{\mathrm{T}}\boldsymbol{X}\boldsymbol{D}\boldsymbol{X}^{\mathrm{T}}\boldsymbol{W}-2\boldsymbol{W}^{\mathrm{T}}\boldsymbol{X}\boldsymbol{B}\boldsymbol{M}^{\mathrm{T}}\boldsymbol{W}+\boldsymbol{W}^{\mathrm{T}}\boldsymbol{M}\boldsymbol{D}^{\mathrm{col}}\boldsymbol{M}^{\mathrm{T}}\boldsymbol{W}-\lambda\boldsymbol{W}^{\mathrm{T}}\boldsymbol{S}_{\mathrm{t}}\boldsymbol{W})\\&=\operatorname{tr}[\boldsymbol{W}^{\mathrm{T}}(\boldsymbol{X}\boldsymbol{D}\boldsymbol{X}^{\mathrm{T}}-2\boldsymbol{X}\boldsymbol{B}\boldsymbol{M}^{\mathrm{T}}+\boldsymbol{M}\boldsymbol{D}^{\mathrm{col}}\boldsymbol{M}^{\mathrm{T}}-\lambda\boldsymbol{S}_{\mathrm{t}})\boldsymbol{W}]\end{aligned}\tag{5.2.40}$$

经过化简，问题(5.2.39)可写为

$$\begin{aligned}&\min_{\boldsymbol{W}}\operatorname{tr}[\boldsymbol{W}^{\mathrm{T}}(\boldsymbol{X}\boldsymbol{D}\boldsymbol{X}^{\mathrm{T}}-2\boldsymbol{X}\boldsymbol{B}\boldsymbol{M}^{\mathrm{T}}+\boldsymbol{M}\boldsymbol{D}^{\mathrm{col}}\boldsymbol{M}^{\mathrm{T}}-\lambda\boldsymbol{S}_{\mathrm{t}})\boldsymbol{W}]\\&\text{s.t. }\ \boldsymbol{W}^{\mathrm{T}}\boldsymbol{W}=\boldsymbol{I}_{d'}\end{aligned}\tag{5.2.41}$$

为了求解上述问题，采用拉格朗日乘子法进行求解，构建拉格朗日函数：

$$\begin{aligned}\ell(\boldsymbol{W})=&\operatorname{tr}[\boldsymbol{W}^{\mathrm{T}}(\boldsymbol{X}\boldsymbol{D}\boldsymbol{X}^{\mathrm{T}}-2\boldsymbol{X}\boldsymbol{B}\boldsymbol{M}^{\mathrm{T}}+\boldsymbol{M}\boldsymbol{D}^{\mathrm{col}}\boldsymbol{M}^{\mathrm{T}}-\lambda\boldsymbol{S}_{\mathrm{t}})\boldsymbol{W}]\\&+\operatorname{tr}[\boldsymbol{\varLambda}(\boldsymbol{I}-\boldsymbol{W}^{\mathrm{T}}\boldsymbol{W})]\end{aligned}\tag{5.2.42}$$

利用构建得到的拉格朗日函数，对 $\boldsymbol{W}$ 求偏导并令其为 0，得

$$\frac{\partial \ell(\boldsymbol{W})}{\partial \boldsymbol{W}} = \frac{\partial}{\partial \boldsymbol{W}} \mathrm{tr}[\boldsymbol{W}^{\mathrm{T}}(\boldsymbol{X}\boldsymbol{X}^{\mathrm{T}} - 2\boldsymbol{X}\boldsymbol{B}\boldsymbol{M}^{\mathrm{T}} + \boldsymbol{M}\boldsymbol{D}^{\mathrm{col}}\boldsymbol{M}^{\mathrm{T}} - \lambda \boldsymbol{S}_{\mathrm{t}})\boldsymbol{W}] + \frac{\partial}{\partial \boldsymbol{W}} \mathrm{tr}[\boldsymbol{\Lambda}(\boldsymbol{I} - \boldsymbol{W}^{\mathrm{T}}\boldsymbol{W})] = 2[(\boldsymbol{X}\boldsymbol{X}^{\mathrm{T}} - 2\boldsymbol{X}\boldsymbol{B}\boldsymbol{M}^{\mathrm{T}} + \boldsymbol{M}\boldsymbol{D}^{\mathrm{col}}\boldsymbol{M}^{\mathrm{T}} - \lambda \boldsymbol{S}_{\mathrm{t}})\boldsymbol{W} - 2\boldsymbol{W}\boldsymbol{\Lambda} = 0 \tag{5.2.43}$$

令 $\boldsymbol{Q} = \boldsymbol{X}\boldsymbol{X}^{\mathrm{T}} - 2\boldsymbol{X}\boldsymbol{B}\boldsymbol{M}^{\mathrm{T}} + \boldsymbol{M}\boldsymbol{D}^{\mathrm{col}}\boldsymbol{M}^{\mathrm{T}} - \lambda \boldsymbol{S}_{\mathrm{t}}$，可得

$$\boldsymbol{Q}\boldsymbol{W} = \boldsymbol{W}\boldsymbol{\Lambda} \tag{5.2.44}$$

因此，求解式(5.2.44)就变成矩阵 $\boldsymbol{Q}$ 的特征分解，$\boldsymbol{W}$ 由 $\boldsymbol{Q}$ 的前 d' 个最小特征值对应的特征向量组成。

(2) 固定 $\boldsymbol{W}$ 和 $\boldsymbol{B}$，求解 $\boldsymbol{M}$。问题(5.2.37)可写为

$$\min_{\boldsymbol{m}} \sum_{i=1}^{n}\sum_{j=1}^{m} b_{ij} \left\| \boldsymbol{W}^{\mathrm{T}}\boldsymbol{x}_i - \boldsymbol{W}^{\mathrm{T}}\boldsymbol{m}_j \right\|_2^2 \tag{5.2.45}$$

对比问题(5.2.45)与问题(5.2.27)，发现两者完全相同，那么求解的过程也相同，最终问题(5.2.45)的解同样可以表示为

$$\boldsymbol{M} = \boldsymbol{X}\boldsymbol{B}(\boldsymbol{D}^{\mathrm{col}})^{-1} \tag{5.2.46}$$

(3) 固定 $\boldsymbol{W}$ 和 $\boldsymbol{M}$，求解 $\boldsymbol{B}$。问题(5.2.37)可写为

$$\min_{\boldsymbol{b}_i^{\mathrm{T}}\boldsymbol{1}_n=1, \boldsymbol{B}\geqslant 0} \sum_{i=1}^{n}\sum_{j=1}^{m} b_{ij} \left\| \boldsymbol{y}_i - \hat{\boldsymbol{\mu}}_j \right\|_2^2 + \gamma \left\| \boldsymbol{B} \right\|_{\mathrm{F}}^2 \tag{5.2.47}$$

类似地，问题(5.2.47)与问题(5.2.34)相同，因此求解策略与结果也相同。

4. 仿真实验与对比分析

图 5.2.2 为四种方法在两个数据集上二维子空间的可视化结果，四种方法分别是 PCA、LPP、FUP 和 OFUP。图 5.2.2(a)～(d)是在 Heart 数据集上的实验结果，图 5.2.2(e)～(h)是在 Wine 数据集上的实验结果，每个样本的形状代表该样本的所属类别。可视化的结果能够帮助分析降维方法保持原始数据有效信息的能力，也可以从一定程度上反映高维数据降维方法的有效性。在 Heart 数据集中，虽然 4 种方法都有较好的投影效果，但是由 FUP 和 OFUP 投影到二维子空间的样本分布较为分散。这意味着样本类别间的距离会更大，能保留更多的类别信息。特别地，如图 5.2.2(h)所示，OFUP 方法保证了更大的类间距离和更小的类内距离。在 Wine 数据集中，LPP 方法将数据投影到一个窄带内，并保留最少的类别信息。此外，OFUP 方法和 PCA 方法得到的投影结果几乎相同。

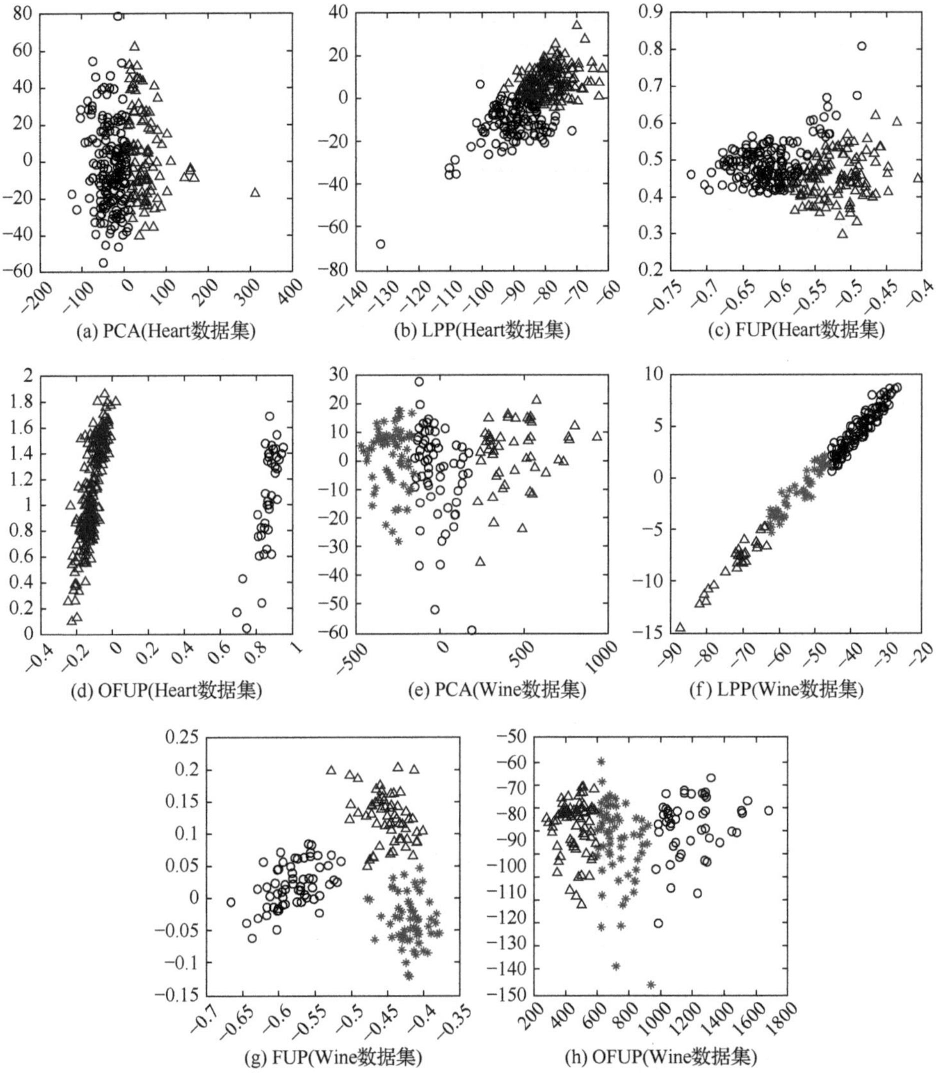

图 5.2.2　Heart 和 Wine 数据集投影到二维子空间后的分类结果

表 5.2.1 和表 5.2.2 分别为四种方法在 Heart 和 Wine 两个数据集上的分类精确度和标准化互信息，每个数据集上取得的最好结果加粗表示。

表 5.2.1　不同方法在不同数据集上的分类精确度　(单位：%)

数据集	PCA	LPP	FUP	OFUP
Heart	0.5926	0.6112	0.6731	**0.7630**
Wine	0.6584	0.6698	**0.9511**	0.6636

表 5.2.2 不同方法在不同数据集上的标准化互信息 (单位：%)

数据集	PCA	LPP	FUP	OFUP
Heart	0.0199	0.0298	0.0910	**0.2042**
Wine	0.4180	0.4191	**0.8408**	0.4212

前文已介绍了无监督降维方法 LPP，该方法存在准确性较差和运算速度较慢的问题。在这一经典方法的基础上，采用选取少量代表点与样本点进行构图的方式代替原来样本点之间的构图方式，实现了快速构图和加快算法运算速度的目的。本节的实验部分简略地展示了提出的两种方法在两个经典数据集上的性能，实验结果表明，提出的 FUP 和 OFUP 方法相较于传统方法在精确度方面有着较大的提升。

5.2.3 基于最大化比率和线性判别分析的方法

LDA 是面向分类任务的经典有监督数据降维方法,通过最大化子空间中类间距离与类内距离的比率，最大化样本子空间投影的可分性。虽然 LDA 可以有效地实现特征提取以进行数据分类，但是仍然存在模型判别性易受小方差影响、求解依赖类内散度矩阵的非奇异性、对复杂多峰数据的适用能力不强的问题。本小节提出一种基于最大化比率和线性判别分析的方法，并且采用高斯核函数建立比率和线性判别分析的核化拓展，解决了以上三个关键问题。首先，本章从模型建立的动机出发，对比率和模型有效性进行详细的理论分析；其次，分析原始模型的等价转化，以便使用凸优化方法对模型进行有效求解；最后，详细推导核化拓展模型的构建过程。另外，本小节对模型的时间复杂度进行理论分析，并且在人造数据集上进行可视化对比实验，证明本节模型的有效性。

1. 问题分析与理论证明

分析最大化比率和线性判别分析方法的模型要解决的问题，并且从理论上证明模型对于避免小方差特征影响的有效性。

对于分类任务，往往希望选择的特征能够有利于区分样本，但是小方差的特征往往信息量不足且不具有强判别性。保留小方差特征不仅很难对分类任务产生积极影响，还会使数据冗余，提高数据存储难度。显然，方差小的特征不利于进行数据分类。

传统的 LDA 模型又称为迹比值 LDA(trace ratio LDA，TRLDA)，其目标函数为

$$\max_{W^{\mathrm{T}}W=I_{d'}} \mathrm{J}(W)=\max_{W^{\mathrm{T}}W=I_{d'}} \frac{\sum_{i=1}^{d'} w_i^{\mathrm{T}} S_{\mathrm{b}} w_i}{\sum_{i=1}^{d'} w_i^{\mathrm{T}} S_{\mathrm{w}} w_i}=\max_{W^{\mathrm{T}}W=I_{d'}} \frac{\mathrm{tr}(W^{\mathrm{T}} S_{\mathrm{b}} W)}{\mathrm{tr}(W^{\mathrm{T}} S_{\mathrm{w}} W)} \tag{5.2.48}$$

式中，S_{b} 和 S_{w} 分别为类间和类内散度矩阵；$W \in \mathbb{R}^{d\times d'}$ 为低维投影矩阵。该模型倾向于选择方差较小或趋于零的特征。因此，本小节提出一种新的比率和准则以实施线性判别分析，其优化问题可以写为

$$\max_{W^{\mathrm{T}}W=I_{d'}} \sum_{i=1}^{d'} \frac{w_i^{\mathrm{T}} S_{\mathrm{b}} w_i}{w_i^{\mathrm{T}} S_{\mathrm{w}} w_i} \tag{5.2.49}$$

称为比率和线性判别分析(ratio sum linear discriminant analysis，RSLDA)模型。值得注意的是，该优化问题在子空间维度为一维时与原始 TRLDA 模型完全等价。很容易证明迹比值准则倾向于选择判别能力差的小方差特征，比率和准则可以避免选择具有小方差的特征，并获得强判别性特征。为了说明迹比值准则存在的问题及比率和准则的有效性，首先给出引理 5.2.1。

引理 5.2.1　如果 $\alpha_i \geqslant 0$，$\beta_i > 0$，那么 $\frac{\alpha_1}{\beta_1} \leqslant \frac{\alpha_2}{\beta_2} \leqslant \cdots \leqslant \frac{\alpha_p}{\beta_p}$。

接下来对比率和模型的有效性进行说明。对于给定样本矩阵 $X \in \mathbb{R}^{d\times n}$，第 i 个特征的类间距离为 $\alpha_i \geqslant 0$，且第 i 个特征对应的类内距离为 $\beta_i > 0$，其中 $i=1,2,\cdots,d$。假设需要提取 d' 个特征，已经提取的特征数量为 $M-1$，接下来需要选择第 M 个特征。如果现有备选特征为 f_{M1} 和 f_{M2}，两者类间距离和类内距离的比率满足如下关系：

$$\frac{\alpha_1+\alpha_2+\cdots+\alpha_{M-1}}{\beta_1+\beta_2+\cdots+\beta_{M-1}} > \frac{\alpha_{M2}}{\beta_{M2}} > \frac{\alpha_{M1}}{\beta_{M1}} \tag{5.2.50}$$

式中，$\alpha_{M1} \to 0$，$\beta_{M1} \to 0$。也就是说，特征 f_{M1} 为小方差特征，判别性更强的 f_{M2} 类间距离相对更大且类内距离相对更小。这种条件下，根据引理 5.2.1，如果使用传统 LDA 在两个备选特征中选择一个作为第 M 个特征，则根据 LDA 模型，有

$$\frac{\alpha_1^{\mathrm{sr}}+\alpha_2^{\mathrm{sr}}+\cdots+\alpha_{N1}^{\mathrm{sr}}}{\beta_1^{\mathrm{sr}}+\beta_2^{\mathrm{sr}}+\cdots+\beta_{N1}^{\mathrm{sr}}} \approx \frac{\alpha_1^{\mathrm{sr}}+\alpha_2^{\mathrm{sr}}+\cdots+\alpha_{N-1}^{\mathrm{sr}}}{\beta_1^{\mathrm{sr}}+\beta_2^{\mathrm{sr}}+\cdots+\beta_{N-1}^{\mathrm{sr}}} > \frac{\alpha_1^{\mathrm{sr}}+\alpha_2^{\mathrm{sr}}+\cdots+\alpha_{N1}^{\mathrm{sr}}}{\beta_1^{\mathrm{sr}}+\beta_2^{\mathrm{sr}}+\cdots+\beta_{N1}^{\mathrm{sr}}} \tag{5.2.51}$$

式中，α_i^{sr} 为基于 LDA 已经被选择特征对应的类间距离；β_i^{sr} 为基于 LDA 已经被选择特征对应的类内距离。这意味着 LDA 倾向于选择小方差的特征使得模型的目标函数尽可能保持原来的较大值，而不是选择判别能力更强的特征 f_{M2}。如果基于提出的比率和准则选择特征，那么根据 RSLDA 的数学模型(5.2.49)，有

$$\frac{\alpha_1^{\mathrm{rs}}}{\beta_1^{\mathrm{rs}}}+\frac{\alpha_2^{\mathrm{rs}}}{\beta_2^{\mathrm{rs}}}+\cdots+\frac{\alpha_{M2}}{\beta_{M2}}>\frac{\alpha_1^{\mathrm{rs}}}{\beta_1^{\mathrm{rs}}}+\frac{\alpha_2^{\mathrm{rs}}}{\beta_2^{\mathrm{rs}}}+\cdots+\frac{\alpha_{M1}}{\beta_{M1}}>\frac{\alpha_1^{\mathrm{rs}}}{\beta_1^{\mathrm{rs}}}+\frac{\alpha_2^{\mathrm{rs}}}{\beta_2^{\mathrm{rs}}}+\cdots+\frac{\alpha_{M-1}^{\mathrm{rs}}}{\beta_{M-1}^{\mathrm{rs}}} \tag{5.2.52}$$

式中，α_i^{rs} 为基于 RSLDA 已经被选择特征对应的类间距离；β_i^{rs} 为基于 RSLDA 已经被选择特征对应的类内距离。显然，RSLDA 在以上设定的条件下能够避免选择小方差的特征，保留判别能力较强的 $\boldsymbol{f}_{M2}$。也就是说，当保留特征的数量固定时，比率和准则可以避免选择方差极小的特征，从而使得模型判别性不受小方差特征影响。

为了更直观地说明模型构建的动机，下面给出一个简单的数字示例来比较比率和准则与迹比值准则之间的差异，以证明比率和在线性判别分析中的优势。假设现有三个独立的备选特征，其具体特征参数如表 5.2.3 所示。

表 5.2.3　备选特征参数

参数	特征 1	特征 2	特征 3
类间方差	15	10	0.1
类内方差	1	1	0.1
总方差	16	11	0.2
比值	15	10	1

由表 5.2.3 可以发现，特征 3 为小方差特征，且判别性明显不如特征 1 和特征 2。如果需要保留表 5.2.3 其中两个特性，理想情况是特征 1 和特征 2 被保留。对于 LDA 模型，总和比值的数值关系为

$$\frac{10+0.1}{1+0.1}<\frac{15+10}{1+1}<\frac{15+0.1}{1+0.1} \tag{5.2.53}$$

因此，基于迹比值准则的传统 LDA 选择特征 1 和特征 3。相比之下，基于比率和准则，有

$$\frac{10}{1}+\frac{0.1}{0.1}<\frac{15}{1}+\frac{0.1}{0.1}<\frac{10}{1}+\frac{15}{1} \tag{5.2.54}$$

显然，RSLDA 能够有效避免选择小方差特征，保留理想的强判别性特征来选择第一和第二特征。这从理论上证明了 RSLDA 的动机是正确的，能有效解决 LDA 对小方差特征敏感的问题。

2. 最大化比率和线性判别分析方法

RSLDA 的原始模型是一个含约束比值形式的复杂非凸优化问题，现有的优化方法很难获得最优解。因此，本小节将原始模型等价转化为一个凸优化问题进

行求解，并且详细介绍转化过程和优化算法。

1) 原始模型的等价转化

比率和问题的目标函数非常复杂，很难求解。为了将模型等价转化为更容易求解的形式，首先需要将比值的表达转化为其他形式。引入一组新优化变量 φ_i，其中 $i=1,2,\cdots,d'$，那么原始比率和问题(5.2.49)的等价表达为

$$\max_{\boldsymbol{W}^{\mathrm{T}}\boldsymbol{W}=\boldsymbol{I}_{d'},\varphi_i} J(\boldsymbol{W};\varphi_i)=\min_{\boldsymbol{W}^{\mathrm{T}}\boldsymbol{W}=\boldsymbol{I}_{d'},\varphi_i}\sum_{i=1}^{m}(\varphi_i^2\boldsymbol{w}_i^{\mathrm{T}}\boldsymbol{S}_{\mathrm{w}}\boldsymbol{w}_i-2\varphi_i\sqrt{\boldsymbol{w}_i^{\mathrm{T}}\boldsymbol{S}_{\mathrm{b}}\boldsymbol{w}_i}) \tag{5.2.55}$$

$$\max_{\boldsymbol{W}^{\mathrm{T}}\boldsymbol{W}=\boldsymbol{I}_{d'},\varphi_i} J(\boldsymbol{W};\varphi_i)=\max_{\boldsymbol{W}^{\mathrm{T}}\boldsymbol{W}=\boldsymbol{I}_{d'},\varphi_i}\sum_{i=1}^{m}(2\varphi_i\sqrt{\boldsymbol{w}_i^{\mathrm{T}}\boldsymbol{S}_{\mathrm{b}}\boldsymbol{w}_i}-\varphi_i^2\boldsymbol{w}_i^{\mathrm{T}}\boldsymbol{S}_{\mathrm{w}}\boldsymbol{w}_i) \tag{5.2.56}$$

式中，φ_i 是对应 $\boldsymbol{w}_i$ 的新增参数。下面对优化问题(5.2.49)和优化问题(5.2.55)的等价性进行证明。

证明　如果优化问题(5.2.49)有最优解 $\hat{\boldsymbol{W}}$ 和 $\hat{\varphi}_i$，则目标函数对优化变量的偏导数在最优解处的值为 0，即 $\partial \mathrm{J}(\boldsymbol{W};\varphi_i)/\partial\varphi_i$，那么 φ_i 一定满足：

$$2\sqrt{\boldsymbol{w}_i^{\mathrm{T}}\boldsymbol{S}_{\mathrm{b}}\boldsymbol{w}_i}-2\varphi_i\boldsymbol{w}_i^{\mathrm{T}}\boldsymbol{S}_{\mathrm{w}}\boldsymbol{w}_i=0 \tag{5.2.57}$$

φ_i 的表达式为

$$\varphi_i=\frac{\sqrt{\boldsymbol{w}_i^{\mathrm{T}}\boldsymbol{S}_{\mathrm{b}}\boldsymbol{w}_i}}{\boldsymbol{w}_i^{\mathrm{T}}\boldsymbol{S}_{\mathrm{w}}\boldsymbol{w}_i} \tag{5.2.58}$$

将式(5.2.58)代入等价优化问题(5.2.55)，可得

$$\max_{\boldsymbol{W}^{\mathrm{T}}\boldsymbol{W}=\boldsymbol{I}_{d'},\varphi_i}\sum_{i=1}^{d'}(2\varphi_i\sqrt{\boldsymbol{w}_i^{\mathrm{T}}\boldsymbol{S}_{\mathrm{b}}\boldsymbol{w}_i}-\varphi_i^2\boldsymbol{w}_i^{\mathrm{T}}\boldsymbol{S}_{\mathrm{w}}\boldsymbol{w}_i)\Rightarrow\max_{\boldsymbol{W}^{\mathrm{T}}\boldsymbol{W}=\boldsymbol{I}_{d'}}\sum_{i=1}^{d'}\frac{\boldsymbol{w}_i^{\mathrm{T}}\boldsymbol{S}_{\mathrm{b}}\boldsymbol{w}_i}{\boldsymbol{w}_i^{\mathrm{T}}\boldsymbol{S}_{\mathrm{w}}\boldsymbol{w}_i} \tag{5.2.59}$$

等价性得证。

2) 等价模型的求解

对于等价模型(5.2.55)，采用交替优化方法进行优化，以获得比率和问题的最优解。交替乘子优化是将多变量优化问题分解为多个单变量子优化问题来求解的优化方法。要求解问题(5.2.55)，首先构建第一个子问题，即当 $\boldsymbol{W}$ 固定时的优化问题(该变量在模型中被认为是一个已知常量)，进而求解 φ_i，其中 $i=1,2,\cdots,d'$；然后，构建第二个子问题，即当所有 φ_i 固定时求解 $\boldsymbol{W}$。如果将 $\boldsymbol{W}$ 初始化为 $\boldsymbol{W}_0$，则可以交替迭代优化上述两个子问题，直到满足收敛条件。此时，优化变量的最终迭代结果就是原始问题(5.2.49)和等价问题(5.2.55)的最优解。下面分别讨论这两个子问题的具体求解过程。

(1) 固定 $\boldsymbol{W}$，求解 φ_i。如果 $\boldsymbol{W}$ 固定，那么第一个子问题的模型为一个关于 φ_i 的无约束优化问题：

$$\max_{\varphi_i}\sum_{i=1}^{d'}(2\varphi_i\sqrt{\boldsymbol{w}_i^{\mathrm{T}}\boldsymbol{S}_{\mathrm{b}}\boldsymbol{w}_i}-\varphi_i^2\boldsymbol{w}_i^{\mathrm{T}}\boldsymbol{S}_{\mathrm{w}}\boldsymbol{w}_i) \tag{5.2.60}$$

令目标函数对变量 φ_i 的偏导数等于零，可得 φ_i 的优化迭代的表达式为

$$2\varphi_i\sqrt{\boldsymbol{w}_i^{\mathrm{T}}\boldsymbol{S}_{\mathrm{b}}\boldsymbol{w}_i}-\varphi_i^2\boldsymbol{w}_i^{\mathrm{T}}\boldsymbol{S}_{\mathrm{w}}\boldsymbol{w}_i=0\Rightarrow\varphi_i=\frac{\sqrt{\boldsymbol{w}_i^{\mathrm{T}}\boldsymbol{S}_{\mathrm{b}}\boldsymbol{w}_i}}{\boldsymbol{w}_i^{\mathrm{T}}\boldsymbol{S}_{\mathrm{w}}\boldsymbol{w}_i} \tag{5.2.61}$$

(2) 固定 $\varphi_i\ (i=1,2,\cdots,m)$，求解 $\boldsymbol{W}$ 。如果固定 φ_i，那么第二个最优化问题表达式为

$$\max_{\boldsymbol{W}^{\mathrm{T}}\boldsymbol{W}=\boldsymbol{I}_{d'}}\sum_{i=1}^{d'}(2\varphi_i\sqrt{\boldsymbol{w}_i^{\mathrm{T}}\boldsymbol{S}_{\mathrm{b}}\boldsymbol{w}_i}-\varphi_i^2\boldsymbol{w}_i^{\mathrm{T}}\boldsymbol{S}_{\mathrm{w}}\boldsymbol{w}_i) \tag{5.2.62}$$

为了使模型更容易求解，将以上优化问题进一步等价为如下凸优化问题：

$$\max_{\boldsymbol{W}^{\mathrm{T}}\boldsymbol{W}=\boldsymbol{I}_{d'}}\sum_{i=1}^{d'}(\varphi_i^{\ 2}\boldsymbol{w}_i^{\mathrm{T}}\boldsymbol{S}\boldsymbol{w}_i+2\varphi_i\sqrt{\boldsymbol{w}_i^{\mathrm{T}}\boldsymbol{S}_{\mathrm{b}}\boldsymbol{w}_i}) \tag{5.2.63}$$

式中，半正定矩阵 $\boldsymbol{S}=(\gamma\boldsymbol{I}_{\mathrm{d}}-\boldsymbol{S}_{\mathrm{w}})$，以保证目标函数的凸性，$\gamma$ 为一个足够大的常数，以保证 $\boldsymbol{S}$ 为半正定矩阵。为了证明优化问题(5.2.63)中的

$$\varphi_i^{\ 2}\boldsymbol{w}_i^{\mathrm{T}}\boldsymbol{S}\boldsymbol{w}_i+2\varphi_i\sqrt{\boldsymbol{w}_i^{\mathrm{T}}\boldsymbol{S}_{\mathrm{b}}\boldsymbol{w}_i} \tag{5.2.64}$$

是凸函数，给出引理 5.2.2。

引理 5.2.2　如果一个函数 $L(x)$ 是凸(凹)函数，并且 $l(x)$ 表示一个线性函数或者矩阵输出函数，那么 $L(l(x))$ 仍然是一个凸(凹)函数。

证明　如果 $L(x)$ 是一个凸函数，并且 $l(x)$ 表示一个线性函数或者矩阵输出函数，那么根据凸函数和线性函数(矩阵输出函数)的定义，有

$$L(l(\xi_1x+\xi_2y))\ =L(\xi_1l(x)+\xi_2l(y))\leqslant\xi_1L(l(x))+\xi_2L(l(y)) \tag{5.2.65}$$

这表示 $L(l(x))$ 仍然满足凸函数的定义，所以 $L(l(x))$ 是凸函数。同理，如果 $L(x)$ 是一个凹函数，那么有

$$L(l(\xi_1x+\xi_2y))\ =L(\xi_1l(x)+\xi_2l(y))\geqslant\xi_1L(l(x))+\xi_2L(l(y)) \tag{5.2.66}$$

这表示 $L(l(x))$ 仍满足凹函数的定义，所以 $L(l(x))$ 是凹函数。

在引理 5.2.2 的基础上，根据如下定理 5.2.1 可知优化问题(5.2.63)的目标函数是一个凸函数。

定理 5.2.1　对任意 $i=1,2,\cdots,d'$，当 γ 足够大时，函数 $\varphi_i^{\ 2}\boldsymbol{w}_i^{\mathrm{T}}\boldsymbol{S}\boldsymbol{w}_i+2\varphi_i\sqrt{\boldsymbol{w}_i^{\mathrm{T}}\boldsymbol{S}_{\mathrm{b}}\boldsymbol{w}_i}$ 为一个凸函数，其中 $\boldsymbol{S}=(\gamma\boldsymbol{I}_{\mathrm{d}}-\boldsymbol{S}_{\mathrm{w}})$，且矩阵 $\boldsymbol{S}$、$\boldsymbol{S}_{\mathrm{b}}$ 和 $\boldsymbol{S}_{\mathrm{w}}$ 均为对称的半正定矩阵。

证明　显然，由于 $\boldsymbol{S}$ 是半正定矩阵，$\varphi_i^2\boldsymbol{w}_i^{\mathrm{T}}\boldsymbol{S}\boldsymbol{w}_i$ 为凸函数。另外，由于 $\boldsymbol{S}_{\mathrm{b}}$ 为半正定矩阵，因此能够找到一个矩阵 $\boldsymbol{P}\in\mathbb{R}^{r\times d}$ 使得 $\boldsymbol{S}_{\mathrm{b}}=\boldsymbol{P}^{\mathrm{T}}\boldsymbol{P}$，那么易得

$$2\varphi_i\sqrt{\boldsymbol{w}_i^{\mathrm{T}}\boldsymbol{S}_{\mathrm{b}}\boldsymbol{w}_i}=2\varphi_i\sqrt{\boldsymbol{v}_i^{\mathrm{T}}\boldsymbol{v}_i}=2\varphi_i\|\boldsymbol{v}_i\|_2 \tag{5.2.67}$$

且 $\boldsymbol{q}_i=\boldsymbol{P}\boldsymbol{w}_i\in\mathbb{R}^{r\times 1}$。那么，$2\varphi_i\sqrt{\boldsymbol{w}_i^{\mathrm{T}}\boldsymbol{S}_{\mathrm{b}}\boldsymbol{w}_i}$ 是二范数 $\|\boldsymbol{q}_i\|_2$ 与常数 $2\varphi_i$ 的积，且 $\boldsymbol{q}_i$ 可以视为一个关于 $\boldsymbol{w}_i$ 的线性函数。根据引理 5.2.2，由于二范数是凸函数，因此 $2\varphi_i\sqrt{\boldsymbol{w}_i^{\mathrm{T}}\boldsymbol{S}_{\mathrm{b}}\boldsymbol{w}_i}$ 也是关于 $\boldsymbol{w}_i$ 的凸函数。函数(5.2.64)是两个凸函数的和，所以该函数是凸函数。证毕。

优化问题(5.2.63)可以通过广义重加权算法来求解，该算法是简化迹比值问题的有效方法。该算法解决了以下最大化问题：

$$\max_{\boldsymbol{x}\in\mathbb{R}^{d\times n}} f(\boldsymbol{x})+\sum_i h_i(g_i(\boldsymbol{x})) \tag{5.2.68}$$

式中，h_i 为关于 $\boldsymbol{x}$ 的任意凸函数。算法流程如算法 5.2.2 所示。

算法 5.2.2　优化问题(5.2.68)的广义重加权算法

1　初始化：$\boldsymbol{x}\in\mathbb{R}^{d\times n}$

2　**repeat**

3　　对所有 i 的取值，计算 $\boldsymbol{\varDelta}_i=h_i'(g_i(\boldsymbol{x}))$；

4　　通过求解最优化问题 $\max\limits_{\boldsymbol{x}\in\mathbb{R}^{d\times n}} f(\boldsymbol{x})+\sum_i \mathrm{tr}(\boldsymbol{\varDelta}_i^{\mathrm{T}}(g_i(\boldsymbol{x})))$ 更新 $\boldsymbol{x}$；

5　**until (convergence)**

根据超梯度的定义和 KKT 条件，可以很容易地证明算法 5.2.2 可以收敛到最优解。同样，如果广义重加权算法的优化问题目标是最小化目标函数，那么当 $h_i(\boldsymbol{x})$ 是凹函数时，可以建立类似算法。在这种情况下，算法只需要在迭代过程中最小化子问题。

若使用算法 5.2.2 求解优化问题(5.2.63)，那么可以将其重写为

$$\max_{\boldsymbol{W}^{\mathrm{T}}\boldsymbol{W}=\boldsymbol{I}_{d'}}\sum_{i=1}^{d'}h_i(g_i(\boldsymbol{w}_i)) \tag{5.2.69}$$

式中，函数 $h_i(\boldsymbol{w}_i)$ 和 $g_i(\boldsymbol{w}_i)$ 的定义如下：

$$h_i(\boldsymbol{w}_i)=\varphi_i^2\boldsymbol{w}_i^{\mathrm{T}}\boldsymbol{S}\boldsymbol{w}_i+2\varphi_k\sqrt{\boldsymbol{w}_i^{\mathrm{T}}\boldsymbol{S}_{\mathrm{b}}\boldsymbol{w}_i} \tag{5.2.70}$$

$$g_i(\boldsymbol{w}_i)=\boldsymbol{w}_i \tag{5.2.71}$$

由于 $h_i(\boldsymbol{w}_i)$ 是关于 $\boldsymbol{w}_i$ 的凸函数，满足广义重加权优化算法的条件，则可将问题(5.2.69)转化为对如下子问题的多次迭代求解：

$$
\begin{aligned}
&\max_{\boldsymbol{W}^{\mathrm{T}}\boldsymbol{W}=\boldsymbol{I}_{d'}} \sum_{i=1}^{d'} h_i'\left(g_i\left(\boldsymbol{w}_i\right)\right)\Big|_{\boldsymbol{w}_i=\boldsymbol{w}_i^t}^{\mathrm{T}} g_i\left(\boldsymbol{w}_i\right) \\
\Leftrightarrow &\max_{\boldsymbol{W}^{\mathrm{T}}\boldsymbol{W}=\boldsymbol{I}_{d'}} \sum_{i=1}^{d'} \left(2\varphi_i^{\,2}\boldsymbol{S} + \frac{2\varphi_i \boldsymbol{S}_{\mathrm{b}}\boldsymbol{w}_i^t}{\sqrt{(\boldsymbol{w}_i^t)^{\mathrm{T}}\boldsymbol{S}_{\mathrm{b}}\boldsymbol{w}_i^t}}\right)\boldsymbol{w}_i^{\mathrm{T}} \\
\Leftrightarrow &\max_{\boldsymbol{W}^{\mathrm{T}}\boldsymbol{W}=\boldsymbol{I}_{d'}} \sum_{i=1}^{d'} 2\varphi_i^{\,2}(\boldsymbol{w}_i^t)^{\mathrm{T}}\boldsymbol{S}\boldsymbol{w}_i + \sum_{i=1}^{m} 2\varphi_i \frac{(\boldsymbol{w}_i^t)^{\mathrm{T}}\boldsymbol{S}_{\mathrm{b}}\boldsymbol{w}_i}{\sqrt{(\boldsymbol{w}_i^t)^{\mathrm{T}}\boldsymbol{S}_{\mathrm{b}}\boldsymbol{w}_i^t}}
\end{aligned}
\tag{5.2.72}
$$

值得注意的是，式(5.2.72)中 $\boldsymbol{w}_i^t$ 是上一次投影向量的迭代结果，是一个常数；$\boldsymbol{w}_i$ 才是在本次迭代过程中需要优化的变量。因此，为了简化子问题(5.2.72)，定义常数阵 $\boldsymbol{A}_i \in \mathbb{R}^{d\times d}$ 和 $\boldsymbol{B}_i \in \mathbb{R}^{d\times d}$ 如下：

$$
\boldsymbol{A}_i = \varphi_i^{\,2}\boldsymbol{S} \tag{5.2.73}
$$

$$
\boldsymbol{B}_i = \frac{\varphi_i \boldsymbol{S}_{\mathrm{b}}}{\sqrt{\boldsymbol{w}_i^t \boldsymbol{S}_{\mathrm{b}} \boldsymbol{w}_i^t}} \tag{5.2.74}
$$

那么，子问题(5.2.72)可以简写为

$$
\begin{aligned}
\max_{\boldsymbol{W}^{\mathrm{T}}\boldsymbol{W}=\boldsymbol{I}_{d'}} \sum_{i=1}^{d'} 2(\boldsymbol{w}_i^t)^{\mathrm{T}}\boldsymbol{A}_i\boldsymbol{w}_i + 2(\boldsymbol{w}_i^t)^{\mathrm{T}}\boldsymbol{B}_i\boldsymbol{w}_i &\Leftrightarrow \max_{\boldsymbol{W}^{\mathrm{T}}\boldsymbol{W}=\boldsymbol{I}_{d'}} \sum_{i=1}^{d'} \boldsymbol{c}_i^{\mathrm{T}}\boldsymbol{w}_i \\
&\Leftrightarrow \max_{\boldsymbol{W}^{\mathrm{T}}\boldsymbol{W}=\boldsymbol{I}_{d'}} \mathrm{tr}\left(\boldsymbol{W}^{\mathrm{T}}\boldsymbol{C}\right)
\end{aligned}
\tag{5.2.75}
$$

式中，$\boldsymbol{c}_i = 2(\boldsymbol{A}_i+\boldsymbol{B}_i)^{\mathrm{T}}\boldsymbol{w}_i^t \in \mathbb{R}^{d\times 1}, i=1,2,\cdots,d'$；$\boldsymbol{C}=[\boldsymbol{c}_1,\boldsymbol{c}_2,\cdots,\boldsymbol{c}_m]\in\mathbb{R}^{d\times d'}$。因此，要求解优化问题(5.2.69)，可以迭代求解子优化问题(5.2.75)。接下来介绍如何求解这一子优化问题。

定义 $\boldsymbol{C}=\boldsymbol{U\Sigma V}^{\mathrm{T}}$ 为矩阵 $\boldsymbol{C}$ 的完全奇异值分解，其中 $\boldsymbol{U}\in\mathbb{R}^{d\times d}$，$\boldsymbol{\Sigma}\in\mathbb{R}^{d\times d'}$，$\boldsymbol{V}\in\mathbb{R}^{d'\times d'}$。那么子优化问题(5.2.75)的目标函数可以重写为

$$
\begin{aligned}
\mathrm{tr}(\boldsymbol{W}^{\mathrm{T}}\boldsymbol{C}) &= \mathrm{tr}(\boldsymbol{W}^{\mathrm{T}}\boldsymbol{U\Sigma V}^{\mathrm{T}}) = \mathrm{tr}(\boldsymbol{\Sigma V}^{\mathrm{T}}\boldsymbol{W}^{\mathrm{T}}\boldsymbol{U}) \\
&= \mathrm{tr}(\boldsymbol{\Sigma Z}) = \sum_{i=1}^{m}\sigma_{ii}z_{ii}
\end{aligned}
\tag{5.2.76}
$$

式中，$\boldsymbol{Z}=\boldsymbol{V}^{\mathrm{T}}\boldsymbol{W}^{\mathrm{T}}\boldsymbol{U}\in\mathbb{R}^{m\times d}$；$z_{ii}$ 和 σ_{ii} 分别是矩阵 $\boldsymbol{Z}$ 和 $\boldsymbol{\Sigma}$ 的第 i 个对角线元素。可得

$$
\boldsymbol{ZZ}^{\mathrm{T}} = (\boldsymbol{V}^{\mathrm{T}}\boldsymbol{W}^{\mathrm{T}}\boldsymbol{U})(\boldsymbol{V}^{\mathrm{T}}\boldsymbol{W}^{\mathrm{T}}\boldsymbol{U})^{\mathrm{T}} = \boldsymbol{V}^{\mathrm{T}}\boldsymbol{W}^{\mathrm{T}}\boldsymbol{UU}^{\mathrm{T}}\boldsymbol{WV} = \boldsymbol{I}_{d'} \tag{5.2.77}
$$

显然，$|z_{ii}| \leqslant 1$。可以注意到，由于σ_{ii}是矩阵$\boldsymbol{C}$的奇异值，因此$\sigma_{ii} \geqslant 0$，可以得到一个不等关系式为

$$\operatorname{tr}(\boldsymbol{W}^{\mathrm{T}}\boldsymbol{C}) = \sum_{i=1}^{d'} \sigma_{ii} z_{ii} \leqslant \sum_{i=1}^{d'} \sigma_{ii} \tag{5.2.78}$$

当且仅当矩阵$\boldsymbol{Z}$满足$z_{ii}=1$的条件时等号成立。当$\boldsymbol{Z}=[\boldsymbol{I}_{d'},\boldsymbol{0}] \in \mathbb{R}^{d' \times d}$时，子优化问题(5.2.75)的目标函数值$\operatorname{tr}(\boldsymbol{W}^{\mathrm{T}}\boldsymbol{C})$最大，此时对应的投影矩阵$\boldsymbol{W}$为优化问题的最优解。由于此时$\boldsymbol{Z}=\boldsymbol{V}^{\mathrm{T}}\boldsymbol{W}^{\mathrm{T}}\boldsymbol{U} \in \mathbb{R}^{d' \times d}$，所以子优化问题的最优解，即用于下一次迭代的投影矩阵$\boldsymbol{W}^{t+1}$的表达式为

$$\boldsymbol{W}^{t+1} = \boldsymbol{U}\boldsymbol{Z}^{\mathrm{T}}\boldsymbol{V}^{\mathrm{T}} = \boldsymbol{U}[\boldsymbol{I}_{d'};\boldsymbol{0}_{(d-d')\times d'}]\boldsymbol{V}^{\mathrm{T}} \tag{5.2.79}$$

综上所述，原始比率和问题(5.2.49)的等价模型(5.2.55)的优化流程如算法 5.2.3 所示。

算法 5.2.3　RSLDA 的等价优化问题(5.2.55)的算法流程

输入：样本矩阵$\boldsymbol{X} \in \mathbb{R}^{d \times n}$，标签向量$\boldsymbol{y} \in \mathbb{R}^{n \times 1}$，子空间维度$d'$，参数$\gamma$

输出：最优投影矩阵$\boldsymbol{W} \in \mathbb{R}^{d \times d'}$

初始化投影矩阵为$\boldsymbol{W}(0)$满足$\boldsymbol{W}(0)^{\mathrm{T}}\boldsymbol{W}(0)=\boldsymbol{I}_m$，$t_1=0$，$t_2=0$；

计算散度矩阵$\boldsymbol{S}_{\mathrm{b}}$、$\boldsymbol{S}_{\mathrm{w}}$；

repeat

　　更新$\varphi_i(t)$：$\varphi_i(t_1)=\sqrt{\boldsymbol{w}_i^{\mathrm{T}}(t_1)\boldsymbol{S}_{\mathrm{b}}\boldsymbol{w}_i(t_2)} \,/\, \boldsymbol{w}_i^{\mathrm{T}}(t_2)\boldsymbol{S}_{\mathrm{w}}\boldsymbol{w}_i(t_2), i=1,2,\cdots,d'$；

　　repeat

　　　　更新矩阵$\boldsymbol{A}_i$和$\boldsymbol{B}_i$：

$$\boldsymbol{A}_i^{t_1}(t_2) = \varphi_i(t_2)^2\boldsymbol{S};$$

$$\boldsymbol{B}_i^{t_1} = \frac{\varphi_i(t_1)\boldsymbol{S}_b}{\sqrt{\boldsymbol{w}_i^{t_1}(t_2)\boldsymbol{S}_b\boldsymbol{w}_i^{t_1}(t_2)}} \in \mathbb{R}^{d \times d};$$

　　　　更新矩阵$\boldsymbol{C}$：

$$\boldsymbol{c}_i^{t_1} = 2(\boldsymbol{A}_i^{t_1}+\boldsymbol{B}_i^{t_1})^{\mathrm{T}}\boldsymbol{w}_i^{t_1}(t_2) \in \mathbb{R}^{d \times 1}, i=1,2,\cdots,d'$$

　　　　对$\boldsymbol{C}$进行完全奇异值分解：$\boldsymbol{C}^{t_1}=\boldsymbol{U}\boldsymbol{\Sigma}\boldsymbol{V}^{\mathrm{T}}$；

　　　　更新投影矩阵$\boldsymbol{W}(t_2)$：$\boldsymbol{W}^{t_1+1}=\boldsymbol{U}\boldsymbol{Z}^{\mathrm{T}}\boldsymbol{V}^{\mathrm{T}}=\boldsymbol{U}[\boldsymbol{I}_m;\boldsymbol{0}_{(d-d')\times d'}]\boldsymbol{V}^{\mathrm{T}}$；

　　　　$t_1=t_1+1$；

　　until (convergence)

更新 $\boldsymbol{w}_i$： $\boldsymbol{w}_i(t_2+1)=\boldsymbol{w}_i^{t_1}(t_2)$；
$t_2=t_2+1$；
until (convergence)

3) 时间复杂度

RSLDA 的优化主要包含两层循环。外层循环求解原始问题的等价问题(5.2.55)，内层循环求解等价问题的子问题(5.2.62)。外层循环涉及的复杂度主要来源于迭代更新 φ_i，该步骤更新一次的计算复杂度为 $\mathcal{O}(d'd^2)$。内层循环的时间复杂度来自投影矩阵 $\boldsymbol{W}$ 的更新，主要包括三个部分：更新 $\boldsymbol{C}$、对 $\boldsymbol{C}$ 执行奇异值分解和计算最新的 $\boldsymbol{W}$。更新 $\boldsymbol{C}$ 的时间复杂度为 $\mathcal{O}(d'd^2)$，奇异值分解操作的时间复杂度为 $\mathcal{O}(d'd^2)$，更新 $\boldsymbol{W}$ 的复杂度为 $\mathcal{O}(d'd^2)$。因此，内部循环每次迭代的计算复杂度为 $\mathcal{O}(3d'd^2)$，即 $\mathcal{O}(d'd^2)$。综上，求解算法 5.2.3 的总成本为 $\mathcal{O}(t_2(d'd^2+t_1d'd^2))$，其中 t_1 和 t_2 分别是内层循环和外层循环的迭代次数。

3. 仿真实验与对比分析

将提出的 RSLDA 及其核拓展方法 KRSLDA、基于 LDA 的经典数据降维方法与最近几年提出的最新方法进行比较，以反映 RSLDA 和 KRSLDA 在保留数据强判别性特征及用于面向分类任务的特征选择的优越性。

为了验证提出的算法在数据降维过程中对数据判别结构的保持程度，在两个二维原始人造数据集上添加了 10 个方差较小的维度，是一个服从均值 0 和方差 0.5 的正态分布随机数序列，最终用于训练和测试的人造数据集中数据的总维数为 12。这意味着最初的两个维度本身可以提供区分样本类别的信息，增加的 10 个维度对样本分类任务没有影响。如果降维算法保留数据强判别性特征的能力较弱，则会导致降维后的数据保留不利于分类的特征，从而分类结果较差。本节实验中，为了使 $\boldsymbol{S}$ 为半正定矩阵，参数 γ 设为 $10^p\times\mathrm{tr}(\boldsymbol{S}_\mathrm{w})$，$p=1$。每次执行数据降维时，随机选择数据集中每类样本的 20%或 50%作为训练样本，其余样本为测试样本。对于样本数少于 600 的数据集，随机抽取 50%的样本用于训练，大于 600 的数据集则使用 20%的样本。此外，使用 KNN 分类器作为分类性能评估算法，其中近邻参数设置为 3。分类性能评估准则使用评价指标精度(ACC)和归一化互信息(NMI)。所得结果为重复执行整个算法流程 10 次后的平均值和方差。

人造数据集实验的可视化结果如图 5.2.3 所示。采用 TRLDA、RTLDA、MMC、RSLDA 和 KRSLDA 算法，将人造数据集样本投影至二维空间。图 5.2.3 中所有样本类别仍按照真实类别标注，而不是采用 KNN 分类后的预测结果。可以发现，在高斯数据集上，除 KRSLDA 之外的 4 个算法可视化结果区别较小，KRSLDA 投影后样本分布的线性可分性更强。对于非线性月牙数据集，TRLDA、RTLDA 和 MMC 的投影效果接近，虽然样本的可分性较强，但是没有保留原始数据真实的数据结构；RSLDA 在较好保留月牙数据集中原始样本数据分布特征的同时，增强了样本可分性；如图 5.2.3(j)所示，KRSLDA 直接将非线性可分的月牙数据投影为线性可分数据，其线性可分性显著增强，这说明采用核方法能够更好地处理

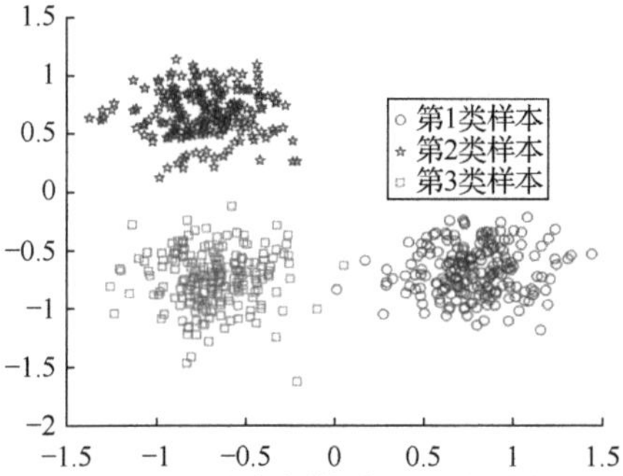

(a) TRLDA在高斯数据集上的可视化结果

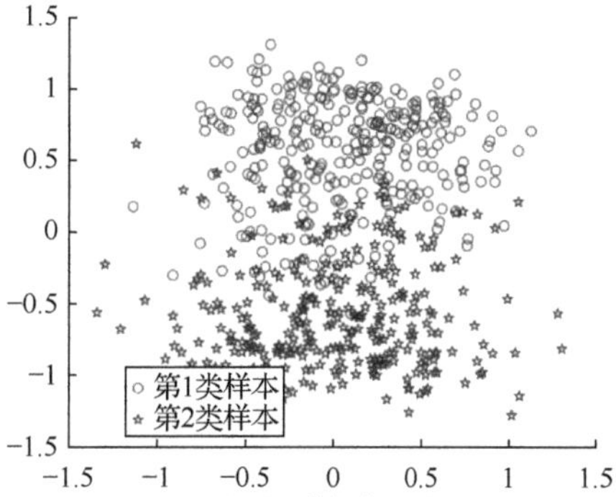

(b) TRLDA在月牙数据集上的可视化结果

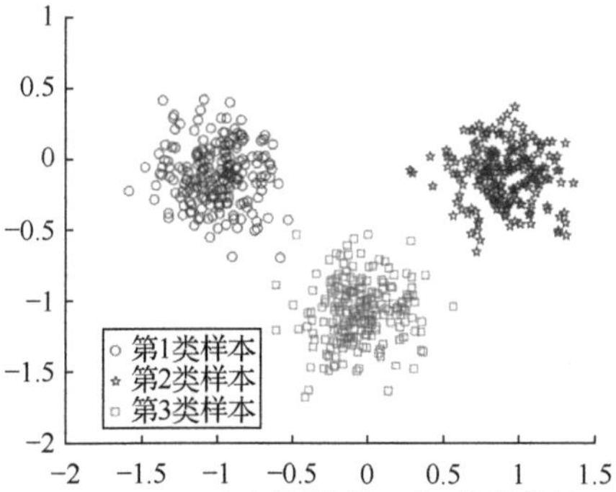

(c) RTLDA在高斯数据集上的可视化结果

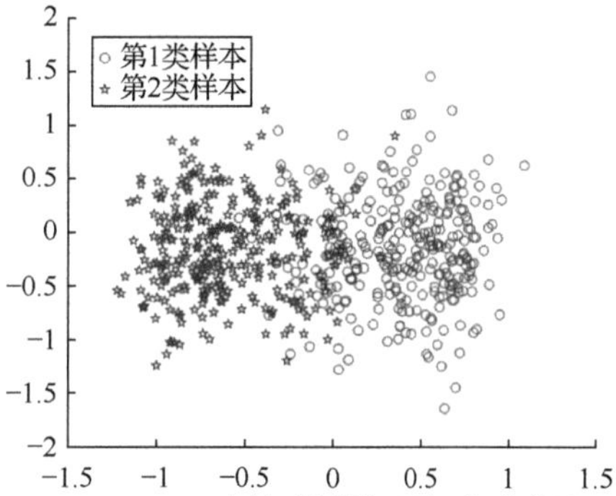

(d) RTLDA在月牙数据集上的可视化结果

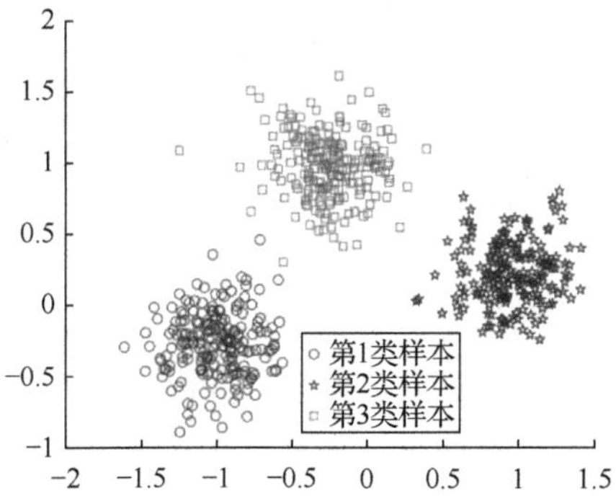

(e) MMC在高斯数据集上的可视化结果

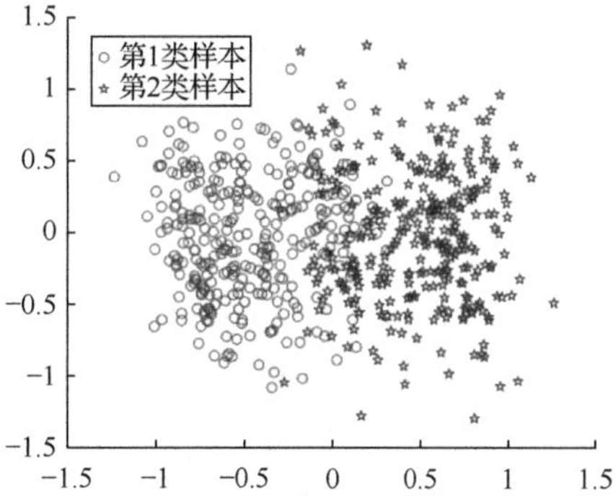

(f) MMC在月牙数据集上的可视化结果

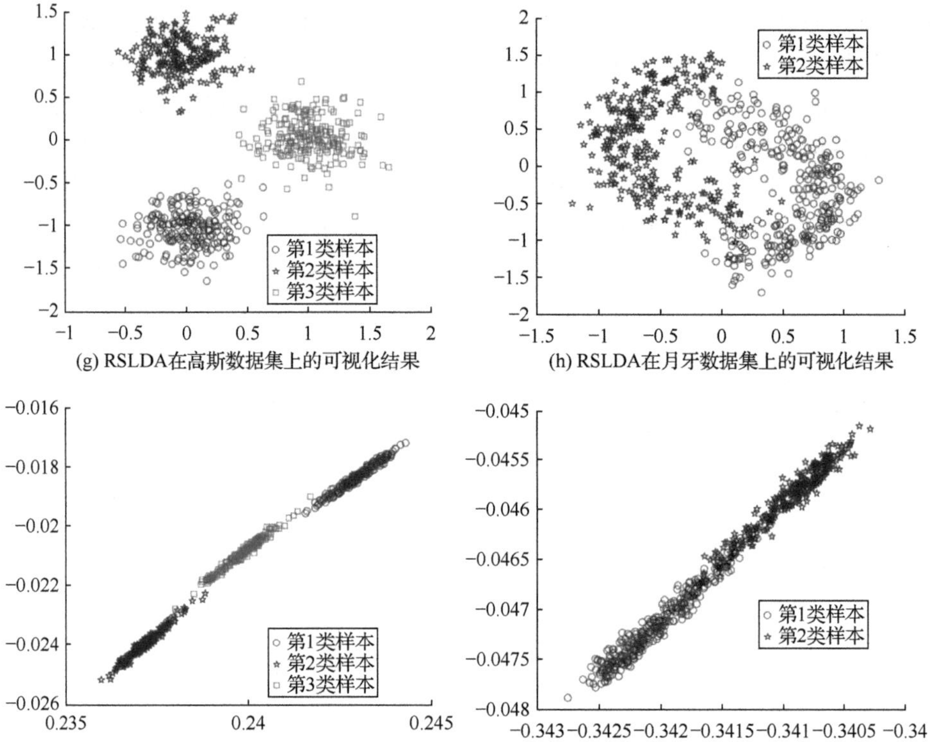

(g) RSLDA在高斯数据集上的可视化结果　　(h) RSLDA在月牙数据集上的可视化结果

(i) KRSLDA在高斯数据集上的可视化结果　　(j) KRSLDA在月牙数据集上的可视化结果

图 5.2.3　不同算法将人造数据集降维到二维空间的可视化结果

非线性问题。

对于提出的基于最大化比率和的线性判别分析方法，本节从理论上和实验上证明了该方法能够解决传统 LDA 模型性能受小方差特征影响的问题。本节还将提出的线性方法使用高斯核函数进行了非线性化拓展，使模型能够更加适用于实际场景中的非线性数据，并且提高了模型的鲁棒性。最后，人造数据集上的可视化实验结果表明，本节提出的 RSLDA 及其核拓展方法 KRSLDA 能够更好地保留数据特征，增强子空间数据的可判别性，这有利于后续的数据分类工作。

5.3　小　　结

随着信息科学技术的发展，人们获取的数据信息量呈指数增长，高维数据的特征提取是机器学习的关键环节。大量研究人员对此开展研究，提出了各种理论和方法，积累了大量研究成果，展现了广阔的发展前景。本章首先介绍了特征提取中的经典算法，根据特征提取方法的变换方式，可分为线性和非线性方法；根据是否需要先验标签信息，可分为有监督和无监督方法。其中，PCA 是一种经典的线性特征提取方法，具有简单易懂、计算方便及线性重构误差较小等优良特性，是实际数据处理中应用最为广泛的降维方法之一。LPP 是一种无监督的特征提取算法，结合图学习，提升了保持数据局部区域特性的能力。此外，本章介绍了有监督特征提取算法 LDA，并对其在无监督方向的扩展进行了简要分析，希望对读者有所启发。

虽然上述经典特征提取算法已成功地广泛应用于各种实际场景，但是依然面临标签信息获取困难、时间复杂度高、复杂应用数据判别性不足等问题。本章针对上述问题，对提出的三种先进特征提取方法进行了深入的理论分析，并在实验中验证了上述模型的有效性。

第 6 章　特征选择方法

特征选择也称为特征子集选择或属性选择，在机器学习和数据分析中扮演着重要的角色，其算法思想在于从已有的 d 个特征中筛选得到 d' ($d > d'$)个特征，能够在降低数据集维数的同时提高数据集质量。其中，提高训练样本集的质量是提高训练模型性能的关键，特征选择通过选择最相关的特征，能够提高模型的泛化能力，从而避免模型陷入过拟合，提高模型的准确性。在金融风暴和医学诊断等领域，特征选择能够帮助理解和解释模型的预测结果。在模式识别和机器学习中，特征选择经常被用作数据预处理手段，以过滤得到关键特征子集，从而提高算法性能。除此以外，特征选择被广泛应用于二维或三维空间中的数据可视化，以便更加直观地理解数据分布情况与特征之间的关系。

特征选择和特征提取是特征工程中常用的方法，尽管两者在算法效能方面均可以减少特征数量、提高模型性能和降低计算成本，但两者的原理与方法有所不同。特征提取是将原始特征转换为新特征的过程，获得的特征可以不存在于原始空间；特征选择从现有特征集合中选择得到最具代表性的特征，能够直接利用原始特征数据且不需要额外的转换，在应用过程中需要对两者进行辨析。

6.1　经 典 方 法

在对多维空间内样本点进行分类的过程中，空间维度即特征数量。以如图 6.1.1(a)所示的二维平面为例，两类样本点在 x_1 轴或 x_2 的投影相互重叠，即仅依赖 x_1 轴或者 x_2 轴对应特征，无法正确地区分这两类数据。值得注意的是，分类效果并不一定随着数据特征的增加而不断提升。例如，在图 6.1.1(b)中，仅根据 x_2 轴便可以成功地将数据分为两类。引入 x_1 轴的对应特征，使得同类数据在空间中分布更加稀疏，此时同类样本间距甚至比不同类样本间距还要大。这类不必要的特征被称为冗余特征，冗余特征的增加会使得学习任务复杂而难以完成。额外的特征变量会增加模型本身的额外自由度，其虽然对于模型学习细节信息有所帮助，但也使得模型陷入过拟合的风险增大。由此可见，为提升分类效果，需要根据数据特性确定特征选择数量与组合，从而选择最具代表性的特征子集。常见的特征选择方法可以大致分为三类：过滤式、包裹式和嵌入式。

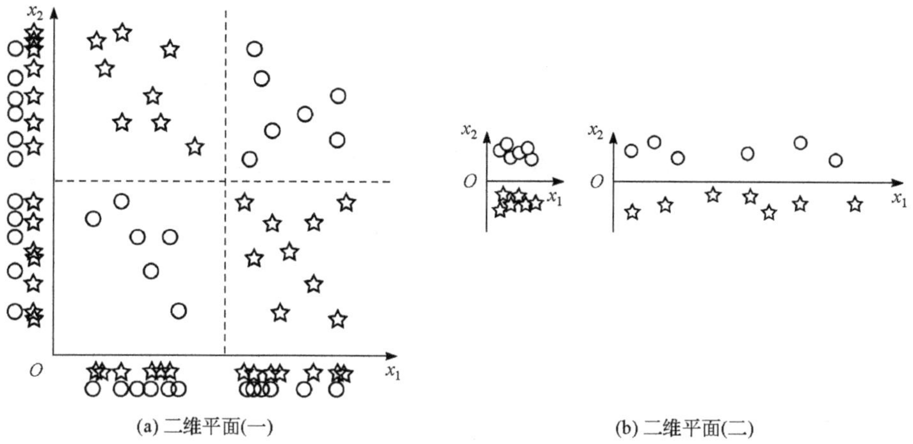

图 6.1.1　二维平面数据分类示意图

6.1.1　过滤式方法

过滤式(filter method)特征选择方法(Senawi et al., 2017)通过评估每个特征与目标变量之间的相关性来选择特征子集。首先计算每个特征与目标变量之间的相关系数、互信息或其他度量准则，其次根据这些度量值对特征进行评分并从高到低排序，最后根据特征选择数量筛选最靠前的特征，组成特征子集。过滤式特征选择方法中常见的度量准则包括相关系数(correlation coefficient)、方差分析(analysis of variance，ANOVA)、互信息(mutual information)、卡方检验(chi-square test)、信息增益(information gain)等。

1. 相关系数

相关系数用于衡量两个变量之间的线性关系程度，常用的相关系数包括皮尔逊(Pearson)相关系数、斯皮尔曼(Spearman)相关系数和肯德尔(Kendall)相关系数等。

以基于 Pearson 相关系数的过滤式方法为例进行介绍。Pearson 相关系数定义为衡量两个变量之间线性关系强度的统计量，取值范围为−1～1。其中，0 表示两者之间不存在线性关系，正值表示正相关，负值表示负相关。在特征选择中，通常计算每个特征与目标变量之间的 Pearson 相关系数，然后选择与目标变量高度相关(绝对值大于某个阈值)的特征。假定 n 维观测特征 $\boldsymbol{x}$ 和 $\boldsymbol{y}$，Pearson 相关系数 $r_{\boldsymbol{xy}}$ 定义如下：

$$r_{\boldsymbol{xy}} = \frac{n\sum \boldsymbol{x}_i \boldsymbol{y}_i - \sum \boldsymbol{x}_i \sum \boldsymbol{y}_i}{\sqrt{n\sum \boldsymbol{x}_i^2 - \left(\sum \boldsymbol{x}_i\right)^2}\sqrt{n\sum \boldsymbol{y}_i^2 - \left(\sum \boldsymbol{y}_i\right)^2}} \tag{6.1.1}$$

式中，n 为观测特征包含的样本数量；$\boldsymbol{x}_i$、$\boldsymbol{y}_i$ 为样本的观测值。以表 6.1.1 所示的数据为例，假设模型需要根据 5 个特征对目标变量进行预测，特征选择方法期望将原始特征精简至两个关键特征组成的子集。

表 6.1.1　基于 Pearson 相关系数过滤式特征选择方法的原始数据

特征 1	特征 2	特征 3	特征 4	特征 5	目标变量
2.3	5.6	1.2	3.5	4.6	8.2
1.9	6.2	3.1	2.5	6.1	6.5
3.5	4.2	2.4	4.9	3.8	9.1
2.8	3.9	4.2	2.7	4.4	7.2
4.1	4.7	1.9	3.8	3.3	8.9

通过计算可以得到，表 6.1.1 中 5 个特征对应的 Pearson 相关系数分别为 0.808749、−0.457118、−0.618318、0.924202、0.881538。以 0.80 为阈值，则应当选择与目标变量最相关的特征 1、特征 4 和特征 5，并将它们作为数据预处理后算法的输入特征，进一步开展模型训练。Pearson 相关系数仅对线性关系敏感，倘若特征与目标变量为非线性关系，即便存在一一对应的强相关特性，Pearson 相关系数也可能接近为 0。基于 Spearman 相关系数、Kendall 相关系数及其他相关性度量系数的特征选择方法流程与上述流程类似，与 Pearson 相关系数强调线性关系不同的是，Spearman 相关系数侧重大小关系，Kendall 相关系数强调排序关系。

2. *方差分析*

方差分析是分析统计学理论中，特征对响应变量的方差贡献度对应特征包含的信息量。如果某个特征在不同类别之间的方差很小，说明该特征无法有效解释响应变量的变化，不适合作为分类回归等模型的输入特征。相反，如果某个特征在不同类别之间的方差很大，说明该特征能够很好地解释响应变量的变化，为分类回归等模型提供判别性信息。基于方差分析的特征选择方法建立在统计学基础上，通过比较不同特征方差之间的差异来判断哪些特征对目标变量的预测更为重要。

在进行方差分析时，通常根据特征属性将数据划分 h 个样本组，计算每组数据的平均值和方差，特征数等同于组数。组间平方和(sum of the squares between groups，SSB)定义为各组平均值 $\overline{x}_i$ 与总平均值 $\overline{x}$ 的误差平方和，反映各组样本均值之间的差异水平：

$$\mathrm{SSB} = \sum_{i}^{h} n_i (\overline{x}_i - \overline{x})^2 \tag{6.1.2}$$

式中，h 表示组数；n_i 表示各组数据的样本数量。组内平方和(sum of the squares within groups，SSW)定义为某组样本数据与组平均值间误差的平方和，反映每个样本各观测值的离散状况：

$$\mathrm{SSW} = \sum_{i}^{h}\sum_{j}^{n_i}(x_{ij} - \overline{x}_i)^2 \tag{6.1.3}$$

SSB 和 SSW 的自由度分别为 $h-1$ 和 $n-1$。由此，组间均方(means of the squares between groups，MSB)和组内均方(means of the squares within groups，MSW)的定义分别为

$$\mathrm{MSB} = \frac{\mathrm{SSB}}{h-1},\quad \mathrm{MSW} = \frac{\mathrm{SSW}}{n-h} \tag{6.1.4}$$

组间差异的显著性可以通过 F 值进行判断，其定义为 MSA 和 MSE 的比值。F 值越大，则表明特征与目标变量之间的差异越显著，该特征对于目标变量预测的贡献度越高。以表 6.1.2 所示数据为例，执行基于方差分析的特征选择。

表 6.1.2　基于方差分析过滤式特征选择方法的原始数据

特征 1	特征 2	特征 3	特征 4	目标变量
2.1	0.5	1.2	0.8	12.5
1.8	0.3	1.3	0.9	11.3
2.2	0.7	1.1	0.7	14.2
2.0	0.4	1.0	0.5	10.1
1.9	0.6	1.4	0.6	13.3

通过计算，五个特征的 F 值分别为 0.20、0.22、9.00、8.00 和 5.00，根据 F 值降序排序为特征 3、特征 4、特征 5、特征 2 和特征 1。若投影至三维空间(目标特征选择数量为 3)，则选择特征 3、特征 4 和特征 5，剔除特征 2 和特征 1；若投影至二维平面(目标特征选择数量为 2)，则选择特征 3 和 4，剔除特征 5、特征 2 和特征 1。

3. 互信息

互信息(Mikhalskii et al., 2020)是一种衡量两个随机变量相关性的准则，表示两个变量之间的信息交叉度。基于互信息的特征选择方法，通过计算特征与目标变量之间的互信息来评估特征对于目标变量预测的贡献度。计算互信息时，需要考虑两个随机变量之间所有可能的联合分布，并计算这些分布下的信息熵。互信息有如下定义：

$$I(\boldsymbol{X},\boldsymbol{Y})=\sum_{x,y}p(\boldsymbol{x},\boldsymbol{y})\ln\frac{p(\boldsymbol{x},\boldsymbol{y})}{p(\boldsymbol{x})p(\boldsymbol{y})} \tag{6.1.5}$$

式中，$\boldsymbol{X}$ 和 $\boldsymbol{Y}$ 分别表示两个随机变量；$p(\boldsymbol{x})$ 表示出现 $\boldsymbol{X}=\boldsymbol{x}_i$ 的概率；$p(\boldsymbol{y})$ 表示出现 $\boldsymbol{Y}=\boldsymbol{y}_i$ 的概率；$p(\boldsymbol{x},\boldsymbol{y})$ 表示 $\boldsymbol{X}=\boldsymbol{x}_i$ 和 $\boldsymbol{Y}=\boldsymbol{y}_i$ 同时出现的概率，即联合概率。一般选取自然对数 e 作为底数。特征选择任务通常将目标变量看作 $\boldsymbol{Y}$，将每个特征看作 $\boldsymbol{X}$，然后计算每个特征与目标变量之间的互信息。根据互信息的大小来判断特征与目标变量之间的相关性，互信息越大，则表明特征与目标变量之间的关系越密切，该特征对于目标变量的预测也更为重要。以表 6.1.3 所示数据为例，执行基于互信息的特征选择。

表 6.1.3　基于互信息特征选择方法的原始数据

特征 A	特征 B	特征 C	特征 D	$\boldsymbol{Y}$
1	0	1	1	1
0	1	1	0	0
1	1	0	1	1
0	0	1	0	0
1	1	0	1	1

具体来说，特征 A 与目标变量之间的对应关系仅包括(1,1)和(0,0)两种，可得 $p(\boldsymbol{X}=1)$ 和 $p(\boldsymbol{X}=0)$ 分别为 3/5 和 2/5，$p(\boldsymbol{Y}=1)$ 和 $p(\boldsymbol{Y}=0)$ 分别为 3/5 和 2/5，$p(\boldsymbol{X}=1,\boldsymbol{Y}=1)$ 和 $p(\boldsymbol{X}=0,\boldsymbol{Y}=0)$ 分别为 3/5 和 2/5，根据式(6.1.5)可得互信息为 $I(\boldsymbol{X},\boldsymbol{Y})=(3/5)\ln(5/3)+(2/5)\ln(5/2)=0.2923$。特征 B 与目标变量之间的对应关系包括(0,1)、(1,0)、(1,1)和(0,0)四种，$p(\boldsymbol{X}=0,\boldsymbol{Y}=1)$、$p(\boldsymbol{X}=1,\boldsymbol{Y}=0)$、$p(\boldsymbol{X}=1,\boldsymbol{Y}=1)$ 和 $p(\boldsymbol{X}=0,\boldsymbol{Y}=0)$ 分别为 1/5、1/5、2/5 和 1/5，易知 $p(\boldsymbol{X}=1)$、$p(\boldsymbol{X}=0)$、$p(\boldsymbol{Y}=1)$ 和 $p(\boldsymbol{Y}=0)$ 分别为 3/5、2/5、3/5 和 2/5，根据式(6.1.5)可得互信息为 0.0060。同理可得，特征 C 和特征 D 对应的互信息分别为 0.1264 和 0.2923。由此可得，应当选取互信息数值最大的特征 A 和特征 D 用于后续模型训练。

4. 卡方检验

卡方检验用于比较两个离散变量之间的相关性，常用于分类问题中特征的选取。在特征选择中，可以将目标变量看作一个二分类变量，将每个特征看作另一个二分类变量，然后计算每个特征与目标变量之间的卡方值。特征与目标变量之间的相关性强弱由卡方值大小体现。具体来说，将特征和目标变量组成一个二维列联表，然后计算这个列联表的卡方值。计算卡方值时，需要先计算每个单元格的期望值，接着计算出每个单元格的实际值与期望值之间的差距，并对所有差距进行平方和运算。卡方值越大，表明特征与目标变量之间的关系越密切。

5. 信息增益

信息增益用于度量一个特征对于目标变量不确定性的贡献。基于信息熵的特征选择方法，首先计算每个特征与目标变量之间的信息熵，其次计算每个特征对于目标变量的条件熵，最后计算两个熵值之差作为信息增益。信息增益越大，说明这个特征对目标含量的贡献越大，应该优先选择这个特征。具体而言，信息增益的表达式如下：

$$G(D,A)=H(D)-H(D\mid A) \tag{6.1.6}$$

式中，$G(D,A)$ 为特征 A 对数据集 D 的信息增益；$H(D)$ 为数据集 D 的经验熵。信息论中，信息熵是随机变量不确定性的度量，能够反映信息含量。$H(D\mid A)$ 代表在特征 A 的条件下，数据集 D 的不确定性，用 p_i 表示每一类数据出现的概率，两者的表达式如下：

$$H(D)=-\sum_{i=0}^{n}p_i\log_2 p_i \tag{6.1.7}$$

$$H(D\mid A)=\sum_{i=0}^{n}p_iH(\boldsymbol{Y}\mid \boldsymbol{X}=\boldsymbol{x}_i) \tag{6.1.8}$$

以表 6.1.4 中测试数据集为例，将“天气”(weather)作为观测变量，该目标变量中包含 5 个“否”和 9 个“是”，则通过计算可得信息熵为

$$H(D)=-\sum_{i=0}^{n}p_i\log_2 p_i=-\frac{9}{14}\log_2\frac{9}{14}-\frac{5}{14}\log_2\frac{5}{14}=0.9403 \tag{6.1.9}$$

条件信息熵为

$$H(D\mid \text{weather})=-\sum_{i=0}^{n}p_iH(\boldsymbol{Y}\mid \boldsymbol{X}=\boldsymbol{x}_i)=0.6935 \tag{6.1.10}$$

信息增益为

$$G(D,\text{weather})=H(D)-H(D\mid \text{weather})=0.9403-0.6935=0.2468 \tag{6.1.11}$$

表 6.1.4　特征提取测试数据集(信息增益)

序号	天气	温度	湿度	起风	出行
0	晴	高	高	否	否
1	晴	高	低	是	否
2	阴	高	高	否	是
3	雨	低	高	否	是

续表

序号	天气	温度	湿度	起风	出行
4	雨	低	高	否	是
5	雨	低	低	是	否
6	阴	低	低	是	是
7	晴	低	高	否	否
8	晴	低	低	否	是
9	雨	低	高	否	是
10	雨	低	低	是	是
11	阴	低	高	是	是
12	阴	高	低	否	是
13	雨	低	高	是	否

同样地，可以计算出其他特征对应的信息增益。通过比较这些信息增益并选取数值较大的特征进行组合，能够显著提高模型训练的效率。

6.1.2 包裹式方法

一般而言，特征选择选出的“特征”是与学习任务密切相关的。给定数据后，若学习任务不同，则需要的特征也会发生变化。过滤式特征选择并没有考虑到特征与学习任务的密切相关性，虽然这种方法能够快速筛选特征，但面临不同任务时其性能有不同程度的下降。与过滤式特征选择方法不考虑后续学习器不同，包裹式(wrapper)特征选择方法(Djellali et al., 2019)直接把最终模型的性能作为特征子集的评价标准，将特征选择与算法训练集成于一体。这种方法从初始特征集合中不断选择特征子集，训练学习器，根据学习器的性能来对子集进行评价，直到选择出最有利于学习器性能的特征子集。

为实现选择最有利于给定模型选择性能的特征子集，最自然的一种方法是穷举出所有特征的可能集合，在所有集合上测试最终模型的性能进行选择。然而，这种方法过于繁琐，且耗费极大的算力和存储空间。在实际应用中，往往先产生候选子集并对该子集的信息量进行评价，从而决定是否进一步产生下一个候选子集。持续这一过程，直至无法得到效果更好的子集时，则可以判定特征选择过程结束。根据不同的候选子集选择策略，可以进一步将其细分为前向搜索、后向搜索、双向搜索和贪心搜索等算法。

1. 前向搜索

前向搜索基本思想是将空初始候选特征集作为开始，每次从未选中特征集中选出一个拥有最高评估指标的特征加入候选特征集，循环该过程，逐步增加特征直至达到目标特征选择数量、模型误差或评估指标等阈值，具体步骤如算法 6.1.1 所示。

算法 6.1.1　前向搜索

```
1  初始化：设定一个空的特征集作为候选特征子集
2  repeat
3      特征纳入：依次将每个未选中的特征加入候选特征子集中并计算相应评
       估指标；
4      更新：确定评估指标最高的特征加入候选特征子集；
5  until 达到阈值
```

以一个包含 1000 个特征、10000 个样本的数据集为例，首先设置阈值为 50，接着选择使用基于逻辑回归的分类模型作为学习器，模型性能指标为接收者操作特征曲线的曲线下面积(area under curve，AUC)，并采用交叉验证评估模型性能，以减少过拟合影响。通过步骤 3，可以计算每个未被包含特征与响应变量之间的相关性，并在步骤 4 中选择与响应变量相关性最高的特征加入候选特征子集中。最后，通过步骤 5 决定是否达到阈值，若未达到阈值，则继续执行步骤 3 和 4；若达到阈值，则停止纳入新的特征并确定最终的候选特征子集。需要注意的是，由于每次加入新特征都可能使后续加入特征发生变化，前向搜索算法仅能基于当前候选子集获取局部最优解，通常无法找到全局最优解。此外，依次搜索并更新候选特征子集会导致算法时间复杂度过高，进而严重影响高维数据处理效率。

2. 后向搜索

后向搜索的基本思想与前向搜索相反，以所有原始特征为初始候选特征集，每次剔除模型评估指标最低的一个特征，直至达到目标波段选择数量、模型误差或评估指标等阈值，具体步骤如算法 6.1.2 所示。

算法 6.1.2　后向搜索

初始化：将包含的所有原始特征作为初始候选子集
repeat
　　特征删除：在候选子集中依次删除一个特征，使用剩余特征训练模型并计算评估指标；
　　更新：确定评估指标最低的特征并将其剔除；
until 达到阈值

与前向搜索相比，后向搜索仅仅改变了搜索方向。在算法本质上，两种算法相似，换句话说，后向搜索算法也存在只能找到局部最优解且时间复杂度过高的局限性。进一步地，由于后向搜索从全特征开始，需要针对每个特征进行训练和评估，可能需要更多的计算资源。

3. 双向搜索

双向搜索算法属于启发式搜索算法，其基本思路在于从所有特征中随机选取一定数量的特征作为初始特征子集，接着从初始状态和目标状态开始搜索，直至两个搜索路径相遇或达到阈值，具体步骤如算法 6.1.3 所示。

算法 6.1.3　双向搜索

初始化：从所有特征中随机选择数个特征作为一个初始特征子集
repeat
　　前向搜索：遍历特征子集，评价并存储引入新特征后模型性能指标的变化；
　　后向搜索：从当前特征子集中依次选择特征剔除，评价并储存更新后特征子集的质量；
　　方向选择：比较前向搜索和后向搜索的性能指标，选择性能更好的方向继续搜索；
until 达到阈值或前向搜索和后向搜索特征子集相交

双向搜索将前向搜索与后向搜索结合，能够在搜索空间较为庞大时有效减少搜索时间，从而广泛应用于各种机器学习问题中，特别是在特征维度极高、样本量不足的情况下，能够大幅提升模型性能和效率。需要注意的是，在前向搜索和后向搜索中，每次加入或剔除特征后都需要重新训练模型并计算性能指标。另外，在算法的实现中，需要考虑如何选择合适的初始特征子集大小、搜索方向、阈值类型及大小等参数。

4. 贪心搜索

递归特征消除(recursive feature elimination，RFE)法是一种基于贪心思想的优化算法，相较于穷举法运行时间大大降低(Guyon et al., 2002)。该方法使用一个基模型进行多轮训练，在每轮训练后消除若干权值系数的特征，再基于新的特征集进行下一轮训练。递归特征消除法需要提前限定最后选择的特征数，然而该超参对于模型训练较为敏感：参数偏大容易导致特征冗余，偏小可能会过滤掉相对重要的特征。为解决这一问题，研究人员引入交叉验证机制并提出交叉验证递归特征消除(RFE with cross validation，RFECV)法，采用相同学习器在 RFE 的基础上对不同的特征组合进行交叉验证，通过计算决策系数之和，得到不同特征对于性能的重要程度，以保留具有最佳性能的特征组合(Mustaqim et al., 2021)。

5. 拉斯维加斯包裹式方法

拉斯维加斯包裹式(Las Vegas wrapper，LVW)方法是一种经典的子集搜索方法，在拉斯维加斯框架下使用随机策略进行搜索，并以最终分类器的误差为特征子集的评价准则(Liu et al., 1996)。LVW 方法是一个典型的随机化方法，具有概率算法的特点，允许在执行过程中随机选择下一步。由于随机性选择，往往比基于某种条件下的最优选择省时，概率算法能够有效降低算法复杂度。具体而言，给定要执行特征选择的数据集，LVW 方法每次从数据特征集中随机产生一个特征子集，然后使用交叉验证的方法估计学习器在特征子集上的误差，若该误差小于之前获得的最小误差，或者与之前的最小误差相当但其中包含的特征数更少，则将该特征子集保留下来。重复特征子集产生和误差比较操作，直到选出最优特征子集，方法流程如图 6.1.2 所示。LVW 方法每次评价特征子集时都需要在学习器上执行一次完整的训练过程，带来了巨大的计算开销。因此，需要设置迭代停止参数来控制停止条件，但当特征数量庞大且迭代停止参数较大时，LVW 方法仍可能运行较长时间。

由于包裹式方法将特征选择和模型训练过程相结合，RFE、RFECV、LVW 等包裹式特征选择方法在模型效果上均优于过滤式特征选择方法。因固有的子集搜索特性存在，包裹式特征选择方法的效率往往较低。此外，部分算法还存在其他局限性：LVW 方法需要多次训练模型，若初始特征数量较多、T 值设置较大、每一轮训练的时间较长，甚至可能导致算法无法停止；RFE 和 RFECV 等方法由于贪心搜索特性，仅考虑子问题的最优解，并不能保证得到全局问题的最优解，因此这类算法的稳定性通常较差。

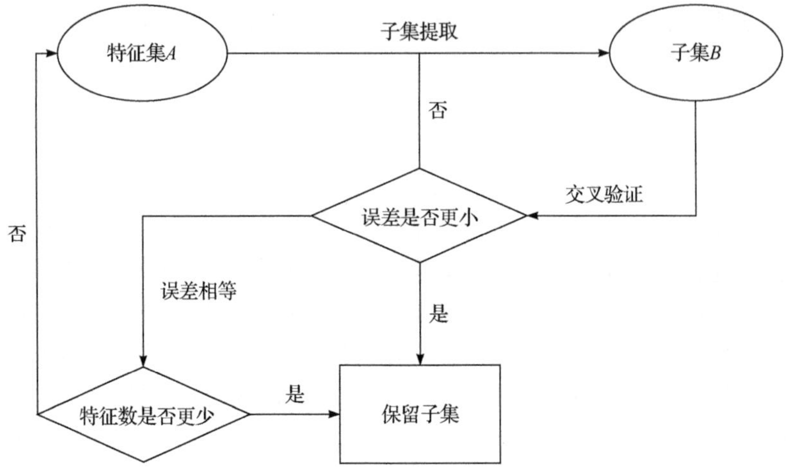

图 6.1.2　LVW 方法流程示意图

6.1.3　嵌入式方法

过滤式方法不考虑特征子集与模型训练结果的关系，包裹式方法考虑了特征子集对模型的性能影响。两种方法均将特征选择过程和模型训练过程视作两个相互独立的过程，即特征子集的选择先于模型训练完成，因此选择的特征和模型所需特征在一定程度上存在偏差。此外，考虑到过滤式方法和包裹式方法在效率与性能上存在互补关系，研究人员将特征子集生成模块嵌入机器学习算法中进行模型封装，从而提出了嵌入式(embedded)特征选择方法(Baranauskas et al., 2018)。这种方法将特征选择过程与学习器训练过程融为一体，使得两者在优化过程中能够同时进行，以保证一致性。因此，嵌入式特征选择方法通过嵌入的方式将子集选择任务交给机器学习算法本身，使得学习器在训练过程中能够自适应地执行特征选择。一般而言，先使用机器学习算法模型进行训练，得到各个特征的权值系数，这些权值系数往往代表特征对模型的贡献度或重要性，根据权值系数从大到小选择特征。由于嵌入式方法避免了耗时的搜索过程，且能够同时执行特征选择和模型优化过程并相互促进，其方法效率和子集选择质量均得到了显著提升。嵌入式特征选择方法通常可以分为以下两类：①正则化约束策略，主要应用于线性回归、逻辑回归和支持向量机等算法；②决策树策略，包括决策树、随机森林、gradient boosting(梯度提升)等。

正则化方法通过控制特定参数值，选择出部分特征用于模型的建立和训练，从而实现特征选择。具体表现为针对关键变量施加范数约束项(正则项)，通过正化项参数加以先验，在缩小解空间的同时避免模型学习过拟合。本书第 2 章已经对向量范数进行了系统的介绍，此处不再赘述，仅介绍 ℓ_1 范数和 ℓ_2 范数两种经常使用的正则化项，以及针对两种范数的改进。正则化项通常要与具体的目标函数结合进行介绍，不妨以最简单的线性回归模型为例，假设原始样本矩阵和样本标签矩阵分别为 $\boldsymbol{X} \in \mathbb{R}^{d \times n}$ 和 $\boldsymbol{Y} \in \mathbb{R}^{c \times n}$，其中 $\boldsymbol{x}_i \in \mathbb{R}^{d \times 1}$ 和 $\boldsymbol{y}_i \in \mathbb{R}^{c \times 1}$ 分别为第 i 个样本的样本向量及其标签向量。在标签向量 $\boldsymbol{y}_i$ 中，$y_{ij}=1$ 表示第 i 个样本属于第 j 类，否则 $y_{ij}=0$。线性回归模型以平方误差为损失函数，求解如下问题：

$$\min_{\boldsymbol{w}_k, b_k} \sum_{i=1}^{n} \sum_{k=1}^{c} \left(\boldsymbol{w}_k^{\mathrm{T}} \boldsymbol{x}_i + b_k - y_{ik} \right)^2 \tag{6.1.12}$$

式中，$f(\boldsymbol{x}_i)=\boldsymbol{w}_k^{\mathrm{T}} \boldsymbol{x}_i + b_k$ 为回归函数；$\boldsymbol{w}_k \in \mathbb{R}^{d \times 1}$ 和 b_k 分别为第 k 类的回归系数向量和回归偏差。将每类的回归系数向量和偏差分别合并为回归系数矩阵 $\boldsymbol{W}=\left[\boldsymbol{w}_1, \boldsymbol{w}_2, \cdots, \boldsymbol{w}_c\right] \in \mathbb{R}^{d \times c}$ 和回归偏差向量 $\boldsymbol{b}=[b_1, b_2, \cdots, b_c] \in \mathbb{R}^{c \times 1}$，问题(6.1.12)可以进一步化简为

$$\min_{\boldsymbol{W}, \boldsymbol{b}} \sum_{i=1}^{n} \left\| \boldsymbol{W}^{\mathrm{T}} \boldsymbol{x}_i + \boldsymbol{b} - \boldsymbol{y}_i \right\|_2^2 \tag{6.1.13}$$

存在冗余和噪声特征，直接求解问题(6.1.13)会导致模型受过拟合影响学习，得到致密的 $\boldsymbol{W}$。同时，较大的回归系数将进一步导致特征分析性能急剧下降。为了贴合特征选择任务需求，一个很自然的方式就是引入稀疏正则化项，使关键特征回归系数尽可能大，冗余和噪声特征回归系数尽可能小甚至为 0。求解问题如下：

$$\min_{\boldsymbol{W}, \boldsymbol{b}} \sum_{i=1}^{n} \left\| \boldsymbol{W}^{\mathrm{T}} \boldsymbol{x}_i + \boldsymbol{b} - \boldsymbol{y}_i \right\|_2^2 + \lambda \Omega(\boldsymbol{W}, \boldsymbol{b}) \tag{6.1.14}$$

式中，$\Omega(\boldsymbol{W}, \boldsymbol{b})$ 为正则化项；λ 为正则化参数。通常来说，仅对线性回归系数进行稀疏约束。一个典型的例子为基于 ℓ_1 范数正则项的最小绝对值收缩和选择算子(least absolute shrinkage and selection operator, LASSO)回归(Gauraha，2018)，具体表达式为

$$\min_{\boldsymbol{W}, \boldsymbol{b}} \sum_{i=1}^{n} \left\| \boldsymbol{W}^{\mathrm{T}} \boldsymbol{x}_i + \boldsymbol{b} - \boldsymbol{y}_i \right\|_2^2 + \lambda \sum_{k=1}^{c} \left\| \boldsymbol{w}_k \right\|_1 \tag{6.1.15}$$

式中，$\boldsymbol{w}_k$ 的 d 个回归系数分别对应原始样本的 d 维特征。LASSO 回归采用的 ℓ_1 范数凭借其稀疏特性，会迫使 $\boldsymbol{w}_k$ 出现尽可能多的零，零系数项会被认为对应特征对第 k 类的回归任务无法起正面作用，从而大幅减轻冗余和噪声特征对回归模型学习的干扰，进而实现对关键重要特征的筛选。部分研究者还引入了针对 ℓ_1 范数的阈值 t，以避免模型过于复杂导致过拟合问题，提升模型泛化性能。

若将正则项中的 ℓ_1 范数替换为 ℓ_2 范数，则对应岭(ridge)回归(Hoerl et al.,

2000)，其表达式如下：

$$\min_{\boldsymbol{W},\boldsymbol{b}}\sum_{i=1}^{n}\left\|\boldsymbol{W}^{\mathrm{T}}\boldsymbol{x}_i+\boldsymbol{b}-\boldsymbol{y}_i\right\|_2^2+\lambda\sum_{k=1}^{c}\left\|\boldsymbol{w}_k\right\|_2^2 \tag{6.1.16}$$

该问题可以进一步等价于如下矩阵形式：

$$\min_{\boldsymbol{W},\boldsymbol{b}}\sum_{i=1}^{n}\left\|\boldsymbol{W}^{\mathrm{T}}\boldsymbol{x}_i+\boldsymbol{b}-\boldsymbol{y}_i\right\|_2^2+\lambda\left\|\boldsymbol{W}\right\|_{\mathrm{F}}^2 \tag{6.1.17}$$

相比之下，ℓ_2 范数仅解决了传统最小二乘回归高维数据引发的病态估计问题，无法对回归系数稀疏化。因此，LASSO 回归更适用于特征选择任务。值得注意的是，回归系数矩阵旨在将原始高维数据投影至低维标签空间中。在特征选择领域中，回归系数矩阵通常也被称作投影矩阵或特征选择矩阵。

基于LASSO回归的嵌入式特征选择方法通过对投影矩阵范数进行稀疏约束，能够从原始特征集合中有效筛选出表征关键分类信息的特征子集。问题(6.1.15)中的 ℓ_1 范数针对每个簇的回归系数稀疏化过程是相互独立的，因此在优化过程中，每个特征总能找到与之存在联系的簇,不利于确定哪些特征需要筛选或完全剔除。针对这一问题，研究人员提出了投影矩阵 $\ell_{2,1}$ 范数正则化，将注意力放在每个原始特征维度上，对其执行整体的行组稀疏优化以获得更清晰的特征选择结果。将问题(6.1.15)中的正则化替换为 $\ell_{2,1}$ 范数，可以得到如下问题：

$$\begin{aligned}&\min_{\boldsymbol{W},\boldsymbol{b}}\sum_{i=1}^{n}\left\|\boldsymbol{W}^{\mathrm{T}}\boldsymbol{x}_i+\boldsymbol{b}-\boldsymbol{y}_i\right\|_2^2+\lambda\sum_{j=1}^{d}\sqrt{\sum_{k=1}^{c}w_{jk}^2}\\ \Leftrightarrow&\min_{\boldsymbol{W},\boldsymbol{b}}\sum_{i=1}^{n}\left\|\boldsymbol{W}^{\mathrm{T}}\boldsymbol{x}_i+\boldsymbol{b}-\boldsymbol{y}_i\right\|_2^2+\lambda\sum_{j=1}^{d}\left\|\boldsymbol{w}^j\right\|_2\\ \Leftrightarrow&\min_{\boldsymbol{W},\boldsymbol{b}}\sum_{i=1}^{n}\left\|\boldsymbol{W}^{\mathrm{T}}\boldsymbol{x}_i+\boldsymbol{b}-\boldsymbol{y}_i\right\|_2^2+\lambda\left\|\boldsymbol{W}\right\|_{2,1}^2\end{aligned} \tag{6.1.18}$$

式中，$\boldsymbol{w}^j$ 为投影矩阵的第 j 个行向量。不难发现，$\ell_{2,1}$ 范数首先对投影矩阵行向量施加 ℓ_2 范数约束，接着对获得的行向量 ℓ_2 范数值构成的新向量施加 ℓ_1 范数约束。相较于 ℓ_2 范数，$\ell_{2,1}$ 范数额外施加的 ℓ_1 范数约束能够使得部分行向量的 ℓ_2 范数值出现更多的 0 值，从而保证了投影矩阵的行稀疏；与 ℓ_1 范数仅迫使原始特征针对某一类回归系数趋近于零不同，$\ell_{2,1}$ 范数中的 ℓ_1 范数迫使某一原始特征对应的所有回归系数趋近于零，强调原始特征回归系数的整体稀疏优化，并最终通过每个特征对应 $\boldsymbol{w}^j$ 的 ℓ_2 范数排序并筛选目标特征子集，实现基于行稀疏的特征选择。近年来，学者将特征选择思想逐步扩展到其他机器学习算法中，采用 $\ell_{2,1}$ 范数与其他模型相结合的方式同时执行特征选择与回归、分类、聚类等算法，有效剔除高维数据的冗余和噪声特征，提升模型性能。

以上基于正则化的嵌入式方法仅以线性回归算法作为主目标函数项进行介绍，实际上，正则化特征选择方法的主目标函数可以替换为逻辑回归、支持向量回归等回归模型及自表示等字典学习模型，其本质均采用稀疏正则化项并结合超参学习稀疏系数，以实现包含关键信息的重要特征子集筛选。

除了基于正则化的解决方法，决策树算法尝试分割所有特征数据，并选择最好的划分策略。决策树模型呈树形结构，是一种基于特征对实例进行分类的算法。它可以认为是 if-then 规则的集合，也可以认为是定义在特征空间和类空间上的条件概率分布。特征选择是决策树的构建关键过程之一，尝试组合所有特征并选择最好的特征子集。在决策树模型中，常用的特征选择指标有信息增益、信息增益率和基尼指数三种。信息增益是指在划分数据集之后信息发生的变化，计算每个特征划分数据集获得的信息增益，获得信息增益最高的特征就是最好的选择。一般而言，信息增益等于分类前信息熵减分类后信息熵，用于衡量知道特征后信息不确定性减少的程度。信息增益往往会偏向选取分值较多的特征，分得越细的数据集确定性越高，条件熵越小，信息增益越大。为了减少这种偏好的影响，信息增益率引入一个称作分裂信息的项来惩罚取值较多的特征，分裂信息用来衡量特征分裂数据的广度和均匀性。信息增益率等于信息增益与特征自身熵的比值，即考虑划分后每个子数据集的样本数量的纯度改进信息增益。基尼指数与前两者均不同，表示样本集合中一个随机选中的样本被分错的概率。基尼指数越小，表示集合中被选中的样本被分错的概率越小，也就是说集合的纯度越高，反之集合越不纯。

6.1.4　经典方法总结与分析

过滤式特征选择独立于模型训练过程，基于特征的表现作用进行选择，按照特征之间的发散性或者相关性对各特征评分，设定阈值筛选所需特征，执行后续模型训练过程。过滤式特征选择方法的主要优点是计算简单，能够快速处理高维数据，且无须训练模型，但其仅考虑了特征与目标变量之间的相关性，没有考虑特征之间的关系，因此可能会存在以下两种情况：①某些与目标变量相关性较低的特征组合仍然能够显著提升模型性能；②与目标变量强相关的某些特征组合相互高相关甚至可以互相线性表示。这两种情况都会造成特征维度的重要信息丢失，进而导致特征子集对原始数据的表征能力变差。此外，过滤式特征选择方法通常不能很好地处理特征之间存在非线性关系的情况，因此在实际应用中需要结合其他特征选择方法使用。除此之外，由于特征选择过程与模型训练过程相互独立，选择的特征子集将直接影响方法的性能。当特征子集对原始真实数据的表征能力变差时，训练模型对数据真实分布的拟合预测能力将大打折扣。尽管这种独立的方式有较大的速度优势，但是其对特征子集质量要求极高，在特征评价理论依据没有重大突破的情况下，这种方法的性能也难有显著提升。

过滤式方法与包裹式方法在特征选择领域中各具特色，既有联系也有区别。这两种方法都采用特定的评估准则来衡量特征的重要性或贡献度，旨在从原始的特征集合中挑选出最具预测能力的特征子集，以此来提升模型的性能和泛化能力。值得注意的是，两种方法都独立于模型的实际训练过程。区别在于，过滤式方法在模型训练之前，并基于特征本身的统计属性进行选择；包裹式方法是在模型训练之后，通过在不同的特征子集上训练模型，评估这些特征的贡献度。包裹式方法的这一过程涉及特征子集选择和模型训练之间的反复迭代，其搜索空间往往是特征子集的指数级别，因此相比于过滤式方法，包裹式方法的计算开销更大，计算效率也更低。除此以外，过滤式方法与模型训练无关，不受模型选择和训练方法的影响。包裹式方法则对特定的模型和训练方法具有一定依赖性。需要根据具体问题的特点、数据集规模及模型要求选择适当的特征选择方法。

嵌入式特征选择方法将特征选择过程融入模型的训练过程中，更能够充分考虑特征与模型之间的关系。与过滤式特征选择相比，嵌入式特征选择不仅能够根据特征本身的统计属性进行决策，而且能够通过优化模型的目标函数或引入正则化项，选择对最终模型最具价值的特征。因此，嵌入式特征选择能够在特征选择和模型训练之间实现平衡，避免特征选择和模型训练之间多次迭代的问题，进而减少运行时间和节省计算资源，保持特征选择和模型训练之间的一致性。除此以外，嵌入式特征选择能够综合考虑特征间的相互作用，捕捉特征之间的复杂关系，提升决策准确性和泛化能力。值得注意的是，在对大规模、高维数据集进行特征选择分析时，嵌入式方法通常需要在每次模型训练迭代中进行特征选择，可能导致计算复杂度陡然上升。此外，嵌入式特征选择对模型和数据的假设性要求较高，当数据分布与假设不一致时，特征选择的性能可能有所下降。

6.2 进 阶 方 法

6.2.1 基于多分类逻辑斯谛回归的方法

相比过滤式和包裹式特征选择，嵌入式特征选择通常与机器学习模型一同训练，不需要额外的特征选择步骤，从而可以减少计算和存储开销。现有的嵌入式特征选择模型大多基于平方损失和铰链损失(hinge loss)构建。基于平方损失的模型不能直接评价样本在特征子空间中的可判别性，基于铰链损失的模型通常由于目标函数复杂而难以求解。

基于此，本节提出一种基于多分类逻辑斯谛回归的特征选择方法(feature selection based on multi-class logistic regression，FSMLR)，采用嵌入式特征选择的策略直接学习每个样本的低维嵌入和投影矩阵。回归模型是一种判别模型，能对每个样本与回归线的距离进行建模和评估，因此可将特征选择模型与回归模型结合，充分利用所有样本的标签信息。首先，本节建立一个能表征数据类别特征的判别性指标，将其作为线性组合项与多分类逻辑斯谛回归模型结合，并阐述模型的概率解释。其次，对原始模型进行等价转化，进一步分析模型的稀疏性，并利用梯度下降法设计完整的迭代优化算法。最后，对模型的时间复杂度和收敛性质进行详细分析和讨论。

1. 模型构建与优化

本小节详细阐述 FSMLR 模型的构建与优化过程。为便于理解，首先从经典的逻辑斯谛回归模型出发，明确提出 FSMLR 模型的思想与目标函数来源；其次从增强提取或选择特征对不同类别的判别性能出发，介绍 FSMLR 模型的构建动机；最后完整介绍 FSMLR 模型的目标函数及其优化过程。

1) 逻辑斯谛回归

逻辑斯谛回归(logistical regression，LR)是一个经典的二分类机器学习模型，过对训练数据的特征进行线性组合，并由一个非线性的逻辑斯谛函数(logistic function)(也称为 Sigmoid 函数)将线性输出映射到一个 0～1 的概率值，表示样本属于某一类的概率，从而实现二分类预测。逻辑斯谛函数的表达式为

$$f(z)=\frac{1}{1+\mathrm{e}^{-z}} \tag{6.2.1}$$

可以看出，当 z 中的元素属于 $(-\infty,+\infty)$ 时，$f(z)\in(0,1)$。若通过逻辑斯谛函数来建立广义线性回归模型，z 可以看作训练数据特征的线性组合，即 $z=\boldsymbol{w}^{\mathrm{T}}\boldsymbol{x}+\boldsymbol{b}$，其中 $\boldsymbol{w}$ 表示回归系数向量，$\boldsymbol{x}$ 表示训练数据向量，$\boldsymbol{b}$ 是偏置项。二分类逻辑斯谛回归模型将 $f(z)$ 视作一个条件概率，形式为参数化的逻辑斯谛函数。设模型预测样本的真类为正类和负类的概率分别为 $P(\boldsymbol{y}=1\mid\boldsymbol{x})$ 和 $P(\boldsymbol{y}=0\mid\boldsymbol{x})$，令

$$P(\boldsymbol{y}=1\mid\boldsymbol{x})=\frac{\mathrm{e}^{-\left(\boldsymbol{w}^{\mathrm{T}}\boldsymbol{x}+\boldsymbol{b}\right)}}{1+\mathrm{e}^{-\left(\boldsymbol{w}^{\mathrm{T}}\boldsymbol{x}+\boldsymbol{b}\right)}} \tag{6.2.2}$$

$$P(\boldsymbol{y}=0\mid\boldsymbol{x})=\frac{1}{1+\mathrm{e}^{-\left(\boldsymbol{w}^{\mathrm{T}}\boldsymbol{x}+\boldsymbol{b}\right)}} \tag{6.2.3}$$

显然，有 $P(\boldsymbol{y}=1\mid\boldsymbol{x})+P(\boldsymbol{y}=0\mid\boldsymbol{x})=1$，这充分说明了二分类逻辑斯谛回归模型是一个概率模型。在训练该模型时，需要找到最优的模型参数 $\boldsymbol{w}$ 和 $\boldsymbol{b}$，使得模

型对训练样本的类别预测尽可能准确。通常使用极大似然估计法来优化模型参数，此时逻辑斯谛回归模型的目标是最大化所有样本属于真实类别的对数概率。用 ln 表示自然对数，逻辑斯谛回归的目标函数可写为

$$\begin{aligned}&\max_{\boldsymbol{w},\boldsymbol{b}} \ln\left\{\prod_{i=1}^{n}\left[P(\boldsymbol{y}=1\mid\boldsymbol{x}_i)^{\boldsymbol{y}_i} P(\boldsymbol{y}=0\mid\boldsymbol{x}_i)^{1-\boldsymbol{y}_i}\right]\right\}\\ \Leftrightarrow &\max_{\boldsymbol{w},\boldsymbol{b}} \sum_{i=1}^{n}\left[\boldsymbol{y}_i \ln P(\boldsymbol{y}=1\mid\boldsymbol{x}_i)+(1-\boldsymbol{y}_i)\ln P(\boldsymbol{y}=0\mid\boldsymbol{x}_i)\right]\\ \Leftrightarrow &\min_{\boldsymbol{w},\boldsymbol{b}} \sum_{i=1}^{n}\left[\boldsymbol{y}_i\left(\boldsymbol{w}^{\mathrm{T}}\boldsymbol{x}_i+\boldsymbol{b}\right)+\ln\left(1+\mathrm{e}^{-\left(\boldsymbol{w}^{\mathrm{T}}\boldsymbol{x}_i+\boldsymbol{b}\right)}\right)\right]\end{aligned} \tag{6.2.4}$$

上述问题中的目标函数是凸函数，可以采用梯度下降法求解(Song et al., 2007)。

逻辑斯谛回归模型还可以拓展至多分类任务中。采用与二分类模型类似的定义方式，一共有 c 个类别，定义样本属于第 k 类的概率为

$$P(\boldsymbol{y}=k\mid\boldsymbol{x})=\frac{\mathrm{e}^{-\left(\boldsymbol{w}_k^{\mathrm{T}}\boldsymbol{x}+\boldsymbol{b}\right)}}{\sum_{j=1}^{c}\mathrm{e}^{-\left(\boldsymbol{w}_j^{\mathrm{T}}\boldsymbol{x}+\boldsymbol{b}\right)}},\quad k=1,2,\cdots,c \tag{6.2.5}$$

式中，$\boldsymbol{w}_k$ 表示第 k 类的回归系数向量。

同理，采用极大似然估计法求解多分类逻辑回归模型，其目标函数为

$$\begin{aligned}\max_{\boldsymbol{w},\boldsymbol{b}} \ln\left[\prod_{i=1}^{n}P(\boldsymbol{y}=\boldsymbol{y}_i\mid\boldsymbol{x}_i)^{\boldsymbol{y}_i}\right] &\Leftrightarrow \max_{\boldsymbol{w},\boldsymbol{b}}\sum_{i=1}^{n}\boldsymbol{y}_i \ln\left[P(\boldsymbol{y}=\boldsymbol{y}_i\mid\boldsymbol{x}_i)\right]\\ &\Leftrightarrow \max_{\boldsymbol{w},\boldsymbol{b}}\sum_{i=1}^{n}\boldsymbol{y}_i\left[-\left(\boldsymbol{w}_{\boldsymbol{y}_i}^{\mathrm{T}}\boldsymbol{x}_i+\boldsymbol{b}\right)-\ln\left(\sum_{j=1}^{c}\mathrm{e}^{-\boldsymbol{w}_j^{\mathrm{T}}\boldsymbol{x}_i+\boldsymbol{b}}\right)\right]\\ &\Leftrightarrow \min_{\boldsymbol{w},\boldsymbol{b}}\sum_{i=1}^{n}\left[\boldsymbol{y}_i\left(\boldsymbol{w}_{\boldsymbol{y}_i}^{\mathrm{T}}\boldsymbol{x}_i+\boldsymbol{b}\right)+\boldsymbol{y}_i\ln\left(\sum_{j=1}^{c}\mathrm{e}^{-\left(-\boldsymbol{w}_j^{\mathrm{T}}\boldsymbol{x}_i+\boldsymbol{b}\right)}\right)\right]\end{aligned} \tag{6.2.6}$$

问题(6.2.6)同样是一个凸优化问题，求解方法与问题(6.2.3)相同。

式(6.2.5)的定义形式源于 softmax 函数①，因此这种多分类逻辑回归模型也称为 softmax 回归。多分类逻辑回归模型还有一种实施方式，即基于二分类模型训练多个分类器，针对每个类别学习一个对应的二分类判别函数，以判断定样本是

① softmax 函数的表达式为 $f(z_i)=\dfrac{\mathrm{e}^{z_k}}{\sum_{j=1}^{c}\mathrm{e}^{z_j}}$，$k=1,2,\cdots,c$。

否属于该类。尽管这种方式实施步骤简单，但是训练多个分类器需要耗费更多时间。本小节基于 softmax 回归来进行模型构建。

2) 模型动机

基于回归的特征选择方法通常更关注降维后样本在分类任务中的性能，而不考虑不同类别样本回归系数之间的关系。基于上述思考，提出一种新策略，从全局角度学习不同类别样本特征的联合表示。给定数据矩阵 $\boldsymbol{X} \in \mathbb{R}^{d \times n}$，其中 d 和 n 分别表示特征数和样本数。考虑到所有特征对不同类别的判别能力，首先设计一个综合度量样本到所有类别回归超平面距离的函数指标，其具体表达式为

$$f(\boldsymbol{W},\boldsymbol{b})=\sum_{i=1}^{n}\sum_{k\neq \boldsymbol{y}_i}\left[\left(\boldsymbol{w}_{\boldsymbol{y}_i}-\boldsymbol{w}_k\right)^{\mathrm{T}}\boldsymbol{x}_i+\left(\boldsymbol{b}_{\boldsymbol{y}_i}-\boldsymbol{b}_k\right)\right] \tag{6.2.7}$$

式中，$\boldsymbol{W} \in \mathbb{R}^{d \times c}$，表示回归系数矩阵，$c$ 表示类别数；$\boldsymbol{w}_k$ 为第 k 类的回归系数向量；$\boldsymbol{b} \in \mathbb{R}^{c \times 1}$ 表示回归偏差向量；$\boldsymbol{b}_k$ 表示第 k 类的回归偏差；$\boldsymbol{y}_i$ 表示第 i 个样本的真实类别。式(6.2.7)衡量了原始空间内样本点到同类和异类回归超平面的距离之差，该指标越大，则每个特征对数据类别的表征能力越强，从而特征冗余越少。

为了更加清晰地描述该指标的物理意义，以二维圆形数据为例，分析不同情况下样本点与回归超平面的距离变化。添加选择矩阵前后的投影可视化如图 6.2.1 所示，假设二维平面内一共有两个类别，每类样本点分别均匀分布在两个圆形区域中。每个类别的回归超平面在二维空间中以直线形式呈现，称为回归线。若回归线经过一个样本分布区域的圆心，当回归线方向变化时，这个圆内的所有样本点到该回归线的距离之和不变。在这种情况下，回归线与两圆心连线的垂线夹角越小，另一个圆内所有样本点到该回归线的距离之和越大。因此，当两条回归线

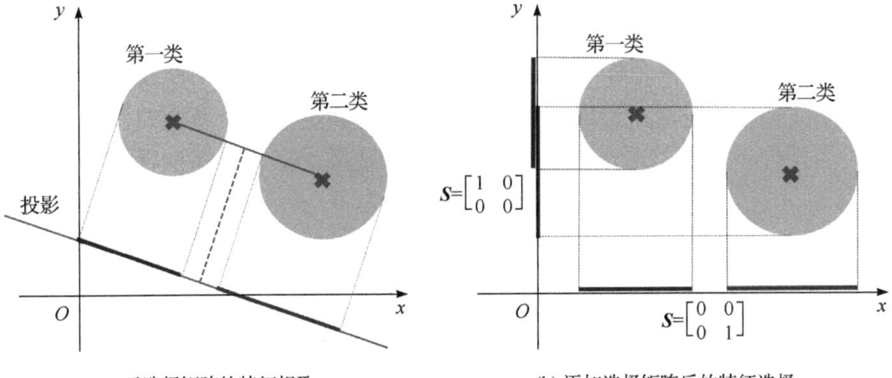

(a) 无选择矩阵的特征提取　　(b) 添加选择矩阵后的特征选择

图 6.2.1　添加选择矩阵前后的投影可视化

都分别经过对应类别的圆心且垂直于两圆心连线时，函数 $f(\boldsymbol{W},\boldsymbol{b})$ 处于极大值，此时两条回归线不仅能清晰表征本类别的特征，还能有效区分类别间的特征差异。

在将回归分析指标(6.2.7)用于数据降维任务时，降维模型通过比较该指标值在不同子空间中的大小来选取最优投影方向或特征维，据此可分为特征提取和特征选择两种情况。考虑如图 6.2.1 所示的二分类情形，特征提取模型将原始数据沿 $f(\boldsymbol{W},\boldsymbol{b})$ 最大的方向投影来获得子空间特征，如图 6.2.1(a)所示。特征选择模型一般根据已有特征维来选择最大 $f(\boldsymbol{W},\boldsymbol{b})$ 对应的特征，而不改变特征维的方向。图 6.2.1(b)中，特征选择模型从 x 轴和 y 轴两个特征维中选择 x 轴作为特征选择的结果。

式(6.2.7)基于原始特征空间进行距离计算，易受噪声和冗余信息的干扰。为此，在式(6.2.7)的基础上引入一个重加权矩阵 $\boldsymbol{S}$，以直接计算子空间内样本到回归超平面的距离，构建用于表征子空间特征的新函数：

$$f(\boldsymbol{W},\boldsymbol{b},\boldsymbol{S})=\sum_{i=1}^{n}\sum_{k\neq y_i}\left(\boldsymbol{w}_{y_i}-\boldsymbol{w}_k\right)^{\mathrm{T}}\boldsymbol{S}\boldsymbol{x}_i+\left(\boldsymbol{b}_{y_i}-\boldsymbol{b}_k\right) \tag{6.2.8}$$

式中，$\boldsymbol{S}\in\mathbb{R}^{d\times d}$，是对角矩阵，第 j 个对角线元素为 $S_{jj}=s_j\in\{0,1\}$，且满足 $\|\boldsymbol{S}\|_{2,0}=d'$，$d'$ 为正整数。约束 $\|\boldsymbol{S}\|_{2,0}=d'$ 允许矩阵 $\boldsymbol{S}$ 存在 m 个不为 0 的行，因此 $f(\boldsymbol{W},\boldsymbol{b},\boldsymbol{S})$ 能保留 d' 个子空间特征。式(6.2.8)的值越大，回归系数越集中在选择的特征维上。如图 6.2.1(b)所示，当 $\boldsymbol{S}$ 对应 x 轴的对角线元素为 1 时(选取了 x 轴的特征)，相比于选取 y 轴作为特征维，样本到子空间中其他类回归线的距离与到本类回归线的距离之差更大，即 $f(\boldsymbol{W},\boldsymbol{b},\boldsymbol{S})$ 更大。从特征选择的结果来看，约束 $\|\boldsymbol{S}\|_{2,0}=d'$ 和 $\|\boldsymbol{W}\|_{2,0}=d'$ 的效果相同。

将 $f(\boldsymbol{W},\boldsymbol{b},\boldsymbol{S})$ 中单个样本的距离偏差项作为逻辑斯谛回归模型的线性组合项 $\boldsymbol{z}$，并根据多分类逻辑斯谛回归的概率定义，重新定义一个新的加权概率模型来构造子空间样本类别的概率表示。具体来说，定义子空间内样本属于某一类别的概率为

$$\begin{aligned}P(\boldsymbol{y}=k\mid\boldsymbol{x}_i)&=\frac{\mathrm{e}^{-\left[\left(\boldsymbol{w}_{y_i}-\boldsymbol{w}_k\right)^{\mathrm{T}}\boldsymbol{S}\boldsymbol{x}_i+\left(\boldsymbol{b}_{y_i}-\boldsymbol{b}_k\right)\right]}}{\sum_{j=1}^{c}\mathrm{e}^{-\left[\left(\boldsymbol{w}_{y_i}-\boldsymbol{w}_j\right)^{\mathrm{T}}\boldsymbol{S}\boldsymbol{x}_i+\left(\boldsymbol{b}_{y_i}-\boldsymbol{b}_j\right)\right]}}\\&=\frac{\mathrm{e}^{-\left[\left(\boldsymbol{w}_{y_i}-\boldsymbol{w}_k\right)^{\mathrm{T}}\boldsymbol{S}\boldsymbol{x}_i+\left(\boldsymbol{b}_{y_i}-\boldsymbol{b}_k\right)\right]}}{1+\sum_{j\neq y_i}\mathrm{e}^{-\left[\left(\boldsymbol{w}_{y_i}-\boldsymbol{w}_j\right)^{\mathrm{T}}\boldsymbol{S}\boldsymbol{x}_i+\left(\boldsymbol{b}_{y_i}-\boldsymbol{b}_j\right)\right]}},\ k=1,2,\cdots,c\end{aligned} \tag{6.2.9}$$

可以发现，子空间内样本属于真实类别的概率由这个类别与其他类别之间加权回归系数的差异表征。为了提高模型预测样本类别的准确性，本小节模型的目标是最大化所有样本点属于真实类别的对数概率之和，即

$$\max_{\boldsymbol{W},\boldsymbol{S}_{jj}=s_j\in\{0,1\},\|\boldsymbol{S}\|_{2,0}=d',\boldsymbol{b}}\sum_{i=1}^{n}\ln\left[P\left(\boldsymbol{y}=\boldsymbol{y}_i\mid\boldsymbol{x}_i\right)\right]$$

$$\Leftrightarrow\max_{\boldsymbol{W},\boldsymbol{S}_{jj}=s_j\in\{0,1\},\|\boldsymbol{S}\|_{2,0}=d',\boldsymbol{b}}\sum_{i=1}^{n}\ln\frac{1}{1+\sum_{k\neq y_i}\mathrm{e}^{-\left[\left(\boldsymbol{w}_{y_i}-\boldsymbol{w}_k\right)^{\mathrm{T}}\boldsymbol{S}\boldsymbol{x}_i+\left(\boldsymbol{b}_{y_i}-\boldsymbol{b}_k\right)\right]}}$$

$$\Leftrightarrow\min_{\boldsymbol{W},\boldsymbol{S}_{jj}=s_j\in\{0,1\},\|\boldsymbol{S}\|_{2,0}=d',\boldsymbol{b}}\sum_{i=1}^{n}\ln\left\{1+\sum_{k\neq y_i}\mathrm{e}^{-\left[\left(\boldsymbol{w}_{y_i}-\boldsymbol{w}_k\right)^{\mathrm{T}}\boldsymbol{S}\boldsymbol{x}_i+\left(\boldsymbol{b}_{y_i}-\boldsymbol{b}_k\right)\right]}\right\}\tag{6.2.10}$$

当 $f(\boldsymbol{W},\boldsymbol{b},\boldsymbol{S})$ 的值越大时，问题(6.2.10)的目标函数值越小。因此，最小化问题(6.2.10)的目标函数还有另外一层物理意义，即最小化样本到同类回归线的距离并最大化到异类样本的回归线的距离，由此选择的特征更具有判别性能。

问题(6.2.10)具有离散约束和强稀疏约束，在求解上具有一定的困难。因此，本节对这两个约束进行简化，简化后的改进模型如下

$$\min_{\boldsymbol{W},\boldsymbol{S},\boldsymbol{b}}\sum_{i=1}^{n}\ln\left\{1+\sum_{k\neq y_i}\mathrm{e}^{-\left[\left(\boldsymbol{w}_{y_i}-\boldsymbol{w}_k\right)^{\mathrm{T}}\boldsymbol{S}\boldsymbol{x}_i+\left(\boldsymbol{b}_{y_i}-\boldsymbol{b}_k\right)\right]}\right\}\tag{6.2.11}$$
$$\text{s.t. }\boldsymbol{S}_{jj}=\boldsymbol{s}_j^{q/2},\ \boldsymbol{s}^{\mathrm{T}}\boldsymbol{1}_d=1,\ \boldsymbol{s}_j\geqslant 0$$

式中，$\boldsymbol{s}=[s_1,s_2,\cdots,s_d]\in\mathbb{R}^{d\times 1}$，稀疏因子 $q>0$ 可以调节回归系数矩阵 $\boldsymbol{W}$ 的稀疏程度，当 $q=2$ 时，$\boldsymbol{S}_{jj}=\boldsymbol{s}_j$，此时不考虑 $\boldsymbol{W}$ 的稀疏性。由问题(6.2.11)可知，为便于求解，本节首先将离散约束 $\boldsymbol{s}_j\in\{0,1\}$ 转换为概率约束 $\boldsymbol{s}^{\mathrm{T}}\boldsymbol{1}_d=1$；其次利用稀疏因子 $\boldsymbol{X}=\{\boldsymbol{x}_1,\boldsymbol{x}_2,\cdots,\boldsymbol{x}_n\}\in\mathbb{R}^{d\times n},\boldsymbol{x}_i\in\mathbb{R}^{d\times 1}$ 来表征 $\boldsymbol{S}$ 元素的分布，通过调整回归系数的稀疏性来代替强稀疏约束 $\|\boldsymbol{S}\|_{2,0}=d'$。

另外，考虑到模型(6.2.11)容易过拟合，在模型中引入回归系数矩阵的 F 范数平方 $\|\boldsymbol{W}\|_{\mathrm{F}}^2$ 作为正则化项。因此，FSMLR 模型可以描述为

$$\min_{\boldsymbol{W},\boldsymbol{S},\boldsymbol{b}}\sum_{i=1}^{n}\ln\left\{1+\sum_{k\neq y_i}\mathrm{e}^{-\left[\left(\boldsymbol{w}_{y_i}-\boldsymbol{w}_k\right)^{\mathrm{T}}\boldsymbol{S}\boldsymbol{x}_i+\left(\boldsymbol{b}_{y_i}-\boldsymbol{b}_k\right)\right]}\right\}+\gamma\|\boldsymbol{W}\|_{\mathrm{F}}^2\tag{6.2.12}$$
$$\text{s.t. }\boldsymbol{S}_{jj}=\boldsymbol{s}_j^{q/2},\quad \boldsymbol{s}^{\mathrm{T}}\boldsymbol{1}_d=1,\quad \boldsymbol{s}_j\geqslant 0$$

2. FSMLR 模型的等价转化与优化求解

本小节对原始 FSMLR 模型进行等价转化，进一步介绍稀疏因子在模型中的

作用和物理意义，并将模型转化为无约束优化问题以便求解。

1)等价模型

为了将模型(6.2.12)进行等价转化，令 $\tilde{\boldsymbol{W}}=\tilde{\boldsymbol{S}}^{1/2}\boldsymbol{W}$ ， $\tilde{\boldsymbol{S}}=\boldsymbol{S}^{-1/2}$ ，那么 $\tilde{\boldsymbol{S}}$ 的第 j 个对角线元素为 $\tilde{S}_{jj}=s_j^{-q}$ ，因此问题(6.2.12)可以改写为

$$\begin{aligned}&\min_{\substack{\tilde{\boldsymbol{W}},\boldsymbol{b},\tilde{\boldsymbol{S}}_{jj}=\boldsymbol{s}_j^{-q}\\ \boldsymbol{s}^{\mathrm{T}}\boldsymbol{1}_d=1,\boldsymbol{s}_j\geqslant 0}} F\left(\tilde{\boldsymbol{W}};\boldsymbol{b};\tilde{\boldsymbol{S}}\right)\\ \Leftrightarrow &\min_{\substack{\tilde{\boldsymbol{W}},\boldsymbol{b},\tilde{\boldsymbol{S}}_{jj}=\boldsymbol{s}_j^{-q}\\ \boldsymbol{s}^{\mathrm{T}}\boldsymbol{1}_d=1,\boldsymbol{s}_j\geqslant 0}}\sum_{i=1}^{n}\ln\left\{1+\sum\nolimits_{k\neq \boldsymbol{y}_i}\mathrm{e}^{-\left[\left(\tilde{\boldsymbol{w}}_{\boldsymbol{y}_i}-\tilde{\boldsymbol{w}}_k\right)^{\mathrm{T}}\boldsymbol{x}_i+\left(\boldsymbol{b}_{\boldsymbol{y}_i}-\boldsymbol{b}_k\right)\right]}\right\}\\ &+\gamma\operatorname{tr}\left(\tilde{\boldsymbol{W}}^{\mathrm{T}}\tilde{\boldsymbol{S}}\tilde{\boldsymbol{W}}\right)\end{aligned}\tag{6.2.13}$$

采用拉格朗日乘子法求解问题(6.2.13)中的 $\tilde{\boldsymbol{S}}$ ，构造拉格朗日函数如下：

$$\begin{aligned}\ell\left(\tilde{\boldsymbol{W}};\boldsymbol{b};\tilde{\boldsymbol{S}};\lambda;\mu_j\right)&=F\left(\tilde{\boldsymbol{W}};\boldsymbol{b};\tilde{\boldsymbol{S}}\right)+f_1\left(\tilde{\boldsymbol{S}};\lambda\right)+f_2\left(\tilde{\boldsymbol{S}};\mu_j\right)\\ &=F\left(\tilde{\boldsymbol{W}};\boldsymbol{b};\tilde{\boldsymbol{S}}\right)+\lambda\left(s_1+s_2+\cdots+s_d-1\right)+\sum_{j=1}^{d}\left(-\mu_j s_j\right)\end{aligned}\tag{6.2.14}$$

式中， $F\left(\tilde{\boldsymbol{W}};\boldsymbol{b};\tilde{\boldsymbol{S}}\right)$ 是问题(6.2.13)中的目标函数；乘子函数 $f_1\left(\tilde{\boldsymbol{S}};\lambda\right)=\lambda\left(s_1+s_2+\cdots+s_d-1\right)$ ， $f_2\left(\tilde{\boldsymbol{S}};\mu_j\right)=\sum_{j=1}^{d}\left(-\mu_j s_j\right)$ 。由于 $\tilde{\boldsymbol{S}}$ 存在不等式约束，因此 $\tilde{\boldsymbol{S}}$ 的最优解满足以下 KKT 条件：

$$\frac{\partial \ell}{\partial \tilde{\boldsymbol{S}}}=\frac{\partial F}{\partial \tilde{\boldsymbol{S}}}+\frac{\partial f_1}{\partial \tilde{\boldsymbol{S}}}+\frac{\partial f_2}{\partial \tilde{\boldsymbol{S}}}=0\tag{6.2.15}$$

$$s_1+s_2+\cdots+s_d-1=0\tag{6.2.16}$$

$$-s_j\leqslant 0;\quad \mu_j\geqslant 0;\quad -\mu_j s_j=0,\ j=1,2,\cdots,d\tag{6.2.17}$$

下面分别计算函数 F 、 f_1 和 f_2 对 $\tilde{\boldsymbol{S}}$ 的偏导数。为了简单起见，可以直接计算对矩阵 $\tilde{\boldsymbol{S}}$ 第 j 个对角元素的偏导数：

$$\frac{\partial F}{\partial \tilde{S}_{jj}}=\frac{\partial \operatorname{tr}\left(\tilde{\boldsymbol{W}}^{\mathrm{T}}\tilde{\boldsymbol{S}}\tilde{\boldsymbol{W}}\right)}{\partial \tilde{S}_{jj}}=\gamma\left\|\tilde{\boldsymbol{w}}^j\right\|_2^2\tag{6.2.18}$$

$$\frac{\partial f_1}{\partial \tilde{S}_{jj}}=\lambda\frac{\partial s_j}{\partial \tilde{S}_{jj}}=\lambda\frac{\partial \tilde{S}_{jj}^{-\frac{1}{q}}}{\partial \tilde{S}_{jj}}=-\lambda\frac{\tilde{S}_{jj}^{-\frac{1+q}{q}}}{2}\tag{6.2.19}$$

$$\frac{\partial f_2}{\partial \tilde{S}_{jj}}=\frac{\partial}{\partial \tilde{S}_{jj}}\left(\sum_{j=1}^{d}-\mu_j s_j\right)=-\mu_j\frac{\partial s_j}{\partial \tilde{S}_{jj}}=\mu_j\frac{\tilde{S}_{jj}^{-\frac{1+q}{q}}}{2} \tag{6.2.20}$$

式中，$\tilde{\boldsymbol{w}}^j\in\mathbb{R}^{1\times c}$，表示矩阵$\tilde{\boldsymbol{W}}$的第$j$个行向量。将式(6.2.18)～式(6.2.20)代入条件(6.2.15)，结合条件(6.2.17)中的$-\mu_j s_j=0$，可得最优s_j的表达式：

$$s_j=\left(\frac{2\gamma\left\|\tilde{\boldsymbol{w}}^j\right\|_2^2}{\lambda}\right)^{\frac{1}{1+q}} \tag{6.2.21}$$

其中，拉格朗日系数λ的表达式为

$$\lambda=2\gamma\left\|\tilde{\boldsymbol{W}}\right\|_{2,\frac{2}{1+q}}^2 \tag{6.2.22}$$

将重加权系数s_j和λ的表达式代入问题(6.2.13)中，得到如下等价的无约束问题：

$$\min_{\tilde{\boldsymbol{W}},\boldsymbol{b}}\sum_{i=1}^{n}\ln\left\{1+\sum\nolimits_{k\neq y_i}\mathrm{e}^{-\left[\left(\tilde{\boldsymbol{w}}_{y_i}-\tilde{\boldsymbol{w}}_k\right)^{\mathrm{T}}\boldsymbol{x}_i+\left(\boldsymbol{b}_{y_i}-\boldsymbol{b}_k\right)\right]}\right\}+\gamma\left\|\tilde{\boldsymbol{W}}\right\|_{2,\frac{2}{1+q}}^2 \tag{6.2.23}$$

可以观察到，问题(6.2.23)中没有变量重加权矩阵$\tilde{\boldsymbol{S}}$。至此，原始优化问题(6.2.12)转化为无约束优化问题(6.2.23)，该问题更容易获得最优解。目标函数一共有两项，第一项是样本到其他类回归超平面的距离与到本类回归超平面的距离之差，另一项是基于$\ell_{2,p}$范数的稀疏正则化项，其中$p=2/(1+q)$，可以通过设置不同的q来调整模型的稀疏性。模型稀疏性增强，不同特征下回归系数的差异将被放大，更有利于进行特征选择。值得注意的是，当q设置为 1 时，该模型是一个凸优化问题，可以采用梯度下降法来获得全局最优解。

2) 优化算法

采用梯度下降法来求解最终模型(6.2.23)。梯度下降法主要通过对不同变量的梯度进行迭代来逐渐逼近最优解，因此需要获得目标函数对不同变量偏导数的表达式。为了方便起见，将问题(6.2.23)重写为如下形式：

$$\begin{aligned}&\min_{\tilde{\boldsymbol{W}},\boldsymbol{b}}\sum_{i=1}^{n}\ln\left\{1+\sum\nolimits_{k\neq y_i}\mathrm{e}^{-\left[\left(\tilde{\boldsymbol{w}}_{y_i}-\tilde{\boldsymbol{w}}_k\right)^{\mathrm{T}}\boldsymbol{x}_i+\left(\boldsymbol{b}_{y_i}-\boldsymbol{b}_k\right)\right]}\right\}+\gamma\left\|\tilde{\boldsymbol{W}}\right\|_{2,p}^2\\&=\min_{\tilde{\boldsymbol{W}},\boldsymbol{b}}J_1\left(\tilde{\boldsymbol{W}};\boldsymbol{b}\right)+J_2\left(\tilde{\boldsymbol{W}};\boldsymbol{b}\right)=\min_{\tilde{\boldsymbol{W}},\boldsymbol{b}}J\left(\tilde{\boldsymbol{W}};\boldsymbol{b}\right)\end{aligned} \tag{6.2.24}$$

式中，$p=2/(1+q)$；函数J_1和J_2的表达式为

$$J_1\left(\tilde{\boldsymbol{W}};\boldsymbol{b}\right)=\sum_{i=1}^{n}\ln\left\{1+\sum\nolimits_{k\neq \boldsymbol{y}_i}\mathrm{e}^{-\left[\left(\tilde{\boldsymbol{w}}_{y_i}-\tilde{\boldsymbol{w}}_k\right)^{\mathrm{T}}\boldsymbol{x}_i+\left(\boldsymbol{b}_{y_i}-\boldsymbol{b}_k\right)\right]}\right\} \tag{6.2.25}$$

$$J_2\left(\tilde{\boldsymbol{W}};\boldsymbol{b}\right)=\gamma\left\|\tilde{\boldsymbol{W}}\right\|_{2,p}^{2} \tag{6.2.26}$$

先推导目标函数 J 对 $\tilde{\boldsymbol{W}}$ 求偏导数的表达式。J 对 $\tilde{\boldsymbol{W}}$ 每个元素的偏导数为

$$\frac{\partial J}{\partial \tilde{w}_{jl}}=\frac{\partial J_1}{\partial \tilde{w}_{jl}}+\frac{\partial J_2}{\partial \tilde{w}_{jl}} \tag{6.2.27}$$

具体地，式(6.2.27)等号右第一项的推导过程为

$$\begin{aligned}\frac{\partial J_1}{\partial \tilde{w}_{jl}}&=\frac{\sum_{i=1}^{n}\ln\left\{1+\sum\nolimits_{k\neq \boldsymbol{y}_i}\mathrm{e}^{-\left[\left(\tilde{\boldsymbol{w}}_{y_i}-\tilde{\boldsymbol{w}}_k\right)^{\mathrm{T}}\boldsymbol{x}_i+\left(\boldsymbol{b}_{y_i}-\boldsymbol{b}_k\right)\right]}\right\}}{\partial \tilde{w}_{jl}}\\
&=\sum_{i=1}^{n}\frac{\sum\limits_{k\neq \boldsymbol{y}_i}\dfrac{\partial \mathrm{e}^{-\left[\left(\tilde{\boldsymbol{w}}_{y_i}-\tilde{\boldsymbol{w}}_k\right)^{\mathrm{T}}\boldsymbol{x}_i+\left(\boldsymbol{b}_{y_i}-\boldsymbol{b}_k\right)\right]}}{\partial \tilde{w}_{jl}}}{1+\sum\limits_{k\neq y_i}\mathrm{e}^{-\left[\left(\tilde{\boldsymbol{w}}_{y_i}-\tilde{\boldsymbol{w}}_k\right)^{\mathrm{T}}\boldsymbol{x}_i+\left(\boldsymbol{b}_{y_i}-\boldsymbol{b}_k\right)\right]}}\\
&=\sum_{\boldsymbol{x}_i\in \boldsymbol{X}^{(l)}}\frac{\sum\limits_{k\neq l}\left(-x_{ji}\right)\mathrm{e}^{-\left[\left(\tilde{\boldsymbol{w}}_{y_i}-\tilde{\boldsymbol{w}}_k\right)^{\mathrm{T}}\boldsymbol{x}_i+\left(\boldsymbol{b}_{y_i}-\boldsymbol{b}_k\right)\right]}}{1+\sum\limits_{k\neq l}\mathrm{e}^{-\left[\left(\tilde{\boldsymbol{w}}_{y_i}-\tilde{\boldsymbol{w}}_k\right)^{\mathrm{T}}\boldsymbol{x}_i+\left(\boldsymbol{b}_{y_i}-\boldsymbol{b}_k\right)\right]}}\\
&\quad+\sum_{\substack{h=1\\h\neq l}}^{c}\sum_{\boldsymbol{x}_i\in \boldsymbol{X}^{(h)}}\frac{\sum\limits_{k=l}x_{ji}\mathrm{e}^{-\left[\left(\tilde{\boldsymbol{w}}_{y_i}-\tilde{\boldsymbol{w}}_k\right)^{\mathrm{T}}\boldsymbol{x}_i+\left(\boldsymbol{b}_{y_i}-\boldsymbol{b}_k\right)\right]}}{1+\sum\limits_{k\neq h}\mathrm{e}^{-\left[\left(\tilde{\boldsymbol{w}}_{y_i}-\tilde{\boldsymbol{w}}_k\right)^{\mathrm{T}}\boldsymbol{x}_i+\left(\boldsymbol{b}_{y_i}-\boldsymbol{b}_k\right)\right]}}\end{aligned} \tag{6.2.28}$$

式中，$\boldsymbol{X}^{(h)}$ 是第 h 类样本数据的集合；x_{ji} 是向量 $\boldsymbol{x}_i$ 的第 j 个元素。

式(6.2.27)等号右第二项的推导过程为

$$\begin{aligned}\frac{\partial J_2}{\partial \tilde{w}_{jl}}&=\gamma\frac{\partial\left(\sum_{j=1}^{d}\left\|\tilde{\boldsymbol{w}}^{j}\right\|_2^{p}\right)^{\frac{2}{p}}}{\partial \tilde{w}_{jl}}=\frac{2\gamma}{p}\left(\sum_{j=1}^{d}\left\|\tilde{\boldsymbol{w}}^{j}\right\|_2^{p}\right)^{\frac{2}{p}-1}\frac{\partial\left(\sum_{j=1}^{d}\left\|\tilde{\boldsymbol{w}}^{j}\right\|_2^{p}\right)}{\partial \tilde{\boldsymbol{w}}^{j}}\\
&=\frac{2\gamma}{p}\left(\sum_{j=1}^{d}\left\|\tilde{\boldsymbol{w}}^{j}\right\|_2^{p}\right)^{\frac{2}{p}-1}p\left\|\tilde{\boldsymbol{w}}^{j}\right\|_2^{p-2}\tilde{w}_{jl}=2\gamma\left\|\tilde{\boldsymbol{W}}\right\|_{2,p}^{2-p}\left\|\tilde{\boldsymbol{w}}^{j}\right\|_2^{p-2}\tilde{w}_{jl}\end{aligned} \tag{6.2.29}$$

最终，问题(6.2.23)中的目标函数对 $\tilde{\boldsymbol{W}}$ 中每个元素 $\tilde{w}_{jl}$ 的偏导数表达式为

$$\begin{aligned}\frac{\partial J}{\partial \tilde{w}_{jl}} &= \sum_{\boldsymbol{x}_i \in \boldsymbol{X}^{(l)}} \frac{\sum_{k \neq l} \left(-x_{ji}\right) \mathrm{e}^{-\left[\left(\tilde{\boldsymbol{w}}_l - \tilde{\boldsymbol{w}}_k\right)^{\mathrm{T}} \boldsymbol{x}_i + \left(\boldsymbol{b}_l - \boldsymbol{b}_k\right)\right]}}{1 + \sum_{k \neq l} \mathrm{e}^{-\left[\left(\tilde{\boldsymbol{w}}_l - \tilde{\boldsymbol{w}}_k\right)^{\mathrm{T}} \boldsymbol{x}_i + \left(\boldsymbol{b}_l - \boldsymbol{b}_k\right)\right]}} \\ &\quad + \sum_{\substack{h=1 \\ h \neq l}}^{c} \sum_{\boldsymbol{x}_i \in \boldsymbol{X}^{(h)}} \frac{\sum_{k=l} x_{ji} \mathrm{e}^{-\left[\left(\tilde{\boldsymbol{w}}_l - \tilde{\boldsymbol{w}}_k\right)^{\mathrm{T}} \boldsymbol{x}_i + \left(\boldsymbol{b}_l - \boldsymbol{b}_k\right)\right]}}{1 + \sum_{k \neq h} \mathrm{e}^{-\left[\left(\tilde{\boldsymbol{w}}_l - \tilde{\boldsymbol{w}}_k\right)^{\mathrm{T}} \boldsymbol{x}_i + \left(\boldsymbol{b}_l - \boldsymbol{b}_k\right)\right]}} \\ &\quad + 2\gamma \left\|\tilde{\boldsymbol{W}}\right\|_{2,p}^{2-p} \left\|\tilde{\boldsymbol{w}}^{j}\right\|_{2}^{p-2} \tilde{w}_{jl}\end{aligned} \tag{6.2.30}$$

类似地，问题(6.2.24)中目标函数对 $\boldsymbol{b}$ 中每个元素 b_l 的导数表达式为

$$\begin{aligned}\frac{\partial J}{\partial b_l} = \frac{\partial J_1}{\partial b_l} &= \sum_{\boldsymbol{x}_i \in \boldsymbol{X}^{(l)}} \frac{-\sum_{k \neq l} \mathrm{e}^{-\left[\left(\tilde{\boldsymbol{w}}_l - \tilde{\boldsymbol{w}}_k\right)^{\mathrm{T}} \boldsymbol{x}_i + \left(\boldsymbol{b}_l - \boldsymbol{b}_k\right)\right]}}{1 + \sum_{k \neq l} \mathrm{e}^{-\left[\left(\tilde{\boldsymbol{w}}_l - \tilde{\boldsymbol{w}}_k\right)^{\mathrm{T}} \boldsymbol{x}_i + \left(\boldsymbol{b}_l - \boldsymbol{b}_k\right)\right]}} \\ &\quad + \sum_{\substack{h=1 \\ h \neq l}}^{c} \sum_{\boldsymbol{x}_i \in \boldsymbol{X}^{(h)}} \frac{\sum_{k=l} \mathrm{e}^{-\left[\left(\tilde{\boldsymbol{w}}_l - \tilde{\boldsymbol{w}}_k\right)^{\mathrm{T}} \boldsymbol{x}_i + \left(\boldsymbol{b}_l - \boldsymbol{b}_k\right)\right]}}{1 + \sum_{k \neq h} \mathrm{e}^{-\left[\left(\tilde{\boldsymbol{w}}_l - \tilde{\boldsymbol{w}}_k\right)^{\mathrm{T}} \boldsymbol{x}_i + \left(\boldsymbol{b}_l - \boldsymbol{b}_k\right)\right]}}\end{aligned} \tag{6.2.31}$$

综上所述，根据梯度下降法，优化问题(6.2.32)的迭代更新表达式如下：

$$\begin{aligned}\boldsymbol{b}(t+1) &= \boldsymbol{b}(t) - \eta_1(t) \nabla \boldsymbol{b}\Big|_{\tilde{\boldsymbol{W}} = \tilde{\boldsymbol{W}}(t)} \\ &= \boldsymbol{b}(t) - \eta_1(t) \frac{\partial J\left(\tilde{\boldsymbol{W}}; \boldsymbol{b}\right)}{\partial \boldsymbol{b}}\bigg|_{\tilde{\boldsymbol{W}} = \tilde{\boldsymbol{W}}(t)}\end{aligned} \tag{6.2.32}$$

$$\begin{aligned}\tilde{\boldsymbol{W}}(t+1) &= \tilde{\boldsymbol{W}}(t) - \eta_2(t) \nabla \tilde{\boldsymbol{W}}\Big|_{\boldsymbol{b} = \boldsymbol{b}(t+1)} \\ &= \tilde{\boldsymbol{W}}(t) - \eta_2(t) \frac{\partial J\left(\tilde{\boldsymbol{W}}; \boldsymbol{b}\right)}{\partial \tilde{\boldsymbol{W}}}\bigg|_{\boldsymbol{b} = \boldsymbol{b}(t+1)}\end{aligned} \tag{6.2.33}$$

式中，$\eta_1(t)$ 和 $\eta_2(t)$ 是迭代过程的学习率，可以是定值，也可以随迭代次数增加而变化。

完成迭代优化过程后，为了获得最佳特征子集，需要对矩阵 $\tilde{\boldsymbol{W}} = \tilde{\boldsymbol{S}}^{-1/2}\tilde{\boldsymbol{S}}^{1/2}\tilde{\boldsymbol{W}} = \boldsymbol{S}\tilde{\boldsymbol{W}}$ 中每个行向量的二范数按照从大到小的顺序排序，可以发现 $\tilde{\boldsymbol{W}}$ 是回归系数矩阵 $\boldsymbol{W}$ 的重新加权矩阵。最后，选择最高 d' 个行向量的索引对应特征作为最优特征子集。FSMLR 的总体算法流程如算法 6.2.1 所示。

算法 6.2.1　FSMLR 的优化问题(6.2.23)算法梳理

输入：样本矩阵 $\boldsymbol{X}\in\mathbb{R}^{d\times n}$，标签向量 $\boldsymbol{y}\in\mathbb{R}^{n\times 1}$，子空间维数 d'，参数 γ，学习率

输出：最优特征子集

随机初始化回归系数矩阵 $\tilde{\boldsymbol{W}}(0)\in\mathbb{R}^{d\times c}$，$t=1$；

repeat

　根据式(6.2.30)计算 $\nabla\boldsymbol{b}\big|_{\tilde{\boldsymbol{W}}=\tilde{\boldsymbol{W}}(t)}$；

　更新 $\boldsymbol{b}(t+1)=\boldsymbol{b}(t)-\eta_1(t)\nabla\boldsymbol{b}\big|_{\tilde{\boldsymbol{W}}=\tilde{\boldsymbol{W}}(t)}$；

　根据式(6.2.29)计算 $\nabla\tilde{\boldsymbol{W}}\big|_{\boldsymbol{b}=\boldsymbol{b}(t+1)}$；

　更新 $\tilde{\boldsymbol{W}}(t+1)=\tilde{\boldsymbol{W}}(t)-\eta_2(t)\nabla\tilde{\boldsymbol{W}}\big|_{\boldsymbol{b}=\boldsymbol{b}(t+1)}$；

　$t=t+1$；

until 目标函数收敛

计算 $\|\tilde{\boldsymbol{w}}^j\|$，$j=1,2,\cdots,d$；

选择二范数最大 d' 个 $\tilde{\boldsymbol{w}}^j$ 对应的特征作为被选择的特征子集

3. 模型分析与评价

1) 算法复杂度分析

FSMLR 模型的时间复杂度主要来自梯度下降法迭代更新过程中变量 $\tilde{\boldsymbol{W}}$ 和 $\boldsymbol{b}$ 的更新。根据式(6.2.26)，更新 $\tilde{\boldsymbol{W}}$ 中的每个元素主要由两部分组成，即式(6.2.28)和式(6.2.29)。前者的时间复杂度主要源于 $\tilde{\boldsymbol{W}}$ 的列向量和样本 $\boldsymbol{x}_i$ 的矩阵乘法，时间复杂度为 $\mathcal{O}(ndc)$；后者的时间复杂度主要来源于计算 $\tilde{\boldsymbol{W}}$ 和 $\tilde{\boldsymbol{w}}^j$ 的范数，因此更新所有元素的总体时间复杂度为 $\mathcal{O}(dc)$。更新 $\boldsymbol{b}$ 的过程与更新 $\tilde{\boldsymbol{W}}$ 的第一部分类似，时间复杂度也是 $\mathcal{O}(ndc)$。综上所述，假设迭代次数为 n_l，则总时间复杂度约为 $\mathcal{O}(ndc^2)$。

2) 讨论

FSMLR 是一种基于对数损失的模型，在模型中利用 $\tilde{\boldsymbol{W}}$ 的 F 范数可以抑制模型过拟合。可以发现，通过设置不同的特征重加权矩阵 $\boldsymbol{S}$，原始模型(6.2.12)等价于基于 $\tilde{\boldsymbol{W}}$ 的 $\ell_{2,p}$ 范数正则化模型(6.2.23)，且 q 越大，p 越小，等价模型的稀疏性越强。具有较强稀疏性的模型有利于放大重要特征的回归系数，因此具有更好

的特征选择性能。

FSMLR 模型较为复杂，本小节采用梯度下降法进行求解。在优化过程中，当 p 越小或 γ 越大时，模型的稀疏性越强，此时需要更小的学习率以保证模型收敛，因此更有可能陷入局部最优解。当 $p=1$ 时，该模型是一个凸优化模型，可以得到全局最优解。虽然更小的学习率能够保证模型的收敛性，但是学习率越小，模型的收敛速度越慢。因此，设置学习率时需要综合考虑算法速度和算法收敛性。

6.2.2 基于稀疏无监督投影的联合方法

传统的特征选择方法因保留了原始特征的物理意义而具备较强的可解释性，然而这类方法不能充分揭示样本的隐含结构信息。特征提取方法能够从原始数据中生成新特征，以捕捉数据的潜在结构，但在创建新的子空间特征时，难免会受到无意义特征的干扰。鉴于此，将这两类方法进行融合，既能发挥各自的优势，又能弥补彼此的不足。基于这一理念，本小节提出一种在无监督数据降维框架下的创新方法，该方法同时结合特征选择和特征提取的双重优势，称为基于稀疏无监督投影(sparse unsupervised projection，SUP)的联合方法。该方法在局部保持投影的基础上，通过改进模型实现了特征选择的功能。随后，在 SUP 的基础上，引入样本相似图的自适应更新策略，从而提出基于图优化的 SUP(graph optimization of SUP，GOSUP)算法，旨在进一步提升模型的性能。

具体来说，为了在同一框架内实现对原始数据的特征提取与特征选择，该方法在运用局部保持投影思想进行子空间特征映射的同时，对投影矩阵的非零行数施加了严格的约束。这意味着在特征提取的过程中，将忽略所有元素均为零的行对应的特征，确保投影矩阵的稀疏性，进而达到特征选择的目的。为了有效应对这一非零行数的约束，采用一种基于低秩表示协方差矩阵的迭代求解方法，以精确地实现这一步骤。此外，引入“纯净矩阵”(purification matrix)这一概念，旨在更彻底地剔除子空间中的无意义信息，从而确保模型的可解释性。

1. SUP 算法理论分析

1) 基于锚点的稀疏相似图构建

本书 2.4 节介绍了一些典型的相似图构建方法，这些方法均通过计算成对样本间的相似度来构造相似图，不仅计算量大，而且无法从本质上揭示数据的分布和结构特性。SUP 算法采用一种基于锚点的构图策略，首先通过基于平衡 K 均值的层次 K 均值(balance K-means-based hierarchical K-means, BKHK)算法(Zhu et al., 2017)生成锚点，能在一定程度上代表所有样本点；其次通过优化使得相距较近的锚点和样本点间的相似度高，以获得所有锚点与所有样本点之间的相似关系；

最后据此构造一个能大致描述所有样本点关系的经验相似矩阵。相比于传统方法，SUP 算法采用的相似图构建方法时间复杂度低，构建的相似矩阵具有良好的稀疏性，易于进行大规模数据处理、可拓展性强。

具体来说，相较于传统 K 均值方法，SUP 算法首先借助 BKHK 模型，以更小的时间复杂度生成指定个数的代表性锚点。假设生成了 m 个锚点，对于第 i 个样本点 $\boldsymbol{x}_i$，可以通过优化如下问题来构建该样本点与所有锚点之间的相似关系：

$$\min_{\boldsymbol{b}_i^{\mathrm{T}}\boldsymbol{1}_m=1,\boldsymbol{b}_i\geqslant 0}\sum_{j=1}^{m}\left\|\boldsymbol{x}_i-\boldsymbol{m}_j\right\|_2^2 b_{ij}+\gamma\sum_{j=1}^{m}b_{ij}^2 \tag{6.2.34}$$

式中，$\boldsymbol{m}_j\left(j=1,2,\cdots,m\right)$是第 j 个锚点列向量；b_{ij} 是第 i 个样本点和第 j 个锚点间的相似度；$\boldsymbol{b}_i$ 是由元素 b_{ij} 构成的列向量，关于向量 $\boldsymbol{b}_i$ 的约束将相似值 b_{ij} 限制在 $\left[0,1\right]$。

在文献(Nie et al., 2016)中，为了提高问题(6.2.34)的优化效率和性能，对向量 $\boldsymbol{b}_i$ 施加基于 0 范数的稀疏约束 $\left\|\boldsymbol{b}_i\right\|_0=k$，即假设每个样本最多与 k 个锚点产生连接，并在此基础上求得能满足上述条件的最大正则化参数 γ。令 $d_{ij}=\left\|\boldsymbol{x}_i-\boldsymbol{m}_j\right\|_2^2$，则有

$$\begin{cases}\gamma=\dfrac{k}{2}d_{i,k+1}-\dfrac{1}{2}\displaystyle\sum_{j=1}^{k}d_{ij}\\ b_{ij}=\begin{cases}\dfrac{d_{i,k+1}-d_{ij}}{\displaystyle\sum_{l=1}^{k}\left(d_{i,k+1}-d_{il}\right)}, & j\leqslant K\\ 0, & j>K\end{cases}\end{cases} \tag{6.2.35}$$

根据上述过程，对每个样本点独立优化问题(6.2.34)，可以得到所有样本点与锚点的相似关系，由此得到二部图矩阵 $\boldsymbol{B}\in\mathbb{R}^{n\times m}$。最后，根据式(6.2.36)构造能描述所有样本点间关系的经验相似度矩阵 $\boldsymbol{S}\in\mathbb{R}^{n\times n}$ (Liu et al., 2010)：

$$\boldsymbol{S}=\boldsymbol{B}\boldsymbol{\varDelta}^{-1}\boldsymbol{B}^{\mathrm{T}} \tag{6.2.36}$$

式中，$\boldsymbol{\varDelta}\in\mathbb{R}^{n\times n}$，是一个对角矩阵，其第 j 个对角元为 $\sum_{i=1}^{n}b_{ij}$。

式(6.2.36)通过隶属度矩阵 $\boldsymbol{Z}$ 将基于锚点构图的思想与相似矩阵的设计耦合起来，大大简化了计算过程。与传统相似矩阵类似，由式(6.2.36)计算得到的经验相似矩阵具有非负性，且在一般情况下都具有稀疏性，能显著提升后续计算处理的效率。

2) 联合特征选择与特征提取的无监督降维模型

完成相似图构建后，在传统的局部保持投影(LPP)模型上加以改进，从而提

升模型的降维性能。LPP 是一个典型的特征提取算法，核心思想是赋予原始空间中距离较近的一对样本点以较大的权重。在 LPP 的基础上引入“纯净矩阵”，可以达到抑制子空间噪声、保留更多有用信息的效果。目标函数的数学表示如下：

$$\min_{\boldsymbol{W}^{\mathrm{T}}\boldsymbol{W}=\boldsymbol{I}_{d'},\boldsymbol{F}} \frac{1}{2}\sum_{i,j=1}^{n}\left\|\boldsymbol{W}^{\mathrm{T}}\boldsymbol{x}_i-\boldsymbol{W}^{\mathrm{T}}\boldsymbol{x}_j\right\|_2^2 s_{ij}+\lambda\left\|\boldsymbol{W}^{\mathrm{T}}\boldsymbol{X}-\boldsymbol{F}\right\|_{\mathrm{F}}^2 \tag{6.2.37}$$

式中，$\boldsymbol{W}\in\mathbb{R}^{d\times d'}$ 为投影矩阵，d 和 d' 分别为原始高维空间和投影后低维空间的维数；$\boldsymbol{X}\in\mathbb{R}^{d\times n}$ 为数据矩阵；n 为样本数；s_{ij} 为样本点 $\boldsymbol{x}_i$ 和 $\boldsymbol{x}_j$ 之间的权重(相似值)；$\boldsymbol{F}\in\mathbb{R}^{d'\times n}$ 为纯净矩阵；λ 为正则化参数。

显然，问题(6.2.37)的第一项即为 LPP 的目标函数式(5.1.10)，第二项用于平衡投影后的样本与“纯净”样本之间的接近程度。正则化参数 λ 的值越大，$\boldsymbol{F}$ 与投影后数据的相似度就越高，去除的噪声信息就越少。为便于求解，先根据拉普拉斯矩阵和矩阵 F 范数的性质，将问题(6.2.37)中的目标函数改写为矩阵迹的形式；接着引入正则化项 $\operatorname{tr}\left(\boldsymbol{W}^{\mathrm{T}}\boldsymbol{S}_{\mathrm{t}}\boldsymbol{W}\right)$ 作为目标函数的分母，其中 $\boldsymbol{S}_{\mathrm{t}}=\boldsymbol{XHX}^{\mathrm{T}}$ 是全局散度矩阵，$\boldsymbol{H}=\boldsymbol{I}_n-(1/n)\boldsymbol{1}_n\boldsymbol{1}_n^{\mathrm{T}}$ 是中心矩阵，旨在控制投影空间中数据尽可能分散，减少投影后数据点之间的线性相关性，以更好地学习原始数据的全局结构。由此，问题(6.2.37)变为

$$\begin{gathered}\min_{\boldsymbol{W},\boldsymbol{F}}\frac{\operatorname{tr}\left(\boldsymbol{FLF}^{\mathrm{T}}\right)+\lambda\operatorname{tr}\left(\boldsymbol{X}^{\mathrm{T}}\boldsymbol{WW}^{\mathrm{T}}\boldsymbol{X}-2\boldsymbol{X}^{\mathrm{T}}\boldsymbol{WF}+\boldsymbol{F}^{\mathrm{T}}\boldsymbol{F}\right)}{\operatorname{tr}\left(\boldsymbol{W}^{\mathrm{T}}\boldsymbol{S}_{\mathrm{t}}\boldsymbol{W}\right)}\\ \text{s.t. } \boldsymbol{W}^{\mathrm{T}}\boldsymbol{W}=\boldsymbol{I}_{d'},\|\boldsymbol{W}\|_{2,0}=d''\end{gathered} \tag{6.2.38}$$

式中，$\boldsymbol{L}=\boldsymbol{D}-\boldsymbol{S}\in\mathbb{R}^{n\times n}$ 是拉普拉斯矩阵，其中 $\boldsymbol{S}\in\mathbb{R}^{n\times n}$ 是由元素 s_{ij} 构成的相似矩阵，具体构建方式见 6.2.1 小节，$\boldsymbol{D}\in\mathbb{R}^{n\times n}$ 是对角矩阵，其第 i 个对角元是矩阵 $\boldsymbol{S}$ 的第 i 行元素之和；约束 $\|\boldsymbol{W}\|_{2,0}=d''$ 表示投影矩阵 $\boldsymbol{W}$ 的非零行数为 k，确保投影矩阵 $\boldsymbol{W}$ 的行稀疏性。

综上所述，问题(6.2.38)即为 SUP 算法的待优化目标，它的特征提取过程通过投影矩阵的线性组合完成；同时，施加在投影矩阵 $\boldsymbol{W}$ 上的行稀疏约束使得投影时仅选择非全零行对应的特征，即为特征选择过程。SUP 算法同时结合了特征选择和特征提取两种策略，并同时保留了原始数据的局部和全局结构。接下来将对问题(6.2.38)的优化求解过程进行详细介绍。

3) 算法优化过程

在问题(6.2.38)中，有 $\boldsymbol{W}$ 和 $\boldsymbol{F}$ 两个变量需要更新。采用迭代、独立更新每个

变量的策略来获得问题(6.2.38)的局部最优解。下面具体介绍算法流程。

$\boldsymbol{F}$ 的表达式：固定 $\boldsymbol{W}$ 为常量，对问题(6.2.38)的目标函数求关于 $\boldsymbol{F}$ 的偏导数，并令偏导数为 0，有

$$\frac{\partial}{\partial \boldsymbol{F}} \frac{\operatorname{tr}\left(\boldsymbol{F}\boldsymbol{L}\boldsymbol{F}^{\mathrm{T}}\right)+\lambda \operatorname{tr}\left(\boldsymbol{X}^{\mathrm{T}}\boldsymbol{W}\boldsymbol{W}^{\mathrm{T}}\boldsymbol{X}-2\boldsymbol{X}^{\mathrm{T}}\boldsymbol{W}\boldsymbol{F}+\boldsymbol{F}^{\mathrm{T}}\boldsymbol{F}\right)}{\operatorname{tr}\left(\boldsymbol{W}^{\mathrm{T}}\boldsymbol{S}_{\mathrm{t}}\boldsymbol{W}\right)}$$

$$=\frac{1}{\operatorname{tr}\left(\boldsymbol{W}^{\mathrm{T}}\boldsymbol{S}_{\mathrm{t}}\boldsymbol{W}\right)}\left(2\boldsymbol{F}\boldsymbol{L}-2\lambda\boldsymbol{W}^{\mathrm{T}}\boldsymbol{X}+2\lambda\boldsymbol{F}\right)=0 \tag{6.2.39}$$

从而，有

$$\boldsymbol{F}=\lambda\boldsymbol{W}^{\mathrm{T}}\boldsymbol{X}\left(\boldsymbol{L}+\lambda\boldsymbol{I}_n\right)^{-1} \tag{6.2.40}$$

令 $\boldsymbol{E}=\lambda\left(\boldsymbol{L}+\lambda\boldsymbol{I}_n\right)^{-1}$，则有

$$\boldsymbol{F}=\boldsymbol{W}^{\mathrm{T}}\boldsymbol{X}\boldsymbol{E} \tag{6.2.41}$$

更新 $\boldsymbol{W}$：将式(6.2.41)代入问题(6.2.36)中，并根据矩阵迹的性质 $\operatorname{tr}(\boldsymbol{A}\boldsymbol{B})=\operatorname{tr}(\boldsymbol{B}\boldsymbol{A})$，有

$$\min_{\boldsymbol{W}} \frac{\operatorname{tr}\left(\boldsymbol{W}^{\mathrm{T}}\boldsymbol{X}\boldsymbol{E}\boldsymbol{L}\boldsymbol{E}^{\mathrm{T}}\boldsymbol{X}^{\mathrm{T}}\boldsymbol{W}\right)+\lambda\operatorname{tr}\left(\boldsymbol{W}^{\mathrm{T}}\boldsymbol{X}\boldsymbol{X}^{\mathrm{T}}\boldsymbol{W}-2\boldsymbol{W}^{\mathrm{T}}\boldsymbol{X}\boldsymbol{E}\boldsymbol{X}^{\mathrm{T}}\boldsymbol{W}+\boldsymbol{W}^{\mathrm{T}}\boldsymbol{X}\boldsymbol{E}\boldsymbol{E}^{\mathrm{T}}\boldsymbol{X}^{\mathrm{T}}\boldsymbol{W}\right)}{\operatorname{tr}\left(\boldsymbol{W}^{\mathrm{T}}\boldsymbol{S}_{\mathrm{t}}\boldsymbol{W}\right)}$$
$$\text{s.t.}\ \ \boldsymbol{W}^{\mathrm{T}}\boldsymbol{W}=\boldsymbol{I}_{d'},\quad \|\boldsymbol{W}\|_{2,0}=d'' \tag{6.2.42}$$

令 $\boldsymbol{Q}=\boldsymbol{X}\boldsymbol{E}\boldsymbol{L}\boldsymbol{E}^{\mathrm{T}}\boldsymbol{X}^{\mathrm{T}}+\lambda\left(\boldsymbol{X}\boldsymbol{X}^{\mathrm{T}}-2\boldsymbol{X}\boldsymbol{E}\boldsymbol{X}^{\mathrm{T}}+\boldsymbol{X}\boldsymbol{E}\boldsymbol{E}^{\mathrm{T}}\boldsymbol{X}^{\mathrm{T}}\right)$，则问题(6.2.38)可以表示为

$$\min_{\boldsymbol{W}} \frac{\operatorname{tr}\left(\boldsymbol{W}^{\mathrm{T}}\boldsymbol{Q}\boldsymbol{W}\right)}{\operatorname{tr}\left(\boldsymbol{W}^{\mathrm{T}}\boldsymbol{S}_{\mathrm{t}}\boldsymbol{W}\right)}$$
$$\text{s.t.}\ \ \boldsymbol{W}^{\mathrm{T}}\boldsymbol{W}=\boldsymbol{I}_{d'},\quad \|\boldsymbol{W}\|_{2,0}=d'' \tag{6.2.43}$$

为便于求解，根据 5.2.3 小节中的引理 5.2.2，可以将上述迹比值问题转化为迹差值问题：

$$\min_{\boldsymbol{W}^{\mathrm{T}}\boldsymbol{W}=\boldsymbol{I}_{d'},\|\boldsymbol{W}\|_{2,0}=d''} \frac{\operatorname{tr}\left(\boldsymbol{W}^{\mathrm{T}}\boldsymbol{Q}\boldsymbol{W}\right)}{\operatorname{tr}\left(\boldsymbol{W}^{\mathrm{T}}\boldsymbol{S}_{\mathrm{t}}\boldsymbol{W}\right)} \Leftrightarrow \max_{\boldsymbol{W}^{\mathrm{T}}\boldsymbol{W}=\boldsymbol{I}_{d'},\|\boldsymbol{W}\|_{2,0}=d''} \frac{\operatorname{tr}\left(\boldsymbol{W}^{\mathrm{T}}\boldsymbol{S}_{\mathrm{t}}\boldsymbol{W}\right)}{\operatorname{tr}\left(\boldsymbol{W}^{\mathrm{T}}\boldsymbol{Q}\boldsymbol{W}\right)}$$
$$\Leftrightarrow \max_{\boldsymbol{W}^{\mathrm{T}}\boldsymbol{W}=\boldsymbol{I}_{d'},\|\boldsymbol{W}\|_{2,0}=d''} \operatorname{tr}\left[\boldsymbol{W}^{\mathrm{T}}\left(\boldsymbol{S}_{\mathrm{t}}-\alpha^{*}\boldsymbol{Q}\right)\boldsymbol{W}\right] \tag{6.2.44}$$

式中，α 为新引入的参数；α^{*} 为使得 $\operatorname{tr}\left(\boldsymbol{W}^{\mathrm{T}}\boldsymbol{Q}\boldsymbol{W}\right)/\operatorname{tr}\left(\boldsymbol{W}^{\mathrm{T}}\boldsymbol{S}_{\mathrm{t}}\boldsymbol{W}\right)$ 在约束

$\boldsymbol{W}^{\mathrm{T}}\boldsymbol{W} = \boldsymbol{I}_{d'}, \|\boldsymbol{W}\|_{2,0} = d''$ 下达到最大值的 α 。

由 5.1.3 小节可知，为求解问题(6.2.43)，需要先求解如下迹差值问题：

$$\max_{\boldsymbol{W}^{\mathrm{T}}\boldsymbol{W}=\boldsymbol{I}_{d'}, \|\boldsymbol{W}\|_{2,0}=k} \operatorname{tr}\left[\boldsymbol{W}^{\mathrm{T}}\left(\boldsymbol{S}_{\mathrm{t}} - \alpha\boldsymbol{Q}\right)\boldsymbol{W}\right] \tag{6.2.45}$$

令 $\boldsymbol{A} = \boldsymbol{S}_{\mathrm{t}} - \alpha\boldsymbol{Q}$ ，则有

$$\max_{\boldsymbol{W}^{\mathrm{T}}\boldsymbol{W}=\boldsymbol{I}_{d'}, \|\boldsymbol{W}\|_{2,0}=k} \operatorname{tr}\left(\boldsymbol{W}^{\mathrm{T}}\boldsymbol{A}\boldsymbol{W}\right) \tag{6.2.46}$$

问题(6.2.46)和问题(6.2.38)的求解过程分别在算法 6.2.2 和 6.2.3 中给出，其中求解问题(6.2.46)的详细推导过程见参考文献(Tian et al., 2020)。为了在描述方便的同时避免歧义，除了算法 6.2.2 引入优化变量 $\boldsymbol{W}$ 的迭代次数下标 t ，其他优化变量中关于迭代次数的下标均略去。需要注意的是，为了确保矩阵 $\boldsymbol{A}$ 是半正定矩阵，在算法 6.2.2 和算法 6.2.3 的迭代过程中，令 $\boldsymbol{A} = \boldsymbol{S}_{\mathrm{t}} - \alpha\boldsymbol{Q} + \beta\boldsymbol{I}_d$ ，其中参数 β 为正数。

算法 6.2.2　SUP 的优化问题(6.2.46)算法梳理

输入：半正定矩阵 $\boldsymbol{A}$ ；子空间维数 d' ； $\boldsymbol{W}$ 的非零行数 $d''\left(d' \leqslant d'' \leqslant d\right)$
输出：投影矩阵 $\boldsymbol{W}_t \in \mathbb{R}^{d\times d'}$
初始化 $\boldsymbol{W}_0 \in \mathbb{R}^{d\times d'}$ 使其满足 $\boldsymbol{W}_0^{\mathrm{T}}\boldsymbol{W}_0 = \boldsymbol{I}_{d'}$ ， $t=1$ ；
repeat
　更新 $\boldsymbol{W}_t$ ， $\boldsymbol{W}_t = \boldsymbol{A}\boldsymbol{W}_{t-1}\left(\boldsymbol{W}_{t-1}^{\mathrm{T}}\boldsymbol{A}\boldsymbol{W}_{t-1}\right)^{+}\boldsymbol{W}_{t-1}^{\mathrm{T}}\boldsymbol{A}$ ；
　确定矩阵 $\boldsymbol{W}_t$ 的对角线元素中最大的 d'' 个元素的位置，这些元素所在的行是矩阵 $\boldsymbol{W}_t$ 的非零行；
　计算 $\boldsymbol{M}_t = \boldsymbol{A}\boldsymbol{W}_t$ ，根据 $\boldsymbol{W}_t$ 中非零行的位置，选择矩阵 $\boldsymbol{W}_t$ 中相应的行向量，形成新矩阵 $\tilde{\boldsymbol{M}}_t \in \mathbb{R}^{d''\times m}$ ；
　利用 $\tilde{\boldsymbol{M}}_t$ 的任何一组正交基数，更新矩阵 $\boldsymbol{W}_t$ 的非零行；
　$t = t+1$ ；
until 目标函数收敛

算法 6.2.3　SUP 的优化问题(6.2.38)算法梳理

输入：样本矩阵 $\boldsymbol{X} \in \mathbb{R}^{d\times n}$ ；子空间维数 d' ； $\boldsymbol{W}$ 的非零行数 $d''\left(d' \leqslant d'' \leqslant d\right)$ ； λ

输出：投影矩阵 $\boldsymbol{W}\in\mathbb{R}^{d\times d'}$；纯净矩阵 $\boldsymbol{F}\in\mathbb{R}^{d'\times n}$

根据 6.2.1 小节构建相似度矩阵 $\boldsymbol{S}$，计算拉普拉斯矩阵 $\boldsymbol{L}=\boldsymbol{D}-\boldsymbol{S}$，其中矩阵 $\boldsymbol{D}$ 是一个对角矩阵，其第 i 个对角元为矩阵 $\boldsymbol{S}$ 的第 i 行元素之和；

初始化 $\boldsymbol{W}_0\in\mathbb{R}^{d\times d'}$ 使其满足 $\boldsymbol{W}_0^{\mathrm{T}}\boldsymbol{W}_0=\boldsymbol{I}_{d'}$，$t=1$；

计算 $\boldsymbol{E}=\lambda\left(\boldsymbol{L}+\lambda\boldsymbol{I}_n\right)^{-1}$；

计算 $\boldsymbol{Q}=\boldsymbol{XELE}^{\mathrm{T}}\boldsymbol{X}^{\mathrm{T}}+\lambda\left(\boldsymbol{XX}^{\mathrm{T}}-2\boldsymbol{XEX}^{\mathrm{T}}+\boldsymbol{XEE}^{\mathrm{T}}\boldsymbol{X}^{\mathrm{T}}\right)$；

$\boldsymbol{A}=\boldsymbol{S}_{\mathrm{t}}-\alpha\boldsymbol{Q}+\beta\boldsymbol{I}_d$，其中 $\boldsymbol{S}_{\mathrm{t}}=\boldsymbol{XHX}^{\mathrm{T}}$，$\boldsymbol{H}=\boldsymbol{I}_d-(1/n)\boldsymbol{1}_d\boldsymbol{1}_d^{\mathrm{T}}$，$\alpha=\mathrm{tr}\left(\boldsymbol{W}_0^{\mathrm{T}}\boldsymbol{S}_{\mathrm{t}}\boldsymbol{W}_0\right)/\mathrm{tr}\left(\boldsymbol{W}_0^{\mathrm{T}}\boldsymbol{Q}\boldsymbol{W}_0\right)$；

repeat

　利用算法 6.2.2 中的方法更新 $\boldsymbol{W}$，其中迭代次数为 1；

　更新 $\alpha=\mathrm{tr}\left(\boldsymbol{W}^{\mathrm{T}}\boldsymbol{S}_{\mathrm{t}}\boldsymbol{W}\right)/\mathrm{tr}\left(\boldsymbol{W}^{\mathrm{T}}\boldsymbol{Q}\boldsymbol{W}\right)$，$\boldsymbol{A}=\boldsymbol{S}_{\mathrm{t}}-\alpha\boldsymbol{Q}+\beta\boldsymbol{I}_d$；

　$t=t+1$；

until 目标函数收敛；

计算 $\boldsymbol{F}=\boldsymbol{W}^{\mathrm{T}}\boldsymbol{XE}$

---

2. 图优化 SUP 算法

在 SUP 算法中，样本的相似度图通过锚点图法构造，在求解过程中不会更新。为了得到自适应的最优相似图，考虑在优化算法中加入样本图的更新，称为基于图优化 SUP 的联合特征选择和提取方法。

1) GOSUP 算法模型

GOSUP 将二部图矩阵 $\boldsymbol{S}$ 变为待优化变量，为避免平凡解，首先在问题(6.2.38)中引入关于相似矩阵 $\boldsymbol{S}$ 的正则化参数 γ 和正则化项 $\|\boldsymbol{S}\|_{\mathrm{F}}^2$，有

$$\min_{\boldsymbol{W},\boldsymbol{F},\boldsymbol{S}}\frac{\mathrm{tr}\left(\boldsymbol{FLF}^{\mathrm{T}}\right)+\lambda\left\|\boldsymbol{W}^{\mathrm{T}}\boldsymbol{X}-\boldsymbol{F}\right\|_{\mathrm{F}}^2}{\mathrm{tr}\left(\boldsymbol{W}^{\mathrm{T}}\boldsymbol{S}_{\mathrm{t}}\boldsymbol{W}\right)}+\gamma\|\boldsymbol{S}\|_{\mathrm{F}}^2 \tag{6.2.47}$$

$$\text{s.t.}\quad \boldsymbol{W}^{\mathrm{T}}\boldsymbol{W}=\boldsymbol{I}_{d'},\quad \|\boldsymbol{W}\|_{2,0}=d'',\quad \boldsymbol{s}_i^{\mathrm{T}}\boldsymbol{1}_n=1,\quad 0\leqslant s_{ij}\leqslant 1$$

式中，$\boldsymbol{s}_i$ 是矩阵 $\boldsymbol{S}$ 的列向量，$\boldsymbol{S}=\left[\boldsymbol{s}_1,\boldsymbol{s}_2,\cdots,\boldsymbol{s}_n\right]\in\mathbb{R}^{n\times n}$。

为便于求解，可以将问题(6.2.47)写为矩阵形式。设 $\boldsymbol{P}=\boldsymbol{W}^{\mathrm{T}}\boldsymbol{XX}^{\mathrm{T}}\boldsymbol{W}-2\boldsymbol{FX}^{\mathrm{T}}\boldsymbol{W}+\boldsymbol{FF}^{\mathrm{T}}$，有

$$\min_{\boldsymbol{W},\boldsymbol{F},\boldsymbol{S}} \frac{\operatorname{tr}\left(\boldsymbol{F}\boldsymbol{L}\boldsymbol{F}^{\mathrm{T}}\right)+\lambda\operatorname{tr}(\boldsymbol{P})}{\operatorname{tr}\left(\boldsymbol{W}^{\mathrm{T}}\boldsymbol{S}_{\mathrm{t}}\boldsymbol{W}\right)}+\gamma\operatorname{tr}\left(\boldsymbol{S}^{\mathrm{T}}\boldsymbol{S}\right)$$
$$\text{s.t. } \boldsymbol{W}^{\mathrm{T}}\boldsymbol{W}=\boldsymbol{I}_{d'},\quad \|\boldsymbol{W}\|_{2,0}=d'',\quad \boldsymbol{s}_i^{\mathrm{T}}\boldsymbol{1}=1,\quad 0\leqslant s_{ij}\leqslant 1 \tag{6.2.48}$$

2) GOSUP 算法求解

问题(6.2.45)的优化过程与问题(6.2.38)类似。GOSUP 算法的目标函数有 $\boldsymbol{W}$、$\boldsymbol{F}$ 和 $\boldsymbol{S}$ 三个待优化变量，采取交替优化策略对这三个参数进行迭代更新，迭代步骤如下：

(1) 固定 $\boldsymbol{W}$ 和 $\boldsymbol{S}$，求解 $\boldsymbol{F}$。$\boldsymbol{F}$ 的优化策略与 SUP 相同，见式(6.2.41)。

(2) 固定 $\boldsymbol{F}$ 和 $\boldsymbol{S}$，求解 $\boldsymbol{W}$。$\boldsymbol{W}$ 的优化问题与问题(6.2.46)完全相同，因此可以通过算法 6.2.2 提供的方法求解，此处不再赘述。

(3) 固定 $\boldsymbol{F}$ 和 $\boldsymbol{W}$，求解 $\boldsymbol{S}$。此时问题(6.2.48)转化为

$$\min_{\boldsymbol{s}_i^{\mathrm{T}}\boldsymbol{1}_n=1,0\leqslant s_{ij}\leqslant 1} \frac{\operatorname{tr}\left(\boldsymbol{F}\boldsymbol{L}\boldsymbol{F}^{\mathrm{T}}\right)}{\operatorname{tr}\left(\boldsymbol{W}^{\mathrm{T}}\boldsymbol{S}_{\mathrm{t}}\boldsymbol{W}\right)}+\gamma\|\boldsymbol{S}\|_{\mathrm{F}}^2$$
$$\Leftrightarrow \min_{\boldsymbol{s}_i^{\mathrm{T}}\boldsymbol{1}_n=1,0\leqslant s_{ij}\leqslant 1} \frac{\sum_{i,j=1}^{n} s_{ij}\left\|\boldsymbol{f}_i-\boldsymbol{f}_j\right\|_2^2}{\operatorname{tr}\left(\boldsymbol{W}^{\mathrm{T}}\boldsymbol{S}_{\mathrm{t}}\boldsymbol{W}\right)}+\gamma\sum_{i,j=1}^{n} s_{ij}^2 \tag{6.2.49}$$

由于问题(6.2.49)对于每个样本独立，该问题也可以转化为求解 n 个子问题，即

$$\min_{\boldsymbol{s}_i^{\mathrm{T}}\boldsymbol{1}_n=1,0\leqslant s_{ij}\leqslant 1} \frac{\sum_{i,j=1}^{n}\left[s_{ij}\left\|\boldsymbol{f}_i-\boldsymbol{f}_j\right\|_2^2+\gamma\operatorname{tr}\left(\boldsymbol{W}^{\mathrm{T}}\boldsymbol{S}_{\mathrm{t}}\boldsymbol{W}\right)s_{ij}^2\right]}{\operatorname{tr}\left(\boldsymbol{W}^{\mathrm{T}}\boldsymbol{S}_{\mathrm{t}}\boldsymbol{W}\right)} \tag{6.2.50}$$

令 $d_{ij}^f=\left\|\boldsymbol{f}_i-\boldsymbol{f}_j\right\|_2^2$，问题(6.2.50)等价于

$$\min_{\boldsymbol{s}_i^{\mathrm{T}}\boldsymbol{1}_n=1,0\leqslant s_{ij}\leqslant 1} \frac{1}{2}\left\|\boldsymbol{s}_i+\frac{\boldsymbol{d}_i^f}{2\gamma\operatorname{tr}\left(\boldsymbol{W}^{\mathrm{T}}\boldsymbol{S}_{\mathrm{t}}\boldsymbol{W}\right)}\right\|_2^2 \tag{6.2.51}$$

式中，$\boldsymbol{d}_i^f$ 是元素 d_{ij}^f 构成的列向量。

为了获得更好的性能，GOSUP 通过在约束 $\boldsymbol{s}_i^{\mathrm{T}}\boldsymbol{1}_n=1, 0\leqslant s_{ij}\leqslant 1$ 下最大化正则化参数 γ 来增强相似矩阵 $\boldsymbol{S}$ 的稀疏性，该思想与 6.2.1 小节中的锚点构图过程类似。用 K 表示样本点的最近邻个数，并假设 $d_{i1}^f\leqslant d_{i2}^f\leqslant\cdots\leqslant d_{in}^f$，则有

$$\gamma=\frac{1}{n\left[\operatorname{tr}\left(\boldsymbol{W}^{\mathrm{T}}\boldsymbol{S}_{\mathrm{t}}\boldsymbol{W}\right)\right]}\sum_{i=1}^{n}\left(\frac{K}{2}d_{i,K+1}^{f}-\frac{1}{2}\sum_{j=1}^{K}d_{ij}^{f}\right) \tag{6.2.52}$$

将式(6.2.52)代入问题(6.2.51)中，可得其最优解表达式：

$$s_{ij}=\begin{cases}\dfrac{d_{i,K+1}^{f}-d_{ij}^{f}}{\sum\limits_{l=1}^{K}\left(d_{i,K+1}^{f}-d_{il}^{f}\right)}, & j\leqslant K\\ 0, \quad j>K\end{cases} \tag{6.2.53}$$

重复上述步骤，直至问题(6.2.48)中的目标函数值收敛。算法 6.2.4 给出了问题(6.2.48)的详细求解步骤。

算法 6.2.4　GOSUP 的优化问题(6.2.48)算法梳理

输入：样本矩阵 $\boldsymbol{X}\in\mathbb{R}^{d\times n}$；子空间维数 d'；$\boldsymbol{W}$ 的非零行数 $d''\left(d'\leqslant d''\leqslant d\right)$；$\lambda$

输出：投影矩阵 $\boldsymbol{W}\in\mathbb{R}^{d\times d'}$；纯净矩阵 $\boldsymbol{F}\in\mathbb{R}^{d'\times n}$；相似矩阵 $\boldsymbol{S}\in\mathbb{R}^{n\times n}$

根据 6.2.1 小节构建相似矩阵 $\boldsymbol{S}$，计算拉普拉斯矩阵 $\boldsymbol{L}=\boldsymbol{D}-\boldsymbol{S}$，其中矩阵 $\boldsymbol{D}$ 是一个对角矩阵，其第 i 个对角元为矩阵 $\boldsymbol{S}$ 的第 i 行元素之和；

初始化 $\boldsymbol{W}_0\in\mathbb{R}^{d\times d'}$ 使其满足 $\boldsymbol{W}_0^{\mathrm{T}}\boldsymbol{W}_0=\boldsymbol{I}_{d'}$，$t=1$；

计算 $\boldsymbol{E}=\lambda\left(\boldsymbol{L}+\lambda\boldsymbol{I}_n\right)^{-1}$；

计算 $\boldsymbol{Q}=\boldsymbol{XELE}^{\mathrm{T}}\boldsymbol{X}^{\mathrm{T}}+\lambda\left(\boldsymbol{XX}^{\mathrm{T}}-2\boldsymbol{XEX}^{\mathrm{T}}+\boldsymbol{XEE}^{\mathrm{T}}\boldsymbol{X}^{\mathrm{T}}\right)$；

$\boldsymbol{A}=\boldsymbol{S}_{\mathrm{t}}-\alpha\boldsymbol{Q}+\beta\boldsymbol{I}_d$，其中 $\boldsymbol{S}_{\mathrm{t}}=\boldsymbol{XHX}^{\mathrm{T}}$，$\boldsymbol{H}=\boldsymbol{I}_d-(1/n)\boldsymbol{1}_d\boldsymbol{1}_d^{\mathrm{T}}$，$\alpha=\operatorname{tr}\left(\boldsymbol{W}_0^{\mathrm{T}}\boldsymbol{S}_{\mathrm{t}}\boldsymbol{W}_0\right)/\operatorname{tr}\left(\boldsymbol{W}_0^{\mathrm{T}}\mathbf{Q}\boldsymbol{W}_0\right)$；

repeat

　利用算法 6.2.2 中的方法更新 $\boldsymbol{W}$，其中迭代次数为 1；

　更新 $\boldsymbol{F}=\boldsymbol{W}^{\mathrm{T}}\boldsymbol{XB}$；

　根据式(6.2.53)更新 $\boldsymbol{S}$

　更新 $\boldsymbol{E}=\lambda\left(\boldsymbol{L}+\lambda\boldsymbol{I}_n\right)^{-1}$，$\boldsymbol{Q}=\boldsymbol{XELE}^{\mathrm{T}}\boldsymbol{X}^{\mathrm{T}}+\lambda\left(\boldsymbol{XX}^{\mathrm{T}}-2\boldsymbol{XEX}^{\mathrm{T}}+\boldsymbol{XEE}^{\mathrm{T}}\boldsymbol{X}^{\mathrm{T}}\right)$

　更新 $\alpha=\operatorname{tr}\left(\boldsymbol{W}^{\mathrm{T}}\boldsymbol{S}_{\mathrm{t}}\boldsymbol{W}\right)/\operatorname{tr}\left(\boldsymbol{W}^{\mathrm{T}}\boldsymbol{QW}\right)$，$\boldsymbol{A}=\boldsymbol{S}_{\mathrm{t}}-\alpha\boldsymbol{Q}+\beta\boldsymbol{I}_d$；

　$t=t+1$；

until 目标函数收敛

---

3. 算法分析与评价

1) 算法复杂度分析

分别分析 SUP 和 GOSUP 两种算法的计算复杂度。

采用 n 和 d 表示样本数和特征数，并设迭代次数为 t。SUP 算法只需要更新一个变量 $\boldsymbol{W}$，根据算法 6.2.3 迭代求解。SUP 算法计算复杂度最高的步骤是 $\boldsymbol{W}_t=\boldsymbol{A}\boldsymbol{W}_{t-1}\left(\boldsymbol{W}_{t-1}^{\mathrm{T}}\boldsymbol{A}\boldsymbol{W}_{t-1}\right)^{+}\boldsymbol{W}_{t-1}^{\mathrm{T}}\boldsymbol{A}$，其中 $\boldsymbol{A}\in\mathbb{R}^{d\times d}$，$\boldsymbol{W}_{t-1}\in\mathbb{R}^{d\times d'}$，则该步骤的时间复杂度是 $\mathcal{O}\left(d'd^2+d'^2d+d'^3\right)$。因此，问题(6.2.38)的总体计算复杂度是 $\mathcal{O}\left(td'd^2\right)$。

与 SUP 算法的求解过程类似，GOSUP 算法更新 $\boldsymbol{W}$ 和 $\boldsymbol{F}$ 的复杂度分别是 $\mathcal{O}\left(d'd^2+d'^2d+d'^3\right)$ 和 $\mathcal{O}\left(n^3+n^2d+ndd'\right)$。根据问题(6.2.51)，更新 $\boldsymbol{S}$ 的复杂度是 $\mathcal{O}\left(n^2\right)$。因此，问题(6.2.48)的总体计算复杂度是 $\mathcal{O}\left(tn^3\right)$。

2) 算法应用前景

本小节提出了一种新算法(SUP)，它结合特征选择和特征提取两种策略，可以同时处理具有相对较多噪声和无意义特征的数据。在算法运行过程中，将有意义的特征保留下来并进行后续线性组合，不会在无意义的特征上消耗运行内存。由于 SUP 算法的计算复杂度只与特征数量有关，该方法较适合处理大规模数据，如高光谱图像的特征提取，将像素作为样本，光谱作为特征。它可以直接消除冗余波段，保留最佳代表波段进行特征提取。

在 SUP 算法的基础上，本小节进一步提出了 GOSUP 算法，通过迭代更新相似图 $\boldsymbol{S}$ 以获得更好的性能。然而，GOSUP 算法具有很高的计算复杂度，这将在大规模数据上花费较长时间。因此，在未来的工作中，依然需要设计复杂度更低的算法来减少计算时间。

6.2.3　非线性特征选择网络方法

6.1.3 小节中介绍了利用线性回归模型来筛选重要特征子集的不同方法。这些方法均假定数据是线性分布的，并利用线性模型分析特征和类别标签的线性关系，从而寻找出与类别标签最相关的特征子集。在许多真实世界的应用中，数据分布相当复杂且通常呈非线性，线性回归模型无法分析特征和类别标签的非线性关系，这导致它们的特征选择效果不佳。此外，对于分类任务而言，交叉熵损失函数更适合衡量真实标签及模型预测之间的差异。针对这些问题，本小节提出一个非线性特征选择网络算法。该算法训练一个神经网络同时执行特征选择和分类任务，并使用交叉熵作为损失函数。

1. 目标函数构建

假设存在一个样本空间 $\mathcal{Z}=\mathcal{X}\times\mathcal{Y}$，其中 $\mathcal{X}\subseteq\mathbb{R}^D$ 代表 D 维的样本空间，$\mathcal{Y}$ 代表标签空间。在 2 分类问题中，$\mathcal{Y}=\{0,1\}$。在 C 分类问题中，$\mathcal{Y}=\{1,2,\cdots,C\}$。同时假设样本 $(\boldsymbol{x},y)=\mathcal{Z}$。模型希望学习一个非线性映射 $f_\Theta:\mathbb{R}^d\to[0,1]^c$ 对样本进行分类。f_Θ 是一个具有 K 层的前馈神经网络函数 $f_\Theta=\left(f_{\Theta_K}{}^{(K)}\circ f_{\Theta_{K-1}}{}^{(K-1)}\circ\cdots\circ f_{\Theta_1}{}^{(1)}\right)$，其中 $f_{\Theta_i}{}^{(i)}$ 为

$$
\begin{aligned}
&f_{\Theta_i}{}^{(i)}\left(\boldsymbol{a}^{(i)}\right)=\sigma\left(\Theta_i\boldsymbol{a}^{(i)}\right),\quad \forall i\in[K-1]\\
&f_{\Theta_K}{}^{(K)}\left(\boldsymbol{a}^{(K)}\right)=s\left(\Theta_K\boldsymbol{a}^{(K)}\right)
\end{aligned}
\tag{6.2.54}
$$

式中，$\boldsymbol{a}^{(i)}\in\mathbb{R}^{d^{i-1}}$，为网络第 i 层的输入向量；$\Theta_i\in\mathbb{R}^{d^i\times d^{(i-1)}}$，为该层的可学习参数，$d^i$ 为该层神经元个数；$\sigma(\cdot)$ 为任意非线性激活函数，如 ReLU 激活函数，$\sigma\left(\boldsymbol{a}^{(i)}\right)=\max\left(0,\boldsymbol{a}^{(i)}\right)$。特别地，当 $i=0$ 时，$\boldsymbol{a}^{(1)}=\boldsymbol{x}$；当 $i=K$ 时，$d^K=C$。这就是说，将网络输出层设置为 C 个神经元，同时令激活函数 s 为 softmax 函数，使得网络能为样本 $\boldsymbol{x}$ 输出包含不同类别标签的条件概率的向量 $f_\Theta(\boldsymbol{x})=\hat{\boldsymbol{y}}\in[0,1]^C$，其中，$\hat{\boldsymbol{y}}$ 中每一维 $\hat{\boldsymbol{y}}_c$ 分别表示不同类别标签预测条件概率 $p(\boldsymbol{y}=c\mid\boldsymbol{x})=\hat{\boldsymbol{y}}_c$。为了方便起见，对于样本 $\boldsymbol{x}$，可以使用一个 C 维的 one-hot(独热)向量 $\boldsymbol{y}\in[0,1]^C$ 表示其标签。假设其标签为 c，那么标签向量 $\boldsymbol{y}$ 的第 c 个元素值为 1，其余元素为 0。更进一步，可以使用交叉熵损失函数来评估真实标签 $\boldsymbol{y}$ 与模型预测 $\hat{\boldsymbol{y}}$ 之间的差异，即

$$
\mathcal{L}(\boldsymbol{y},\hat{\boldsymbol{y}})=-\boldsymbol{y}^{\mathrm{T}}\ln\hat{\boldsymbol{y}}
\tag{6.2.55}
$$

给一个训练数据集 $\mathcal{D}=\{(\boldsymbol{x}_i,\boldsymbol{y}_i)\}_{i=1}^N$，其在训练数据集上的结构化风险函数为

$$
\mathcal{R}(\Theta)=\frac{1}{N}\sum_{i=1}^{N}\mathcal{L}(\boldsymbol{y}_i,\hat{\boldsymbol{y}}_i)
\tag{6.2.56}
$$

式中，$\hat{\boldsymbol{y}}_i$ 表示神经网络 f_Θ 对每个样本 $\boldsymbol{x}_i$ 的输出，即 $\hat{\boldsymbol{y}}_i=f_\Theta(\boldsymbol{x}_i)$。模型的目标是在尝试使用不同特征预测样本类别标签的过程中，评估特征对样本类别标签的预测能力。值得注意的是，权重矩阵 $\Theta_1=[\theta_1^{(1)},\theta_1^{(2)},\cdots,\theta_1^{(D)}]$ 连接输入层的神经元(特征)和第一个隐含层的神经元，其中第 i 个列向量 $\theta_1^{(i)}$ 用于连接输入层第 i 个神经元(对应第 i 个特征)和第一个隐含层所有神经元，如图 6.2.2 所示。

事实上，特征权重 $\|\theta_1^{(i)}\|_2$ 揭示了不同特征对于模型预测样本类别标签的重要性。$\|\theta_1^{(i)}\|_2$ 越大，表明该特征对于预测样本类别标签的重要性越大。相反，$\|\theta_1^{(i)}\|_2$ 越小，表明该特征对于预测样本类别标签的重要性越小。特别地，如果 $\|\theta_1^{(i)}\|_2$ 接

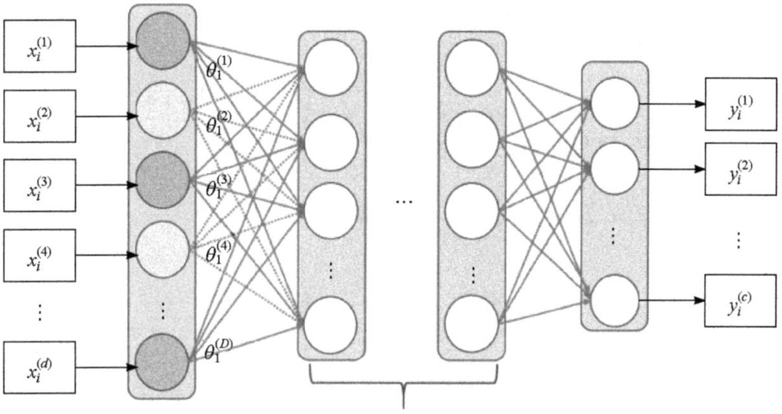

图 6.2.2　非线性特征选择网络结构示意图

近 0，表明该特征对于预测样本类别标签几乎没有贡献，因此被神经网络丢弃，不在分类任务中使用该无效特征。为了让神经网络识别最具判别性的特征并剔除无效特征，进一步对权重矩阵 $\boldsymbol{\Theta}_1$ 施加一个 $\ell_{2,p}$ 范数($0 < p \leqslant 1$)：

$$\mathcal{R}(\boldsymbol{\Theta}) = \frac{1}{n}\sum_{i=1}^{n}\mathcal{L}(\boldsymbol{y}_i, \hat{\boldsymbol{y}}_i) + \lambda \| \boldsymbol{\Theta}_1^{\mathrm{T}} \|_{2,p}^{p} \tag{6.2.57}$$

式中，λ用于控制权重矩阵 $\boldsymbol{\Theta}_1$ 的列稀疏性。式(6.2.57)可以改写为

$$\mathcal{R}(\boldsymbol{\Theta}) = \frac{1}{n}\sum_{i=1}^{n}\mathcal{L}(\boldsymbol{y}_i, \hat{\boldsymbol{y}}_i) + \lambda \sum_{i=1}^{d_1} \| \boldsymbol{\theta}_1^{(i)} \|_2^{p} \tag{6.2.58}$$

$\ell_{2,p}$ 范数能够让不同特征的权重 $\| \boldsymbol{\theta}_1^{(i)} \|_2$ 在模型学习过程中竞争存活，并使得无效特征的权重 $\| \boldsymbol{\theta}_1^{(i)} \|_2$ 趋近于 0，进而将它们淘汰。在模型学习结束以后，模型将所有特征的权重 $\| \boldsymbol{\theta}_1^{(i)} \|_2$ 进行降序排序，并选择权重最大的 p 个特征作为算法的输出。

2. 优化算法

这里采用梯度下降法和反向传播算法来进行网络参数学习。需要注意的是，由于式(6.4.4)对权重矩阵 $\boldsymbol{\Theta}_1$ 施加 $\ell_{2,p}$ 范数，当 $\| \boldsymbol{\theta}_1^{(i)} \|_2^{p}$ 为 0 时，其不可微分。为了解决这个问题，需要将网络参数 $\boldsymbol{\Theta}_1$ 与其他网络参数 $\boldsymbol{\Theta}_n\left(n = 2,3,\cdots,K\right)$ 的更新分开。具体来说，网络参数 $\boldsymbol{\Theta}_n\left(n = 2,3,\cdots,K\right)$ 的更新方式为

$$\boldsymbol{\Theta}_N \leftarrow \boldsymbol{\Theta}_N - \eta \frac{\partial \mathcal{R}(\boldsymbol{\Theta})}{\partial \boldsymbol{\Theta}_N} \tag{6.2.59}$$

网络参数 $\boldsymbol{\Theta}_1$ 的更新方式为

$$\boldsymbol{\Theta}_1 \leftarrow \boldsymbol{\Theta}_1 - \eta \frac{\partial \mathcal{R}(\boldsymbol{\Theta})}{\partial \boldsymbol{\Theta}_1} - \eta\lambda \frac{\partial \sum_{i=1}^{d^1} \left(\left(\boldsymbol{\theta}_1^{(i)} \right)^{\mathrm{T}} \boldsymbol{\theta}_1^{(i)} + \epsilon \right)^{\frac{p}{2}}}{\partial \boldsymbol{\theta}_1^{(i)}} \tag{6.2.60}$$

式中，η 为学习率；ϵ 为一个足够小的正常数。

6.3 小　　结

特征选择是数据预处理的重要步骤之一，其主要目的是在模型构建中选择最相关、最有利于提高预测效果的特征子集，可以有效剔除不相关特征，从而提升模型的泛化能力。与特征提取类似，特征选择同样能够在缩减特征数量的同时尽可能地保留关键数据信息；不同之处在于，特征选择不会生成新的特征，而是对原有特征进行选择和剔除。本章首先介绍了特征选择中的经典算法，根据特征子集选取策略与机器学习算法交互方式的不同，分别对过滤式(filter)、包裹式(wrapper)和嵌入式(embedding)等经典特征选择方法进行了阐述。

值得注意的是，相较于过滤式和包裹式策略，嵌入式特征选择模型能直接优化机器学习目标函数，可以节省大量时间和计算资源。为了增强嵌入式特征选择模型的判别性能，充分考虑利用每个样本与其标签的对应关系，6.2.1 小节提出了一种基于多分类逻辑斯谛回归的嵌入式特征选择方法，直接学习每个样本的低维嵌入和投影矩阵，能够有效选择更具判别力的特征。传统的特征选择方法无法揭示样本的隐含结构信息，特征提取方法在产生新的子空间特征时无法避免无意义特征干扰，6.2.2 小节提出了一种联合特征提取和特征选择模型的新方法，称为基于稀疏无监督投影的联合方法，以达到互补两类算法不足的效果。在此基础上，进一步提出了基于图优化的 SUP 模型，通过自适应更新样本的相似图来优化模型性能。上述两种先进的特征选择方法均能应用于高光谱波段选择、目标检测等大规模数据处理任务。

第 7 章　聚类分析方法

传感和存储技术的进步，互联网搜索、数字成像和视频监控等应用领域的急剧发展，创造了许多高容量、高维的数据集。大部分数据以数字方式存储在电子媒体中，从而为自动数据分析、分类和检索技术的发展提供了巨大的潜力。除了数据量的增长，可用数据(文本、图像和视频)的多样性也有所增加。电子邮件、博客、交易数据及数以亿计的网页每天都在产生数兆字节的新数据。这些数据流中有许多是非结构化的，这增加了分析它们的难度。尽管大数据时代为机器学习带来了宝贵的数据资源，但海量数据的标注耗时费力，并且在实际应用中绝大部分数据没有经过人为标注，甚至在某些情景中无法获取标记信息。无监督学习算法因无需任何先验标签信息而受到了广泛关注。其中，聚类算法是关键的无监督学习算法之一。

在数据挖掘中将数据组织成合理的分组，是理解和学习的最基本模式之一。例如，一种常见的科学分类方案将生物体放入一个排序分类群的系统：域、界、门、类等。数据聚类也被称为聚类分析，是根据测量或感知的数据内在特征或相似性对对象进行分组或聚类方法和算法的研究，致力于发现一组模式、点或对象的自然分组。聚类分组的依据一般描述为簇内数据的相似性尽可能高，簇间数据的差异性尽可能大。因其无需任何先验标签信息，聚类算法在无监督学习中取得了广泛应用。第一，聚类方法可以分离数据中的复杂信息，提供一种“分而治之”的处理方法，即将数据分类到多个子区域，从而将复杂任务转变成简单任务。例如，在图像识别任务中将图片先聚类至不同场景，再对每个场景训练各自的识别器，可大大简化任务。第二，聚类方法可以自动发现描述数据的显著特征，实现特征自动提取，有效简化了后续建模，从某种意义上解决了机器学习中的维度灾难问题。第三，聚类方法可以为监督学习提供预训练，通过预训练极大地降低监督学习的难度。此外，近年来的一些深度学习算法将聚类算法提供的伪标签嵌入模型中，提升了泛化性能并降低了对标签数据的高度依赖性。第四，无监督聚类算法无须任何训练，可以随时随地学习新环境下的新知识，并且可以灵活地发现各种场景及环境变化下数据集的底层结构，对数据进行挖掘分析，寻找数据的内在规律，发现隐含的深层次关联信息，为多样且日益丰富的智能任务决策提供依据。

另外，在机器学习的发展过程中，研究者意识到部分数据存在极少量未标记数据和大量无标签数据，这同样适合采用聚类方法进行处理。因此，一些聚类方法也被应用于半监督学习，致力于通过极少量的宝贵标记信息来挖掘大量未标记样本的数据信息。

7.1 经典方法

7.1.1 *K* 均值聚类

K 均值(K-means)是著名的传统聚类算法之一，该算法的中心思想是根据数据点与某中心点之间的距离，将数据点划分至距离最近的中心点，每个中心点代表一个聚类中心，即一个簇。在算法的具体执行过程中，根据预设的簇数目 k 随机初始化 k 个中心点，采用最小化距离损失函数的方式对中心点进行迭代更新，直至算法收敛至损失函数的局部最小值。K 均值算法已被广泛研究并应用于各种实际场景中。

对于给定数据集 $\boldsymbol{X}=\left[\boldsymbol{x}_1,\boldsymbol{x}_2,\cdots,\boldsymbol{x}_n\right]\in\mathbb{R}^{d\times n}$，$d$ 和 n 分别是数据集的维数和样本个数，向量 $\boldsymbol{x}_i\in\mathbb{R}^{d\times 1}$ 代表数据集的第 i 个样本点。假设划分的 k 个簇集为 $\mathcal{C}=\left\{C_1,C_2,\cdots,C_k\right\}$，集合 C_j 代表第 j 个簇。K 均值算法的目标函数可以写为如下形式：

$$\min_{\boldsymbol{\mu}_j,C_j}\sum_{j=1}^{k}\sum_{\boldsymbol{x}_i\in C_j}\left\|\boldsymbol{x}_i-\boldsymbol{\mu}_j\right\|_2^2 \tag{7.1.1}$$

其中，$\boldsymbol{\mu}_j\in\mathbb{R}^{d\times 1}$，表示第 j 个簇 C_j 的中心，即 $\boldsymbol{\mu}_j=\sum_{\boldsymbol{x}\in C_j}\boldsymbol{x}\Big/\left|C_j\right|$，$\left|C_j\right|$ 表示簇集合 C_j 中的元素个数。通过优化问题(7.1.1)，每个数据点被划分至距离最近的簇中心，簇内数据点之间的距离较小，即同类样本尽量“紧凑”，符合聚类算法“簇内相似度高”的要求。问题(7.1.11)的目标函数也称作聚类的误差平方和(sum of the squares errors，SSE)。

为便于理解，引入离散簇标签指示矩阵 $\boldsymbol{Y}\in\mathbb{R}^{n\times c}$，其仅包含“0-1”值，使得样本对簇的隶属关系满足硬划分约束，将问题(7.1.1)重写为如下形式：

$$\min_{\boldsymbol{\mu}_j,y_{ij}\in\mathrm{Ind}}\sum_{i=1}^{n}\sum_{j=1}^{k}\left\|\boldsymbol{x}_i-\boldsymbol{\mu}_j\right\|_2^2 y_{ij} \tag{7.1.2}$$

式中，$y_{ij}\in\mathrm{Ind}$ 表示矩阵 $\boldsymbol{Y}$ 中的元素，Ind 为“0-1”值标签(index)，规定当第 i 个样本属于第 j 类时，$y_{ij}=1$，反之 $y_{ij}=0$。

要求解问题(7.1.1)或问题(7.1.2)，需要遍历所有可能的簇划分或标签指示矩阵

$\boldsymbol{Y}$，即必须确定所有簇集的样本点个数和每个样本点所属的簇集，这已被证明是一个非确定性多项式(nondeterministic polynomial，NP)问题(Aloise et al., 2009)，因此难以获得全局最优解。K 均值聚类算法提供了一种随机初始化簇中心并迭代更新簇中心直至收敛的贪心策略，通过交替迭代优化变量 $\boldsymbol{\mu}_j$ 和 y_{ij} 得到局部最优解。

具体来说，首先固定变量 $\boldsymbol{\mu}_j\left(j=1,2,\cdots,k\right)$，优化变量 $y_{ij}(i=1,2,\cdots,n;j=1,2,\cdots,k)$，有

$$\min_{y_{ij}\in\mathrm{Ind}}\sum_{i=1}^{n}\sum_{j=1}^{k}\left\|\boldsymbol{x}_i-\boldsymbol{\mu}_j\right\|_2^2 y_{ij} \tag{7.1.3}$$

可以将问题(7.1.3)分为如下 n 个可以独立求解的子问题：

$$\min_{y_{ij}\in\mathrm{Ind}}\sum_{j=1}^{k}\left\|\boldsymbol{x}_i-\boldsymbol{\mu}_j\right\|_2^2 y_{ij} \tag{7.1.4}$$

令 $d_{ij}=\left\|\boldsymbol{x}_i-\boldsymbol{\mu}_j\right\|_2^2$，对于每个样本点 $\boldsymbol{x}_i\left(i=1,2,\cdots,n\right)$，计算 $\boldsymbol{x}_i$ 与所有均值向量的距离 $d_{ij}\left(j=1,2,\cdots,k\right)$ 并将其按照升序排列，选择最小 $d_{ij}\left(j=1,2,\cdots,k\right)$ 对应的索引 $1\leqslant l\leqslant k$ 并赋值 $y_{il}=1$，$y_{im}=0\left(m\neq l\right)$，即把样本点 $\boldsymbol{x}_i$ 划入簇集 C_l。对所有样本点执行相同操作，得到更新后矩阵 $\boldsymbol{Y}$ 的所有元素。

接着固定变量 $y_{ij}\left(i=1,2,\cdots,n;j=1,2,\cdots,k\right)$，优化变量 $\boldsymbol{\mu}_j$，有

$$\min_{\boldsymbol{\mu}_j}\sum_{i=1}^{n}\sum_{j=1}^{k}\left\|\boldsymbol{x}_i-\boldsymbol{\mu}_j\right\|_2^2 y_{ij}\Leftrightarrow\min_{\boldsymbol{\mu}_j}\sum_{j=1}^{k}\sum_{i=1}^{n}\left\|\boldsymbol{x}_i-\boldsymbol{\mu}_j\right\|_2^2 y_{ij} \tag{7.1.5}$$

同理，可以将问题(7.1.5)分为 j 个独立的子问题：

$$\min_{\boldsymbol{\mu}_j}\sum_{i=1}^{n}\left\|\boldsymbol{x}_i-\boldsymbol{\mu}_j\right\|_2^2 y_{ij} \tag{7.1.6}$$

将问题(7.1.6)中的目标函数对 $\boldsymbol{\mu}_j$ 求偏导并令偏导数为 0，有

$$\frac{\partial}{\partial\boldsymbol{\mu}_j}\sum_{i=1}^{n}\left\|\boldsymbol{x}_i-\boldsymbol{\mu}_j\right\|_2^2 y_{ij}=\frac{\partial}{\partial\boldsymbol{\mu}_j}\sum_{i=1}^{n}\left(\boldsymbol{x}_i-\boldsymbol{\mu}_j\right)^{\mathrm{T}}\left(\boldsymbol{x}_i-\boldsymbol{\mu}_j\right)y_{ij}=2\sum_{i=1}^{n}y_{ij}\left(\boldsymbol{\mu}_j-\boldsymbol{x}_i\right)=0$$

$$\boldsymbol{\mu}_j=\frac{\sum_{i=1}^{n}y_{ij}\boldsymbol{x}_i}{\sum_{i=1}^{n}y_{ij}} \tag{7.1.7}$$

对所有簇类执行相同操作，可以最终得到更新后的所有均值向量。由于缺乏数据簇个数的先验知识，可以采用手肘法自适应学习 k 值。该方法比较不同 k 值下聚类的误差平方和(SSE)，并可视化描绘 SSE 与 k 值的变化曲线图，选择斜率

由大急剧变小前的最后一个 k 值作为最佳聚类数，即“拐点”所在位置。此思想原理基于 SSE 的物理意义，即随着 k 的增大，每个簇的样本数会逐渐减少，SSE 也会减小；当 k 继续增大时，SSE 将不会有较大的变化。当 SSE 随 k 变化曲线的斜率突然减小时，可以认为找到了一个合适的簇数目。

7.1.2 模糊 *K* 均值聚类

模糊 K 均值(fuzzy K-means，FKM)是针对 K 均值改进的最经典算法之一，模糊 K 均值延续了 K 均值的中心思想，最小化簇内距离，迭代更新地获得最优聚类中心和簇指示矩阵。K 均值算法的簇指示矩阵为离散值，是一种硬划分聚类算法，导致对样本簇间重叠区域的处理效果不理想。为了解决这一问题，研究人员将模糊理论嵌入 K 均值中，提出了模糊 K 均值算法。相比 K 均值算法，模糊 K 均值引入模糊系数和概率约束，用隶属度矩阵代替簇指示矩阵，是一种软划分的聚类算法。隶属度矩阵从原始的离散值变为表示样本属于簇的概率连续值，连续的隶属度矩阵更符合现实世界中人们对聚类划分的认识，并且能更好地处理簇与簇之间重叠区域的样本数据(Li et al., 2008)。

对于给定数据集 $\boldsymbol{X}\in\mathbb{R}^{d\times n}$，$\boldsymbol{X}=[\boldsymbol{x}_1,\boldsymbol{x}_2,\cdots,\boldsymbol{x}_n]$，$d$ 和 n 分别是数据集的维数和样本个数，向量 $\boldsymbol{x}_i\in\mathbb{R}^{d\times 1}$ 是数据集的第 i 个样本点。假设要将所有样本划分为 k 个簇，为了方便介绍模糊 K 均值算法，在 K 均值目标函数中引入簇指示矩阵 $\boldsymbol{Y}\in\mathbb{R}^{n\times k}$ 和概率约束 $y_{ij}\geqslant 0$，$\sum_{j=1}^{k}y_{ij}=1$(Xu et al., 2016)，则问题(7.1.1)可以等价为如下形式：

$$\begin{aligned}&\min_{\boldsymbol{\mu}_j,y_{ij}}\sum_{i=1}^{n}\sum_{j=1}^{k}\|\boldsymbol{x}_i-\boldsymbol{\mu}_j\|_2^2 y_{ij}\\&\text{s.t.}\ \ y_{ij}\geqslant 0,\quad \sum_{j=1}^{k}y_{ij}=1\end{aligned}\tag{7.1.8}$$

式中，$\boldsymbol{x}_i$ 和 $\boldsymbol{\mu}_j$ 均为维数是 $d\times 1$ 的列向量，$\boldsymbol{\mu}_j$ 表示第 j 个簇中心；y_{ij} 为离散簇指示矩阵，表示第 i 个样本属于第 j 簇。

式(7.1.8)有两个待更新变量 $\boldsymbol{\mu}_j$ 和 y_{ij}，$\boldsymbol{\mu}_j$ 为无约束变量，可以直接对目标函数求偏导得到 $\boldsymbol{\mu}_j$ 的表达式：

$$\boldsymbol{\mu}_j=\sum_{i=1}^{n}y_{ij}\boldsymbol{x}_i\tag{7.1.9}$$

与 K 均值算法不同，模糊 K 均值中的簇指示矩阵元素 y_{ij} 是一个带有约束的变量，但由于目标函数与约束中有关 y_{ij} 的项都为一次项，因此无法运用拉格朗日

乘子法进行求解，y_{ij} 的求解可以直接对目标函数进行分析得到。簇指示矩阵相当于对 $\sum_{i=1}^{n}\sum_{j=1}^{k}\|\boldsymbol{x}_i-\boldsymbol{\mu}_j\|_2^2$ 进行加权，假设 $\|\boldsymbol{x}_i-\boldsymbol{\mu}_j\|_2^2=\boldsymbol{a}_{ij}$，并对 $\boldsymbol{a}_{ij}$ 进行排序，得到 $\boldsymbol{a}_{i1}\leqslant\cdots\leqslant\boldsymbol{a}_{ij}\leqslant\cdots\leqslant\boldsymbol{a}_{ik}$。并且 $y_{ij}\geqslant 0$，$\sum_{j=1}^{k}y_{ij}=1$，那么便有

$$\begin{gathered}\sum_{j=1}^{k}y_{ij}\boldsymbol{a}_{i1}\leqslant\sum_{j=1}^{k}y_{ij}\boldsymbol{a}_{ij}\leqslant\sum_{j=1}^{k}y_{ij}\boldsymbol{a}_{k}\\ \Leftrightarrow\boldsymbol{a}_{i1}\leqslant\sum_{j=1}^{k}y_{ij}\boldsymbol{a}_{ij}\leqslant\boldsymbol{a}_{ik}\end{gathered}\tag{7.1.10}$$

当且仅当 $y_{i1}=1$ 时，不等式左边等号成立；当且仅当 $y_{ik}=1$ 时，不等式右边等号成立。可知向量 $\boldsymbol{y}_i=[y_{i1},y_{i2},\cdots,y_{ik}]=[1,0,\cdots,0]$ 时可使目标函数中第 i 个样本点到簇中心的距离达到最小值，以此类推，即可得到整个目标函数的最小值。因此，簇指示矩阵 $\boldsymbol{Y}=[\boldsymbol{y}_1,\boldsymbol{y}_2,\cdots,\boldsymbol{y}_n]$ 是一个元素值非 1 即 0 的二值化离散矩阵。

为了使 K 均值算法能够更好地划分簇间重叠区域的样本，研究者将模糊系数 $r(r>1)$ 引入 K 均值，提出模糊 K 均值算法，其目标函数如下：

$$\begin{aligned}&\min_{\boldsymbol{\mu}_j,y_{ij}}\sum_{i=1}^{n}\sum_{j=1}^{k}\|\boldsymbol{x}_i-\boldsymbol{\mu}_j\|_2^2 y_{ij}^r\\ &\text{s.t. }\ y_{ij}\geqslant 0,\quad\sum_{j=1}^{k}y_{ij}=1\end{aligned}\tag{7.1.11}$$

相较于 K 均值算法的目标函数(7.1.8)引入了一个参数 r (Bezdek, 1981)，则式(7.1.10)中的结论不再成立，使得原本离散的簇指示矩阵变为连续的隶属度矩阵，并且目标函数关于隶属度矩阵 y_{ij} 的项不再是一次，因此可以利用拉格朗日乘子法求解得到 y_{ij}。构造拉格朗日函数：

$$L(y_{ij},\lambda)=\sum_{i=1}^{n}\sum_{j=1}^{k}\|\boldsymbol{x}_i-\boldsymbol{\mu}_j\|_2^2 y_{ij}^r-\lambda\left(\sum_{j=1}^{k}y_{ij}-1\right)\tag{7.1.12}$$

式中，$\lambda>0$，为拉格朗日乘子系数。

对拉格朗日函数求偏导，并令其为 0，再结合 $y_{ij}\geqslant 0$ 的条件，可得

$$y_{ij}=\frac{1}{\sum_{l=1}^{k}\left(\dfrac{\|\boldsymbol{x}_i-\boldsymbol{\mu}_j\|}{\|\boldsymbol{x}_i-\boldsymbol{\mu}_l\|}\right)^{\frac{2}{r-1}}}\tag{7.1.13}$$

式中，$\boldsymbol{\mu}_l$ 为第 l 个聚类中心。式(7.1.13)的物理意义即为样本点到簇中心概率的倒数。

模糊 K 均值算法中簇中心向量 $\boldsymbol{\mu}_j$ 的求解方式与式(7.1.8)的求解方法相同，可以得到 $\boldsymbol{\mu}_j$ 的表达式如下：

$$\boldsymbol{\mu}_j = \frac{\sum_{i=1}^{n} y_{ij}^r \boldsymbol{x}_i}{\sum_{i=1}^{n} y_{ij}^r} \tag{7.1.14}$$

式中，簇中心向量 $\boldsymbol{\mu}_j$ 表达式的物理含义为样本点到各个聚类中心概率作为加权激励值的加权和。

7.1.3 密度聚类

准确地说，密度聚类是一种聚类思想，而不是特指某一种经典聚类方法。密度聚类的核心思想是将密度高的数据点聚集在一起形成一个簇，密度低的数据点则被视为噪声或边界点，通过识别数据空间中的密集连续区域，从而发现复杂形状的簇结构。密度聚类的优点是可以处理任意形状和大小的簇，并且不需要预先指定簇的数量。带噪声的密度聚类(density-based spatial clustering of applications with noise，DBSCAN)算法和均值漂移(mean shift，MS)算法是两种比较有代表性的密度聚类方法，本小节将这两个密度聚类方法进行详细介绍。

1. DBSCAN 算法介绍

DBSCAN 是最著名的密度聚类算法之一，能以较高的精度识别出大型含噪数据集中具有随机形状和大小的簇类。该算法需要用到两个关键的邻域参数：邻域半径 Eps 和最小近邻数 MinPts。其中，MinPts 为正整数，是一个预先指定的阈值。首先定义数据点的密度，即一个数据点邻域半径区域(以该点为圆心，半径为 Eps 的圆域)内包含其他数据点的个数。DBSCAN 算法的目标是从数据集中发现密度不低于 MinPts 的高密度点，将所有高密度点聚集的区域划分为不同的簇类，并将其他低密度的数据点视为噪声或边界点。具体地，首先定义某样本点 p 的近邻点集为

$$N_{\mathrm{Eps}}(p) = \{q \in \boldsymbol{X} \mid \mathrm{dist}(p,q) \leqslant \mathrm{Eps}\} \tag{7.1.15}$$

其中，$\mathrm{dist}(p,q)$ 表示点 p 和点 q 之间的欧氏距离。样本点 p 的密度可以表示为 $|N_{\mathrm{Eps}}(p)|$，即样本点 p 的近邻点集密度(以下简称“密度”)。

为了更有效地识别和处理不同密度区域中的数据点，以便更准确地描述簇类的形成过程、防止噪声干扰，列举了 DBSCAN 算法中预定义的三类数据点，见表 7.1.1。

表 7.1.1　核心点、边界点以及噪声点定义

数据点类型	数据点描述
核心点	如果一个点的密度大于或等于指定阈值 MinPts，则该点被称作核心点或高密度点；相对应地，密度小于 MinPts 的样本点被称为低密度点
边界点	边界点是处于某核心点的 Eps-邻域内密度小于 MinPts 的低密度点，因位于核心点所处簇类的边界而得名
噪声点	噪声点的密度小于 MinPts，且不处于所有核心点的 Eps-邻域内；任何不是核心点或边界点的数据点称为噪声点，也叫离群点；噪声点可能是孤立的数据点或者位于低密度区域的数据点，不属于任何簇类，被视为无效数据或异常点

基于上述核心点、边界点和噪声点的定义，DBSCAN 算法引入了密度直达、密度可达和密度相连等概念。若点 p 和点 q 满足 $p \in N_{\mathrm{Eps}}(q)$ 且 $\left|N_{\mathrm{Eps}}(q)\right| \geqslant \mathrm{MinPts}$，则称从点 q 到点 p 密度直达。类似地，密度可达的定义为：假设存在一组样本点 $p_1, p_2, \cdots, p_n$，使得对于任意的 $i=1,2,\cdots,n-1$ 满足点 p_i 到点 p_{i+1} 密度直达，则点 p_1 到点 p_n 密度可达。若存在某样本点 o，使得点 p 和点 q 均可由点 o 密度可达，则称点 p 到点 q 密度相连。显然，密度可达是密度直达的拓展，密度可达构成了一种密度传递关系，但这种关系是不对称的，仅在核心点间存在对称的密度可达关系；密度相连则是一种对称关系。

由此可以定义密度聚类思想下簇的概念。DBSCAN 算法将簇定义为由密度可达关系导出的最大密度相连样本集合。若用数学语言描述，假设某个簇用 C 表示，基于密度的簇类划分应满足如下两个条件：

(1) 对于任意两个样本点 p 和 q，若 $p \in C$ 且点 q 到点 p 密度可达，则 $q \in C$；

(2) 对于任意两个簇内样本点 $p, q \in C$，满足点 p 与点 q 密度相连。

下面对噪声点给出准确定义。假设数据集 $\boldsymbol{X}$ 的簇划分为 $\mathcal{C}=\{C_1, C_2, \cdots, C_c\}$，定义不属于任何簇类的噪声点为

$$\text{noise}=\left\{p \in \boldsymbol{X} \mid p \notin C_k\left(\forall k=1,2,\cdots,c\right)\right\} \tag{7.1.16}$$

DBSCAN 算法旨在依据原始数据的分布密度对样本点的簇类标签进行传播，即核心点会把簇标签传播给所有关于自身 Eps-近邻的样本点，进而判断 Eps-近邻样本点集是否为核心点，以便将簇标签继续传播下去，直至遇到边界点停止传播，此时表明属于该簇类的所有样本点已全部被找到。特别地，对于噪声点而言，样本会单独成簇且不会进行任何簇标签传播。DBSCAN 算法的详细步骤描述见算法 7.1.1。

算法 7.1.1　　DBSCAN 算法实现过程

1　　输入：邻域半径 Eps；最小近邻数 MinPts；未标记数据集 X
2　　输出：簇划分 $\mathcal{C} = \{C_1, C_2, \cdots, C_c\}$
3　　根据邻域半径 Eps 与式(7.1.14)计算所有点的密度；
4　　初始化 $k = 1$；
5　　**repeat**
6　　　　**if** $\left| N_{\text{Eps}}(p) \right| \geqslant \text{MinPts}$
7　　　　　　将点 p 标记为已访问的核心点，并将其加入一个新的簇 C_k 中；
8　　　　　　以点 p 为中心，找到其 Eps-邻域集合 $N_{\text{Eps}}(p)$ 内的所有点，将其加入簇 C_k 中；
9　　　　　　递归地对未访问的 $\forall q \in N_{\text{Eps}}(p)$ 执行如下操作：
10　　　　　　**if** $\left| N_{\text{Eps}}(q) \right| \geqslant \text{MinPts}$
11　　　　　　　　将 $N_{\text{Eps}}(q)$ 内的所有点加入簇 C_k 中，并重复递归操作；
12　　　　　　**else**
13　　　　　　　　则将点 q 标记为已访问的边界点；
14　　　　　　$k = k + 1$；
15　　　　**if** $\left| N_{\text{Eps}}(p) \right| < \text{MinPts}$ 且 $N_{\text{Eps}}(p)$ 中所有点的密度均小于 MinPts
16　　　　　　将点 p 标记为已访问的噪声点；
17　　　　**if** $\left| N_{\text{Eps}}(p) \right| < \text{MinPts}$ 且 $N_{\text{Eps}}(p)$ 中存在某点的密度大于等于 MinPts
18　　　　　　将点 p 标记为已访问的噪声点；
19　　　　利用(7.1.13)重新计算每个簇的均值向量，并替换原有均值向量；
20　　**until** 所有点都被访问

2. 均值漂移算法介绍

均值漂移算法是基于密度的梯度上升算法，根据概率密度梯度的方向漂移均值以达到聚类目的，通常需要引入核函数以表征簇内每个样本对均值漂移向量构建的实际贡献。下面对 MS 算法进行具体介绍。

对于原始数据矩阵 $X \in \mathbb{R}^{d \times n}$，假设均值漂移矩阵为 $\Sigma = [\sigma_1, \sigma_2, \cdots, \sigma_n] \in \mathbb{R}^{d \times n}$，其中样本点 x_i 对应的均值漂移向量为 σ_i。均值漂移矩阵通常直接由原始数据本身执行初始化，即 $\left[\sigma_1^{(0)}, \sigma_2^{(0)}, \cdots, \sigma_n^{(0)} \right] = X$，并在后续迭代中根据均值漂移向量进行

更新，最终根据均值漂移轨迹将数据划分为多个簇。当两个样本点收敛到同一最终位置时，会被视为划分在同一簇内。对于从第 t 次到第 $t+1$ 次迭代，均值漂移向量的公式化表示如下：

$$\boldsymbol{\sigma}_i^{(t+1)} = \frac{\sum_{j=1}^{n} K\left(\left\|\boldsymbol{\sigma}_i^{(t)} - \boldsymbol{x}_j\right\|_2 / h\right)\boldsymbol{x}_j}{\sum_{j=1}^{n} K\left(\left\|\boldsymbol{\sigma}_i^{(t)} - \boldsymbol{x}_j\right\|_2 / h\right)} \tag{7.1.17}$$

式中，$K(\cdot)$ 表示高斯核函数；h 表示带宽。可以看出，每个均值漂移向量是通过每一个样本关于其他所有样本核函数构建的加权均值得到的。

MS 算法根据原始数据定义的核密度估计进行局部爬升，直到同一类数据对应的所有均值漂移向量重合，但每次迭代都是基于原始数据来构建均值漂移向量，将导致迭代效率受到严重影响。因此，改进的高斯模糊均值漂移(gaussian blurring mean shift，GBMS)算法被提出，其均值漂移向量迭代公式如下：

$$\boldsymbol{\sigma}_i^{(t+1)} = \frac{\sum_{j=1}^{n} K\left(\left\|\boldsymbol{\sigma}_i^{(t)} - \boldsymbol{\sigma}_j^{(t)}\right\|_{\omega^{(t)}} / h\right)\boldsymbol{\sigma}_j^{(t)}}{\sum_{j=1}^{n} K\left(\left\|\boldsymbol{\sigma}_i^{(t)} - \boldsymbol{\sigma}_j^{(t)}\right\|_{\omega^{(t)}} / h\right)} \tag{7.1.18}$$

式中，$\|\boldsymbol{x}-\boldsymbol{y}\|_\omega = \sqrt{\sum_{l=1}^{d} \omega_l (x_l - y_l)}$，表示附带特征权重的新定义范数，$\boldsymbol{x}$、$\boldsymbol{y}$ 泛指任一向量，ω_l 表示第 l 个特征所占的权重，且满足关系 $\sum_{l=1}^{d} \omega_l = 1$。对 ω 与 $\boldsymbol{\sigma}$ 交替优化以同时实现数据聚合和特征学习，进而更有效地处理难以解析的高维数据。

7.1.4　层次聚类

层次聚类是根据样本之间的距离构建树形或树状图，通过合并或划分现有的簇，对输入的数据集进行聚类，由此构成两种不同的层次聚类方式，即自下而上的凝聚层次聚类(agglomerative hierarchical clustering)和自上而下的分裂层次聚类(divisive hierarchical clustering)，见图 7.1.1。凝聚层次聚类从 N 个簇开始，每个簇最初仅包含一个样本点，即 $N=n$，通过合并相似的簇类，合成更大的簇，直到有一个单一簇出现。分裂层次聚类则反其道而行之，从一个簇开始，所有样本均在一个簇中，通过迭代将大簇划分为小簇，直到每个簇仅包含一个样本点。两种方法都需要定义样本和簇类之间的相似性或不相似性来完成，通常使用基于欧氏距离的度量来表示。

在层次聚类中，合并或分割一个点的子集是通过将单个点之间的距离推广到

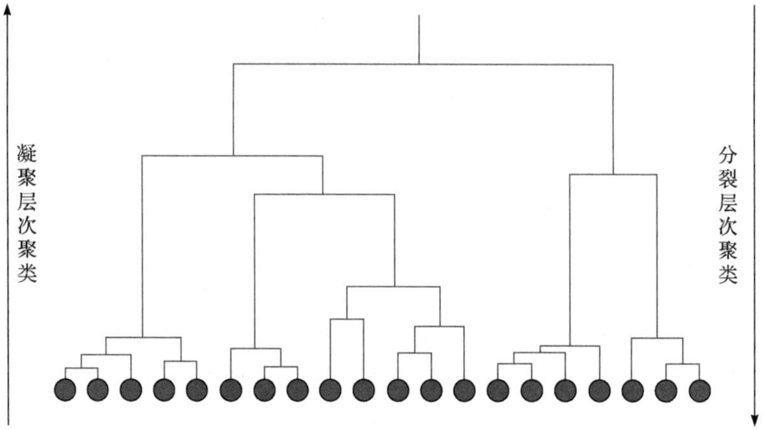

图 7.1.1　层次聚类的树状图表示

一个点的子集之间的距离来完成的。对于簇类间距离的度量，通常采用单连接或全连接方法。对于单连接方法，簇间距离被定义为两个簇所有可能元素对之间的最小距离。考虑一个加权、完全连接的图，每个节点代表一个样本点，节点之间的边权重为样本点之间的距离，则单连接方法旨在构建这个图的最小生成树，即距离总和最小的树结构。对于全连接方法，两个簇之间的距离被定义为所有可能元素对之间的最大距离。

$$d_{\text{single}}(C_i, C_j) = \min_{\boldsymbol{x}\in C_i, \boldsymbol{y}\in C_j} \|\boldsymbol{x}-\boldsymbol{y}\|_2 \tag{7.1.19}$$

$$d_{\text{complete}}(C_i, C_j) = \max_{\boldsymbol{x}\in C_i, \boldsymbol{y}\in C_j} \|\boldsymbol{x}-\boldsymbol{y}\|_2 \tag{7.1.20}$$

式中，d_{single} 表示单连接距离；d_{complete} 表示全连接距离。

单连接方法通过测量单个样本对之间的最近距离来测量两个簇之间的相似性，具有连锁效应，有产生长簇的趋势(Rathore，2018)。全连接方法通过测量与一个簇中任何一个样本的最长距离来确定两个簇之间的距离(Jain et al., 1988)。单连接方法和全连接方法是最常用的合并簇的措施，其他方法包括平均连接法、中心点距离法等(Saxena et al., 2017；Jain et al., 1988)，即分别使用所有配对之间的距离平均值和两个簇中心点之间的距离来衡量簇距离。

$$d_{\text{average}}(C_i, C_j) = \frac{\sum_{\boldsymbol{x}\in C_i}\sum_{\boldsymbol{y}\in C_j}\|\boldsymbol{x}-\boldsymbol{y}\|_2}{|C_i||C_j|} \tag{7.1.21}$$

$$d_{\text{center}}(C_i, C_j) = \left\| \frac{\sum_{\boldsymbol{x}\in C_i}\boldsymbol{x}}{|C_i|} - \frac{\sum_{\boldsymbol{y}\in C_j}\boldsymbol{y}}{|C_j|} \right\|_2 \tag{7.1.22}$$

式中，d_{average} 表示平均连接距离；d_{center} 表示中心距离。

7.1.5　谱聚类

图学习将所有的数据看作原始空间中的样本点，通过边线连接可以构造对应的图网络，其中边线权重能够表示两点间的关系亲疏程度。谱聚类是从图论中演化出来的经典算法，凭借具有能够解析不同分布结构数据的优势，在聚类领域广泛应用。其主要思想在于对网络拓扑结构进行图切，使得不同子图间边权重和尽可能小，子图内的边权重和尽可能大，具体步骤如下。

1. 构图

结合图论基础知识，图网络可以表示为$\mathcal{G}(\mathcal{V},\mathcal{E})$，$\mathcal{V}$ 表示图网络中的节点，$\mathcal{E}$ 表示连接节点的边线。由于节点间相似度关系一致，谱聚类建立带权无向图模型进行数据分析，意味着边线权重不仅能够体现样本间连接状态，而且可以表示样本间相似关系强弱。常见的构图策略包括全连接法、ε-近邻法和 K 近邻法。全连接构图不存在相似度信息损失，但容易受到噪声数据的影响，且冗余数据将严重降低图学习效率。ε-近邻法与 K 近邻法通过稀疏化构造相似度矩阵过滤噪声数据和冗余数据。其中，K 近邻法通过引入线性核函数、多项式核函数、高斯核函数，尽可能弥补相似度信息损失。然而，核函数对节点间相似关系的拟合能力有限，并且需要人为根据数据结构特征调节相关参数。因此，研究人员提出自调整高斯核图和自适应近邻图，使得构图无须额外设定参数(除邻域点集规模 k)便能够适应复杂数据分布。构图策略的详细介绍可参考 2.4.2 小节相似矩阵构建的相关内容。在实际应用中，通常需要根据不同数据结构特征及用户需求选择合适的构图策略。完成构图任务后，谱聚类进一步进行图切将初始相似度图划分为 c 个子图，进而完成聚类任务。

2. 图切

对于给定数据集 $\boldsymbol{X}=\left[\boldsymbol{x}_1,\boldsymbol{x}_2,\cdots,\boldsymbol{x}_n\right]^{\mathrm{T}}\in\mathbb{R}^{d\times n}$，样本间相似度图可以表示为 $\mathcal{G}(\mathcal{V},\mathcal{E})$，并通常采用相似度矩阵 $\boldsymbol{S}\in\mathbb{R}^{n\times n}$ 储存相似度权重。其中，d 表示特征维度数量。图切作为谱聚类的核心步骤，其目的在于按照一定准则将原始样本点集 $\mathcal{V}$ 划分为 c 个数据簇$\left(\mathcal{V}_1,\mathcal{V}_2,\cdots,\mathcal{V}_c\right)$。其中，$c$ 表示数据簇个数。数据簇划分应当满足对于任意 $i,j\in\left[1,2,\cdots,c\right]$ 且 $i\neq j$ 均存在 $\mathcal{V}_i\cap\mathcal{V}_j=\varnothing$ 且 $\mathcal{V}_1\cup\mathcal{V}_2\cup\cdots\cup\mathcal{V}_c=\mathcal{V}$。谱聚类通常采取的图切策略包括 min-cut、R-cut 和 N-cut，对应的目标函数可分别写为(Nie et al., 2022)

$$\min J = \min \sum_{k=1}^{c} \frac{\mathrm{cut}\left(\mathcal{V}_k, \overline{\mathcal{V}_k}\right)}{\sigma\left(\mathcal{V}_k\right)} = \min \sum_{k=1}^{c} \frac{\sum_{\boldsymbol{v}_i \in \mathcal{V}_k, \boldsymbol{v}_j \in \overline{\mathcal{V}_k}} \boldsymbol{s}_{ij}}{\sigma\left(\mathcal{V}_k\right)} \tag{7.1.23}$$

$$\sigma\left(\mathcal{V}_k\right) = \begin{cases} 1, & \text{min-cut} \\ \left|\mathcal{V}_k\right|, & \text{R-cut} \\ \mathrm{vol}\left(\mathcal{V}_k\right), & \text{N-cut} \end{cases} \tag{7.1.24}$$

式中，$\mathcal{V}_k$ 表示第 k 个数据簇；$\left|\mathcal{V}_k\right|$ 表示簇内样本点数量；$\mathrm{vol}\left(\mathcal{V}_k\right)$ 表示簇内边线权重总和；$\overline{\mathcal{V}_k}$ 表示除第 k 个数据簇的其他簇。min-cut 策略中，$\mathrm{vol}\left(\mathcal{V}_k\right)$ 对于任意数据簇均保持一致，因此该策略无法区分簇内特征差异。R-cut 策略和 N-cut 策略则引入簇内样本点数量或簇内边线权重总和作为簇内特征，使得优化模型能够在最大化簇间差异的同时，最小化簇内差异。本小节将首先介绍 min-cut 策略，并进一步引出 R-cut 策略和 N-cut 策略。

1) min-Cut

min-cut 策略期望在破坏边线权值总和尽可能小的前提下完成数据簇划分，其目标函数可以表示为如下数学形式(Chen et al., 2017)：

$$\begin{aligned} \min \quad \text{min-cut}(\mathcal{V}_1, \mathcal{V}_2, \cdots, \mathcal{V}_c) &= \min \quad \sum_{k=1}^{c} \sum_{\boldsymbol{v}_i \in \mathcal{V}_k, \boldsymbol{v}_j \in \overline{\mathcal{V}_k}} \boldsymbol{s}_{ij} \\ &= \min \quad \frac{1}{2} \sum_{k=1}^{c} \left[\sum_{\boldsymbol{v}_i \in \mathcal{V}_k, \boldsymbol{v}_j \in \overline{\mathcal{V}_k}} \boldsymbol{s}_{ij} (1-0)^2 + \sum_{\boldsymbol{v}_i \in \overline{\mathcal{V}_k}, \boldsymbol{v}_j \in \mathcal{V}_k} \boldsymbol{s}_{ij} (0-1)^2 \right] \\ &= \min \quad \frac{1}{2} \sum_{k=1}^{c} \sum_{i=1}^{n} \sum_{j=1}^{n} \boldsymbol{s}_{ij} (\boldsymbol{f}_{ki} - \boldsymbol{f}_{kj})^2 \end{aligned} \tag{7.1.25}$$

式中，$\boldsymbol{f}_k = \left\{\boldsymbol{f}_{k1}, \boldsymbol{f}_{k2}, \cdots, \boldsymbol{f}_{kn}\right\}^{\mathrm{T}} \in \mathbb{R}^{n\times 1}$，为指示向量，服从“0 或 1”的离散分布，用于表示样本点与数据簇间隶属关系。指示向量元素如式(7.1.26)所示，非零元素 $\boldsymbol{f}_{ki} = 1$ 表示样本点 $\boldsymbol{v}_i$ 隶属第 k 个数据簇或第 k 个数据簇包含样本点 $\boldsymbol{v}_i$。由此，指示向量组成的指示矩阵 $\boldsymbol{F} = \left\{\boldsymbol{f}_1, \boldsymbol{f}_2, \cdots, \boldsymbol{f}_c\right\}^{\mathrm{T}} \in \mathbb{R}^{n\times c}$ 能够表示全体样本点与数据簇间的隶属关系及簇内样本点组成。

$$\boldsymbol{f}_{ki} = \begin{cases} 0, & \boldsymbol{v}_i \notin \mathcal{V}_k \\ 1, & \boldsymbol{v}_i \in \mathcal{V}_k \end{cases} \tag{7.1.26}$$

分析 min-cut 策略目标函数可得：当样本点 $\boldsymbol{v}_i$ 和 $\boldsymbol{v}_j$ 隶属同一数据簇 $\mathcal{V}_k$，即 $(\boldsymbol{f}_{ki} - \boldsymbol{f}_{kj})^2 = 0$ 时，目标函数式数值恒为零；当样本点 $\boldsymbol{v}_i$ 和 $\boldsymbol{v}_j$ 隶属不同数据簇，即 $(\boldsymbol{f}_{ki} - \boldsymbol{f}_{kj})^2 = 1$ 时，当且仅当 $\boldsymbol{s}_{ij}$ 不为零时，对应的目标函数式数值不为零。由

此，指示向量能够数学规范化表示 $\boldsymbol{v}_i \in \mathcal{V}_k, \boldsymbol{v}_j \in \overline{\mathcal{V}_k}$。值得注意的是，聚类任务不仅要求数据簇间样本点相似度尽可能低，而且要求数据簇内样本点相似度尽可能高。式(7.1.25)仅考虑簇间相似度特征，进而导致簇内相似度特征被忽略。针对这一局限性，研究人员引入簇内特征对其进行优化，经典算法包括 R-cut 和 N-cut(Luxburg，2007)。

2) R-cut

在 min-cut 策略基础上，R-cut 策略引入簇内样本点个数 $|\mathcal{V}_k|$ 作为簇内特征，并将图切目标函数进一步转化为(Hagen et al., 1992)

$$
\begin{aligned}
\min \quad \text{R-cut}(\mathcal{V}_1, \mathcal{V}_2, \cdots, \mathcal{V}_c) &= \min \quad \sum_{k=1}^{c} \frac{1}{|\mathcal{V}_k|} \times \text{cut}(\mathcal{V}_k, \overline{\mathcal{V}_k}) \\
&= \min \quad \sum_{k=1}^{c} \frac{1}{|\mathcal{V}_k|} \sum_{\boldsymbol{v}_i \in \mathcal{V}_k, \boldsymbol{v}_j \in \overline{\mathcal{V}_k}} \boldsymbol{s}_{ij} \\
&= \min \quad \frac{1}{2} \sum_{k=1}^{c} \left[\sum_{\boldsymbol{v}_i \in \mathcal{V}_k, \boldsymbol{v}_j \in \overline{\mathcal{V}_k}} \boldsymbol{s}_{ij} \left(\frac{1}{\sqrt{|\mathcal{V}_k|}} - 0 \right)^2 \right. \\
&\quad \left. + \sum_{\boldsymbol{v}_i \in \overline{\mathcal{V}_k}, \boldsymbol{v}_j \in \mathcal{V}_k} \boldsymbol{s}_{ij} \left(0 - \frac{1}{\sqrt{|\mathcal{V}_k|}} \right)^2 \right] \\
&= \min \quad \frac{1}{2} \sum_{k=1}^{c} \sum_{i=1}^{n} \sum_{j=1}^{n} \boldsymbol{s}_{ij} (\boldsymbol{f}_{ki} - \boldsymbol{f}_{kj})^2
\end{aligned}
\tag{7.1.27}
$$

式中，R-cut 策略采用的指示向量为

$$
\boldsymbol{f}_{ki} = \begin{cases} 0, & \boldsymbol{v}_i \notin \mathcal{V}_k \\ \dfrac{1}{\sqrt{|\mathcal{V}_k|}}, & \boldsymbol{v}_i \in \mathcal{V}_k \end{cases}
\tag{7.1.28}
$$

相比 min-cut，R-cut 图切采用的指示向量不仅能够表示样本点与数据簇间隶属关系，并且能够反映簇内样本点数量。注意到 $\boldsymbol{f}_k^{\mathrm{T}} \boldsymbol{f}_k = \sum_{\boldsymbol{v}_i \in \mathcal{V}_k} (1/|\mathcal{V}_k|) = |\mathcal{V}_k|/|\mathcal{V}_k| = 1$ 且指示向量相互正交，由此可得 $\boldsymbol{F}^{\mathrm{T}} \boldsymbol{F} = \boldsymbol{I}_c$。式(7.1.27)可以进一步表示为

$$
\begin{aligned}
\min \ \text{R-cut}(\mathcal{V}_1, \mathcal{V}_2, \cdots, \mathcal{V}_c) &= \min_{\boldsymbol{f}_k^{\mathrm{T}} \boldsymbol{f}_k = 1, \boldsymbol{f}_k \in \text{Ind}} \sum_{k=1}^{c} \boldsymbol{f}_k^{\mathrm{T}} \boldsymbol{L} \boldsymbol{f}_k \\
&= \min_{\boldsymbol{F}^{\mathrm{T}} \boldsymbol{F} = \boldsymbol{I}, \boldsymbol{F} \in \text{Ind}} \sum_{k=1}^{c} (\boldsymbol{F}^{\mathrm{T}} \boldsymbol{L} \boldsymbol{F})_{kk} \\
&= \min_{\boldsymbol{F}^{\mathrm{T}} \boldsymbol{F} = \boldsymbol{I}, \boldsymbol{F} \in \text{Ind}} \text{tr}(\boldsymbol{F}^{\mathrm{T}} \boldsymbol{L} \boldsymbol{F})
\end{aligned}
\tag{7.1.29}
$$

式中，$\boldsymbol{L}=\boldsymbol{D}-\boldsymbol{S}$，为拉普拉斯矩阵，$\boldsymbol{D}$ 为度矩阵；$\boldsymbol{F}\in\mathrm{Ind}$ 表示指示矩阵服从离散分布。此时，单个指示向量 $\boldsymbol{f}_k\in\mathbb{R}^{n\times 1}$ 的取值情况包含 $n!$ 种，图切优化问题的时间复杂度为 $\mathcal{O}\left(n^2\right)$，意味着算法无法在多项式时间内完成计算，同时也无法在多项式时间内验证某值是否为最优值。因此，式(7.1.29)的优化求解属于 NP 难问题。在实际应用中，谱聚类在保持约束 $\boldsymbol{F}^{\mathrm{T}}\boldsymbol{F}=\boldsymbol{I}_c$ 的同时将指示矩阵 $\boldsymbol{F}$ 松弛为连续分布，并通过特征分解获得特征矩阵作为近似解。R-cut 策略的目标函数最终转化为

$$\begin{aligned}&\min_{\boldsymbol{F}}\operatorname{tr}(\boldsymbol{F}^{\mathrm{T}}\boldsymbol{L}\boldsymbol{F})\\&\text{s.t. }\boldsymbol{F}^{\mathrm{T}}\boldsymbol{F}=\boldsymbol{I}_c\end{aligned}\tag{7.1.30}$$

需要注意的是，特征向量服从连续分布，无法直接获得样本标签。一般习得特征矩阵后需要使用后处理手段将其离散化，如使用 K-means 聚类或谱旋转等手段进一步提取样本标签。由此，特征向量的求解可视作低维特征空间学习的过程，即将原始样本空间 $\boldsymbol{X}\in\mathbb{R}^{n\times d}$ 降维至低维特征空间 $\boldsymbol{F}\in\mathbb{R}^{n\times c}$，并尽可能保持数据关键特征。后处理手段相当于进行标签学习，即将子空间内样本分布离散化。

3) N-cut

区别于 R-cut 策略，N-cut 引入簇内边线权重和 $\mathrm{vol}(\mathcal{V}_k)$ 作为簇内特征，其目标函数可以表示为(Shi et al., 2000)

$$\begin{aligned}\min\quad \text{N-cut}(\mathcal{V}_1,\mathcal{V}_2,\cdots,\mathcal{V}_c)&=\min\quad \sum_{k=1}^{c}\frac{1}{\mathrm{vol}(\mathcal{V}_k)}\times\mathrm{cut}(\mathcal{V}_k,\overline{\mathcal{V}_k})\\&=\min\quad \sum_{k=1}^{c}\frac{1}{\mathrm{vol}(\mathcal{V}_k)}\sum_{\boldsymbol{v}_i\in\mathcal{V}_k,\boldsymbol{v}_j\in\overline{\mathcal{V}_k}}\boldsymbol{s}_{ij}\\&=\min\quad \frac{1}{2}\sum_{k=1}^{c}\left[\sum_{\boldsymbol{v}_i\in\mathcal{V}_k,\boldsymbol{v}_j\in\overline{\mathcal{V}_k}}\boldsymbol{s}_{ij}\left(\frac{1}{\sqrt{\mathrm{vol}(\mathcal{V}_k)}}-0\right)^2\right.\\&\qquad\left.+\sum_{\boldsymbol{v}_i\in\overline{\mathcal{V}_k},\boldsymbol{v}_j\in\mathcal{V}_k}\boldsymbol{s}_{ij}\left(0-\frac{1}{\sqrt{\mathrm{vol}(\mathcal{V}_k)}}\right)^2\right]\\&=\min\quad \frac{1}{2}\sum_{k=1}^{c}\sum_{i=1}^{n}\sum_{j=1}^{n}\boldsymbol{s}_{ij}(\boldsymbol{f}_{ki}-\boldsymbol{f}_{kj})^2\end{aligned}\tag{7.1.31}$$

式中，N-cut 图切采用的指示向量为

$$\boldsymbol{f}_{ki}=\begin{cases}0, & \boldsymbol{v}_i\notin\mathcal{V}_k\\ \dfrac{1}{\sqrt{\mathrm{vol}(\mathcal{V}_k)}}, & \boldsymbol{v}_i\in\mathcal{V}_k\end{cases} \tag{7.1.32}$$

与此同时，指示向量同样满足相互正交，并且可以得证

$$\boldsymbol{f}_k^{\mathrm{T}}\boldsymbol{D}\boldsymbol{f}_k=\sum_{i=1}^{n}\boldsymbol{f}_{ki}^2\boldsymbol{D}_{ii}=\frac{1}{\mathrm{vol}(\mathcal{V}_k)}\times\sum_{\boldsymbol{v}_i\in\mathcal{V}_k}\boldsymbol{D}_{ii}=\frac{1}{\mathrm{vol}(\mathcal{V}_k)}\times\mathrm{vol}(\mathcal{V}_k)=1 \tag{7.1.33}$$

式中，$\boldsymbol{D}$ 为度矩阵且满足 $\boldsymbol{D}_{ii}=\sum_{j=1}^{n}\boldsymbol{s}_{ij}=\mathrm{vol}(\mathcal{V}_k)$。由此得到 $\boldsymbol{F}^{\mathrm{T}}\boldsymbol{D}\boldsymbol{F}=\boldsymbol{I}_c$，式(7.1.31)可以进一步转化为

$$\begin{aligned}\min\ \ \text{N-cut}(\mathcal{V}_1,\mathcal{V}_2,\cdots,\mathcal{V}_c)&=\min_{\boldsymbol{f}_k^{\mathrm{T}}\boldsymbol{D}\boldsymbol{f}_k=1,\boldsymbol{f}_k\in\mathrm{Ind}}\sum_{k=1}^{c}\boldsymbol{f}_k^{\mathrm{T}}\boldsymbol{L}\boldsymbol{f}_k\\&=\min_{\boldsymbol{F}^{\mathrm{T}}\boldsymbol{D}\boldsymbol{F}=\boldsymbol{I},\boldsymbol{F}\in\mathrm{Ind}}\sum_{k=1}^{c}(\boldsymbol{F}^{\mathrm{T}}\boldsymbol{L}\boldsymbol{F})_{kk}\\&=\min_{\boldsymbol{F}^{\mathrm{T}}\boldsymbol{D}\boldsymbol{F}=\boldsymbol{I},\boldsymbol{F}\in\mathrm{Ind}}\mathrm{tr}(\boldsymbol{F}^{\mathrm{T}}\boldsymbol{L}\boldsymbol{F})\end{aligned} \tag{7.1.34}$$

此时，式(7.1.34)的求解同样属于 NP 难问题，需要首先通过特征分解获得特征矩阵，并离散化该矩阵以提取样本标签。N-cut 策略的目标函数可以表示为

$$\begin{aligned}&\min_{\boldsymbol{F}}\quad \mathrm{tr}(\boldsymbol{F}^{\mathrm{T}}\boldsymbol{L}\boldsymbol{F})\\&\text{s.t. } \boldsymbol{F}^{\mathrm{T}}\boldsymbol{D}\boldsymbol{F}=\boldsymbol{I}_c\end{aligned} \tag{7.1.35}$$

式中，$\boldsymbol{F}\in\mathbb{R}^{n\times c}$ 本身不满足约束 $\boldsymbol{F}^{\mathrm{T}}\boldsymbol{F}=\boldsymbol{I}_c$，所以需要对其进行转化，即令 $\hat{\boldsymbol{F}}=\boldsymbol{D}^{-1/2}\boldsymbol{F}$，则 $\hat{\boldsymbol{F}}^{\mathrm{T}}\boldsymbol{L}\hat{\boldsymbol{F}}=\hat{\boldsymbol{F}}^{\mathrm{T}}\boldsymbol{D}^{-1/2}\boldsymbol{L}\boldsymbol{D}^{-1/2}\hat{\boldsymbol{F}}$，$\hat{\boldsymbol{F}}^{\mathrm{T}}\boldsymbol{D}\hat{\boldsymbol{F}}=\boldsymbol{F}^{\mathrm{T}}\boldsymbol{F}=\boldsymbol{I}_c$。

N-cut 策略的目标函数可最终写为

$$\begin{aligned}&\min_{\boldsymbol{F}}\quad \mathrm{tr}(\boldsymbol{F}^{\mathrm{T}}\boldsymbol{D}^{-1/2}\boldsymbol{L}\boldsymbol{D}^{-1/2}\boldsymbol{F})\\&\text{s.t. }\ \boldsymbol{F}^{\mathrm{T}}\boldsymbol{F}=\boldsymbol{I}_c\end{aligned} \tag{7.1.36}$$

式中，$\boldsymbol{D}^{-1/2}\boldsymbol{L}\boldsymbol{D}^{-1/2}$ 又被称为对称规范化拉普拉斯矩阵(symmetric normalized Laplacian matrix)，即

$$\boldsymbol{L}^{\mathrm{sym}}=\boldsymbol{D}^{-1/2}\boldsymbol{L}\boldsymbol{D}^{-1/2}=\boldsymbol{I}_c-\boldsymbol{D}^{-1/2}\boldsymbol{W}\boldsymbol{D}^{-1/2} \tag{7.1.37}$$

由此，谱聚类算法的实现过程如算法 7.1.2 所示，R-cut 与 N-cut 均须借助后处理手段获取样本的预测标签。

算法 7.1.2　谱聚类算法实现过程

输入：样本集 $\boldsymbol{V}=(\boldsymbol{v}_1,\boldsymbol{v}_2,\cdots,\boldsymbol{v}_n)$，相似矩阵 $\boldsymbol{S}$ 的构造方式，聚类类别数 c

输出：全体样本的预测标签

根据样本间相似度关系构建样本的相似度矩阵 $\boldsymbol{S}$；

根据相似度矩阵 $\boldsymbol{S}$，构建度矩阵 $\boldsymbol{D}$；

计算出拉普拉斯矩阵 $\boldsymbol{L}$；

计算 $\boldsymbol{L}$ (R-cut)或 $\boldsymbol{D}^{-1/2}\boldsymbol{L}\boldsymbol{D}^{-1/2}$ (N-cut)最小的 c 个特征值对应的特征向量 $\boldsymbol{f}_k$；

将各自对应的特征向量 $\boldsymbol{f}$ 组成 $n\times c$ 维的特征矩阵；

对 $\boldsymbol{F}$ 进行后处理获得样本预测标签，聚类类别数为 c；

最终习得簇划分

7.1.6　经典方法总结与分析

1. *K* 均值聚类

K-means 聚类是一种经典的聚类算法，发展历史可以追溯到 20 世纪 60 年代。MacQueen(1967)和 Llyod(1982)提出了 *K* 均值聚类的概念和算法，奠定了 *K* 均值聚类的基本框架。*K* 均值聚类的目标是最小化样本与簇中心的平方误差和，这是一个 NP 难问题(Wu et al., 2008)，因此算法采取贪心策略得到问题的局部最优解。*K* 均值聚类算法简单高效，但存在对初始化敏感、无法处理非线性可分数据、容易陷入局部最优等问题，初始簇中心点选取的不同，可能使 *K* 均值聚类算法的优化结果存在差异。例如，当初始簇中心点相距过近时，*K* 均值聚类算法可能会将原本是同一类别的簇划分为多个簇，进而产生局部最优解。*K* 均值聚类算法产生的全局最优解和局部最优解如图 7.1.2 所示，用黑色五角星代表最终的聚类中心，

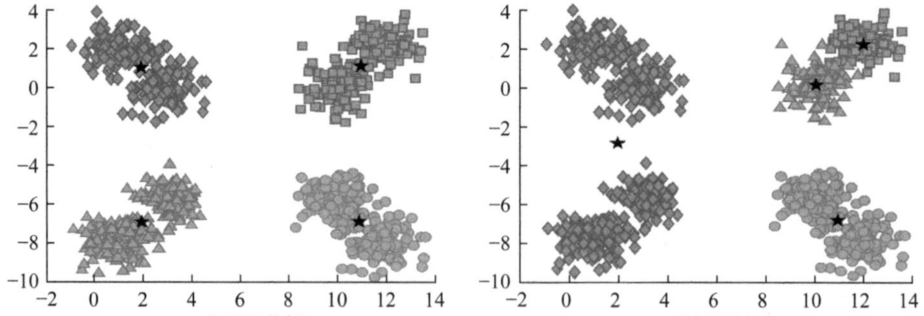

(a) 全局最优解　　(b) 局部最优解

图 7.1.2　*K* 均值聚类算法产生的全局最优解和局部最优解

不同的颜色和形状代表不同的聚类簇，显然图 7.1.2(a)为全局最优解，而图 7.1.2(b)显示 K 均值聚类算法得到了局部最优解。

参数 k 的选取也会产生不同的优化结果，使所得的聚类效果有极大差别。假设最佳聚类数为 k^*，当 $k<k^*$ 时，簇内数据点间距离远，聚类效果较差；当 $k>k^*$ 时，数据划分更加精细，同一类别的数据可能会被划分至不同的小类别中，增大后续数据处理的难度；在 $k=n$ 的极限情况下，所有数据点自成一类，此时算法失去了聚类的意义。以图 7.1.2 的数据集为例($k^*=4$)，$k<k^*$ 和 $k>k^*$ 两种情况下的聚类结果如图 7.1.3 所示。

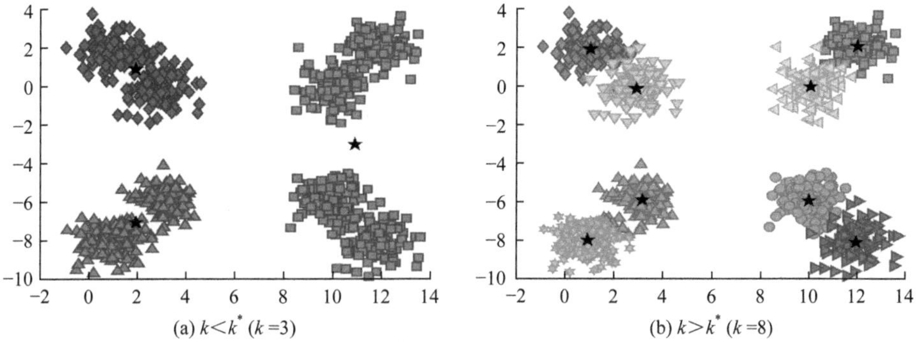

图 7.1.3　k 取值不同产生不同聚类结果

此外，当输入数据集分布复杂或存在噪声干扰时，K 均值聚类算法会失去效果。事实上，K 均值适用于处理线性可分数据，当不同类别的数据点不能用直线或超平面划分时，会得出错误的聚类结果。当待处理数据集呈螺旋状或圆环状分布时，K 均值聚类算法只能线性地区分数据，而无法得到正确的结果，如图 7.1.4 所示。

2. 模糊 K 均值聚类

模糊 K 均值(fuzzy K-means，FKM)是针对 K 均值改进的最经典算法之一(Bezdek, 1981)。模糊 K 均值聚类延续了 K 均值聚类的中心思想，通过最小化簇内距离迭代更新地获得最优聚类中心和簇指示矩阵。FKM 聚类算法引入模糊系数，来解决 K 均值聚类算法处理簇间重叠区域数据难的问题，将 K 均值聚类算法与模糊理论结合，使得方法泛化能力增强。K 均值聚类算法的簇指示矩阵为离散值，是一种硬划分聚类算法，导致对样本簇间重叠区域的处理效果不理想，为了解决这一问题，研究人员将模糊理论嵌入 K 均值中，提出了模糊 K 均值聚类算法。相较于 K 均值聚类算法，模糊 K 均值聚类算法引入模糊系数和概率约束，用隶属度矩阵代替簇指示矩阵，是一种软划分的聚类算法。隶属度矩阵从原始的

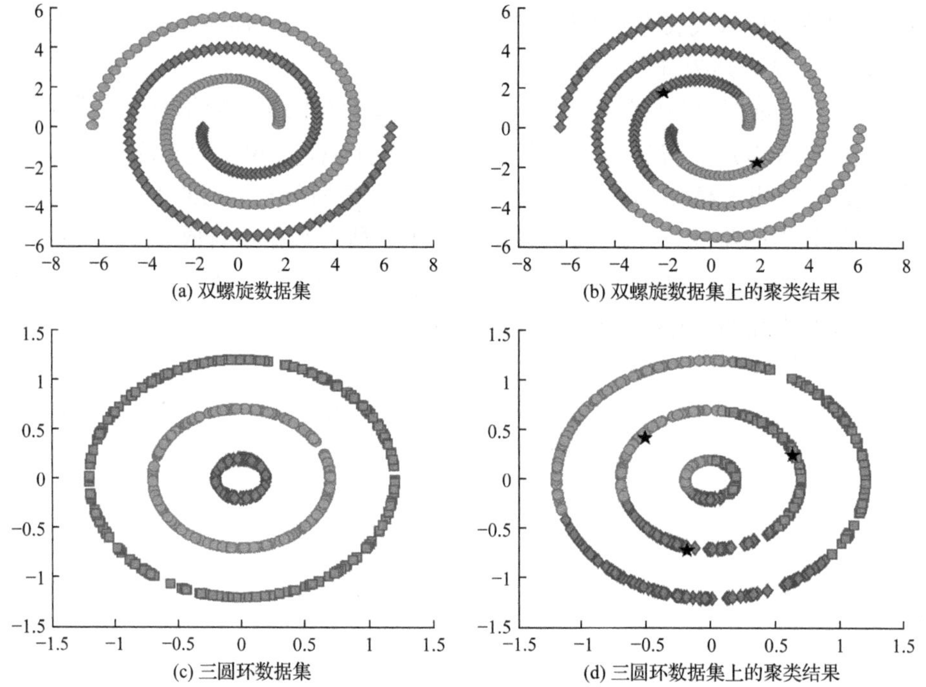

图 7.1.4　K 均值聚类算法在两种非线性可分数据集上的聚类结果

离散值变为表示样本属于簇的概率连续值，连续的隶属度矩阵更符合现实世界中人们对聚类划分的认识，并且能更好地处理簇与簇之间重叠区域的样本数据(Li et al., 2008)。

模糊 K 均值聚类的隶属度矩阵 $\boldsymbol{Y}_{\text{FKM}}$ 与 K 均值聚类式(7.1.2)的簇指示矩阵 $\boldsymbol{Y}_{\text{KM}}$ 区别在于：模糊 K 均值聚类中样本 $\boldsymbol{x}_i$ 对每个簇的隶属度值 y_{ij} 可以不是 $\boldsymbol{Y}_{\text{KM}}$ 中“非 0 即 1”的离散值，而是变为 $\boldsymbol{Y}_{\text{FKM}}$ 中满足行和为 1 的概率连续值。图 7.1.5

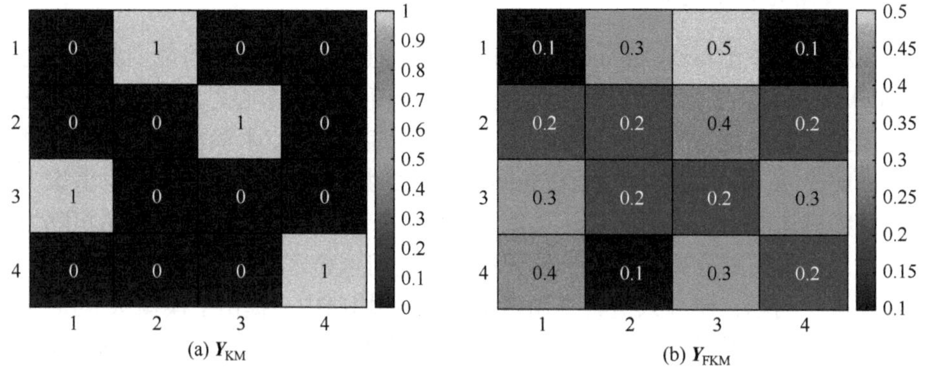

图 7.1.5　K 均值聚类 $\boldsymbol{Y}_{\text{KM}}$ 与模糊 K 均值聚类 $\boldsymbol{Y}_{\text{FKM}}$ 的区别

给出了 K 均值聚类 $\boldsymbol{Y}_{\mathrm{KM}}$ 与模糊 K 均值聚类 $\boldsymbol{Y}_{\mathrm{FKM}}$ 直观的区别，其中示例样本数据含有 4 个样本、4 类真实簇。

3. 密度聚类

K 均值聚类算法和模糊 K 均值聚类算法在处理非线性可分数据常存在局限性，即需要聚类数据簇数量作为先验知识，并且仅适用于线性数据集分析。为解决这一问题，密度聚类通过解析数据簇密度分布特征完成数据簇划分，并且具有良好的噪声鲁棒性。

DBSCAN 算法采用 Eps-近邻与 MinPts 近邻数结合的方式进行簇标签传播，能够有效处理非线性可分的数据结构，较好地解决了基于 K 均值类算法的瓶颈问题。但是，在面对同一簇中有多个密度峰值的情况时，DBSCAN 算法有可能将簇判定为多类样本组成，这时自动确定的簇数不合理也不准确。此外，DBSCAN 算法对参数值的调节非常敏感，在处理实际数据时通常需要逐一调整并找到适合该数据分布的 Eps 与 MinPts 组合。在极端情况下，当大多数样本点的间距大致相当时，DBSCAN 算法很难找到最优的参数对。产生这一现象的主要原因在于，当 Eps 稍大时，可能出现簇数过少甚至所有样本都属于一类的情况；当 MinPts 稍大时，则可能出现所有样本都被判定为噪声点的情况。因此，DBSCAN 算法在实际应用中也存在较大的局限性。图 7.1.6 展示了 DBSCAN 在 Aggregation 数据集(Gionis et al., 2007)上的聚类结果，此时 MinPts=12，Eps=1.8916。

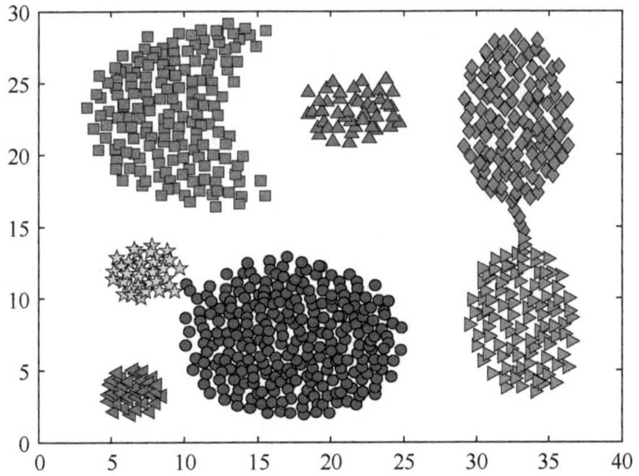

图 7.1.6　DBSCAN 在 Aggregation 数据集上的聚类结果

尽管基于密度的聚类算法通常能够自适应匹配并确定簇数，但在处理类似等高线的“重合高低岭”型、“棋盘”型和“过密集”型等拥有特定结构的真实世界数据时，会由于数据密度分布混乱或过于一致，无法将聚类簇数与真实类别数正确匹配。此外，该类算法在处理上述数据时的调参问题也将更为棘手。因此，有效处理复杂分布结构数据对于基于密度的聚类算法仍然是一个挑战。

4. 层次聚类

相比 K 均值聚类算法及其优化算法和密度聚类算法，层次聚类同样不需要预先确定簇数，并且对输入数据集的分布没有任何其他要求，其独特性在于可以根据簇内样本点之间的相似性详细分析簇类的层次结构，实现更精细的簇划分。具体而言，层次聚类利用树结构可视化数据间的关系，并显示这些簇是如何关联的，对于给定的不同阈值，可以直接利用原来的树，不需要重新计算。

图 7.1.7(a)为凝聚层次聚类算法在人造数据上执行聚类的结果，最终的簇划分采用全连接距离(最大的类与类之间距离)进行分割。树状图根部的节点是整个样本的数据集，每个叶节点被视为一个数据对象，图 7.1.7(a)中数据含 85 个样本，则其完整树状图含 85 个根部节点，但图 7.1.7(b)仅显示 20 个根部节点的树状图，依然能显示数据的连接结构。中间的节点描述了数据样本相互之间接近的程度，树状图的高度可以表示不同簇之间或者是簇内样本之间的距离。进一步可以从不同层次对树状图进行切割，得到最终的聚类簇划分结果。这种树状图可以挖掘出潜在的数据聚类结构，而且可以直观地描述和生成可视化的效果。基于全连接的凝聚层次聚类，首先需要获取所有样本的距离矩阵，并将每个数据点作为一个单独的簇；然后基于最不相似(距离最远)样本的距离，合并两个最接近的簇。一般地，在树状图的不同位置分割即可以得到不同的聚类结果。图 7.1.7(a)可以是图 7.1.7(b)在类间距离为“6”这个等级进行切割得到的聚类结果，在“6”处分割可获得 4 类，在“8”处分割可获得 2 类。由于该人造数据的真实类别数为 4，因此图 7.1.7(a)展示了凝聚层次聚类在类别数设为 4 时的聚类结果。

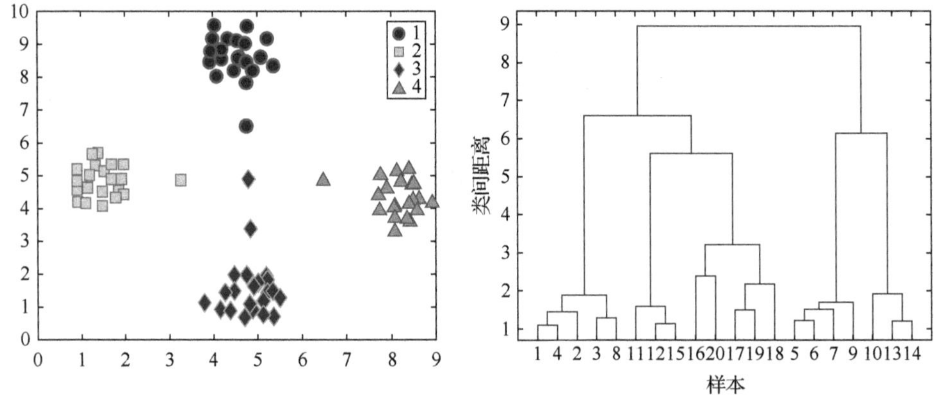

(a) 凝聚层次聚类结果　　　　(b) 凝聚层次聚类树状图

图 7.1.7　基于凝聚层次聚类的人造数据聚类与对应树状图

分裂层次聚类方法使用自上而下的方法，即数据对象被认为是一个融合的簇，在获得需要聚类的簇个数时逐步分割，如图 7.1.8 所示。分裂层次聚类方法中，假设有 N 个样本，则一共有 $(2^{N-1}-1)$ 个子集划分的可能情况，这使得实际计算成本非常高。

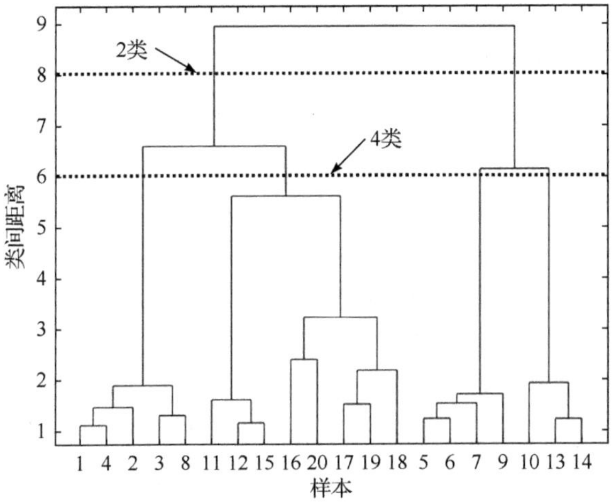

图 7.1.8　凝聚层次聚类获取树状图分割示意

经典层次聚类算法的主要缺陷在于缺乏鲁棒性，并且对噪声和异常值敏感。当一个对象被分配到一个簇中时，它就不会被再次考虑，这意味着层次聚类算法无法修正之前可能错误划分的簇。若样本总数为 n，大多数层次聚类算法的计算复杂度至少为 $\mathcal{O}(n^2)$，这种高时间成本限制了它们在大规模数据集中的应用。

5. 谱聚类

谱聚类将原始空间 $\mathbb{R}^{n\times d}$ 内样本映射至低维特征空间 $\mathbb{R}^{n\times c}$，也称子空间学习。在该过程中，算法能够在尽可能保持样本间相似关系的同时解析得到可分性更好的低维分布，使其能够处理非凸分布数据。值得注意的是，低维特征空间中样本服从连续分布，从而无法明确指示离散化的样本标签。因此，谱聚类算法由低维特征空间学习及后处理组成。子空间学习与后处理相互独立，可能导致模型存在关键信息损失，进而难以保障其能够准确地从低维特征空间中提取标签信息。传统谱聚类的另一个局限性在于高时空复杂度。在存储空间方面，相似度图构造所需的矩阵空间为 $n\times n$；在运算效率方面，相似度图构造和拉普拉斯矩阵特征值分解所需的时间复杂度分别为 $\mathcal{O}(n^2d)$ 和 $\mathcal{O}(n^3)$。随着现实生活中被采集和分析的数据规模和数据维度指数增长，将传统谱聚类拓展至高维、大规模数据分析成为重点关注问题，接下来 7.2 节将着重分析针对谱聚类高时间复杂度问题的相关改进方法。

7.2 进阶方法

7.2.1 基于熵正则化的自适应近邻图方法

图学习聚类族具有能够处理分析各种复杂数据结构的方法优势，深受研究者青睐。作为图学习的经典方法，谱聚类通过相似度图构造学习样本点对之间的相关关系，进而将样本点划分至对应数据簇。在相似度图构建完成的基础上，谱聚类通常包含以下两个阶段的处理，分别是基于相似度图的拉普拉斯特征值分解和离散化过程，其中存在以下四方面的局限性：首先，谱聚类将构图与图处理步骤分隔开，即相似度图在后续处理过程中结构固定，因此构图质量容易受到原始数据复杂分布、离群点和特征噪声等因素干扰，进而影响谱聚类性能；其次，离散化处理过程实质上是对拉普拉斯特征值分解对应松弛模型的弥补，这一过程会导致一定程度上的信息丢失，降低聚类精度；再次，基于高斯核的近邻图构建方式未给出明确的相似度整体分布意义；最后，拉普拉斯特征值分解过程的时间复杂度与原始样本数的三次方成正比，严重降低了较大规模的数据聚类效率。

为了改善传统谱聚类方法的精度，本节针对前三个局限性介绍一种基于熵正则化的自适应近邻图聚类(ERCAN)方法，分别从自适应近邻、熵变量度量与图连通分量三个方面，有效解决了传统谱聚类对应的相似度矩阵噪声敏感、缺乏明确物理意义与“松弛-离散化”过程信息丢失这三个问题。

1. 目标函数构建

1) 概率近邻图学习

假定包含 n 个样本的 d 维原始数据矩阵 $\boldsymbol{X}\in\mathbb{R}^{d\times n}$，记相似度矩阵 $\boldsymbol{S}\in\mathbb{R}^{n\times n}$，第 i 个样本 $\boldsymbol{x}_i\in\mathbb{R}^{d\times 1}$ 和第 j 个样本 $\boldsymbol{x}_j\in\mathbb{R}^{d\times 1}$ 的成对相似度权重 s_{ij}。概率近邻图学习模型的基本思想在于，成对距离较近的两个样本往往拥有较大的成对相似度权重，反之则反。该模型为样本间相似度权重附加概率约束，即特定样本与所有其他样本的相似度权重之和为 1。因此，其更侧重于近邻样本的非负相似度学习，这对于原始数据局部几何结构的学习至关重要。公式化表述如下：

$$
\begin{gathered}
\min_{\boldsymbol{S}}\sum_{i,j=1}^{n}\left\|\boldsymbol{x}_i-\boldsymbol{x}_j\right\|_2^2 s_{ij} \\
\text{s.t. }\forall i,\ \boldsymbol{s}_i^{\mathrm{T}}\boldsymbol{1}_n=1,\quad 0\leqslant \boldsymbol{s}_i\leqslant 1,\quad s_{ii}=0
\end{gathered}
\tag{7.2.1}
$$

式中，$\boldsymbol{s}_i$ 和 s_{ii} 分别表示 $\boldsymbol{S}$ 的第 i 行和第 i 个对角元素；$\boldsymbol{s}_i^{\mathrm{T}}\boldsymbol{1}_n=1$ 为概率约束；$s_{ii}=0$ 强制每个样本与自身不存在正连接权，进而聚焦其近邻连接权的度量与学习，提升图构造质量。直接对问题(7.2.1)进行优化会得到一种无意义的解，即只有距离 $\boldsymbol{x}_i$ 最近的样本相似度为 1，而其余数据点与 $\boldsymbol{x}_i$ 的相似度均为零。为了避免该情况，需要额外附加针对 $\boldsymbol{S}$ 的约束。

2) 熵正则化

为了消除问题(7.2.1)中的 1 近邻无意义解，考虑到 s_{ij} 满足概率约束，针对相似度 $\boldsymbol{s}_i$ 中的 n 个元素附加了基于概率约束的熵度量 $\varphi(\boldsymbol{s}_i)=\sum_{j=1}^{n}(-s_{ij}\ln s_{ij})$。更具体地，当且仅当一个元素取 1、其余取 0 时，$\varphi(\boldsymbol{s}_i)$ 取最小值，此时代表信息量最大的相似度权重分布状态(Abdi et al., 2021)。该稀疏过拟合解与概率近邻图学习模型中的无意义解相同，且同样意味着最不稳定的概率预测状态。为了避免无意义解并尽可能地减小最不稳定状态导致的聚类性能损失，采用最大熵策略，以稳定可信地拟合每一步优化过程中的当前相似度变量状态。因此，可以得到如下附加最大熵正则化项的新问题：

$$\begin{gathered}\min_{\boldsymbol{S}}\sum_{i,j=1}^{n}\left\|\boldsymbol{x}_i-\boldsymbol{x}_j\right\|_2^2 s_{ij}+\gamma s_{ij}\ln s_{ij}\\ \text{s.t. }\forall i,\ \boldsymbol{s}_i^{\mathrm{T}}\boldsymbol{1}_n=1,\quad 0\leqslant\boldsymbol{s}_i\leqslant 1,\quad s_{ii}=0\end{gathered}\tag{7.2.2}$$

式中，$\gamma>0$，为熵正则化参数。当参数 γ 足够大时，问题(7.2.2)等价于：

$$\begin{gathered}\min_{\boldsymbol{S}}\sum_{i,j=1}^{n}s_{ij}\ln s_{ij}\\ \text{s.t. }\forall i,\ \boldsymbol{s}_i^{\mathrm{T}}\boldsymbol{1}_n=1,\quad 0\leqslant\boldsymbol{s}_i\leqslant 1,\quad s_{ii}=0\end{gathered}\tag{7.2.3}$$

可以看出问题(7.2.3)的解对应 $\boldsymbol{s}_i$ 中 n 个变量的最大熵预测情况，即 $\boldsymbol{s}_i$ 中的所有元素均为 $1/n$。然而，这样的解同样是无意义解，即无任何已知信息下最保守的相似度概率估计(类似摇骰子时摇到任何一面的概率相等)。前文提到的这两个无意义解在本小节中统一称为无意义分布。

综上所述，问题(7.2.2)旨在将概率近邻图学习模型与最大熵正则化结合，并通过选取合适的正则化参数控制最大熵正则化项的惩罚权重，其对于避免无意义分布及基于已知信息拟合优化模型的当前状态至关重要。

3) 拉普拉斯秩约束

假设 $\boldsymbol{F}=[\boldsymbol{f}_1,\boldsymbol{f}_2,\cdots,\boldsymbol{f}_n]\in\mathbb{R}^{n\times c}$ 为先验 c 类的簇指示矩阵，其中第 i 个样本的簇指示向量 $\boldsymbol{f}_i\in\mathbb{R}^{c\times 1}$。在聚类任务中，往往希望相似的样本其簇指示向量也更为接近，反之则反。因此，有如下等式：

$$\sum_{i,j=1}^{n} \left\| \boldsymbol{f}_i - \boldsymbol{f}_j \right\|_2^2 s_{ij} = 2\mathrm{tr}(\boldsymbol{F}^{\mathrm{T}} \boldsymbol{L}_{\boldsymbol{S}} \boldsymbol{F}) \tag{7.2.4}$$

式中，拉普拉斯矩阵 $\boldsymbol{L}_{\boldsymbol{S}}$ 根据 $\boldsymbol{D}_{\boldsymbol{S}} - (\boldsymbol{S}^{\mathrm{T}} + \boldsymbol{S})/2$ 计算得来，以保证对称性，度矩阵 $\boldsymbol{D}_{\boldsymbol{S}}$ 的第 i 个对角元素为对称相似度矩阵 $(\boldsymbol{S}^{\mathrm{T}} + \boldsymbol{S})/2$ 的行和。对于非负相似度矩阵 $\boldsymbol{S}$，其拉普拉斯矩阵 $\boldsymbol{L}_{\boldsymbol{S}}$ 存在如下重要性质：

定理 7.2.1 拉普拉斯矩阵 $\boldsymbol{L}_{\boldsymbol{S}}$ 中零特征值的重数 c 等于对应对称相似度矩阵 $(\boldsymbol{S}^{\mathrm{T}} + \boldsymbol{S})/2$ 的连通分量个数。

定理 7.2.1 表明，当原始数据 $\boldsymbol{X}$ 需要在聚类任务中分割为 c 类时，若拉普拉斯矩阵的秩恰好为 $n-c$，便能够通过拥有 c 连通分量的相似度矩阵 $(\boldsymbol{S}^{\mathrm{T}} + \boldsymbol{S})/2$ 直接将数据 $\boldsymbol{X}$ 分割为 c 个目标簇，从而避免 K 均值、谱旋转等额外离散化过程。因此，将拉普拉斯秩约束引入问题(7.2.2)，得到如下优化问题：

$$\begin{gathered}\min_{\boldsymbol{S}} \sum_{i,j=1}^{n} \left\| \boldsymbol{x}_i - \boldsymbol{x}_j \right\|_2^2 s_{ij} + \gamma s_{ij} \ln s_{ij} \\ \text{s.t. } \forall i,\ \boldsymbol{s}_i^{\mathrm{T}} \boldsymbol{1}_n = 1, \quad 0 \leqslant \boldsymbol{s}_i \leqslant 1, \quad s_{ii} = 0, \quad \mathrm{rank}(\boldsymbol{L}_{\boldsymbol{S}}) = n - c\end{gathered} \tag{7.2.5}$$

该模型的最优相似度矩阵 $\boldsymbol{S}$ 并非稀疏矩阵，这将导致无法从致密连接图中有效发现新的连通分量。因此，在拉普拉斯秩约束的基础上，额外附加了新的零范数约束 $\left\|\boldsymbol{s}_i\right\|_0 = k$ 以获取更稀疏的相似度矩阵，并辅助秩约束更准确地发掘原始数据中的潜在连通分量，其中正整数 k 用来限定相似度向量中的非零元素个数。

综上所述，通过最大熵正则化与基于零范数拉普拉斯秩约束的共同强化，可以得到如下综合模型：

$$\begin{gathered}\min_{\boldsymbol{S}} \sum_{i,j=1}^{n} \left\| \boldsymbol{x}_i - \boldsymbol{x}_j \right\|_2^2 s_{ij} + \gamma s_{ij} \ln s_{ij} \\ \text{s.t. } \forall i,\ \boldsymbol{s}_i^{\mathrm{T}} \boldsymbol{1}_n = 1, \quad 0 \leqslant \boldsymbol{s}_i \leqslant 1, \quad \left\|\boldsymbol{s}_i\right\|_0 = k, \quad s_{ii} = 0, \quad \mathrm{rank}(\boldsymbol{L}_{\boldsymbol{S}}) = n - c\end{gathered} \tag{7.2.6}$$

式中，与相似度矩阵 $\boldsymbol{S}$ 强相关的非线性约束 $\mathrm{rank}(\boldsymbol{L}_{\boldsymbol{S}}) = n - c$ 很难优化求解，因此执行如下策略以简化计算：假设 $[\sigma_1, \sigma_2, \cdots, \sigma_c]$ 为 $\boldsymbol{L}_{\boldsymbol{S}}$ 最小的 c 个特征值。由于拉普拉斯矩阵的半正定性，其所有特征值均为非负。不难看出，秩约束旨在促使上述 c 个最小的特征值均为零。传统谱聚类方法仅通过拉普拉斯矩阵的特征值分解选取最小特征值对应的特征向量，组成连续指示矩阵，并不能保证 c 个最小特征值均为零。相比之下，秩约束能够凭借连通分量优化获取更高质量的相似度矩阵，以逼近全局最优解。因此，式(7.2.6)可以等价转换为

$$\min_{S}\sum_{i,j=1}^{n}\left(\left\|\boldsymbol{x}_i-\boldsymbol{x}_j\right\|_2^2 s_{ij}+\gamma s_{ij}\ln s_{ij}\right)+2\lambda\sum_{h=1}^{c}\sigma_h$$
$$\text{s.t. } \forall i,\ \boldsymbol{s}_i^{\mathrm{T}}\boldsymbol{1}_n=1,\quad 0\leqslant \boldsymbol{s}_i\leqslant 1,\quad \left\|\boldsymbol{s}_i\right\|_0=k,\quad s_{ii}=0 \tag{7.2.7}$$

式中，正则化参数 λ 应该足够大，以保证拉普拉斯矩阵 c 个最小的特征值均为零。除初始值需要人为给定，λ 在算法优化过程中采用特定条件自适应调节。

为了进一步简化式(7.2.7)，根据 Ky Fan 理论(Fan，1949)，有如下等价变形：

$$\sum_{h=1}^{c}\sigma_h=\min_{\boldsymbol{F}\in\mathbb{R}^{n\times c},\boldsymbol{F}^{\mathrm{T}}\boldsymbol{F}=\boldsymbol{I}_c}\operatorname{tr}(\boldsymbol{F}^{\mathrm{T}}\boldsymbol{L}_{\boldsymbol{S}}\boldsymbol{F}) \tag{7.2.8}$$

式中，指示矩阵 $\boldsymbol{F}$ 满足正交约束；σ_h 为正则化参数，表示拉普拉斯矩阵 $\boldsymbol{L}_{\boldsymbol{S}}$ 第 h 小的特征值。

基于该等价变形，ERCAN 方法的目标函数表示如下：

$$\min_{\boldsymbol{S},\boldsymbol{F}}\sum_{i,j=1}^{n}\left(\left\|\boldsymbol{x}_i-\boldsymbol{x}_j\right\|_2^2 s_{ij}+\gamma s_{ij}\ln s_{ij}\right)+2\lambda\operatorname{tr}(\boldsymbol{F}^{\mathrm{T}}\boldsymbol{L}_{\boldsymbol{S}}\boldsymbol{F})$$
$$\text{s.t. } \forall i,\ \boldsymbol{s}_i^{\mathrm{T}}\boldsymbol{1}_n=1,\quad 0\leqslant \boldsymbol{s}_i\leqslant 1,\quad \left\|\boldsymbol{s}_i\right\|_0=k,\quad s_{ii}=0,\quad \boldsymbol{F}\in\mathbb{R}^{n\times c},\quad \boldsymbol{F}^{\mathrm{T}}\boldsymbol{F}=\boldsymbol{I}_c \tag{7.2.9}$$

该综合优化模型能够通过拉格朗日乘子法和经典交替优化算法进行求解，其中额外提出了一种新的单调函数优化算法，旨在处理非凸零范数约束项。

2. 目标函数优化过程

本小节采用交替优化算法对 ERCAN 方法的目标函数进行优化，可以分为以下步骤：首先，在迭代优化算法之前通过特定问题初始化相似度矩阵 $\boldsymbol{W}$；其次，固定 $\boldsymbol{W}$ 并通过拉普拉斯矩阵的特征值分解优化 $\boldsymbol{F}$；最后，固定 $\boldsymbol{F}$ 并采用提出的单调函数下降算法，解决零范数约束并更新 $\boldsymbol{W}$。在该交替优化过程中，拉普拉斯秩约束充当 $\boldsymbol{W}$ 与 $\boldsymbol{F}$ 的迭代停止条件。

1) 基于最大熵的图初始化

为了初始化 $\boldsymbol{S}$，忽视变量 $\boldsymbol{F}$ 和目标函数(7.2.9)的最后一项 $2\lambda\operatorname{tr}(\boldsymbol{F}^{\mathrm{T}}\boldsymbol{L}_{\boldsymbol{S}}\boldsymbol{F})$，并令 $d_{ij}^x=\|\boldsymbol{x}_i-\boldsymbol{x}_j\|_2^2$，直接采用拉格朗日乘子法解决如下问题：

$$\min_{\boldsymbol{S}}\sum_{i,j=1}^{n}d_{ij}^x s_{ij}+\gamma s_{ij}\ln s_{ij}$$
$$\text{s.t. } \textstyle\sum_{j=1}^{n}s_{ij}=1,\quad 0\leqslant s_{ij}\leqslant 1,\quad s_{ii}=0 \tag{7.2.10}$$

考虑到变量形式统一性，将向量乘法 $\boldsymbol{s}_i^{\mathrm{T}}\boldsymbol{1}_n=1$ 转化为元素求和的形式。因此，针对独立样本 $\boldsymbol{x}_i$，式(7.2.10)可等价转化为

$$\begin{aligned}&\min_{S} \sum_{i,j=1}^{n} d_{ij}^{x} s_{ij} + \gamma s_{ij} \ln s_{ij} \\ &\text{s.t.} \ \sum_{j=1}^{n} s_{ij} = 1, \quad 0 \leqslant s_{ij} \leqslant 1, \quad s_{ii} = 0\end{aligned} \tag{7.2.11}$$

然后，构建如下拉格朗日函数：

$$\mathcal{L}\left(s_{ij}, \alpha\right) = \sum_{j=1}^{n}\left(d_{ij}^{x} s_{ij} + \gamma s_{ij} \ln s_{ij}\right) + \alpha\left(\sum_{j=1}^{n} s_{ij} - 1\right) \tag{7.2.12}$$

式中，α 为等式约束对应的拉格朗日乘子。受熵度量限制，其自变量必须为非负值，结合等式约束可知，不等式 $0 \leqslant s_{ij} \leqslant 1$ 在问题求解中自动满足。因此，s_{ij} 和 α 的最优值分别通过求偏导获得：

$$\frac{\partial \mathcal{L}\left(s_{ij}, \alpha\right)}{\partial s_{ij}} = d_{ij}^{x} + \gamma(\ln s_{ij} + 1) + \alpha = 0 \tag{7.2.13}$$

$$\frac{\partial L(s_{ij}, \alpha)}{\partial \alpha} = \sum_{j=1}^{n} s_{ij} - 1 = 0 \tag{7.2.14}$$

根据式(7.2.13)可知，s_{ij} 可以表示为

$$s_{ij} = \mathrm{e}^{-\frac{d_{ij}^{x} + \alpha}{\gamma} - 1} = \mathrm{e}^{-\frac{\alpha}{\gamma} - 1} \mathrm{e}^{-\frac{d_{ij}^{x}}{\gamma}} \tag{7.2.15}$$

考虑到式(7.2.14)和未知参数拉格朗日乘子 α，进一步将式(7.2.15)代入式 (7.2.14)，可得

$$\mathrm{e}^{-\frac{\alpha}{\gamma} - 1} \sum_{m=1}^{n} \mathrm{e}^{-\frac{d_{im}^{x}}{\gamma}} = 1 \tag{7.2.16}$$

注意式(7.2.16)中的求和值恒不为零，因此对等式两边同时除以该求和值，有

$$\mathrm{e}^{-\frac{\alpha}{\gamma} - 1} = \frac{1}{\sum_{m=1}^{n} \mathrm{e}^{-\frac{d_{im}^{x}}{\gamma}}} \tag{7.2.17}$$

结合约束 $s_{ii} = 0$，将式(7.2.17)代入式(7.2.15)，可得如下相似度矩阵初始化结果：

$$\tilde{s}_{ij} = \begin{cases} \dfrac{\mathrm{e}^{-\frac{d_{ij}^{x}}{\gamma}}}{\sum_{m=1}^{n} \mathrm{e}^{-\frac{d_{im}^{x}}{\gamma}}}, & j \neq i \\ 0, & j = i \end{cases} \tag{7.2.18}$$

此外，为避免熵正则化参数γ过小导致解式(7.2.18)出现分母为 0 的情况，在实际运算中，原始数据成对距离d_{ij}^x对参数γ经验取值，具体为成对距离d_{ij}^x对应矩阵$\boldsymbol{F}$范数的$1/n$倍

$$\gamma = \frac{1}{n}\sqrt{\sum_{i,j=1}^{n}\left(d_{ij}^x\right)^2} \tag{7.2.19}$$

2) 软标签更新

当$\boldsymbol{W}$被固定，问题(7.2.9)等价于：

$$\begin{aligned} &\min_{\boldsymbol{F}} \operatorname{tr}(\boldsymbol{F}^{\mathrm{T}}\boldsymbol{L_S}\boldsymbol{F}) \\ &\text{s.t. } \boldsymbol{F} \in \mathbb{R}^{n\times c}, \quad \boldsymbol{F}^{\mathrm{T}}\boldsymbol{F} = \boldsymbol{I}_c \end{aligned} \tag{7.2.20}$$

该问题的最优解由拉普拉斯矩阵c个最小特征值对应的特征向量构成，该过程与谱聚类方法中的松弛优化过程相同。

3) 相似度更新

当$\boldsymbol{F}$被固定，问题(7.2.9)等价于求解如下问题：

$$\begin{aligned} &\min_{\boldsymbol{S}} \sum_{i,j=1}^{n}\left(\left\|\boldsymbol{x}_i - \boldsymbol{x}_j\right\|_2^2 s_{ij} + \gamma s_{ij}\ln s_{ij}\right) + 2\lambda \operatorname{tr}(\boldsymbol{F}^{\mathrm{T}}\boldsymbol{L_S}\boldsymbol{F}) \\ &\text{s.t. } \forall i,\ \boldsymbol{s}_i^{\mathrm{T}}\boldsymbol{1}_n = 1, \quad 0 \leqslant \boldsymbol{s}_i \leqslant 1, \quad \left\|\boldsymbol{s}_i\right\|_0 = k, \quad s_{ii} = 0 \end{aligned} \tag{7.2.21}$$

式中，参数λ表示拉普拉斯秩约束的约束强度。具体来说，λ越大，说明秩约束程度越强，反之则越弱。受式(7.2.10)启发，式(7.2.21)的第一项与第三项能够合并。因此，式(7.2.21)等价于：

$$\begin{aligned} &\min_{\boldsymbol{S}} \sum_{i,j=1}^{n}\left(\left\|\boldsymbol{x}_i - \boldsymbol{x}_j\right\|_2^2 s_{ij} + \gamma s_{ij}\ln s_{ij}\right) + \lambda\left\|\boldsymbol{f}_i - \boldsymbol{f}_j\right\|_2^2 s_{ij} \\ &\text{s.t. } \forall i,\ \boldsymbol{s}_i^{\mathrm{T}}\boldsymbol{1}_n = 1, \quad 0 \leqslant \boldsymbol{s}_i \leqslant 1, \quad \left\|\boldsymbol{s}_i\right\|_0 = k, \quad s_{ii} = 0 \end{aligned} \tag{7.2.22}$$

定义$d_{ij} = d_{ij}^x + \lambda d_{ij}^f$，其中$d_{ij}^f = \left\|\boldsymbol{f}_i - \boldsymbol{f}_j\right\|_2^2$，式(7.2.22)可以进一步化简为

$$\begin{aligned} &\min_{\boldsymbol{S}} \sum_{i,j=1}^{n} d_{ij}s_{ij} + \gamma s_{ij}\ln s_{ij} \\ &\text{s.t. } \forall i,\ \boldsymbol{s}_i^{\mathrm{T}}\boldsymbol{1}_n = 1, \quad 0 \leqslant \boldsymbol{s}_i \leqslant 1, \quad \left\|\boldsymbol{s}_i\right\|_0 = k, \quad s_{ii} = 0 \end{aligned} \tag{7.2.23}$$

式中，d_{ij}由上一步优化得到的$\boldsymbol{F}$、原始数据矩阵$\boldsymbol{X}$和正则化参数λ共同确定。该问题针对不同样本依然相互独立，因此等价于如下问题：

$$\begin{gathered}\min_{\boldsymbol{S}} \sum_{j=1}^{n} d_{ij} s_{ij} + \gamma s_{ij} \ln s_{ij} \\ \text{s.t. } \boldsymbol{s}_i^{\mathrm{T}} \boldsymbol{1}_n = 1, \quad 0 \leqslant \boldsymbol{s}_i \leqslant 1, \quad \left\|\boldsymbol{s}_i\right\|_0 = k, \quad s_{ii} = 0\end{gathered} \tag{7.2.24}$$

当式(7.2.24)中的零范数约束被暂时忽略时，可以发现该问题几乎与式(7.2.11)完全相同。因此，采用拉格朗日乘子法获得如下解 $\overline{\boldsymbol{s}}_i = [\overline{s}_{i1}, \cdots, \overline{s}_{in}]$：

$$\overline{s}_{ij} = \begin{cases} \dfrac{\mathrm{e}^{-\frac{d_{ij}}{\gamma}}}{\sum\limits_{m=1}^{n} \mathrm{e}^{-\frac{d_{im}}{\gamma}}}, & j \neq i \\ 0, & j = i \end{cases} \tag{7.2.25}$$

式中，γ 与式(7.2.18)中的 γ 相等。由于指数运算的非负属性，由 $\overline{s}_{ij}$ 构建的非稀疏相似度矩阵不足以发现秩约束要求的 c 个连通分量，因此需要通过零范数对相似度执行稀疏化。在解(7.2.25)的基础上继续考虑零范数约束，进一步优化问题(7.2.21)。零范数约束限制了 $\boldsymbol{s}_i$ 中的非零值数量，其中超参 k 为正整数。基于解(7.2.25)，向量 $\overline{\boldsymbol{s}}_i$ 中 n 个元素中的 k 个元素将被提取并执行归一化，而其余 $n-k$ 个元素将被丢弃(重置为零值)。借助单调函数关于自变量的单调性，选择满足问题(7.2.21)的最优解。

当 $i \neq j$ 时，构造如下关于 d_{ij} 的函数：

$$\mathcal{Q}\left(d_{ij}\right) = d_{ij} \overline{s}_{ij} + \gamma \overline{s}_{ij} \ln \overline{s}_{ij} \tag{7.2.26}$$

然后，引入如下定理证明函数 $\mathcal{Q}\left(d_{ij}\right)$ 关于自变量 d_{ij} 的单调性：

定理 7.2.2　当 $i \neq j$ 时，函数 $\mathcal{Q}\left(d_{ij}\right)$ 随着自变量 d_{ij} 的减小而单调下降。

证明　当 $i \neq j$ 时，考虑到 $\overline{s}_{ij}$ 能够通过 d_{ij} 表示，将式(7.2.25)代入式(7.2.26)中并执行如下转化：

$$\begin{aligned}\mathcal{Q}\left(d_{ij}\right) &= d_{ij} \overline{s}_{ij} + \gamma \overline{s}_{ij} \ln \overline{s}_{ij} = d_{ij} \frac{\mathrm{e}^{-\frac{d_{ij}}{\gamma}}}{\sum\limits_{m=1}^{n} \mathrm{e}^{-\frac{d_{im}}{\gamma}}} + \gamma \frac{\mathrm{e}^{-\frac{d_{ij}}{\gamma}}}{\sum\limits_{m=1}^{n} \mathrm{e}^{-\frac{d_{im}}{\gamma}}} \ln\left(\frac{\mathrm{e}^{-\frac{d_{ij}}{\gamma}}}{\sum\limits_{m=1}^{n} \mathrm{e}^{-\frac{d_{im}}{\gamma}}}\right) \\ &= \frac{-\gamma \ln\left(\sum\limits_{m=1}^{n} \mathrm{e}^{-\frac{d_{im}}{\gamma}}\right)}{\sum\limits_{m=1}^{n} \mathrm{e}^{-\frac{d_{im}}{\gamma}}} \mathrm{e}^{-\frac{d_{ij}}{\gamma}} = \mathcal{R} \cdot \mathrm{e}^{-\frac{d_{ij}}{\gamma}}\end{aligned} \tag{7.2.27}$$

注意到 $\sum_{m=1}^{n} \mathrm{e}^{-\frac{d_{im}}{\gamma}}$ 对于给定样本对应 $\overline{\boldsymbol{s}}_i$ 中的任意 $\overline{s}_{ij}$ 均为常数，因此易得，简化后的 $\mathcal{Q}\left(d_{ij}\right)$ 可以视作关于 d_{ij} 的指数函数，$\mathcal{R}$ 为指数函数的系数。

一方面，根据指数函数的非负性可知：

$$\sum_{m=1}^{n} \mathrm{e}^{-\frac{d_{im}}{\gamma}} > \mathrm{e}^{-\frac{d_{ii}}{\gamma}} \tag{7.2.28}$$

另一方面，根据 d_{ii} 的性质进一步可得

$$d_{ii} = d_{ii}^{x} + \lambda d_{ii}^{f} = 0 \tag{7.2.29}$$

因此，有如下表达式：

$$\ln\left(\sum_{m=1}^{n} \mathrm{e}^{-\frac{d_{im}}{\gamma}}\right) > \ln(\mathrm{e}^{-\frac{d_{ii}}{\gamma}}) = 0 \tag{7.2.30}$$

结合式(7.2.27)～式(7.2.30)可知，常数 M 恒负，这严格证明了当 $i \neq j$ 时，对于确定 $\overline{\boldsymbol{s}}_i$，指数函数 $\mathcal{Q}\left(d_{ij}\right)$ 随着 d_{ij} 的减小严格单调减小。

根据定理 7.2.2，在固定 $\boldsymbol{F}$ 的情况下，结合约束 $\boldsymbol{s}_i^{\mathrm{T}} \boldsymbol{1}_n = 1$，可以通过函数单调性在 $\overline{\boldsymbol{s}}_i$ 中找到拥有最小距离 d 的 k 个相似度元素并归一化，以找到当前状态下的全局最优解。由于这 k 个元素恰好指示了第 i 个样本的 k 个近邻，基于零范数约束下的最优值揭示了零范数稀疏模型和图学习近邻配置的一致性。另外，由 d_{ij} 的表达式不难看出，该距离由原始数据 $\boldsymbol{X}$ 和簇指示矩阵 $\boldsymbol{F}$ 联合确定，因此该近邻被称为“融合近邻”。对于给定样本 $\boldsymbol{x}_i$ 及对应的 $\overline{\boldsymbol{s}}_i$，不失一般性，设 $d_{i1}, d_{i2}, \cdots, d_{ik}, \cdots, d_{in}$ 为经过升序排序的距离。考虑到 d_{i1} 始终为零，对应 $d_{i2}, d_{i3}, \cdots, d_{i,k+1}$ 的前 k 个相似度 $\overline{s}_{i2}, \overline{s}_{i3}, \cdots, \overline{s}_{i,k+1}$ 将会被保留，而其余的相似度将会被丢弃且设置为零。此外，考虑到保留的 k 个相似度之和不为 1，采用总和 $\sum_{m=2}^{k+1} \mathrm{e}^{-d_{ij}/\gamma}$ 执行归一化。

综上所述，最优相似度 $\boldsymbol{s}_i'$ 表示如下：

$$s_{ij}' = \begin{cases} \dfrac{\mathrm{e}^{-\frac{d_{ij}}{\gamma}}}{\sum\limits_{m=2}^{k+1} \mathrm{e}^{-\frac{d_{ij}}{\gamma}}}, & 2 \leqslant j \leqslant k+1 \\ 0, & j = 1 \text{ 或 } k+1 < j \leqslant n \end{cases} \tag{7.2.31}$$

4) 迭代停止条件

为了在实际优化过程中逐步满足拉普拉斯秩约束条件，约束 $\operatorname{rank}\left(\boldsymbol{L}_{\boldsymbol{S}}\right) = n - c$

被视为 $\boldsymbol{F}$ 与 $\boldsymbol{W}$ 交替优化过程的停止条件。更具体地，每当 $\boldsymbol{F}$ 与 $\boldsymbol{W}$ 完成一轮迭代，就将拉普拉斯矩阵 $\boldsymbol{L_S}$ 的秩与 $n-c$ 进行比较，与此同时，正则化参数 λ 根据不同的比较结果进行相应的调节。根据定理 7.2.1，若拉普拉斯秩小于 $n-c$，意味着相似度矩阵 $\left(\boldsymbol{S}^{\mathrm{T}}+\boldsymbol{S}\right)/2$ 对应连通图的连通分量少于 c 个，没有达到簇分割要求，此时需要将 λ 增大至二倍以增强拉普拉斯秩约束的强度；若拉普拉斯秩大于 $n-c$，表明相似度矩阵 $\left(\boldsymbol{S}^{\mathrm{T}}+\boldsymbol{S}\right)/2$ 的图连通分量多于 c 个，不符合图学习的实际情况，此时需要将 λ 缩小至二分之一以削弱拉普拉斯秩约束的强度。值得强调的是，在自适应调整之前，通常令 $\lambda=\gamma$ 执行初始化；若拉普拉斯秩等于 $n-c$，此时图连通分量恰好等于 c，迭代优化过程停止。最终，能够通过满足要求的稀疏连通图直接获取聚类预测标签。

3. 小结

本小节针对谱聚类存在的三个局限性，即图构建后固定、相似性度量单一和松弛优化所需的离散化还原过程，通过引入熵度量与拉普拉斯秩约束，提出了 ERCAN 方法以提升聚类精度。首先，基于零范数的拉普拉斯秩约束项使得模型能够通过自适应近邻优化方式不断更新相似度矩阵，优化后的相似图相比于固定图拥有更强的噪声鲁棒性。其次，最大熵正则化项在传统概率模型的基础上赋予了相似度更明确的物理意义，以预测已知信息下最稳定保守的变量状态。最后，作为交替迭代停止条件的拉普拉斯秩约束项，旨在构建拥有先验类别连通分量的拉普拉斯矩阵，以获取具有最佳分割能力的稀疏连通图，其可以从稀疏连通图中直接获取全样本预测标签以有效避免额外离散化过程。通过人造数据集对比实验和真实数据集消融实验，从约束作用角度详细分析并验证了综合模型的性质。然而，从时间复杂度分析可知，ERCAN 方法不仅没有解决传统谱聚类的低效问题，迭代式的拉普拉斯矩阵特征值分解过程还将这一缺陷进一步放大，仍然难以应用于大规模数据分析。因此，亟须研究高效聚类方法以提升大规模数据处理效率。

7.2.2　基于二部图的快速自监督方法

谱聚类方法中相似度矩阵构造过程和拉普拉斯矩阵特征值分解过程的计算复杂度分别为 $\mathcal{O}\left(n^2 d\right)$ 和 $\mathcal{O}\left(n^3\right)$，这将导致谱聚类在处理大规模数据时整体模型计算效率急剧降低。7.2.2 小节提出的聚类方法尽管显著提升了小中规模数据的聚类精度，但其不仅没有改善谱聚类的低效问题，还放大了这一缺陷。因此，本小节将提出一种基于二部图的快速自监督聚类(fast self-supervised clustering with bipartite graph，FSSC)方法。首先从改进构图方式入手，通过引入锚点并快速构建基于锚点的相似度矩阵。其次，采用一种通用半监督学习框架作为拉普拉斯矩阵特征分解的替换，结合锚点和二部图对半监督框架进行改进，进而提出一种快速半监督框架(fast semi-supervised framework，FSSF)，以加快锚点的伪标签传播速度。最后，在 FSSF 的基础上，设计一种基于相似度修正的代表点选择策略，以选择对应簇类的最优匹配代表点，将其视为真实标签并再次通过 FSSC 将标签向全样本传播。综上所述，FSSC 能够以锚点为中介，快速构造稀疏相似度矩阵，从而降低噪声干扰，并通过 FSSF 替换传统拉普拉斯特征值分解以加速数据标签学习，使得谱聚类存在的额外离散化过程能被同时剔除。

1. 快速半监督学习框架

1) 通用半监督学习框架

在图学习半监督学习任务中，基于包含 n 个样本的 d 维给定数据矩阵 $\boldsymbol{X}\in\mathbb{R}^{d\times n}$ 构建图 $\mathcal{G}=(\mathcal{V},\mathcal{E})$（$\mathcal{V}$ 和 $\mathcal{E}$ 分别为 n 个样本组成的顶点集合和点间的连接边集合)。其中，$\mathcal{V}$ 的前 l 个顶点代表已标记的样本点，其余 u 个顶点代表未标记的样本点（$l+u=n$）。若原始数据包含 c 类，定义初始离散标签矩阵 $\boldsymbol{Y}=[\boldsymbol{y}_1^{\mathrm{T}};\boldsymbol{y}_2^{\mathrm{T}};\cdots;\boldsymbol{y}_n^{\mathrm{T}}]\in\mathbb{R}^{n\times(c+1)}$，其中 $\boldsymbol{y}_i\in\mathbb{R}^{(c+1)\times 1}$ 为第 i 个样本的离散标签向量，每一列对应先验 c 类其中一类的样本指示情况。值得注意的是，第 $c+1$ 列对应不属于先验类的其他异常类别，用于评估每个样本点是否为先验之外的异常点，以提升模型鲁棒性。对于已标记样本点，若第 i 个样本点 $\boldsymbol{x}_i$ 属于第 k 类，则 $y_{ik}=1$，否则为 0；对于未标记样本点 $\boldsymbol{x}_i$，统一视其为异常点，即 $y_{i,(c+1)}=1$，其余为 0。紧接着，定义优化过程中指示所有样本标签所属情况的软标签矩阵 $\boldsymbol{F}=[\boldsymbol{f}_1^{\mathrm{T}};\boldsymbol{f}_2^{\mathrm{T}};\cdots;\boldsymbol{f}_n^{\mathrm{T}}]\in\mathbb{R}^{n\times(c+1)}$ 为概率意义下的“软标签”，即每个元素可以取连续值且行和为 1，f_{ik} 表征第 i 个样本属于第 k 类的概率。

假设 $\boldsymbol{S}$ 为图 $\mathcal{G}$ 下基于高斯核函数的相似度矩阵，s_{ij} 为第 i 个和第 j 个样本的相似度，具体表达式见 2.4.2 小节。通用半监督框架的损失函数表示如下：

$$\mathcal{Q}(\boldsymbol{F})=\frac{1}{2}\sum_{i,j=1}^{n}s_{ij}\left\|\boldsymbol{f}_i-\boldsymbol{f}_j\right\|_{\mathrm{F}}^2+\sum_{i=1}^{n}\mu_i\left\|\boldsymbol{f}_i-\boldsymbol{y}_i\right\|_{\mathrm{F}}^2 \tag{7.2.32}$$

损失函数从左向右第一项为聚类项，旨在保持原始数据在标签空间中的局部结构信息；第二项为衡量第 i 个样本软标签 $\boldsymbol{f}_i$ 与初始标签 $\boldsymbol{y}_i$ 差异的半监督学习正则化项，$\mu_i\geqslant 0$ 为正则化参数。一方面，若 $\mu_i=0$，半监督学习正则化项会被忽略，并且该函数的最小化问题将等价于与标签传播无关的纯聚类问题；另一方面，如果 μ_i 趋向于无穷大，意味着对初始标签完全信任并将其保留。

半监督框架需要解决的问题可具体表示为

$$\min_{\boldsymbol{F}} \mathcal{Q}(\boldsymbol{F}) = \frac{1}{2}\sum_{i,j=1}^{n} s_{ij} \left\| \boldsymbol{f}_i - \boldsymbol{f}_j \right\|_{\mathrm{F}}^2 + \sum_{i=1}^{n} \mu_i \left\| \boldsymbol{f}_i - \boldsymbol{y}_i \right\|_{\mathrm{F}}^2 \tag{7.2.33}$$

为便于后续计算，将问题(7.2.33)中的范数运算形式进行如下转换：

$$\begin{aligned}
&\min_{\boldsymbol{F}} \frac{1}{2}\sum_{i,j=1}^{n} s_{ij} \left\| \boldsymbol{f}_i - \boldsymbol{f}_j \right\|_{\mathrm{F}}^2 + \sum_{i=1}^{n} \mu_i \left\| \boldsymbol{f}_i - \boldsymbol{y}_i \right\|_{\mathrm{F}}^2 \\
&\Leftrightarrow \min_{\boldsymbol{F}} \frac{1}{2}\sum_{i,j=1}^{n} \left(\boldsymbol{f}_i - \boldsymbol{f}_j\right)^{\mathrm{T}} s_{ij} \left(\boldsymbol{f}_i - \boldsymbol{f}_j\right) + \sum_{i=1}^{n} \left(\boldsymbol{f}_i - \boldsymbol{y}_i\right)^{\mathrm{T}} \mu_i \left(\boldsymbol{f}_i - \boldsymbol{y}_i\right) \\
&\Leftrightarrow \min_{\boldsymbol{F}} \left(\sum_{i,j=1}^{n} \boldsymbol{f}_i^{\mathrm{T}} s_{ij} \boldsymbol{f}_i - \sum_{i,j=1}^{n} \boldsymbol{f}_i^{\mathrm{T}} s_{ij} \boldsymbol{f}_j \right) + \left(\sum_{i=1}^{n} \boldsymbol{f}_i^{\mathrm{T}} \mu_i \boldsymbol{f}_i + \sum_{i=1}^{n} \boldsymbol{y}_i^{\mathrm{T}} \mu_i \boldsymbol{y}_i - 2\sum_{i=1}^{n} \boldsymbol{f}_i^{\mathrm{T}} \mu_i \boldsymbol{y}_i \right) \\
&\Leftrightarrow \min_{\boldsymbol{F}} \left(\sum_{i=1}^{n} \boldsymbol{f}_i^{\mathrm{T}} d_i \boldsymbol{f}_i - \sum_{i,j=1}^{n} \boldsymbol{f}_i^{\mathrm{T}} s_{ij} \boldsymbol{f}_j \right) + \left(\sum_{i=1}^{n} \boldsymbol{f}_i^{\mathrm{T}} \mu_i \boldsymbol{f}_i + \sum_{i=1}^{n} \boldsymbol{y}_i^{\mathrm{T}} \mu_i \boldsymbol{y}_i - 2\sum_{i=1}^{n} \boldsymbol{f}_i^{\mathrm{T}} \mu_i \boldsymbol{y}_i \right) \\
&\Leftrightarrow \min_{\boldsymbol{F}} \left[\mathrm{tr}\left(\boldsymbol{F}^{\mathrm{T}}\boldsymbol{D}\boldsymbol{F}\right) - \mathrm{tr}\left(\boldsymbol{F}^{\mathrm{T}}\boldsymbol{S}\boldsymbol{F}\right) \right] + \left[\mathrm{tr}\left(\boldsymbol{F}^{\mathrm{T}}\boldsymbol{U}\boldsymbol{F}\right)_i + \mathrm{tr}\left(\boldsymbol{Y}^{\mathrm{T}}\boldsymbol{U}\boldsymbol{Y}\right) - 2\mathrm{tr}\left(\boldsymbol{F}^{\mathrm{T}}\boldsymbol{U}\boldsymbol{Y}\right) \right] \\
&\Leftrightarrow \min_{\boldsymbol{F}} \mathrm{tr}\left(\boldsymbol{F}^{\mathrm{T}}\boldsymbol{L}\boldsymbol{F}\right) + \mathrm{tr}\left[\left(\boldsymbol{F} - \boldsymbol{Y}\right)^{\mathrm{T}} \boldsymbol{U} \left(\boldsymbol{F} - \boldsymbol{Y}\right) \right]
\end{aligned} \tag{7.2.34}$$

式中，$\boldsymbol{L} = \boldsymbol{D} - \boldsymbol{S}$ 为拉普拉斯矩阵，$\boldsymbol{D}$ 为相似度矩阵 $\boldsymbol{S}$ 的度矩阵，其第 i 个对角元素对应第 i 个样本的度 d_i；$\boldsymbol{U}$ 为 n 维对角阵且第 i 个对角元素；μ_i 为正则化参数。

令问题(7.2.34)中的目标函数为 $\mathcal{P}(\boldsymbol{F})$，注意到 $\mathcal{P}(\boldsymbol{F})$ 中不存在对 $\boldsymbol{F}$ 的任何约束，因此直接采用求偏导的方式计算最优解 $\boldsymbol{F}^*$，即

$$\left(\frac{\partial \mathcal{P}(\boldsymbol{F})}{\partial \boldsymbol{F}}\right)\Big|_{\boldsymbol{F}=\boldsymbol{F}^*} = 2\boldsymbol{L}\boldsymbol{F}^* + 2\boldsymbol{U}\left(\boldsymbol{F}^* - \boldsymbol{Y}\right) = \boldsymbol{0} \Leftrightarrow \boldsymbol{F}^* = \left(\boldsymbol{L} + \boldsymbol{U}\right)^{-1}\boldsymbol{U}\boldsymbol{Y} \tag{7.2.35}$$

根据半监督框架正则化参数对框架执行标签传播的影响可知，已标记和未标记样本点的正则化参数取值须进行不同设置。因此，针对已标记和未标记样本，分别引入额外正则化参数 α_{l} 和 α_{u}，以便于进一步区分已标记和未标记样本的具体参数设置。更详细地，对于第 i 个样本 $\boldsymbol{x}_i$ (不论其是否为标记样本)，α_i 的表达式如下：

$$\alpha_i = \frac{d_i}{d_i + \mu_i} \tag{7.2.36}$$

可以发现，新参数 α_i 由度 d_i 与正则化参数 μ_i 共同确定。在此情况下，α_i 的取值范围被限定在 $[0,1]$。

一方面，针对已标记样本 $\boldsymbol{x}_i$，α_i 的参数设置情况具体有以下两种：①若该样本标签完全可信，则意味着在传播过程中该标签应一直维持不变，在这种情况下，式(7.2.33)中的 μ_i 需要足够大以保持初始标签，那么 α_i 应对应设置为零值。②若

该样本标签可能有误，那么需要在传播过程中修正该标签，在这种情况下，μ_i 为非负常值即可，对应 α_i 在 (0,1] 即可，且该值越大，修正噪声标签的能力就越强。

另一方面，若 $\boldsymbol{x}_i$ 为未标记样本，同样存在以下两种情况：①若能够保证所有原始数据都在先验类别范围内，则意味着不存在任何异常点，那么基于未标记样本在软标签矩阵中的初始设置，μ_i 应设置为零值以消除正则化项中对异常点标签的维持能力，相应地 α_i 应设置为 1。②若原始样本中存在异常点，需要保留半监督框架对初始标签的维持能力，即对异常点的探测能力，此时 μ_i 为正值即可，则 α_i 应在 [0,1) 内，且该值越小表明发现异常点的能力就越强。

引入新参数 α_i 后，$\beta_i = \mu_i / (d_i + \mu_i)$ 可满足关系 $\beta_i = 1 - \alpha_i$。为了将新引入的两个参数参与矩阵计算，定义满足关系 $\boldsymbol{E}_\alpha = \boldsymbol{I}_n - \boldsymbol{E}_\beta$ 的 n 维对角矩阵 $\boldsymbol{E}_\alpha$ 和 $\boldsymbol{E}_\beta$，其中 $\boldsymbol{E}_\alpha$ 和 $\boldsymbol{E}_\beta$ 的第 i 个对角元素分别为 α_i 和 β_i。接着定义 $\boldsymbol{P} = \boldsymbol{D}^{-1}\boldsymbol{S}$，则通过拉格朗日乘子法获得的最优软标签 $\boldsymbol{F}^*$ 可以进一步改写为

$$\begin{aligned}\boldsymbol{F}^* &= (\boldsymbol{D} - \boldsymbol{S} + \boldsymbol{U})^{-1}\boldsymbol{U}\boldsymbol{Y} \\ &= (\boldsymbol{I}_n - \boldsymbol{D}^{-1}\boldsymbol{S} + \boldsymbol{D}^{-1}\boldsymbol{U})^{-1}(\boldsymbol{D}^{-1}\boldsymbol{U})\boldsymbol{Y} \\ &= (\boldsymbol{E}_\alpha - \boldsymbol{E}_\alpha\boldsymbol{D}^{-1}\boldsymbol{S} + \boldsymbol{E}_\beta)^{-1}\boldsymbol{E}_\beta\boldsymbol{Y} \\ &= (\boldsymbol{I}_n - \boldsymbol{E}_\alpha\boldsymbol{P})^{-1}\boldsymbol{E}_\beta\boldsymbol{Y}\end{aligned} \tag{7.2.37}$$

式(7.2.37)表示经过通用半监督学习框架处理得到的化简后最优软标签 $\boldsymbol{F}^*$。此外，根据前文描述易知 $\boldsymbol{Y}$ 与 $\boldsymbol{P}$ 有如下性质：

$$\begin{cases}\boldsymbol{P}\boldsymbol{1}_n = \boldsymbol{1}_n \\ \boldsymbol{Y}\boldsymbol{1}_{c+1} = \boldsymbol{1}_n\end{cases} \tag{7.2.38}$$

结合式(7.2.37)、式(7.2.38)及对角矩阵 $\boldsymbol{E}_\alpha$ 和 $\boldsymbol{E}_\beta$ 的性质，有以下恒等变形：

$$\begin{aligned}&\boldsymbol{E}_\alpha\boldsymbol{P}\boldsymbol{1}_n + \boldsymbol{E}_\beta\boldsymbol{Y}\boldsymbol{1}_{c+1} = \boldsymbol{1}_n \Leftrightarrow \boldsymbol{E}_\beta\boldsymbol{Y}\boldsymbol{1}_{c+1} = \left(\boldsymbol{I}_n - \boldsymbol{E}_\alpha\boldsymbol{P}\right)\boldsymbol{1}_n \\ &\Leftrightarrow \left(\boldsymbol{I}_n - \boldsymbol{E}_\alpha\boldsymbol{P}\right)^{-1}\boldsymbol{E}_\beta\boldsymbol{Y}\boldsymbol{1}_{c+1} = \boldsymbol{1}_n \Leftrightarrow \boldsymbol{F}^*\boldsymbol{1}_{c+1} = \boldsymbol{1}_n\end{aligned} \tag{7.2.39}$$

表明最优解 $\boldsymbol{F}^*$ 恒满足行概率约束。

2) 稀疏相似度矩阵构造

考虑到最优解 $\boldsymbol{F}^*$ 中基于高斯核函数的相似度矩阵 $\boldsymbol{S}$ 存在额外超参数，即高斯核带宽，其增加了实际应用中的调参压力。此外，基于高斯核函数的近邻图可能因为噪声的存在，构图质量降低进而影响半监督学习框架的性能。同时，根据式(7.2.37)可知，最优软标签的求解过程需要对 n 维方阵做求逆运算，其在处理大规模数据时会严重影响半监督框架的标签传播效率。综上所述，为改进通用半监督学习框架，实现模型加速并降低噪声带来的影响，采用层级二分 K 均值(balanced

K-means and hierarchical K-means，BKHK)方法(Zhu et al., 2017)选取小规模锚点集，并构建天然稀疏的二部图。定义二部图矩阵 $\boldsymbol{B}=[\boldsymbol{b}_1^{\mathrm{T}};\boldsymbol{b}_2^{\mathrm{T}};\cdots;\boldsymbol{b}_n^{\mathrm{T}}]\in\mathbb{R}^{n\times m}$ 表示全样本点与小规模锚点之间的相似度关系，其中 $\boldsymbol{b}_i$ 为第 i 个样本与所有锚点之间的相似度。锚点定义、二部图 $\boldsymbol{B}$ 求解方式和最终表达式，见 2.4.2 小节。当二部图矩阵 $\boldsymbol{B}$ 构建完成后，采用如下表达式计算相似度矩阵：

$$\boldsymbol{S}=\boldsymbol{B}\boldsymbol{\Lambda}^{-1}\boldsymbol{B}^{\mathrm{T}} \tag{7.2.40}$$

式中，m 维对角矩阵 $\boldsymbol{\Lambda}$ 的第 j 个对角元素 θ_j 对应二部图矩阵 $\boldsymbol{B}$ 的第 j 列和。由式(7.2.40)能够得到关于 $\boldsymbol{S}$ 的以下性质：①天然对称；②满足行概率模型。因此，双重随机矩阵且相应度矩阵 $\boldsymbol{D}=\boldsymbol{I}_n$，其对应的拉普拉斯矩阵表示如下：

$$\boldsymbol{L}_s=\boldsymbol{I}_n-\boldsymbol{B}\boldsymbol{\Lambda}^{-1}\boldsymbol{B}^{\mathrm{T}} \tag{7.2.41}$$

由于通过稀疏二部图 $\boldsymbol{B}$ 构建的相似度矩阵 $\boldsymbol{S}$ 仅包含一个参数，即近邻数，将半监督学习框架中的传统相似度矩阵替换为天然稀疏的 $\boldsymbol{S}$，不仅可以减轻调参压力，还能够显著提升半监督学习框架框架运行效率。值得注意的是，二部图中 $\boldsymbol{S}$ 的锚点可以进一步将预选的 m 个锚点作为标签已知的伪标签样本，以解决半监督学习框架仍需要真实标签指导的局限性，其中存在 m 个伪类且每个锚点对应一个伪类。综上所述，根据半监督学习框架定义，初始标签矩阵 $\boldsymbol{Y}$ 和软标签矩阵 $\boldsymbol{F}$ 的维度均需要转化为 $\mathbb{R}^{n\times(m+1)}$，以期实现基于半监督学习框架的自监督学习。

3) 基于矩阵求逆引理的加速策略

将式(7.2.40)代入式(7.2.37)，可得

$$\boldsymbol{F}^*=\left(\boldsymbol{I}_n-\boldsymbol{E}_\alpha\boldsymbol{B}\boldsymbol{\Lambda}^{-1}\boldsymbol{B}^{\mathrm{T}}\right)^{-1}\boldsymbol{E}_\beta\boldsymbol{Y} \tag{7.2.42}$$

式(7.2.42)仍需要对 n 维方阵进行时间复杂度为 $\mathcal{O}(n^3)$ 的求逆运算。为了进一步提升模型运算效率，引入矩阵求逆引理以替换为小规模矩阵求逆运算，表述如下。

引理 7.2.1(矩阵求逆引理)　定义矩阵 $\boldsymbol{U}\in\mathbb{R}^{a\times b}$、$\boldsymbol{V}\in\mathbb{R}^{b\times a}$ 及可逆矩阵 $\boldsymbol{R}\in\mathbb{R}^{a\times a}$、$\boldsymbol{Q}\in\mathbb{R}^{b\times b}$，存在以下关系：

$$\left(\boldsymbol{R}-\boldsymbol{U}\boldsymbol{Q}^{-1}\boldsymbol{V}\right)^{-1}=\boldsymbol{R}^{-1}+\boldsymbol{R}^{-1}\boldsymbol{U}\left(\boldsymbol{Q}-\boldsymbol{V}\boldsymbol{R}^{-1}\boldsymbol{U}\right)^{-1}\boldsymbol{V}\boldsymbol{R}^{-1} \tag{7.2.43}$$

矩阵求逆引理能够将 a 维方阵求逆运算转化为 b 维方阵的求逆运算。因此，定义矩阵 $\boldsymbol{Q}_1\left(\boldsymbol{I}_n-\boldsymbol{E}_\alpha\boldsymbol{B}\boldsymbol{\Lambda}^{-1}\boldsymbol{B}^{\mathrm{T}}\right)^{-1}-\boldsymbol{I}_n$，对其进行变形，可得

$$\left(\boldsymbol{I}_n-\boldsymbol{E}_\alpha\boldsymbol{B}\boldsymbol{\Lambda}^{-1}\boldsymbol{B}^{\mathrm{T}}\right)\left(\boldsymbol{I}_n+\boldsymbol{Q}_1\right)=\boldsymbol{I}_n \tag{7.2.44}$$

$\boldsymbol{Q}_1$ 可以进一步进行如下等价转化：

$$
\begin{aligned}
& \boldsymbol{I}_n - \boldsymbol{E}_\alpha \boldsymbol{B}\boldsymbol{\Lambda}^{-1}\boldsymbol{B}^{\mathrm{T}} + \left(\boldsymbol{I}_n - \boldsymbol{E}_\alpha \boldsymbol{B}\boldsymbol{\Lambda}^{-1}\boldsymbol{B}^{\mathrm{T}}\right)\boldsymbol{Q}_1 = \boldsymbol{I}_n \\
\Leftrightarrow & \left(\boldsymbol{I}_n - \boldsymbol{E}_\alpha \boldsymbol{B}\boldsymbol{\Lambda}^{-1}\boldsymbol{B}^{\mathrm{T}}\right)\boldsymbol{Q}_1 = \boldsymbol{E}_\alpha \boldsymbol{B}\boldsymbol{\Lambda}^{-1}\boldsymbol{B}^{\mathrm{T}} \\
\Leftrightarrow & \boldsymbol{Q}_1 = \left(\boldsymbol{I}_n - \boldsymbol{E}_\alpha \boldsymbol{B}\boldsymbol{\Lambda}^{-1}\boldsymbol{B}^{\mathrm{T}}\right)^{-1} \boldsymbol{E}_\alpha \boldsymbol{B}\boldsymbol{\Lambda}^{-1}\boldsymbol{B}^{\mathrm{T}}
\end{aligned}
\tag{7.2.45}
$$

紧接着，将式(7.2.45)中另一种形式的 $\boldsymbol{Q}_1$ 代入式(7.2.42)，并将式(7.2.42)进行如下等价变形：

$$
\begin{aligned}
\boldsymbol{F}^* &= \left(\boldsymbol{Q}_1 + \boldsymbol{I}_n\right)\boldsymbol{E}_\beta \boldsymbol{Y} \\
&= \left[\left(\boldsymbol{I}_n - \boldsymbol{E}_\alpha \boldsymbol{B}\boldsymbol{\Lambda}^{-1}\boldsymbol{B}^{\mathrm{T}}\right)^{-1} \boldsymbol{E}_\alpha \boldsymbol{B}\boldsymbol{\Lambda}^{-1}\boldsymbol{B}^{\mathrm{T}} + \boldsymbol{I}_n\right]\boldsymbol{E}_\beta \boldsymbol{Y} \\
&= -\left[\left(-\boldsymbol{E}_\alpha \boldsymbol{B}\right)^{-1} + \boldsymbol{\Lambda}^{-1}\boldsymbol{B}^{\mathrm{T}}\right]^{-1} \boldsymbol{\Lambda}^{-1}\boldsymbol{B}^{\mathrm{T}}\boldsymbol{E}_\beta \boldsymbol{Y} + \boldsymbol{E}_\beta \boldsymbol{Y} \\
&= -\left\{\boldsymbol{\Lambda}^{-1}\left[\boldsymbol{\Lambda}\left(-\boldsymbol{E}_\alpha \boldsymbol{B}\right)^{-1} + \boldsymbol{B}^{\mathrm{T}}\right]\right\}^{-1} \boldsymbol{\Lambda}^{-1}\boldsymbol{B}^{\mathrm{T}}\boldsymbol{E}_\beta \boldsymbol{Y} + \boldsymbol{E}_\beta \boldsymbol{Y} \\
&= -\left[\boldsymbol{\Lambda}\left(-\boldsymbol{E}_\alpha \boldsymbol{B}\right)^{-1} + \boldsymbol{B}^{\mathrm{T}}\right]^{-1} \boldsymbol{B}^{\mathrm{T}}\boldsymbol{E}_\beta \boldsymbol{Y} + \boldsymbol{E}_\beta \boldsymbol{Y} \\
&= -\left\{\left[\boldsymbol{\Lambda} + \boldsymbol{B}^{\mathrm{T}}\left(-\boldsymbol{E}_\alpha \boldsymbol{B}\right)\right]\left[-\boldsymbol{E}_\alpha \boldsymbol{B}\right]^{-1}\right\}^{-1} \boldsymbol{B}^{\mathrm{T}}\boldsymbol{E}_\beta \boldsymbol{Y} + \boldsymbol{E}_\beta \boldsymbol{Y} \\
&= \boldsymbol{E}_\alpha \boldsymbol{B}\left(\boldsymbol{\Lambda} - \boldsymbol{B}^{\mathrm{T}}\boldsymbol{E}_\alpha \boldsymbol{B}\right)^{-1} \boldsymbol{B}^{\mathrm{T}}\boldsymbol{E}_\beta \boldsymbol{Y} + \boldsymbol{E}_\beta \boldsymbol{Y}
\end{aligned}
\tag{7.2.46}
$$

式中，m 维方阵 $\boldsymbol{\Lambda} - \boldsymbol{B}^{\mathrm{T}}\boldsymbol{E}_\alpha \boldsymbol{B}$ 是变换后需要执行求逆运算的矩阵。由于 $m \ll n$，相比于变换前对 n 维方阵 $\boldsymbol{I}_n - \boldsymbol{E}_\alpha \boldsymbol{B}\boldsymbol{\Lambda}^{-1}\boldsymbol{B}^{\mathrm{T}}$ 的求逆运算，计算复杂度从 $\mathcal{O}(n^3)$ 降为 $\mathcal{O}(m^3)$，显著提升了半监督学习框架的运算效率。

综上所述，经过相似度矩阵替换和矩阵求逆引理优化两方面加速的 FSSF 表达式如下：

$$
\boldsymbol{F}^* = \boldsymbol{E}_\alpha \boldsymbol{B}\left(\boldsymbol{\Lambda} - \boldsymbol{B}^{\mathrm{T}}\boldsymbol{E}_\alpha \boldsymbol{B}\right)^{-1} \boldsymbol{B}^{\mathrm{T}}\boldsymbol{E}_\beta \boldsymbol{Y} + \boldsymbol{E}_\beta \boldsymbol{Y}
\tag{7.2.47}
$$

2. 基于二部图的快速自监督聚类算法

基于前述的 FSSF 框架，本小节提出 FSSC 方法，利用 FSSF 以自监督的方式执行伪标签传播过程。伪标签根据 BKHK 的二叉树结构最后一层锚点的选定顺序进行标记。根据异常点的评估策略，计算每个样本对应的“评估分数”以提取其中最有代表性的样本。最终，代表点特选过程能有效地获得分别属于 c 个类的 c 个代表点，以执行最后的半监督传播。

1) 自监督伪标签传播

将初始锚点作为 FSSF 中的已标记样本，其他 $n-m$ 个样本均为未标记样本，

且 m 个锚点分别对应 m 个不同的伪标签。对应参数矩阵 $\boldsymbol{E}_{\alpha}$ 和 $\boldsymbol{E}_{\beta}$，已标记与未标记样本需设定不同 α_i 以得到最优标签传播效果。对于有标记样本，通常为 $\boldsymbol{x}_i$。赋予 $\alpha_i > 0$ 以处理部分样本中可能存在的噪声标记。此处，m 个代表点是从原始数据中选取并大致覆盖原始数据结构的一类点，因此人工赋予的 m 个伪标签几乎与原始数据密切相关，理论上将所有伪标签视为无噪标签集。对于未标记样本，α_i 通常在 $[0,1)$ 内取值且尽可能向 1 逼近。

在生成伪标签与参数设定之后，构造初始标签矩阵 $\boldsymbol{Y}$ 并通过式(7.2.47)求得最优软标签矩阵 $\boldsymbol{F}^*$，f_{ik} 为第 i 个样本属于第 k 个锚点对应伪类的概率；特殊的是，当 $k = m+1$ 时，f_{ik} 为第 i 个样本属于异常点的概率。

2) 基于相似度修正的代表点选取策略

考虑到软标签 f_{ik} 仅描述了第 i 个样本对于第 k 个锚点的隶属关系，并不是原始样本对于真实类别的隶属关系，因此关键问题是如何使用 m 个锚点获取更为聚焦的 c 个代表点，以进一步衡量所有样本针对真实类别的隶属关系。因此，采用根据软标签矩阵 $\boldsymbol{F}^*$ 的行和提取“评估分数”的策略，以表征对应样本是否异常或是否能成为某一真实类别的代表点。

在“评估分数”的基础上，本小节进而提出一种特选策略，从 n 个样本中提取与 c 个真实类别形成最优匹配的 c 个代表点，以避免某一先验类中的样本缺少代表点表征。一方面，第 i 个样本拥有较大“分数”值仅仅体现第 i 个样本更有可能被包括在先验 c 类中；另一方面，后续代表点的选择取决于之前已经选取的代表点，目的是分别从不同类别中选择代表点。

由于代表点数量正好是 c，因此每当选择一个代表点时，都应该剔除与该代表点具有高度相似性的样本点，进而避免发生上述某一类中存在多个代表点而某一类缺失代表点的情况。具体地，采用图相似度对其他所有样本的“分数”进行修正，与已选代表点越相似，修正后的“评估分数”也将越小。在该情况下，选择其他高相似度样本点作为下一个代表点的概率将非常小。记第 i 个样本对应的“评估分数”为

$$\operatorname{score}(\boldsymbol{x}_i) = \sum_{k=1}^{m} f_{ik} \tag{7.2.48}$$

接着，选择拥有最大“评估分数”值的样本，这表明该样本最不可能成为异常点，也就最能代表真实类别中的某类。假设 $\boldsymbol{x}_i$ 对应的“评估分数”值为 h_1，显然，有

$$h_1 = \arg\max \operatorname{score}(\boldsymbol{x}_i) \tag{7.2.49}$$

对于其他任一样本 $\boldsymbol{x}_j$，其修正过程表示如下：

$$\operatorname{score}\left(\boldsymbol{x}_j\right)_{\text{new}}=\left(1-s_{ij}\right)\operatorname{score}\left(\boldsymbol{x}_j\right) \tag{7.2.50}$$

基于新的“评估分数”，继续从所有样本中选取最大值 h_2 对应的样本作为第二个代表点，并通过式(7.2.50)对其他样本的“评估分数”进行一一修正，重复运行直到 c 个代表点全部获取。这 c 个代表点将作为最终全样本标签传播的真实标签样本。

3) 代表点标签传播

仍采用提出的 FSSF 方法执行从 c 个代表点向全样本的标签传播过程，类似式(7.2.32)，求解问题表示如下：

$$\min_{\boldsymbol{T}}\sum_{i,j=1}^{n}s_{ij}\left\|\boldsymbol{t}_i-\boldsymbol{t}_j\right\|_{\mathrm{F}}^2+\sum_{i,j=1}^{n}\hat{\mu}_i\left\|\boldsymbol{t}_i-\hat{\boldsymbol{y}}_j\right\|_{\mathrm{F}}^2 \tag{7.2.51}$$

式中，μ_i 为正则化参数。在半监督学习框架中，仍使用式(7.2.40)的二部图稀疏相似度矩阵 $\boldsymbol{S}$ 衡量传播标签权重，可得最终的标签传播结果求解表达式：

$$\boldsymbol{T}^*=(\boldsymbol{I}_n-\boldsymbol{W}+\hat{\boldsymbol{U}})^{-1}\hat{\boldsymbol{U}}\hat{\boldsymbol{Y}} \tag{7.2.52}$$

式中，$\boldsymbol{T}^*=[\boldsymbol{t}_1^{*\mathrm{T}};\boldsymbol{t}_2^{*\mathrm{T}};\cdots;\boldsymbol{t}_n^{*\mathrm{T}}]\in\mathbb{R}^{n\times(c+1)}$ 指示最终的标签传播结果；$\hat{\boldsymbol{Y}}\in\mathbb{R}^{n\times(c+1)}$ 指示基于 c 个代表点的初始标签矩阵，其与 $\boldsymbol{Y}$ 的初始化规则相同；n 维对角矩阵 $\hat{\boldsymbol{U}}$ 的第 i 个对角元素为 μ_i。同理，定义 $\hat{\boldsymbol{E}}_\alpha$ 和 $\hat{\boldsymbol{E}}_\beta$、$\hat{\alpha}_i=d_i/(d_i+\hat{\mu}_i)$ 和 $\hat{\beta}_i=\hat{\mu}_i/(d_i+\hat{\mu}_i)$，其中 $\hat{\alpha}_i$ 和 $\hat{\beta}_i$ 分别为 $\hat{\boldsymbol{E}}_\alpha$ 和 $\hat{\boldsymbol{E}}_\beta$ 的第 i 个对角元素。在该情况下，对于已知标签样本 $\boldsymbol{x}_i$，由于对所得最佳匹配代表点的标签完全信任，因此 $\hat{\alpha}_i$ 设置为 1；对于未知标签样本，为保留异常点检测能力，通常将 $\hat{\alpha}_i$ 设置为经验值 0.99。从 c 个代表点向全样本的标签传播公式可以表示为

$$\boldsymbol{T}^*=(\boldsymbol{I}_n-\hat{\boldsymbol{E}}_\alpha\boldsymbol{P})^{-1}\hat{\boldsymbol{E}}_\beta\hat{\boldsymbol{Y}} \tag{7.2.53}$$

考虑到式(7.2.53)中仍需要进行 n 维方阵拟运算，类似式(7.2.42)，采用矩阵求逆引理将式(7.2.53)转化为

$$\boldsymbol{T}^*=\hat{\boldsymbol{E}}_\alpha\boldsymbol{B}\left(\boldsymbol{\varLambda}-\boldsymbol{B}^{\mathrm{T}}\hat{\boldsymbol{E}}_\alpha\boldsymbol{B}\right)^{-1}\boldsymbol{B}^{\mathrm{T}}\hat{\boldsymbol{E}}_\beta\boldsymbol{Y}+\hat{\boldsymbol{E}}_\beta\hat{\boldsymbol{Y}} \tag{7.2.54}$$

最终，从 $\boldsymbol{T}^*$ 中直接寻找行 $\boldsymbol{t}_i^*$ 最大值，得到 n 个原始样本的预测标签。

针对聚类算法构图方式单一和谱聚类算法处理大数据时矩阵运算效率低的问题，本小节在通用半监督学习框架基础上，融合了锚点理论，通过稀疏图来指导标签传播以实现快速自监督图学习，并改进为快速半监督学习框架以提高标签传播效率。借助 BKHK 的锚点图构造了更为稀疏的相似度矩阵；采用矩阵求逆引理进一步大幅提高了运算效率。同时，传统的特征值分解与离散化过程被半监

督标签学习完全取代。基于求解得到的软标签矩阵，提出了一种相似度修正代表点选取策略，将锚点集进一步浓缩至更为精确的真实类别代表点集。最后，借助 FSSF 方法将代表点集携带的标签传播至全样本并求得全样本预测标签。

7.2.3　基于新类发现的递进式自监督方法

7.2.2 小节提出的 FSSC 方法能够有效提升对大规模数据的整体处理效率，然而其聚类精度在各真实数据集上仍有待进一步提高。为了提升针对多类别数据的聚类精度，在 7.2.2 小节提出的 FSSF 方法基础上，本小节提出一种基于新类发现的递进式自监督聚类(progressive self-supervised clustering with novel category discovery，PSSCNCD)方法以实现对多类别复杂结构数据的精确聚类。基于对快速半监督学习框架新的理解，提出了新类发现策略与相关理论，为后续的聚类过程奠定了基础。设计基于新类发现的代表点选取策略，并对提出的 PSSCNCD 方法进行时间复杂度分析与消融研究，深度剖析算法结构。

1. 半监督新类发现理论

FSSF 要解决的问题可表示如下：

$$\min_{\boldsymbol{F}} \sum_{i,j=1}^{n} s_{ij} \left\| \boldsymbol{f}_i - \boldsymbol{f}_j \right\|_{\mathrm{F}}^2 + \sum_{i=1}^{n} \mu_i \left\| \boldsymbol{f}_i - \boldsymbol{y}_i \right\|_{\mathrm{F}}^2 \tag{7.2.55}$$

式中，s_{ij} 是基于二部图的样本成对相似度。根据 7.2.2 小节描述，结合式(7.2.11)和矩阵求逆引理加速可得基于 FSSF 的最优软标签矩阵 $\boldsymbol{F}^*$：

$$\boldsymbol{F}^* = \boldsymbol{E}_\alpha \boldsymbol{B}\left(\boldsymbol{\varLambda} - \boldsymbol{B}^{\mathrm{T}} \boldsymbol{E}_\alpha \boldsymbol{B}\right)^{-1} \boldsymbol{B}^{\mathrm{T}} \boldsymbol{E}_\beta \boldsymbol{Y} + \boldsymbol{E}_\beta \boldsymbol{Y} \tag{7.2.56}$$

式中，$\boldsymbol{Y}$ 为将锚点标签视为初始伪标签的初始标签矩阵；$\boldsymbol{B}$ 为二部图矩阵；$\boldsymbol{E}_\alpha$ 和 $\boldsymbol{E}_\beta$ 分别为标记样本正则化参数矩阵和未标记样本正则化参数矩阵，具体构造方式见式(7.2.36)。与 7.2.2 小节不同的是，本小节提出的方法为软标签矩阵的最后一列赋予了新类别发现的含义。具体来说，关于参数 α_1，其作用是修正原始的噪声或错误标签。针对软标签矩阵 $\boldsymbol{F}^*$ 的第 $m+1$ 列，参数 α_{u} 表示对于未标记样本 $\boldsymbol{x}_i$，如果确定标记样本中的标签已经涵盖了所有真实类别，数据集中将不存在其他新类。在这种情况下，α_i 设置为 1。相反，如果现有标记相对所有真实类别并不完整，那么，α_i 须小于 1 以保留新类发现能力。其中，软标签的最后一行表示样本属于新类的概率。

2. 基于新类发现的递进式自监督聚类方法

为了提升对多类别数据的聚类精度，提出一种递进式自监督聚类方法，即递进式代表点选取过程。该过程利用快速半监督学习框架的新类发现功能，逐个识别代表点以最大化代表点之间的类间差异，进而实现对多类别数据的精确聚类。递进式代表点选取策略分为以下几个步骤：首先，需要根据特定准则初始化第一个代表点并赋予伪标签；接着，需要通过已选择的代表点执行后续标签传播并选出下一个代表点，以此类推，直到全部获取对应 c 个真实类别的 c 个代表点。值得强调的是，每发现一次新的代表点就需要执行一次新的标签传播过程，因此该算法也能自适应确定数据簇数。

1) 递进式代表点选取策略

记 $\mathcal{Z}=\{z_1,z_2,\cdots,z_c\}$ 为即将选取的 c 个代表点，且代表点真实类别一一对应。首先，选取初始代表点 z_1 以启动标签传播过程。通常情况下，考虑以下三种初始代表点的策略：①在原始样本中随机选取一个作为初始代表点；②选取距离任一锚点最近的样本作为初始代表点；③直接选取某一锚点作为初始代表点。由于代表点仅作为标签传播的中介，其与每一类的聚类中心并没有直接关联，因此以上三种策略在理论上都是可行的。为了避免代表点分布在簇的边缘进而影响标签传播精度，通常采用后两种策略。PSSCNCD 方法采用第二种策略，其中第一个代表点 z_1 携带 c 个真实类别中的某一类标签以启动伪标签传播。记代表点 z_1 相对原始样本的序号为 r_1，类似于 FSSF 中初始标签矩阵 $\boldsymbol{Y}$ 的构建过程，可构建一个新的动态标签矩阵 $\boldsymbol{Y}^{(a)}=[\boldsymbol{y}_1;\boldsymbol{y}_2;\cdots;\boldsymbol{y}_n]\in\mathbb{R}^{n\times(a+1)}$，其中 $\boldsymbol{y}_i$ 为对应第 i 个样本点的标签行向量，a 指示从 1 到 c 的变量，列数 $a+1$ 会随着代表点数目的增加而增加。对于每一个 $\boldsymbol{Y}^{(a)}$，前 a 列与已选取的代表点一一对应，最后一列为额外的新类指示列。当完成初始代表点的选取之后，代表点数量为 1，此时 $a=1$。因此，矩阵 $\boldsymbol{Y}^{(1)}=[\boldsymbol{y}_1;\boldsymbol{y}_2;\cdots;\boldsymbol{y}_n]\in\mathbb{R}^{n\times 2}$ 的两列分别表示代表点 z_1 对应的伪类及尚未发现的新类。针对唯一的代表点 z_1，对 $y_{r_1}^{(1)}$ 赋予向量 $[1,0]$，指示该代表点是第一伪类的真实代表；对于其余未标记的 $n-1$ 个样本，设置 $[0,1]$ 以指示未知部署的新类。综上所述，对应的软标签矩阵 $\boldsymbol{F}^{(1)}\in\mathbb{R}^{n\times 2}$ 可以通过以下 FSSF 标签传播公式计算得到：

$$\boldsymbol{F}^{(1)}=\boldsymbol{E}_{\alpha}\boldsymbol{B}\left(\boldsymbol{\Lambda}-\boldsymbol{B}^{\mathrm{T}}\boldsymbol{E}_{\alpha}\boldsymbol{B}\right)^{-1}\boldsymbol{B}^{\mathrm{T}}\boldsymbol{E}_{\beta}\boldsymbol{Y}^{(1)}+\boldsymbol{E}_{\beta}\boldsymbol{Y}^{(1)} \tag{7.2.57}$$

代表点 z_1 的 α_1 设置在 $[0,1)$ 内，该取值范围的合理性将会在实验部分进行详细验证。对于其余未标记样本，新类发现的能力将会随着 α_{u} 的减小而逐渐增大。此时，任意未标记样本 $\boldsymbol{x}_i$ 和 $\boldsymbol{x}_j$ 对应 $f_{i2}^{(1)}$ 和 $f_{j2}^{(1)}$ 的差异将会非常小，其中 $f_{i2}^{(1)}$ 表示样本 $\boldsymbol{x}_i$ 属于新类的概率($f_{j2}^{(1)}$ 同理)。在该情况下，很难提取与新类最为适配的显著代表点。因此，α_{u} 通常设置为不大于 1 且接近 1 的值，以保证新代表点的显著性与新类发现的有效性，如 0.99。

由于软标签矩阵 $\boldsymbol{F}^{(1)}$ 的概率特性，第二列的值代表样本属于其余 $c-1$ 类的概率。因此，选择拥有最大 $f_{i2}^{(1)}$ 的样本 $\boldsymbol{x}_i$ 作为下一个代表点 $\boldsymbol{z}_2$，该代表点对于样本点的序号记为 r_2。此时，代表点集即已知标签样本集被更新为 $\{\boldsymbol{z}_1, \boldsymbol{z}_2\}$，$a=2$。动态标签矩阵也被相应更新为 $\boldsymbol{Y}^{(2)} \in \mathbb{R}^{n\times 3}$，其中前两列分别对应 $\boldsymbol{z}_1$ 和 $\boldsymbol{z}_2$ 的伪类，第三列依然对应等待发现的新类。在 $\boldsymbol{Y}^{(2)}$ 中，$\boldsymbol{y}_{z_1}$ 和 $\boldsymbol{y}_{z_2}$ 被分别设置为 $[1,0,0]$ 和 $[0,1,0]$。对于其余 $n-2$ 个数据点，仍然保持标签向量最后一个元素为 1，其余为 0。可以发现，一旦需要发现新的代表点，就要重新执行半监督学习，因此第二次经过 FSSF 学习的软标签矩阵 $\boldsymbol{F}^{(2)}$ 表示如下：

$$\boldsymbol{F}^{(2)} = \boldsymbol{E}_\alpha \boldsymbol{B}\left(\boldsymbol{\Lambda} - \boldsymbol{B}^{\mathrm{T}} \boldsymbol{E}_\alpha \boldsymbol{B}\right)^{-1} \boldsymbol{B}^{\mathrm{T}} \boldsymbol{E}_\beta \boldsymbol{Y}^{(2)} + \boldsymbol{E}_\beta \boldsymbol{Y}^{(2)} \tag{7.2.58}$$

式中，α_{l} 与 α_{u} 的取值不变。接着，需要利用获取的 $\boldsymbol{F}^{(2)}$ 进一步探测下一个代表点 $\boldsymbol{z}_3$ 以表示下一伪类。以此类推，第 a 次标签传播对应的软标签矩阵 $\boldsymbol{F}^{(a)}$ 学习如下：

$$\boldsymbol{F}^{(a)} = \boldsymbol{E}_\alpha \boldsymbol{B}\left(\boldsymbol{\Lambda} - \boldsymbol{B}^{\mathrm{T}} \boldsymbol{E}_\alpha \boldsymbol{B}\right)^{-1} \boldsymbol{B}^{\mathrm{T}} \boldsymbol{E}_\beta \boldsymbol{Y}^{(a)} + \boldsymbol{E}_\beta \boldsymbol{Y}^{(a)}, \quad 3 \leqslant a < c \tag{7.2.59}$$

直到对应 c 个真实类别的 c 个代表点依次全部选出，新类发现过程停止。此后，$\boldsymbol{Y}^{(c)}$ 将被用来执行最终的标签传播，以获取全样本预测标签和对应的聚类结果。此外，根据代表点的递进式发现过程可知，PSSCNCD 方法拥有自动确定聚类簇数的功能，与新类发现过程的停止条件相对应。更具体地，当初始代表点 $\boldsymbol{z}_1$ 已经被发现时，对应软标签矩阵的第二列元素有如下性质。

(1) 在适当调节 α_{u} 后，对于与 $\boldsymbol{z}_1$ 相似的样本，该值几乎为零，这意味着这些样本大概率不属于新类；

(2) 对于与 $\boldsymbol{z}_1$ 相异的样本，该值通常接近于 1，这表明这些样本很大概率属于新类。

随着选取代表点的增加，会有越来越少的样本被上述规则判定为新类。那么，当软标签矩阵 $\boldsymbol{F}^{(a)}$ 最后一列的所有值都非常小时(小于某一阈值)，原始样本的簇数将被自动判别为 a。由于在实际场景中该阈值很难确定，该自适应策略可能仅对简单结构数据适用，而在处理复杂的真实数据集时该策略的鲁棒性较差。

2) 计算复杂度分析

基于新类发现的递进式子监督方法的时间复杂度分析，可以从以下三方面进行。

(1) 对于从 n 个原始样本点中选择 m 个锚点的 BKHK 方法，其时间复杂度为 $\mathcal{O}\left(nd\log(m)\right)$。由于初始代表点是根据锚点选择的，并且后续标签矩阵的构造需要与原始数据顺序一一对应，为了记录所有锚点关于原始样本的排列序号，其时间复杂度为$\mathcal{O}(nmd)$。

(2) 构造二部图$\boldsymbol{B}$及改进通用半监督学习框架的时间复杂度为$\mathcal{O}(nmd)$。

(3) 根据式(7.4.3)～式(7.4.5)，PSSCNCD 采用的 FSSF 通过矩阵求逆引理，将大规模方阵$\boldsymbol{I}_n-\boldsymbol{E}_\alpha\boldsymbol{W}$逆转化为小规模方阵$\boldsymbol{\Lambda}-\boldsymbol{B}^{\mathrm{T}}\boldsymbol{E}_\alpha\boldsymbol{B}$的逆，以显著减轻矩阵运算负担，FSSF 需要耗费$\mathcal{O}(m^2n)$执行伪标签传播过程。考虑到获取最终的$c$个代表点需要执行$c$次标签传播，基于新类发现的代表点选取过程的计算复杂度为$\mathcal{O}(nm^2c)$。

尽管从理论上讲$c\ll m\ll n$，但为得到提出方法的最佳聚类性能，在实际场景中m往往大于 1000。在c次标签传播的基础上(某些真实数据甚至包含 100 种以上的类别)，锚点的数量不能被忽视。综上所述，PSSCNCD 方法的计算复杂度为$\mathcal{O}(nmd+nm^2c)$。特别地，当c与m的值都很大时，PSSCNCD 方法的聚类效率将会受到影响。

3) 消融分析

PSSCNCD 方法主要分为以下三个模块：①基于 BKHK 方法的二部图构建；②基于标签传播的快速半监督学习框架；③基于新类发现的代表点选取策略。一方面，整个代表点选取策略完全基于半监督框架中的概率模型；另一方面，FSSF 贯穿代表点选取过程始终。因此，基于新类发现的代表点选取策略与半监督学习框架，在整个 PSSCNCD 方法中被视为一个整体。换句话说，PSSCNCD 方法实际上只有两个优化部分，即基于锚点的图学习机制和基于半监督学习框架的代表点选取策略。因此，相应的消融分析也从以下两个方面展开。

(1) 倘若将锚点图替换为基于高斯核函数的传统图，矩阵求逆引理将无法用于求逆运算的加速转化。另外，锚点图本身天然稀疏也仅限于易调整的锚点数与近邻数，对于图学习后处理过程至关重要。因此，锚点图优化的核心是提升运算效率。值得一提的是，初始代表点的选取也依赖 BKHK 方法选取的锚点，锚点图的缺失会严重影响半监督框架的综合学习性能。

(2) 如果将基于半监督框架的代表点选取策略替换为针对拉普拉斯矩阵的特征值分解或奇异值分解，算法将等价于快速谱聚类(Fast spectral clustering，FSC)方法(Zhu et al., 2017)和基于 BKHK 拉普拉斯随机游走的快速谱聚类(FSC based on random walk Laplacian with BKHK，FRWL-B)方法(Wang et al., 2020)。根据实验结果可知，提出的代表点选取策略在聚类精确度和归一化互信息方面均优于 FSC 方法和 FRWL-B 方法。因此，基于快速半监督学习框架的代表点选取策略更侧重于提升精度。

综上所述，锚点图和代表点选取策略分别侧重于保持快速性和显著提升聚类性能，这两部分对于提升模型聚类综合性能不可或缺且同等重要。

为了进一步提升标签传播精度，本小节在快速半监督学习框架的基础上提出了新类发现的代表点选取策略并构建了 PSSCNCD 方法，从新类发现的角度揭示了对半监督学习框架及相关参数新的认识并进行了详细分析。具体来讲，该策略借助框架中软标签的新类别，依次发现总体特征不同的样本点，每发现一个代表点就需要对全样本执行一次标签传播，直到发现原始数据中的所有类别。人造数据示例中的详细传播过程和真实数据集中的对比结果表明，提出的 PSSCNCD 方法通过揭示样本的类间差异显著提升了聚类精度。另外，通过对新类发现过程的停止条件可以发现，该模型还具有自动确定聚类簇数的功能。与 7.2.2 小节提出的 FSSC 方法相比，由于 PSSCNCD 方法需要根据每一类别寻找代表点并传播伪标签，因此模型效率有所降低，但精度得到了显著提升。结合针对谱聚类局限性提出的三种聚类方法不难发现，聚类模型的效率与精度通常不可兼得，需要进行取舍和均衡。因此，在工程应用中，需要根据实际任务需求的侧重点选择合适的聚类方法。

7.3 小　　结

本章首先介绍了聚类分析中的经典算法，根据聚类策略的差异分别阐述了 K 均值、模糊 K 均值、MS、DBSCAN、层次聚类和谱聚类等基于均值迭代、密度传播、层次划分和图学习的经典聚类算法，并对多种聚类算法的目标函数构建与优化算法进行了理论推导,在此基础上对各算法的优缺点和适用情况进行了分析。

此外，本章针对经典谱聚类算法的三个步骤，即“图构建”“谱分析”“离散化”在处理多类别与大规模数据时存在的一系列瓶颈问题展开论述，并对提出的三种先进的谱聚类方法进行了详细分析与说明。具体包括：针对谱聚类处理大规模数据快速性差的问题，提出的基于二部图学习的快速自监督聚类算法；针对谱聚类处理多类别数据聚类精度低的问题，提出的基于新类发现的渐进式自监督聚类算法；针对谱聚类中固定图噪声鲁棒性低、相似性度量单一及离散化过程三个方面的问题，提出的基于最大熵的自适应近邻图聚类算法。针对谱聚类算法在处理大规模与多类别数据时存在的局限性进行了深入分析与探索，三种先进的谱聚类方法分别在运行时间和精度上获得了显著提升。

第 8 章　回归与分类方法

最常用的有监督学习任务包括回归任务(预测值)和分类任务(预测类)，其本质均在于通过发掘已知数据特征间的潜在关联规律，尽可能对未知数据做出准确、合理的预测。已知数据用于回归学习器或分类学习器训练，因此被称为训练集，可写作$(\boldsymbol{x}_1, y_1),(\boldsymbol{x}_2, y_2),\cdots,(\boldsymbol{x}_n, y_n)$。其中，$\boldsymbol{x}_i \in \mathbb{R}^{d\times 1}, i=1,2,\cdots,n$表示各样本特征，$d$为特征维度数量；$y_i$表示样本标签，对于有监督分类而言，样本标签已知。回归模型与分类模型如图 8.0.1 所示。

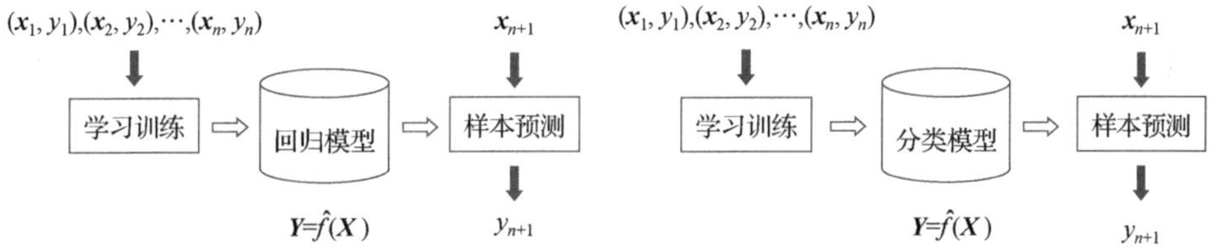

图 8.0.1　回归模型与分类模型示意图

输出变量$\boldsymbol{Y}$的数值随输入变量$\boldsymbol{X}$的变化而变化，回归与分类任务的关键在于学习预测函数$\boldsymbol{Y}=\hat{f}(\boldsymbol{X})$，表示输出变量与输入变量之间的映射关系。

回归与分类的根本区别在于输出空间，当输出变量为连续分布时，样本预测问题便成为回归问题，回归学习器表示从原始样本空间$\mathbb{R}^{n\times d}$到预测空间$\mathbb{R}^{n\times c}$的映射关系。其中，c表示输出变量的维度数量。当输出变量取值为有限个离散值时，样本预测问题便成为分类问题，分类学习器表示从原始样本空间$\mathbb{R}^{n\times d}$到预测空间$\boldsymbol{C}$的映射关系。其中，$\boldsymbol{C}$表示样本标签集合。回归任务对未知样本的属性进行预测，如根据汽车产品的驾驶里程、使用年限、品牌等数据预测汽车交易价格；分类任务则对未知样本的标签进行预测，如垃圾邮件过滤对电子邮件示例及类别(垃圾邮件或常规邮件)进行训练并对未知邮件进行判定。训练这样的系统需要大量依赖人为标注的数据。值得注意的是，回归与分类算法可以相互转化。当未知样本的属性服从有限离散分布时，回归算法可以承担分类相关的学习任务。例如，逻辑回归广泛应用于分类任务，因为其可以输出属于某个给定类别的概率。同时，分类算法同样可以视作对样本标签属性的回归分析，如本章涉及的支持向量机回归算法同样可用于分类任务。近年来，日益增长的海量数据导致获取标签信息越加耗时费力，为克服对标签信息的严重依赖，部分学者将回归与分类算法拓展至半监督学习，以解决回归任务受制于日益增长海量数据标签信息获取难度大的问题。

8.1 经典方法

8.1.1 最小二乘回归

以典型回归分析任务为例，根据某地区最近 30 年的 PM2.5 数值变化预测今年该地区的 PM2.5 数值大小。预测数值与该年实际数值越接近，则认为回归分析算法的可信度越高。最小二乘回归的思想在于最小化预测数值与实际数值间误差的平方和，寻求数据的最佳函数匹配。线性回归是回归算法的一种基础模型，应用广泛，本小节将基于线性回归，分别从函数关系与概率分布的角度出发讲解简单最小二乘回归，介绍带正则化项的最小二乘回归(岭回归与套索回归)，并将其推广至非线性回归领域。

通常情况下，回归分析任务采用向量 $\boldsymbol{x} \in \mathbb{R}^{d\times 1}$ 表示样本的特征属性，作为模型分析的自变量。因变量则是待预测的样本属性 y，并且样本属性一般为连续值(实数或连续整数)。在前述实例中，自变量 $\boldsymbol{x} \in \mathbb{R}^{d\times 1}$ 每一维度的元素分别对应过去 30 年的 PM2.5 数值。此时，线性回归模型可以表示为一组参数化的线性函数：

$$f(\boldsymbol{x};\boldsymbol{w},b) = \boldsymbol{w}^{\mathrm{T}}\boldsymbol{x} + b \tag{8.1.1}$$

式中，$\boldsymbol{w} \in \mathbb{R}^{d\times 1}$ 为权重向量；b 为偏置；两者均为待学习的参数。为方便起见，可以将自变量与权重向量分别改写为增广特征变量和增广权重向量：

$$\hat{\boldsymbol{x}} = \left[\boldsymbol{x};1\right] \in \mathbb{R}^{(d+1)\times 1} \tag{8.1.2}$$

$$\hat{\boldsymbol{w}} = \left[\boldsymbol{w};b\right] \in \mathbb{R}^{(d+1)\times 1} \tag{8.1.3}$$

此时，线性回归模型可以简写为 $f(\boldsymbol{x};\boldsymbol{w}) = \boldsymbol{w}^{\mathrm{T}}\boldsymbol{x}$。在本节内容中，直接采用 $\boldsymbol{x}$ 和 $\boldsymbol{w}$ 表示增广特征变量和增广权重向量。

1. 简单最小二乘回归

对于给定的一组包含 n 个训练样本的训练集 $\boldsymbol{D} = \left\{\left(\boldsymbol{x}_n, y_n\right)\right\}_{i=1}^{n}$，线性回归希望习得最优的权重向量 $\boldsymbol{w}$。以下分别从函数关系与概率分布出发，论述最小二乘回归算法模型设计。

1) 函数关系角

线性回归的实际输入与预测输出均为连续的实数值，因此平方损失函数能够

表示最小化真实属性与预测属性之间的差异，有

$$\begin{aligned}\sum_{i=1}^{n} L\left(y_n, f\left(\boldsymbol{x}_i;\boldsymbol{w}\right)\right) &= \frac{1}{2}\sum_{i=1}^{n}\left(y_i - f\left(\boldsymbol{x}_i;\boldsymbol{w}\right)\right)^2 \\ &= \frac{1}{2}\sum_{i=1}^{n}\left(y_i - \boldsymbol{w}^{\mathrm{T}}\boldsymbol{x}_i\right)^2 \\ &= \left\|\boldsymbol{y} - \boldsymbol{X}^{\mathrm{T}}\boldsymbol{w}\right\|_2^2\end{aligned} \tag{8.1.4}$$

式中，$\boldsymbol{y} = \left[y_1, y_2, \cdots, y_n\right]^{\mathrm{T}} \in \mathbb{R}^{n\times 1}$ 是所有样本真实属性组成的列向量；$\boldsymbol{X} \in \mathbb{R}^{(d+1)\times n}$ 是所有样本的输入特征 $\boldsymbol{x}_1^{\mathrm{T}}, \boldsymbol{x}_2^{\mathrm{T}}, \cdots, \boldsymbol{x}_n^{\mathrm{T}}$ 组成的矩阵：

$$\boldsymbol{X} = \begin{bmatrix} \boldsymbol{x}_1^{(1)} & \boldsymbol{x}_2^{(1)} & \cdots & \boldsymbol{x}_n^{(1)} \\ \vdots & \vdots & & \vdots \\ \boldsymbol{x}_1^{(d)} & \boldsymbol{x}_2^{(d)} & \cdots & \boldsymbol{x}_n^{(d)} \\ 1 & 1 & 1 & 1 \end{bmatrix} \tag{8.1.5}$$

此时，最小化平方损失函数(8.1.4)是关于权重向量 $\boldsymbol{w}$ 的凸优化问题，对其求偏导数：

$$\begin{aligned}\frac{\partial L(\boldsymbol{w})}{\partial \boldsymbol{w}} &= \frac{1}{2}\frac{\partial\left\|\boldsymbol{y} - \boldsymbol{X}^{\mathrm{T}}\boldsymbol{w}\right\|_2^2}{\partial \boldsymbol{w}} \\ &= \frac{1}{2}\frac{\partial\left(\left(\boldsymbol{y} - \boldsymbol{X}^{\mathrm{T}}\boldsymbol{w}\right)^{\mathrm{T}}\left(\boldsymbol{y} - \boldsymbol{X}^{\mathrm{T}}\boldsymbol{w}\right)\right)}{\partial \boldsymbol{w}} \\ &= \frac{1}{2}\frac{\partial\left(\boldsymbol{y}^{\mathrm{T}}\boldsymbol{y} - 2\boldsymbol{y}^{\mathrm{T}}\boldsymbol{X}^{\mathrm{T}}\boldsymbol{w} + \boldsymbol{w}^{\mathrm{T}}\boldsymbol{X}\boldsymbol{X}^{\mathrm{T}}\boldsymbol{w}\right)}{\partial \boldsymbol{w}} \\ &= -\boldsymbol{X}^{\mathrm{T}}\boldsymbol{y} + \boldsymbol{X}^{\mathrm{T}}\boldsymbol{X}\boldsymbol{w}\end{aligned} \tag{8.1.6}$$

令 $\dfrac{\partial L(\boldsymbol{w})}{\partial \boldsymbol{w}} = 0$，得到最优的权重向量 $\boldsymbol{w}^*$ 为

$$\boldsymbol{w}^* = \left(\boldsymbol{X}^{\mathrm{T}}\boldsymbol{X}\right)^{-1}\boldsymbol{X}^{\mathrm{T}}\boldsymbol{y} \tag{8.1.7}$$

2) 概率分布角度

前述最小二乘回归推导认为自变量 $\boldsymbol{x}_i$ 与预测属性 y_i 之间存在未知的函数关系 $f(\boldsymbol{x}_i;\boldsymbol{w}) = \boldsymbol{w}^{\mathrm{T}}\boldsymbol{x}_i$。除此以外，最小二乘回归还可以从条件概率 $p\left(y_i \mid \boldsymbol{x}_i\right)$ 的角度进行参数估计。假设预测属性 y 为一个随机变量，并由函数 $f(\boldsymbol{x}_i;\boldsymbol{w}) = \boldsymbol{w}^{\mathrm{T}}\boldsymbol{x}_i$ 和随机噪声 ϵ 决定：

$$y_i = \boldsymbol{w}^{\mathrm{T}} \boldsymbol{x}_i + \epsilon \tag{8.1.8}$$

式中，随机噪声 ϵ 服从均值为 0、方差为 σ^2 的高斯分布。由此，y 服从均值为 $\boldsymbol{w}^{\mathrm{T}} \boldsymbol{x}_i$、方差为 σ^2 的高斯分布：

$$\mathcal{N}\left(y_i \mid \boldsymbol{w}^{\mathrm{T}} \boldsymbol{x}_i, \sigma^2\right) = \frac{1}{\sqrt{2\pi}\sigma} \exp\left[-\frac{\left(y_i - \boldsymbol{w}^{\mathrm{T}} \boldsymbol{x}_i\right)^2}{2\sigma^2}\right] \tag{8.1.9}$$

式中，$\mathcal{N}\left(y_i \mid \boldsymbol{w}^{\mathrm{T}} \boldsymbol{x}_i, \sigma^2\right)$ 表示变量 y_i 服从均值为 $\boldsymbol{w}^{\mathrm{T}} \boldsymbol{x}_i$、方差为 σ^2 的高斯分布；权重向量 $\boldsymbol{w}$ 在训练集 $\boldsymbol{D} = \left\{\left(\boldsymbol{x}_n, y_n\right)\right\}_{i=1}^{n}$ 上的似然函数为

$$p\left(\boldsymbol{y} \mid \boldsymbol{X}; \boldsymbol{w}, \sigma\right) = \prod_{i=1}^{n} \mathcal{N}\left(y_n \mid \boldsymbol{w}^{\mathrm{T}} \boldsymbol{x}_n, \sigma^2\right) \tag{8.1.10}$$

式中，$\boldsymbol{y} = \left[y_1, y_2, \cdots, y_n\right]^{\mathrm{T}} \in \mathbb{R}^{n\times 1}$ 是所有样本真实属性组成的列向量；$\boldsymbol{X} \in \mathbb{R}^{(d+1)\times n}$ 是所有样本输入特征 $\boldsymbol{x}_1^{\mathrm{T}}, \boldsymbol{x}_2^{\mathrm{T}}, \cdots, \boldsymbol{x}_n^{\mathrm{T}}$ 组成的矩阵。

极大似然估计是指习得权重向量 $\boldsymbol{w}$ 能够令似然函数达到最大，等价于对数似然函数 $\ln\left(p\left(\boldsymbol{y} \mid \boldsymbol{X}; \boldsymbol{w}, \sigma\right)\right)$ 最大。当其关于 $\boldsymbol{w}$ 的导数为 0 时，可得

$$\boldsymbol{w}^* = \left(\boldsymbol{X}^{\mathrm{T}} \boldsymbol{X}\right)^{-1} \boldsymbol{X}^{\mathrm{T}} \boldsymbol{y} \tag{8.1.11}$$

由此，从函数关系和概率分布两个角度出发习得的最优化权重矩阵等效。式 (8.1.7)和式(8.1.11)中的 $(\boldsymbol{X}^{\mathrm{T}} \boldsymbol{X})^{-1} \boldsymbol{X}^{\mathrm{T}}$ 又被称为伪逆 $\boldsymbol{X}^{+}$。

2. 岭回归与套索回归

由前文可知，简单最小二乘回归要求 $(\boldsymbol{X}^{\mathrm{T}} \boldsymbol{X}) \in \mathbb{R}^{(d+1)\times(d+1)}$ 必须存在逆矩阵，即要求 $\boldsymbol{X}^{\mathrm{T}} \boldsymbol{X}$ 为满秩矩阵(或 $\boldsymbol{X}$ 中的行向量之间线性无关)。当 $d+1 \gg n$ 时，$\boldsymbol{X}^{\mathrm{T}} \boldsymbol{X}$ 的秩为 n，意味着存在多组权重向量 $\boldsymbol{w}^*$ 均能使得均方误差最小化。数值解的选择由算法的归纳偏好决定，常见的做法是添加常数 γ 使得 $(\boldsymbol{X}^{\mathrm{T}} \boldsymbol{X} + \gamma \boldsymbol{I})$ 满秩。此时，最优化权重向量可求解为

$$\boldsymbol{w}^* = \left(\boldsymbol{X}^{\mathrm{T}} \boldsymbol{X} + \gamma \boldsymbol{I}\right)^{-1} \boldsymbol{X}^{\mathrm{T}} \boldsymbol{y} \tag{8.1.12}$$

式中，γ 为实数；$\boldsymbol{I}$ 为单位矩阵。岭回归认为待求解的权重向量本身服从先验分布 $\mathcal{N}\left(\boldsymbol{w} \mid 0, \gamma^2 \boldsymbol{I}\right)$，此时岭回归的目标函数可以表示为

$$L(\boldsymbol{w})=p(\boldsymbol{y}\mid\boldsymbol{X},\boldsymbol{w})p(\boldsymbol{w})$$
$$=\prod_{i=1}^{n}\left\{\frac{1}{\sqrt{2\pi}\sigma}\exp\left[-\frac{\left(y_i-\boldsymbol{w}^{\mathrm{T}}\boldsymbol{x}_i\right)^2}{2\sigma^2}\right]\right\}\prod_{j=1}^{d+1}\left\{\frac{1}{\sqrt{2\pi}\gamma}\exp\left[-\frac{\left(\boldsymbol{w}_j\right)^2}{2\gamma^2}\right]\right\} \tag{8.1.13}$$

式中，函数的物理意义在于表示数据集上误差联合概率与权重向量先验概率的乘积，其极大似然函数可表示为

$$\ln L(\boldsymbol{w})=n\ln\frac{1}{\sqrt{2\pi}\sigma}+(d+1)\ln\frac{1}{\sqrt{2\pi}\gamma}-\frac{1}{2\sigma^2}\sum_{i=1}^{n}\left(y_i-\boldsymbol{w}^{\mathrm{T}}\boldsymbol{x}_i\right)^2-\frac{1}{2\gamma^2}\boldsymbol{w}^{\mathrm{T}}\boldsymbol{w} \tag{8.1.14}$$

式中，σ 和 γ 分别影响两个目标项的优化，因此研究人员引入超参数 λ 表示先验权重的比例 σ^2/γ^2。

最终，岭回归的目标函数可以写为

$$\min_{\boldsymbol{w}}\quad R(\boldsymbol{w})=\min_{\boldsymbol{w}}\quad\frac{1}{2}\left\|\boldsymbol{y}-\boldsymbol{X}^{\mathrm{T}}\boldsymbol{w}\right\|_2^2+\frac{1}{2}\lambda\|\boldsymbol{w}\|_2^2 \tag{8.1.15}$$

式中，$\|\boldsymbol{w}\|_2$ 表示权重向量 $\boldsymbol{w}$ 的 ℓ_2 范数。

前述岭回归假设待求解的权重向量满足高斯分布，套索回归则假设其满足拉普拉斯分布：

$$L(\boldsymbol{w}\mid 0,\gamma)=\frac{1}{2\gamma}\exp\left(-\frac{\|\boldsymbol{w}-\boldsymbol{0}\|_1}{\gamma}\right) \tag{8.1.16}$$

同理，可以化简得到对应的回归目标函数：

$$\min_{\boldsymbol{w}}\quad R(\boldsymbol{w})=\min_{\boldsymbol{w}}\quad\frac{1}{2}\left\|\boldsymbol{y}-\boldsymbol{X}^{\mathrm{T}}\boldsymbol{w}\right\|_2^2+\frac{1}{2}\lambda\|\boldsymbol{w}\|_1 \tag{8.1.17}$$

式中，$\|\boldsymbol{w}\|_1$ 表示权重向量 $\boldsymbol{w}$ 的 ℓ_1 范数。

岭回归与套索回归相当于在简单最小二乘回归的基础上，对权重向量元素分布作出假设。两者目标函数可以统一写为如下形式：

$$\min_{\boldsymbol{w}}\quad R(\boldsymbol{w})=\min_{\boldsymbol{w}}\quad\frac{1}{2}\left\|\boldsymbol{y}-\boldsymbol{X}^{\mathrm{T}}\boldsymbol{w}\right\|_2^2+\lambda J(\boldsymbol{w}) \tag{8.1.18}$$

式中，等号右第 1 项称为经验风险，第 2 项称为正则化项；$\lambda\geqslant 0$，能够调整两者之间权重关系。

岭回归假设权重向量元素服从高斯分布，引入 ℓ_2 正则化项 $J(\boldsymbol{w})=\|\boldsymbol{w}\|_2^2$；套索回归假设权重向量元素服从拉普拉斯分布，引入 ℓ_1 正则化项 $J(\boldsymbol{w})=\|\boldsymbol{w}\|_1$。引入正则化项的必要性在于，随着经验风险的降低，模型复杂度增大，模型更容易陷

入过拟合。正则化参数对权重向量元素的作用效果如图 8.1.1 所示，增加 ℓ_1 正则化参数或 ℓ_2 正则化参数均倾向于将权重向量中元素向 0 收缩，由此能够在一定程度上使回归模型简单化。在均值均为 0 的情况下，高斯分布与拉普拉斯分布对应的曲线走势如图 8.1.2 所示。相比高斯分布，拉普拉斯分布倾向于将解更多地约束到 0 附近(体现在均值 0 范围内分布曲线与横轴间的面积大小)。

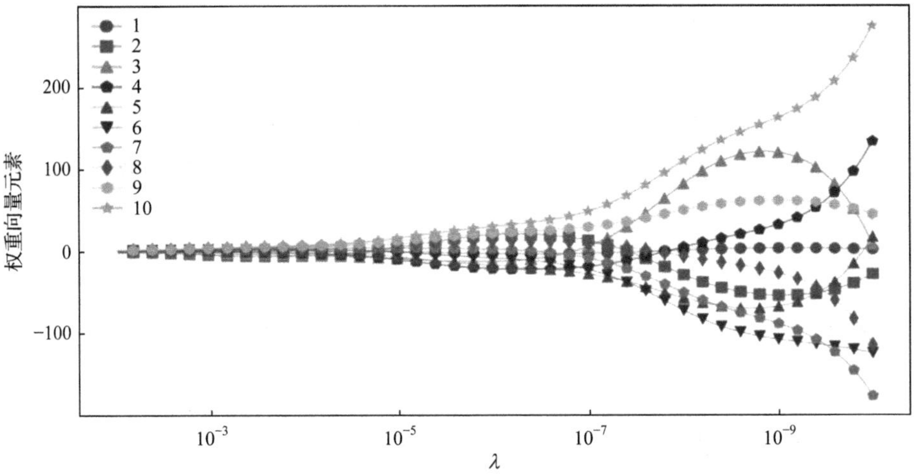

图 8.1.1　正则化参数对权重向量元素的作用效果

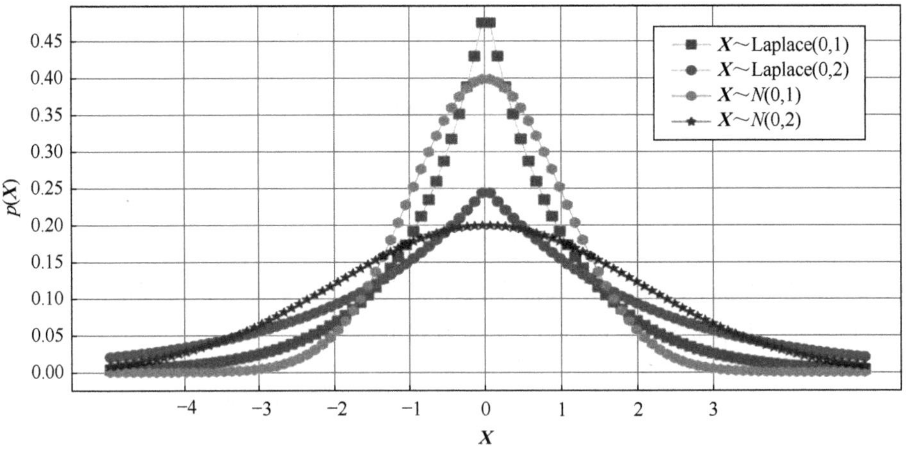

图 8.1.2　均值为 0 时高斯分布与拉普拉斯分布曲线

为便于直观理解岭回归与套索回归的几何意义，选取二维平面描述添加不同正则化项对应的优化结果(范数相关基础参见 2.1.2 小节)，见图 8.1.3。其中，椭圆线表示目标函数关于权重的等高线，$\hat{\boldsymbol{w}}$ 表示没有约束条件下的最优解。添加正则化项后，相当于将数值解限制在灰色范围内。岭回归限制区域为圆形，套索回归限制区域为菱形，如图 8.1.3 所示。套索回归通常倾向于在菱形顶点处取得最优化解，此时部分参数被优化置零(习得的权重矩阵为稀疏分布)，因此常被用于特征选择、数据压缩等领域。

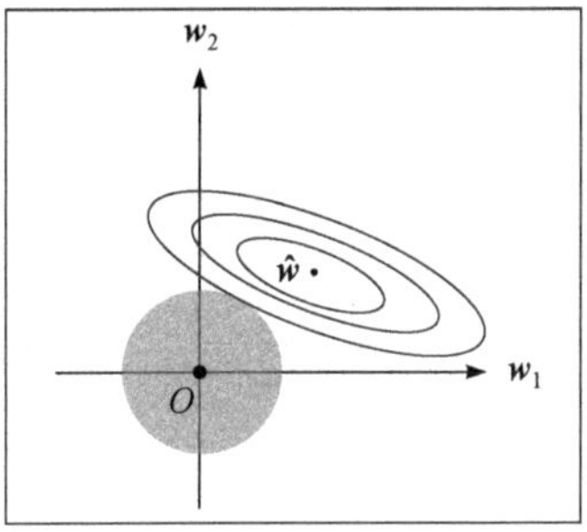

(a) 岭回归

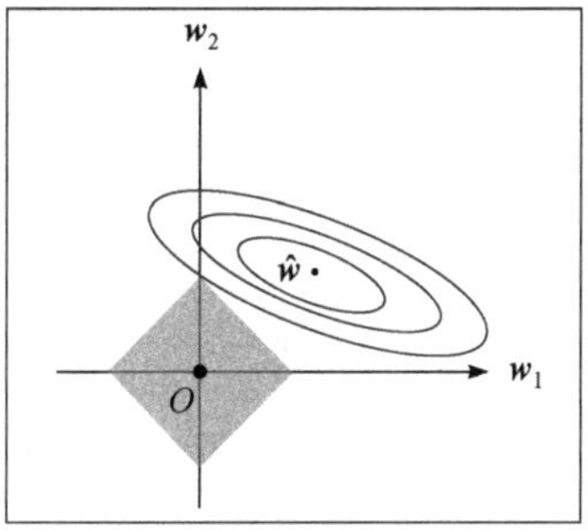

(b) 套索回归

图 8.1.3　二维空间内岭回归与套索回归中正则化项的几何意义

3. 广义最小二乘回归

最小二乘回归同样可以拓展至非线性回归。例如，假设预测属性的数值在指数尺度上变化，则可将输出的对数作为线性模型逼近的目标：

$$\ln y_i = \boldsymbol{w}^{\mathrm{T}} \boldsymbol{x}_i + b \tag{8.1.19}$$

对数的引入相当于求取输入空间到输出空间的非线性函数映射，起到将线性回归模型的预测值与真实属性联系起来的作用。更一般地，可以考虑引入单调可微函数 $g(\cdot)$，令 $y_i = g^{-1}\left(\boldsymbol{w}^{\mathrm{T}} \boldsymbol{x}_i + b\right)$。由此习得的模型称为广义线性模型，$g(\cdot)$ 称为联系函数。

8.1.2　支持向量回归

8.1.1 小节介绍了最小二乘回归算法，其要求预测值和真实值之间不存在误差，这种对错误“零容忍”的策略会影响模型预测未知数据的能力，降低回归模型泛化能力。因此，研究人员提出了支持向量回归(support vector regression，SVR)，其允许预测值和真实值之间有一定偏差，如图 8.1.4 所示。SVR 曲线的两侧分别增设了大小为 ϵ 的“间隔带”，当样本位于“间隔带”内时，SVR 认为对这些样本的预测结果无误，否则认为预测结果存在偏差。

SVR 目的是构建回归超平面 $f\left(\boldsymbol{x}_i\right) = \boldsymbol{w}^{\mathrm{T}} \boldsymbol{x}_i + b$。其中，$\boldsymbol{w}$ 是超平面的法向量，决定超平面方向；b 为偏置项。此外，SVR 回归允许预测值和真实值之间存在一定的误差，将预测残差值定义为

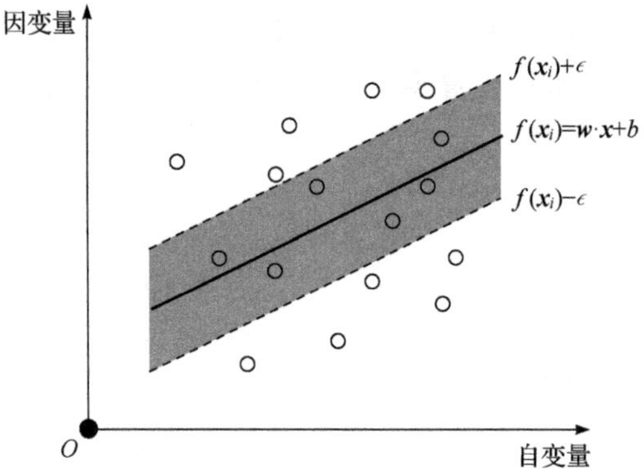

图 8.1.4 支持向量回归算法示意图

$$L_\epsilon(\boldsymbol{y}_i,\hat{\boldsymbol{y}}_i)=\begin{cases}0, & |\boldsymbol{y}_i-\hat{\boldsymbol{y}}_i|<\epsilon \\ |\boldsymbol{y}_i-\hat{\boldsymbol{y}}_i|-\epsilon, & \text{其他}\end{cases} \tag{8.1.20}$$

$\boldsymbol{Y}=\{\boldsymbol{y}_1,\boldsymbol{y}_2,\cdots,\boldsymbol{y}_n\}$ 为数据标签矩阵，$\hat{\boldsymbol{Y}}=\{\hat{\boldsymbol{y}}_1,\hat{\boldsymbol{y}}_2,\cdots,\hat{\boldsymbol{y}}_n\}$ 为 SVR 预测值。

SVR 模型在保证超平面回归准确性的同时，使尽可能多的样本位于 ϵ 间隔带中，其数学模型如下：

$$\min_{w,b}\frac{1}{2}\|\boldsymbol{w}\|_2^2+C\sum_{i=1}^{n}L_\epsilon(\boldsymbol{y}_i,\hat{\boldsymbol{y}}_i) \tag{8.1.21}$$

式中，$C>0$，为惩罚系数。

通过采取添加正则项、引入“间隔带”等策略，模型有效提高了回归模型的泛化能力，但仍存在一定的局限性。其一，模型包含绝对值项 $|\boldsymbol{y}_i-\hat{\boldsymbol{y}}_i|$，即该模型为非凸优化问题，在实际求解中不易解决。其二，该模型对超参数 ϵ 十分敏感：当 ϵ 取值极小时，SVR 与最小二乘回归相同，其泛化能力大打折扣；当 ϵ 取值过大甚至趋于无穷时，模型准确性大大降低，拟合的回归曲线不再具有任何参考价值。因此，引入松弛变量进一步改进上述模型。由于模型中存在绝对值符号，需要引入 $\boldsymbol{\xi}_i$ 和 $\hat{\boldsymbol{\xi}}_i$ 将非线性问题转化为线性问题，这也与模型具有上下两个“间隔带”相匹配。基于上述思想，可以得到标准 SVR 模型：

$$\begin{aligned}&\min_{w,b}\frac{1}{2}\|\boldsymbol{w}\|^2+C\sum_{i=1}^{n}(\boldsymbol{\xi}_i+\hat{\boldsymbol{\xi}}_i)\\ &\text{s.t. } f(\boldsymbol{x}_i)-\boldsymbol{y}_i\leqslant\epsilon+\boldsymbol{\xi}_i\\ &\quad\ \ \boldsymbol{y}_i-f(\boldsymbol{x}_i)\leqslant\epsilon+\hat{\boldsymbol{\xi}}_i\\ &\quad\ \ \boldsymbol{\xi}_i>0,\hat{\boldsymbol{\xi}}_i>0,\quad i=1,2,\cdots,n\end{aligned} \tag{8.1.22}$$

该模型是一个具有 $2N+2N$ 个约束条件的二次规划问题，可以通过拉格朗日乘子法求解。引入拉格朗日乘子 $\boldsymbol{\mu}_i \geqslant 0, \hat{\boldsymbol{\mu}}_i \geqslant 0, \boldsymbol{\alpha}_i \geqslant 0, \hat{\boldsymbol{\alpha}}_i \geqslant 0$，其对应的拉格朗日函数为

$$\begin{aligned}
&L\left(\boldsymbol{w}, b, \boldsymbol{\xi}, \boldsymbol{\xi}_i, \boldsymbol{\mu}_i, \hat{\boldsymbol{\mu}}_i, \boldsymbol{\alpha}_i, \hat{\boldsymbol{\alpha}}_i\right) \\
&=\frac{1}{2}\|\boldsymbol{w}\|^2 + C\sum_{i=1}^{n}\left(\xi_i + \hat{\xi}_i\right) - \sum_{i=1}^{n}\boldsymbol{\mu}_i \xi_i - \sum_{i=1}^{n}\hat{\boldsymbol{\mu}}_i \hat{\xi}_i \\
&\quad + \sum_{i=1}^{n}\boldsymbol{\alpha}_i\left(f\left(\boldsymbol{x}_i\right) - \boldsymbol{y}_i - \epsilon - \xi_i\right) + \sum_{i=1}^{n}\hat{\boldsymbol{\alpha}}_i\left(\boldsymbol{y}_i - f\left(\boldsymbol{x}_i\right) - \epsilon - \hat{\xi}_i\right)
\end{aligned} \tag{8.1.23}$$

将该拉格朗日函数分别对 $\boldsymbol{w}$ 、b、ξ 、$\hat{\xi}$ 求导并令相应方程等于零，可以得到当拉格朗日函数取最小值时需要满足的条件，即

$$\begin{cases}
\boldsymbol{w} = \sum_{i=1}^{n}\left(\boldsymbol{\alpha}_i - \hat{\boldsymbol{\alpha}}_i\right)\boldsymbol{x}_i \\
0 = \sum_{i=1}^{n}\left(\boldsymbol{\alpha}_i - \hat{\boldsymbol{\alpha}}_i\right) \\
C = \boldsymbol{\alpha}_i + \boldsymbol{\mu}_i = \hat{\boldsymbol{\alpha}}_i + \hat{\boldsymbol{\mu}}_i
\end{cases} \tag{8.1.24}$$

在实际求解过程中，拉格朗日原始问题的凹凸性不能得到保证，求解过程往往较为复杂，难以进行优化。因此，可以利用拉格朗日对偶性将原始问题转换为对偶问题进行求解。具体地，将式(8.1.24)代入拉格朗日函数，可得

$$\begin{aligned}
&\max -\frac{1}{2}\sum_{i=1}^{n}\sum_{i=1}^{n}\left(\boldsymbol{\alpha}_i - \hat{\boldsymbol{\alpha}}_i\right)\left(\boldsymbol{\alpha}_i + \hat{\boldsymbol{\alpha}}_i\right)\boldsymbol{x}_i^{\mathrm{T}}\boldsymbol{x}_j - \sum_{i=1}^{n}\boldsymbol{y}_i\left(\boldsymbol{\alpha}_i - \hat{\boldsymbol{\alpha}}_i\right) - \sum_{i=1}^{n}\epsilon\left(\boldsymbol{\alpha}_i + \hat{\boldsymbol{\alpha}}_i\right) \\
&\text{s.t.} \ \sum_{i=1}^{n}\left(\boldsymbol{\alpha}_i - \hat{\boldsymbol{\alpha}}_i\right) = 0, \quad 0 \leqslant \boldsymbol{\alpha}_i \leqslant C, \quad 0 \leqslant \hat{\boldsymbol{\alpha}}_i \leqslant C
\end{aligned} \tag{8.1.25}$$

此优化问题即为拉格朗日对偶问题，通过求解此问题可以逼近原始问题的最优解，并且相关研究表明拉格朗日对偶问题具有良好的凸性质，求解更为简便。此优化问题最优解必须满足的 KKT 约束条件如下：

$$\begin{cases}
\boldsymbol{\alpha}_i\left(f\left(\boldsymbol{x}_i\right) - \boldsymbol{y}_i - \epsilon - \xi_i\right) = 0 \\
\hat{\boldsymbol{\alpha}}_i\left(\boldsymbol{y}_i - f\left(\boldsymbol{x}_i\right) - \epsilon - \hat{\xi}_i\right) = 0 \\
\boldsymbol{\mu}_i \xi_i = 0, \hat{\boldsymbol{\mu}}_i \hat{\xi}_i = 0 \\
\boldsymbol{\mu}_i, \hat{\boldsymbol{\mu}}_i, \boldsymbol{\alpha}_i, \hat{\boldsymbol{\alpha}}_i, \xi_i, \hat{\xi}_i \geqslant 0
\end{cases} \tag{8.1.26}$$

对于任意样本点 $\left(\boldsymbol{x}_i, \boldsymbol{y}_i\right)$，当 $\boldsymbol{\alpha}_i = 0$ 或 $\hat{\boldsymbol{\alpha}}_i = 0$ 时，总有 $\boldsymbol{\mu}_i > 0,\ \xi_i = 0$ 或 $\hat{\boldsymbol{\mu}}_i > 0,\ \hat{\xi}_i = 0$，此时样本点位于回归超平面与 ϵ 回归带内；当 $0 < \boldsymbol{\alpha}_i < C$ 或

$0<\hat{\alpha}_i<C$时，有$\mu_i>0,\ \xi_i=0$或$\hat{\mu}_i>0,\ \hat{\xi}_i=0$，此时样本点恰好位于$\epsilon$回归带上，为支持向量；当$\alpha_i=C$或$\hat{\alpha}_i=C$时，总有$\mu_i=0,\ \xi_i>0$或$\hat{\mu}_i=0,\ \hat{\xi}_i>0$，此时样本点位于$\epsilon$回归带外，为支持向量。

此外，根据式(8.1.26)可得 SVR 的解为

$$f(\boldsymbol{x})=\sum_{i=1}^{n}(\alpha_i-\hat{\alpha}_i)\boldsymbol{x}_i^{\mathrm{T}}\boldsymbol{x}+b \tag{8.1.27}$$

不难看出$(\alpha_i-\hat{\alpha}_i)\neq 0$对应的样本即为 SVR 的支持向量，这与根据 KKT 条件约束分析所得结果一致，且支持向量仅为训练数据的一部分，模型求解具有稀疏性。

8.1.3 *K* 近邻法

K 近邻法(*K*-nearest neighbor，KNN)是一种有监督的分类与回归方法(Fix et al., 1989；Cover et al., 1967)。本书只讨论分类问题中的 *K* 近邻法。*K* 近邻法的输入为实例的特征向量，对应特征空间的点；输出为实例的类别，可以取多类。分类时，对于新的实例，根据其k个最邻近的训练实例类别，通过多数表决等方式进行预测。*K* 近邻法实际上利用的是已知数据集对特征空间实现划分，并根据已有的划分情况进一步对训练数据集外的新数据实现分类。*K* 近邻法利用训练数据集对特征空间进行划分，并作为其分类的模型，进一步利用该模型对训练数据集外的数据进行分类。近邻数(k值)的选择、距离度量和分类决策规则是 *K* 近邻法的三个基本要素。本小节首先叙述 *K* 近邻法的基本概念，其次讨论 *K* 近邻法的模型及三个基本要素，最后介绍 *K* 近邻法一个较为快速的实现方法——KD 树。

1. *K* 近邻模型

针对 *K* 近邻法，当近邻数(k值)、距离度量(如欧氏距离)和分类决策规则(如多数表决)确定后，该方法的执行法则随之唯一确定。给定某一训练数据集后，获取 *K* 近邻法在该数据集张成的样本空间中的唯一划分。对于任意一个训练集外的输入实例，所属类别也唯一确定。

K 近邻法中，当训练集、距离度量(如欧氏距离)、k值和分类决策规则(如多数表决)确定后，对于任何一个新的输入实例，其所属的类唯一地确定。这相当于根据上述要素将特征空间划分为一些子空间，确定子空间里的每个点所属的类。

特征空间中，对每个训练实例点$\boldsymbol{x}_i$，距离该点比其他点更近的所有点组成一个区域，叫作单元(cell)。每个训练实例点拥有一个单元，所有训练实例点的单元构成对特征空间的一个划分。*K* 近邻法将实例$\boldsymbol{x}_i$的类y_i作为其单元中所有点的类

标记(class label)。这样，每个单元实例点的类别是确定的。图 8.1.5 是二维特征空间划分的一个例子。

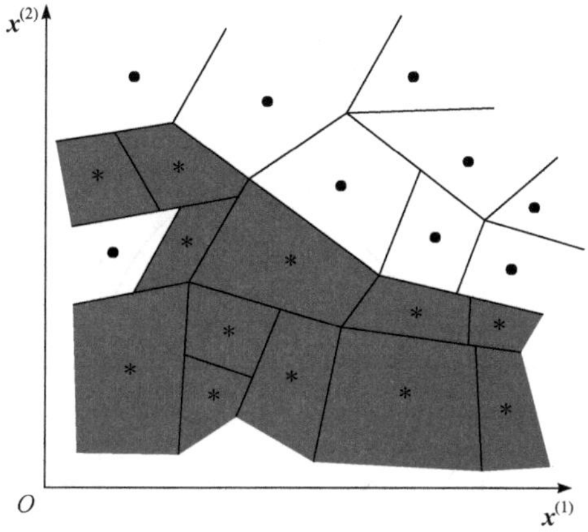

图 8.1.5　KNN 模型特征空间的一个划分

设特征空间 $\mathbb{R}^d$ 中任意两个特征向量 $\boldsymbol{x}_i,\boldsymbol{x}_j\in\mathbb{R}^{d\times 1}$，$\boldsymbol{x}_i=(x_i^{(1)},x_i^{(2)},\cdots,x_i^{(d)})^{\mathrm{T}}$，$\boldsymbol{x}_j=(x_j^{(1)},x_j^{(2)},\cdots,x_j^{(d)})^{\mathrm{T}}$，$\boldsymbol{x}_i$ 和 $\boldsymbol{x}_j$ 的 L_p 距离定义为

$$L_p\left(\boldsymbol{x}_i,\boldsymbol{x}_j\right)=\left(\sum_{l=1}^{d}\left|x_i^{(l)}-x_j^{(l)}\right|^p\right)^{\frac{1}{p}} \tag{8.1.28}$$

式中，指数 $p\geqslant 1$。

当 $p=2$ 时，L_p 称为欧氏距离(Euclidean distance)，即

$$L_2\left(\boldsymbol{x}_i,\boldsymbol{x}_j\right)=\left(\sum_{l=1}^{d}\left|x_i^{(l)}-x_j^{(l)}\right|^2\right)^{\frac{1}{2}} \tag{8.1.29}$$

当 $p=1$ 时，L_p 称为曼哈顿距离(Manhattan distance)，即

$$L_1\left(\boldsymbol{x}_i,\boldsymbol{x}_j\right)=\sum_{l=1}^{d}\left|x_i^{(l)}-x_j^{(l)}\right| \tag{8.1.30}$$

当 $p=\infty$ 时，L_p 是各个坐标的最大值，即

$$L_\infty\left(\boldsymbol{x}_i,\boldsymbol{x}_j\right)=\max_l\left|x_i^{(l)}-x_j^{(l)}\right| \tag{8.1.31}$$

图 8.1.6 为二维空间中 p 取不同值时，与原点的 L_p 距离为 $1(L_p=1)$ 所有点构成的图形。K 近邻法为一种有监督算法，需要利用数据集对其进行训练，因此需

要先使用训练数据集对模型进行训练，过程如算法 8.1.1 所示。该算法根据给定的距离度量计算得到该数据与训练集中最近的点，划分子空间的同时进行分类，根据分类决策规则决定各点所属的类别。

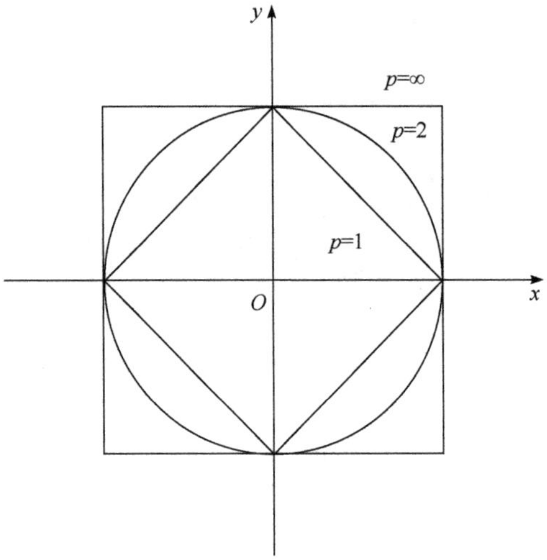

图 8.1.6 L_p 距离构成的图形

算法 8.1.1 *K* 近邻法流程

输入：训练数据集 $\boldsymbol{T}=\{(\boldsymbol{x}_1,y_1),(\boldsymbol{x}_2,y_2),\cdots,(\boldsymbol{x}_n,y_n)\}$，其中，$\boldsymbol{x}_i\in\mathbb{R}^d$ 为第 i 个实例的特征向量，$y_i\in\boldsymbol{Y}$ 为第 i 个实例的类别，该数据集中共有 c 类；测试数据集的特征向量 $\boldsymbol{X}'=\{\boldsymbol{x}_1',\boldsymbol{x}_2',\cdots,\boldsymbol{x}_{n'}'\}$

输出：测试数据集中实例所属的类 $\boldsymbol{Y}'=\{y_1',y_2',\cdots,y_{n'}'\}$

过程：

(1) 根据给定的距离度量，在训练集 $\boldsymbol{T}$ 中找出与 $\boldsymbol{x}_i'$ 最邻近的 k 个点，涵盖这 k 个点的 $\boldsymbol{x}_i'$ 的邻域记作 $N_k(\boldsymbol{x}_i')$；

(2) 在 $N_k(\boldsymbol{x}_i')$ 中根据分类决策规则决定 $\boldsymbol{x}_i'$ 的类别 y_i'。

2. 近邻数的选择

近邻数(k 值)的选择会对 K 近邻法的结果产生重大影响。如果选择较小的 k 值，相当于用较小的邻域中的训练实例进行预测，学习的近似误差(approximation error)会减小，只有与输入实例较近的(相似的)训练实例才会对预测结果起作用，即对训练集的学习较为充分；缺点是学习的估计误差(estimation error)会增大，测试集的预测结果会对近邻的实例点非常敏感。如果邻近的实例点恰巧是噪声，预测就会出错。换句话说，k 值减小就意味着整体模型变得复杂，容易发生过拟合。

如果选择较大的 k 值，就相当于用较大邻域中的训练实例进行预测，优点是可以减少学习的估计误差，但缺点是学习的近似误差会增大。这时与输入实例较远的(不相似的)训练实例也会对预测起作用，使预测发生错误。同时，k 值增大就意味着整体的模型变得简单，那么无论输入实例是什么，都将简单地预测它属于在训练实例中最多的类。这时，模型过于简单，完全忽略训练实例中的大量有用信息。在应用中，k 值一般取一个比较小的数值，可以采用交叉验证法来选取最优的 k 值。

3. 分类决策规则

K 近邻法中的分类决策规则往往是多数表决，即由输入实例的 k 个近邻的训练实例中的多数类决定输入实例的类。多数表决规则的分类损失函数为 0-1 损失函数：

$$f:\mathbb{R}^d \to \{c_1,c_2,\cdots,c_K\}$$

误分类的概率为

$$P\big(Y\neq f(\boldsymbol{X})\big)=1-P\big(Y=f(\boldsymbol{X})\big) \tag{8.1.32}$$

对给定的实例 $\boldsymbol{x}\in\mathbb{R}^d$，其最近邻的 k 个训练实例点构成集合 $N_k(\boldsymbol{X})$。如果涵盖 $N_k(\boldsymbol{X})$ 的区域的类别为 c_j，那么误分类概率为

$$P\big(Y\neq f(\boldsymbol{X})\big)=\frac{1}{k}\sum_{\boldsymbol{x}_i\in N_k(\boldsymbol{x})}I(y_i\neq c_j)=1-\frac{1}{k}\sum_{\boldsymbol{x}_i\in N_k(\boldsymbol{x})}I(y_i=c_j) \tag{8.1.33}$$

要使误分类率最小即经验风险最小，就要使 $\sum_{\boldsymbol{x}_i\in N_k(\boldsymbol{x})}I(y_i=c_j)$ 最大，所以多数表决规则等价于经验风险最小化，得到的目标函数为

$$\max_{C}\sum_{\boldsymbol{x}_i\in N_k(\boldsymbol{x})}I(y_i=c_j) \tag{8.1.34}$$

4. KD 树

实现 K 近邻法时，主要考虑的问题是如何对训练数据进行快速 K 近邻搜索，这点在特征空间的维数大及训练数据容量大时尤其必要。K 近邻法最简单的实现方法是线性扫描(linear scan)，即计算输入实例与每一个训练实例的距离。当训练集很大时，计算非常耗时。为了提高 K 近邻搜索的效率，可以考虑使用特殊的结构存储训练数据，以减少计算距离的次数。具体方法很多，下面介绍其中的 KD 树(*k*-dimensional tree)方法。

KD 树是一种对 k 维空间中的实例点进行存储以对其进行快速检索的树形数据结构(Bentley，1975)，是二叉树，表示对 k 维空间的一个划分(partition)。构造 KD 树相当于不断地用垂直于坐标轴的超平面将 k 维空间切分，构成一系列的 k 维超矩形区域。KD 树的每个节点对应一个 k 维超矩形区域。构造 KD 树的方法如下：构造根节点，使根节点对应 k 维空间中包含所有实例点的超矩形区域；通过递归方法，不断地对 k 维空间进行切分，生成子节点；在超矩形区域(节点)上选择一个坐标轴和在此坐标轴上的一个切分点，确定一个超平面，这个超平面通过选定的切分点并垂直于选定的坐标轴，将当前超矩形区域切分为左右两个子区域(子节点)。这时，实例被分到两个子区域。这个过程直到子区域内没有实例时终止(终止时的节点为叶节点)。在此过程中，将实例保存在相应的节点上。

通常，依次选择坐标轴对空间切分，选择训练实例点在选定坐标轴上的中位数(median)为切分点，这样得到的 KD 树是平衡的。注意，平衡的 KD 树搜索时的效率必是最优的。

例 给定一个二维空间的数据集：

$$\boldsymbol{T}=\{(2,3)^{\mathrm{T}},(5,4)^{\mathrm{T}},(9,6)^{\mathrm{T}},(4,7)^{\mathrm{T}},(8,1)^{\mathrm{T}},(7,2)^{\mathrm{T}}\}$$

构造一个平衡 KD 树。

解 根节点对应包含数据集的矩形，选择 $x^{(1)}$ 轴，6 个数据点的 $x^{(1)}$ 坐标的中位数是 7，以平面 $x^{(1)}=7$ 将空间分为左、右两个矩形(节点)：接着，左矩形以 $x^{(2)}=4$ 分为两个子矩形，右矩形以 $x^{(2)}=6$ 分为两个子矩形，如此递归，最后得到如图 8.1.7 所示的特征空间划分和如图 8.1.8 所示的 KD 树。

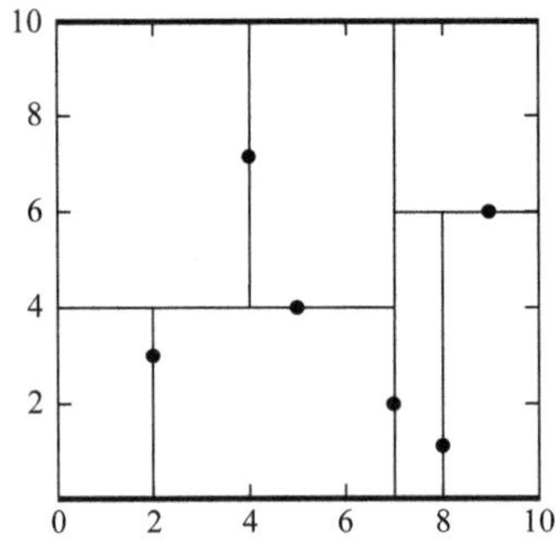

图 8.1.7 特征空间划分

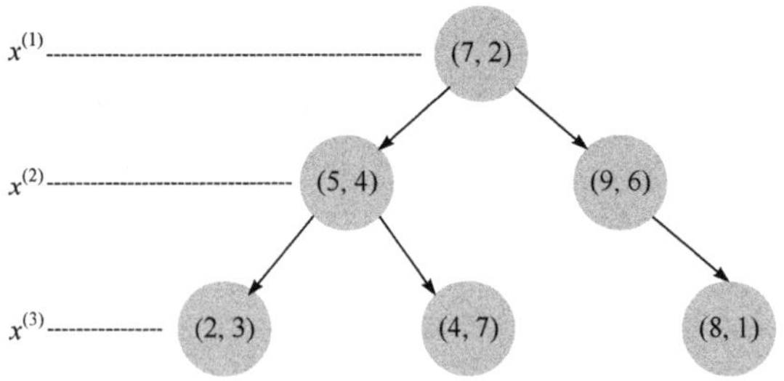

图 8.1.8 KD 树示例

下面介绍如何利用 KD 树进行 K 近邻搜索。由上述分析可得，利用 KD 树可以省去对大部分数据点的搜索，从而减少搜索的计算量。给定一个目标点，搜索其最近邻。首先找到包含目标点的叶节点；然后从该叶节点出发，依次回退到父节点；不断查找与目标点最邻近的节点，当确定不可能存在更近的节点时终止。这样搜索就被限制在空间的局部区域上，效率大为提高。包含目标点的叶节点对应包含目标点的最小超矩形区域，以此叶节点的实例点作为当前最近点。目标点的最近邻一定在以目标点为中心并通过当前最近点的超球体内部。退回当前节点的父节点，如果父节点的另一子节点的超矩形区域与超球体相交，那么在相交的区域内寻找与目标点更近的实例点。如果存在这样的点，将此点作为新的当前最近点。算法转到更上一级的父节点，继续上述过程。如果父节点的另一子节点的超矩形区域与超球体不相交，或不存在比当前最近点更近的点，则停止搜索。

5. 算法分析与评价

K 近邻法是一种非参惰性模型。“非参”是指算法模型不会对数据做出任何假设，建立的模型结构是数据决定的，从而使模型比较符合现实情况。“惰性”是指算法没有任何显式的、明确的训练过程，或者说这个过程很快。*K* 近邻法有以下优点。①简单易用：相比于其他算法，*K* 近邻法简洁明了、原理清晰、理论成熟，同时使用方便，既可服务于分类任务，也可实现回归预测。②模型训练时间快：*K* 近邻法没有明确的训练过程，在程序开始运行时，把数据集加载到内存后，不需要进行训练，直接进行预测，所以训练时间复杂度为 0。③预测效果较好：模型的建立仅由数据决定，比较符合现实情况，并可用于非线性分类。④由于 *K* 近邻法主要靠周围有限的邻近样本，而不是靠判别类域的方法来确定所属的类别，因此对于类域交叉或重叠较多的待分类样本集来说，*K* 近邻法较其他方法更为适合。

K 近邻法有以下缺点：①需要计算每个测试点与训练集的距离，当训练集较大时，计算量相当大，时间复杂度高，特别是特征数量比较大的时候；②对硬件尤其是内存要求较高，因为该算法存储了所有训练数据，限制了其在大规模数据上的应用；③样本不平衡问题(有些类别的样本数量很多，而其他样本的数量很少)，对稀有类别的预测准确度低；④没有明确的学习过程，预测速度比逻辑回归之类的算法慢。

8.1.4　决策树

决策树是一种经典的分类与回归算法，旨在提取实例特征生成可用于预测未见示例标签的决策模型。决策树模型呈树形结构，由一个根节点、若干个内部节点和若干个叶节点组成。决策树的根节点包含样本全集；叶节点对应决策结果；内部节点对应决策过程。决策树遵循“分而治之”的递归策略，从根节点到叶节点经过的每个节点都对应一个子样本集与一条决策规则，该子样本集的属性特征部分重叠，且可以进一步根据决策规则划分为不同的子样本集，生成不同的子节点。从根节点到每个叶节点的划分对应实例标签的判定过程，且每个实例标签的判定过程最终会到达确定且唯一的叶节点。常见的决策树构建算法有 ID3(iterative dichotomiser 3)(Quinlan，1986)、C4.5(Quinlan, 1993)和 CART(classification and regression tree)(Breiman et al., 1984)。ID3 和 C4.5 仅能完成分类任务，处理的标签为离散标签，CART 能完成分类和回归任务。尽管不同决策树算法能完成的任务有所区别，但完整的决策树构建都涉及三个关键过程：特征选择、决策树生成和决策树剪枝。

1. 特征选择

特征选择旨在选择出合适的特征构造决策树，直接决定了决策树模型的最终预测效果。在每一次执行划分时，决策树依赖的特征并不唯一，依据不同特征划分后的子样本集标签的一致性有所不同，使用区分能力强的特征进行子集分割效果更好。常用的度量特征区分能力的指标有信息增益(information gain)、信息增益率和基尼指数。

1) 信息增益

在本书 6.1 节介绍特征选择方法时，已经给出了信息增益的定义和作用，其用于度量得知某特征后目标变量不确定性减少的程度。信息增益的计算依赖信息熵的概念，信息熵表示随机变量的不确定性。

假定当前样本集合 $\boldsymbol{D}$ 中第 k 类样本所占的比例为 $p_k\left(k=1,2,\cdots,n\right)$，则 $\boldsymbol{D}$ 的信息熵定义为

$$\operatorname{Ent}\left(\boldsymbol{D}\right)=-\sum_{k=1}^{n}p_k\log_2 p_k \tag{8.1.35}$$

式中，n 为样本标签数量。$\operatorname{Ent}\left(\boldsymbol{D}\right)$数值越小，则样本集的确定性越高。

假设以属性特征 $\boldsymbol{T}=\left\{\boldsymbol{T}_1,\boldsymbol{T}_2,\cdots,\boldsymbol{T}_m\right\}$ 划分 $\boldsymbol{D}$ 能够得到 m 个子样本集，第 t 个子集 $\boldsymbol{D}^t$ 中所有样本属性 $\boldsymbol{T}$ 的取值为 $\boldsymbol{T}_t$。在执行该划分后，样本集 $\boldsymbol{D}$ 的信息熵变为各个子样本集 $\boldsymbol{D}^t$ 信息熵的加权平均值：

$$\operatorname{Ent}\left(\boldsymbol{D}\,|\,\boldsymbol{T}\right)=-\sum_{t=1}^{m}\frac{\boldsymbol{D}^t}{\boldsymbol{D}}\operatorname{Ent}\left(\boldsymbol{D}^t\right) \tag{8.1.36}$$

式中，$|\boldsymbol{D}|$ 为集合中样本点的数量。

划分前后，样本集 $\boldsymbol{D}$ 信息熵的变化值为 $\operatorname{Gain}\left(\boldsymbol{D}\,|\,\boldsymbol{T}\right)=\operatorname{Ent}\left(\boldsymbol{D}\right)-\operatorname{Ent}\left(\boldsymbol{D}\,|\,\boldsymbol{T}\right)$，此式即为信息增益，度量了根据属性特征 $\boldsymbol{T}$ 对该样本集进行划分后信息不确定性减少的程度。在对节点进行划分时，选出信息增益值最大的特征进行决策树决策规则的构建，能够有效提升样本集纯度。

2) 信息增益率

在实际应用过程中，以信息增益作为指标选取划分的特征时，容易倾向于选取属性值较多的特征。尽管这样可以使得信息增益达到最大，但过于精细的划分会减弱决策树的泛化能力。因此，信息增益率通过考虑划分后每个子样本集的纯度对信息增益进行改进，定义为

$$\text{Gain\_radio}\left(\boldsymbol{D}\,|\,\boldsymbol{T}\right)=\frac{\text{Gain}\left(\boldsymbol{D}\,|\,\boldsymbol{T}\right)}{H_T\left(\boldsymbol{D}\right)} \tag{8.1.37}$$

式中，$H_T\left(\boldsymbol{D}\right)=-\sum_{t=1}^{m}\left|\boldsymbol{D}^t\right|/\left|\boldsymbol{D}\right|\log_2\left|\boldsymbol{D}^t\right|/\left|\boldsymbol{D}\right|$ 为样本集 $\boldsymbol{D}$ 关于属性特征 $\boldsymbol{T}$ 的熵，反映特征 $\boldsymbol{T}$ 每个可能取值的分布情况。当该特征不同取值分布相对分散时，其不纯度越高，对信息增益的惩罚越大。

通过考虑特征熵，信息增益率能够有效避免选取属性取值较多的特征值进行子集划分，但会偏向于选取属性值较少的特征。因此，在实际使用过程中，通常会综合考虑信息增益和信息增益率，以建立更准确、更有效的划分方式，一般首先从候选划分属性特征中找出信息增益高于平均水平的属性特征，再从中选择信息增益率最高的属性特征作为决策依据。

3) 基尼指数

与基于信息熵的评价指标不同，基尼指数基于概率评估某一特征划分样本集的效果。基尼指数表示在样本集合中一个随机选中的样本被错分的概率，取值越小表示样本集合的不纯度越低，对应的决策规则更优异。样本集 $\boldsymbol{D}$ 的基尼指数定义如下：

$$\text{Gini}\left(\boldsymbol{D}\right)=\sum_{k=1}^{n}\sum_{k'\neq k}p_k p_{k'}=1-\sum_{k=1}^{n}p_k^2 \tag{8.1.38}$$

式中，$p_k\left(k=1,2,\cdots,n\right)$ 为第 k 类样本在数据集中的占比；$\text{Gini}\left(\boldsymbol{D}\right)$ 表示从样本集 $\boldsymbol{D}$ 中随机选取的样本标签不一致的概率，如图 8.1.9 所示，基尼指数通常被认为是对分类误差率的一种近似。

与信息增益和信息增益率的符号表示相同，依据属性特征 T 对其进行划分后，样本集的纯度可以重新定义为

$$\text{Gini\_index}(\boldsymbol{D}\,|\,\boldsymbol{T})=\sum_{t=1}^{m}\frac{\left|\boldsymbol{D}^t\right|}{\left|\boldsymbol{D}\right|}\text{Gini}(\boldsymbol{D}^t) \tag{8.1.39}$$

通过遍历候选属性集合，选择能够使得划分后样本集基尼指数最小的属性特征作为最优特征。

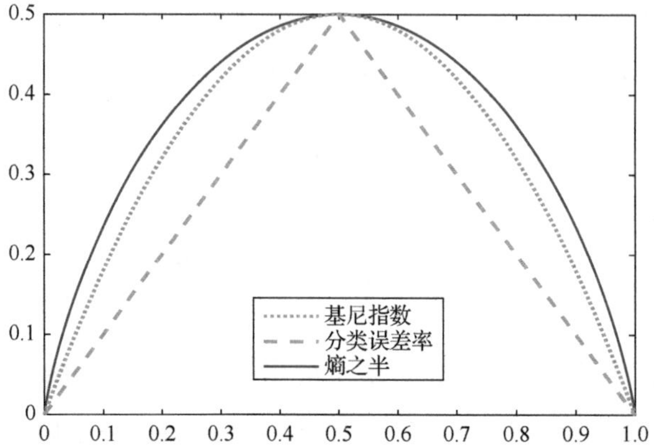

图 8.1.9　基尼指数、分类误差率、熵之半关系图

2. 决策树生成

决策树生成是树“开枝散叶”的过程，从根节点开始，在每个非叶节点上根据某一特征划分当前数据集。常用的 ID3、C4.5、CART 算法生成决策树过程不完全相同。在决策树生成过程中，ID3 算法的核心是以信息增益为准则来选择划分的特征变量，并以递归的方式来生成树。C4.5 算法大体与 ID3 算法一致，不同之处是 C4.5 算法以信息增益率为准则来选择分支变量。CART 算法既可以用于分类问题，也可以用于回归问题，在 CART 算法中使用基尼指数来选择分枝的特征变量，且产生的决策树为二叉树。三种方法的决策树生成过程总结如下。

1) ID3 与 C4.5 算法

① 计算特征变量集合 $\boldsymbol{A}$ 中各个变量的信息增益(率)，选择信息增益(率)最大的特征 T 作为分枝的节点；

② 对每一个样本数据在变量 $\boldsymbol{T}$ 节点上进行判断测试，对 $\boldsymbol{T}$ 每一个可能取值 $\boldsymbol{T}_i$，根据 $\boldsymbol{T}=\boldsymbol{T}_i$ 原则将样本 $\boldsymbol{D}$ 分割为多个子集 $\boldsymbol{D}_i$；

③ 对每个子集 $\boldsymbol{D}_i$，以 $\boldsymbol{D}_i$ 为训练集，以 $\boldsymbol{A}-\{\boldsymbol{T}\}$ 为特征变量集，迭代重复分枝划分过程，直至满足停止训练的条件。

2) CART

① 计算特征变量集合 $\boldsymbol{A}$ 中各个变量的基尼指数，选择基尼指数最小的特征 $\boldsymbol{T}$ 作为最优分枝特征或最优切分点；

② 根据最优分枝点或最优切分点 $\boldsymbol{T}$，生成两个子节点，将样本集 $\boldsymbol{D}$ 分配到两个子节点中；

③ 对两个子节点，迭代重复分枝划分过程，直至满足停止训练的条件。

3. 决策树剪枝

在决策树生成时，如果对每个特征都加以考虑，会产生一棵在训练数据上预测准确性极高的树，然而这会导致树结构过于复杂，在应对未知数据时预测能力变差，即过拟合。因此，需要通过剪枝限制树的生长，避免产生过拟合问题。树的剪枝包含两个关键的问题：剪枝的节点选择和剪枝的数量选择。一个决策树的每个内部节点都有可能是被剪枝的对象，可剪枝节点组合数量庞大，在进行剪枝时需要考虑对哪些节点进行剪枝。此外，剪枝需要考虑模型训练拟合度和模型复杂度之间的平衡，剪枝过多会降低模型的拟合度；剪枝过少会存在过拟合，且剪枝的节点越靠近根节点拟合度越低，越靠近叶子节点剪枝后模型复杂度越高。因此，需要制订合理的剪枝策略执行决策树剪枝，常用的剪枝策略可以分为两大类：预剪枝和后剪枝。

预剪枝如图 8.1.10 所示。在决策树的生成过程中，对每个节点在划分前进行评估，若该划分不能带来泛化性能的提升，则停止划分，并将当前节点标记为叶节点。预剪枝通过及早停止树增持实现剪枝，剪枝的依据一般有：①当叶节点的样本数小于某个阈值时停止生长；②当决策树达到预定高度时停止生长；③当每次拓展对系统性能的增益小于某个阈值时停止增长。预剪枝处理属于贪心思想，能够降低模型复杂度，但当前划分可能会降低泛化性能。

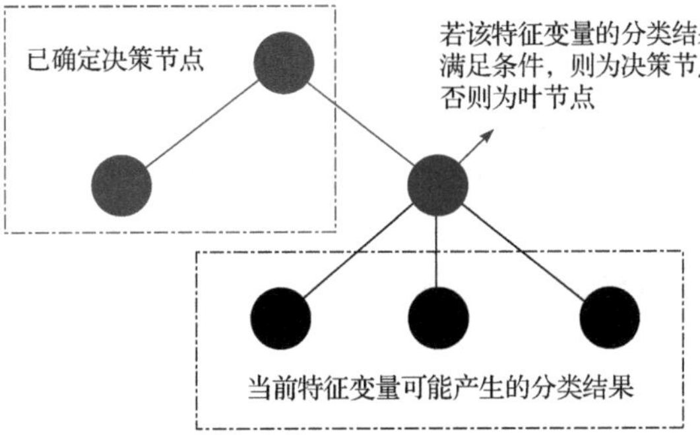

图 8.1.10　预剪枝示意图

后剪枝是先从训练集生成一棵完整的决策树，然后自底向上地对非叶节点进行考察，若将该节点对应的子树替换为叶节点能提高决策树的泛化性能，则将该子树替换为叶节点。泛化性能的评价可以采用留出法或交叉验证法等结合训练集与测试集，决定是否对决策树进行剪枝。当某节点的划分不能提升决策树在测试集上的预测准确率时，则停止划分并将当前节点标记为叶节点。

除此以外，为了尽可能简化决策树结构，可以将决策树的复杂度纳入整体的损失函数。假设最终生成的决策树叶节点个数为 V ，每个叶节点包含的样本点总数为 N_v ，其中第 k 类样本点的个数可以用 N_{vk} 来表示。此时，决策树的损失函数可以定义为

$$C_\alpha(\boldsymbol{D})=\sum_{v=1}^{V}N_vH_v(\boldsymbol{D})+\alpha|\boldsymbol{D}| \tag{8.1.40}$$

式中，$|\boldsymbol{D}|$ 表示模型复杂度，可以将决策树节点个数、决策树高度等作为衡量模型复杂度的标准；$\alpha \geqslant 0$，表示为平衡参数，其数值越大，则剪枝力度越大；经验熵 $H_v(\boldsymbol{D})$ 定义如下：

$$H_v(\boldsymbol{D})=\sum_{k}\frac{N_{vk}}{N_v}\ln\frac{N_{vk}}{N_v} \tag{8.1.41}$$

此时，损失函数的首项表示决策树学习模型在训练数据集上的预测误差，数值越小，则模型与训练数据集的拟合程度越高。

通过调节剪枝力度，可以最终得到泛化能力较强且预测准确率较高的决策树模型。

8.1.5　支持向量机

分类算法旨在习得尽可能正确划分数据集的准则，即能将原始样本空间 $\mathbb{R}^{d\times n}$ 划分为两部分的最优超平面 $\mathbb{R}^{(d-1)\times n}$。最优超平面与最大间隔如图 8.1.11 所示，两类数据点表示两类样本，$\boldsymbol{H}$ 表示超平面，$\boldsymbol{H}_1$、$\boldsymbol{H}_2$ 分别表示各类样本中距离超平面最近且与超平面平行的超平面，两者之间的距离称为分类间隔。支持向量机的分类思想在于求解最优化超平面，不仅能够正确划分样本，而且分类间隔最大。随着支持向量机的演变和发展，线性可分支持向量机、软间隔支持向量机和非线性支持向量机相继被提出(Burges，1998)。接下来从线性可分支持向量机开始逐一讲解。

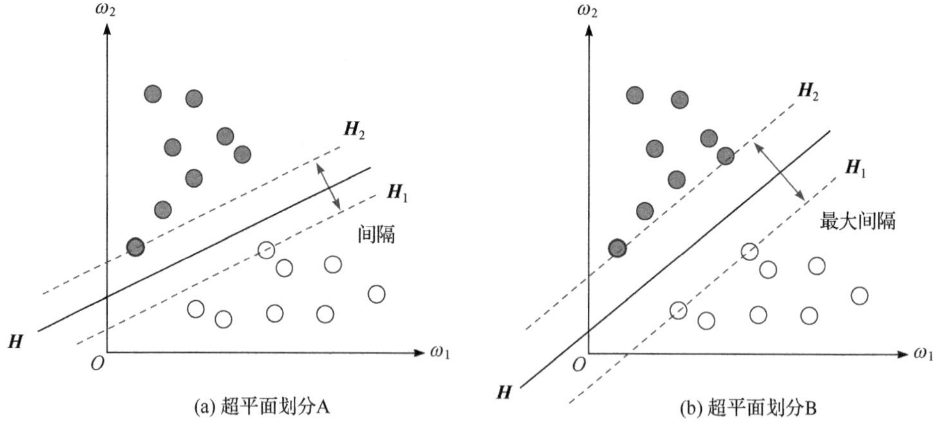

图 8.1.11　最优超平面与最大间隔示意图

1. 线性可分支持向量机

规定容量为 n 的训练样本集 $\left\{\left(\boldsymbol{x}_i, y_i\right) \mid \boldsymbol{x}_i \in \mathbb{R}^{d\times 1}, y_i \in \{+1,-1\}, i \in \{1,2,\cdots,n\}\right\}$ 由两类样本组成，如果 $\boldsymbol{x}_i$ 属于第一类样本，则样本标签为正 $\left(y_i = 1\right)$，否则样本标签为负 $\left(y_i = -1\right)$。此时，支持向量机希望习得分类超平面 $\boldsymbol{H}: \boldsymbol{w}^{\mathrm{T}}\boldsymbol{x} - b = 0$，使得样本集满足：

$$y_i\left(\boldsymbol{w}^{\mathrm{T}}\boldsymbol{x}_i - b\right) - 1 \geqslant 0 \tag{8.1.42}$$

此时，超平面可以将两类样本点正确划分，但需要注意的是，能够将样本点正确划分的超平面有无穷多个。为提升最优超平面对于未知数据分类的鲁棒性，还需要考虑超平面到各类样本集的距离：

$$d\left(\boldsymbol{w}, b, \boldsymbol{x}_i\right) = \frac{\left|\boldsymbol{w}^{\mathrm{T}}\boldsymbol{x}_i + b\right|}{\|\boldsymbol{w}\|} = \frac{y_i\left(\boldsymbol{w}^{\mathrm{T}}\boldsymbol{x}_i + b\right)}{\|\boldsymbol{w}\|} \tag{8.1.43}$$

某类样本距离超平面的最短距离被视作与该类样本的间隔 γ。如果间隔 γ 较大，则超平面对两类数据的划分结果较为稳定，不容易受到噪声等因素影响。因此，支持向量机的目标函数可以表示为最大化间隔 γ：

$$\begin{aligned} &\max_{\boldsymbol{w},b} \quad \gamma \\ &\text{s.t.} \quad \frac{y_i\left(\boldsymbol{w}^{\mathrm{T}}\boldsymbol{x}_i + b\right)}{\|\boldsymbol{w}\|} \geqslant \gamma, \forall i \in \{1,2,\cdots,n\} \end{aligned} \tag{8.1.44}$$

同时对权重向量 $\boldsymbol{w}$ 和常数项 b 进行等比例缩放 $\left(\boldsymbol{w} \to k\boldsymbol{w}, b \to kb\right)$ 不会改变样本到超平面的距离。限制 $\|\boldsymbol{w}\| \cdot \gamma = 1$ 可以进一步得到

$$\begin{aligned} &\max_{\boldsymbol{w},b} \quad \frac{1}{\|\boldsymbol{w}\|} \\ &\text{s.t.} \quad y_i\left(\boldsymbol{w}^{\mathrm{T}}\boldsymbol{x}_i + b\right) \geqslant 1, \forall i \in \{1,2,\cdots,n\} \end{aligned} \tag{8.1.45}$$

式中，数据集中所有满足 $y_i\left(\boldsymbol{w}^{\mathrm{T}}\boldsymbol{x}_i + b\right) = 1$ 的样本点称为支持向量，见图 8.1.12 中轮廓线加粗的样本点)。此时，对于一个线性可分的数据集，虽然分割超平面存在无穷多个，但距两类样本点间隔最大的超平面唯一存在。

最大化 $\|\boldsymbol{w}\|^{-1}$ 等价于最小化 $\|\boldsymbol{w}\|^2$。为了方便求导优化，上述问题可转化为凸优化问题：

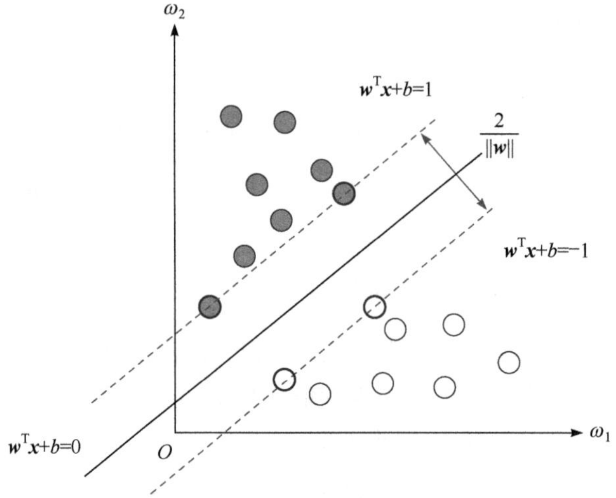

图 8.1.12　支持向量示意图

$$\begin{aligned}&\min_{w,b}\quad \frac{1}{2}\|\boldsymbol{w}\|^2\\ &\text{s.t.}\ \ y_i(\boldsymbol{w}^{\mathrm{T}}x_i+b)\geqslant 1,\ \forall i\in\{1,2,\cdots,n\}\end{aligned}\tag{8.1.46}$$

可以根据拉格朗日乘子法进行求解，对每个约束添加拉格朗日乘子 $\alpha_i\geqslant 0$，则对应的拉格朗日函数可以写为如下形式：

$$\mathcal{L}(\boldsymbol{w},b,\boldsymbol{\alpha})=\frac{1}{2}\|\boldsymbol{w}\|^2+\sum_{i=1}^{n}\boldsymbol{\alpha}_i(1-y_i(\boldsymbol{w}^{\mathrm{T}}\boldsymbol{x}_i+b))\tag{8.1.47}$$

式中，$\boldsymbol{\alpha}=(\boldsymbol{\alpha}_1,\boldsymbol{\alpha}_2,\cdots,\boldsymbol{\alpha}_n)$ 且 $\boldsymbol{\alpha}_i\geqslant 0,\forall i\in\{1,2,\cdots,n\}$。

计算拉格朗日函数关于 $\boldsymbol{w}$ 和位移项 b 的导数，并令其数值等于 0，可以得到

$$\boldsymbol{w}=\sum_{i=1}^{n}\boldsymbol{\alpha}_i y_i\boldsymbol{x}_i,\ \ 0=\sum_{i=1}^{n}\boldsymbol{\alpha}_i y_i\tag{8.1.48}$$

将式(8.1.35)代回拉格朗日函数(8.1.34)可得

$$\begin{aligned}&\min_{\boldsymbol{\alpha}}\quad \frac{1}{2}\sum_{i=1}^{n}\sum_{j=1}^{n}\boldsymbol{\alpha}_i\boldsymbol{\alpha}_j y_i y_j\boldsymbol{x}_i^{\mathrm{T}}\boldsymbol{x}_j-\sum_{i=1}^{n}\boldsymbol{\alpha}_i\\ &\text{s.t.}\ \ \sum_{i=1}^{n}\boldsymbol{\alpha}_i y_i=0,\boldsymbol{\alpha}_i\geqslant 0,\ \forall i\in\{1,2,\cdots,n\}\end{aligned}\tag{8.1.49}$$

式中，多变量优化问题已经转化为单变量优化问题，且最优解需满足约束：

$$\begin{cases}\boldsymbol{\alpha}_i\geqslant 0\\ y_i(\boldsymbol{w}^{\mathrm{T}}\boldsymbol{x}_i+b)-1\geqslant 0\\ \boldsymbol{\alpha}_i(y_i(\boldsymbol{w}^{\mathrm{T}}\boldsymbol{x}_i+b)-1)\geqslant 0\end{cases}\tag{8.1.50}$$

根据 KKT 条件中的互补松弛条件，最优解满足 $\boldsymbol{\alpha}_i(y_i(\boldsymbol{w}^{\mathrm{T}}\boldsymbol{x}_i+b)-1)=0$。若样本 $\boldsymbol{x}_i$ 不位于约束边界，则 $\boldsymbol{\alpha}_i=0$，即约束失效；若样本 $\boldsymbol{x}_i$ 位于约束边界，则 $\boldsymbol{\alpha}_i\geqslant 0$。这也再次验证，最优的超平面划分与大多数样本点分布无关，而由支持向量决定。对于优化问题的求解，变量 $\boldsymbol{\alpha}$ 的最优化过程属于二次规划问题，仅通过单次优化难以得到最优解。实践过程中，通常选择序列最小优化(sequential minimal optimization，SMO)算法进行交替求解，直至目标函数逐渐收敛。具体而言，当固定其他变量不变，随机选择变量 $\boldsymbol{\alpha}_i$ 进行优化时，由于 $\sum_{i=1}^{n}\boldsymbol{\alpha}_i y_i=0$，$\boldsymbol{\alpha}_i$ 的取值实际由 $\boldsymbol{\alpha}$ 其他元素决定。通常选择 $\boldsymbol{\alpha}_i$、$\boldsymbol{\alpha}_j$ 两个变量同时进行优化，并交替迭代该过程完成对 $\boldsymbol{\alpha}$ 的更新(Chang et al., 2011)。

2. 软间隔支持向量机

在支持向量机的优化模型中，约束条件较为严格。在处理训练样本集中数据分布线性不可分时(图 8.1.13)，难以找到最优解。假设被超平面错误划分的样本点为 $(\boldsymbol{x}_i, y_i)$，则由上述推导可知该样本点到超平面的间隔小于 1。为了能够容忍部分不满足约束的样本存在，软间隔支持向量机引入松弛变量 $\xi_i\geqslant 0$ 表示样本点违背划分规则的程度。在该松弛变量的作用下，约束条件可以改写为

$$y_i(\boldsymbol{w}^{\mathrm{T}}\boldsymbol{x}_i+b)\geqslant 1-\xi_i,\ \forall i\in\{1,2,\cdots,n\} \tag{8.1.51}$$

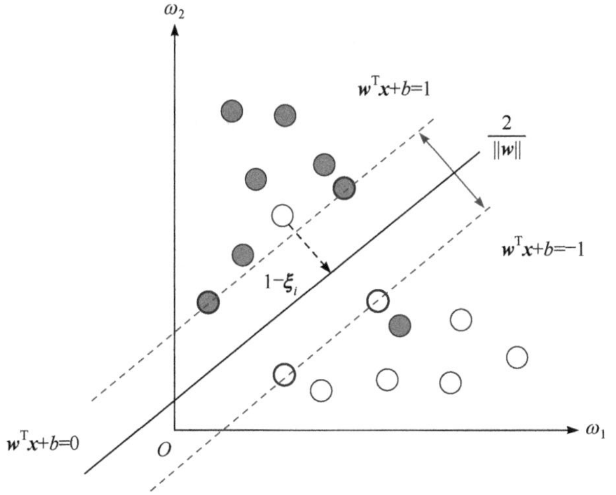

图 8.1.13　软间隔支持向量机示意图

松弛变量 ξ_i 的数值应该尽可能地小，使得被错误划分的样本点足够少。此时，软间隔支持向量机的目标函数可写为

$$
\begin{aligned}
&\min_{\boldsymbol{w},b} \quad \frac{1}{2}\|\boldsymbol{w}\|^2 + C\sum_{i=1}^{n}\boldsymbol{\xi}_i \\
&\text{s.t.}\ y_i(\boldsymbol{w}^{\mathrm{T}}\boldsymbol{x}_i + b) \geqslant 1 - \boldsymbol{\xi}_i,\ \ \forall i \in \{1,2,\cdots,n\}
\end{aligned}
\tag{8.1.52}
$$

式中，$C>0$，是惩罚系数。最优化目标函数的首项意味着最大化样本集与超平面间的间隔，最优化末项负责控制被错误划分的样本点尽可能少。软间隔支持向量机通过调节惩罚系数，在两者之间寻求平衡。此时，待优化的变量包括 $\boldsymbol{w}$、b 和松弛变量 $\boldsymbol{\xi}_i$。待优化问题建立在等式约束条件与不等式约束条件下，同样可以得到如下拉格朗日函数：

$$
\mathcal{L}(\boldsymbol{w},b,\boldsymbol{\alpha},\boldsymbol{\xi},\boldsymbol{\mu}) = \frac{1}{2}\|\boldsymbol{w}\|^2 + C\sum_{i=1}^{n}\boldsymbol{\xi}_i + \sum_{i=1}^{n}\boldsymbol{\alpha}_i(1-\boldsymbol{\xi}_i - y_i(\boldsymbol{w}^{\mathrm{T}}\boldsymbol{x}_i + b)) - \sum_{i=1}^{n}\boldsymbol{\mu}_i\boldsymbol{\xi}_i \tag{8.1.53}
$$

式中，$\boldsymbol{\alpha}_i \geqslant 0$，$\boldsymbol{\mu}_i \geqslant 0$，均为拉格朗日乘子。

分别对 $\boldsymbol{w}$、b 和松弛变量 $\boldsymbol{\xi}_i$ 求导数，并令其值为 0 可得

$$
\boldsymbol{w} = \sum_{i=1}^{n}\boldsymbol{\alpha}_i y_i \boldsymbol{x}_i,\ \ 0 = \sum_{i=1}^{n}\boldsymbol{\alpha}_i y_i,\ \ C = \boldsymbol{\alpha}_i + \boldsymbol{\mu}_i \tag{8.1.54}
$$

将式(8.1.41)代回拉格朗日函数(8.1.40)可得

$$
\begin{aligned}
&\min_{\boldsymbol{\alpha}} \quad \frac{1}{2}\sum_{i=1}^{n}\sum_{j=1}^{n}\boldsymbol{\alpha}_i\boldsymbol{\alpha}_j y_i y_j \boldsymbol{x}_i^{\mathrm{T}}\boldsymbol{x}_j - \sum_{i=1}^{n}\boldsymbol{\alpha}_i \\
&\text{s.t.} \quad \sum_{i=1}^{n}\boldsymbol{\alpha}_i y_i = 0, \quad C \geqslant \boldsymbol{\alpha}_i \geqslant 0, \quad \forall i \in \{1,2,\cdots,n\}
\end{aligned}
\tag{8.1.55}
$$

式中，多变量优化问题同样转化为单变量优化问题，且最优解需满足约束：

$$
\begin{cases}
\boldsymbol{\alpha}_i \geqslant 0, \quad \boldsymbol{\mu}_i \geqslant 0 \\
y_i(\boldsymbol{w}^{\mathrm{T}}\boldsymbol{x}_i + b) - 1 + \boldsymbol{\xi}_i \geqslant 0 \\
\boldsymbol{\alpha}_i(y_i(\boldsymbol{w}^{\mathrm{T}}\boldsymbol{x}_i + b) - 1 + \boldsymbol{\xi}_i) \geqslant 0 \\
\boldsymbol{\xi}_i \geqslant 0, \quad \boldsymbol{\mu}_i\boldsymbol{\xi}_i = 0
\end{cases}
\tag{8.1.56}
$$

对于任意训练样本点 $(\boldsymbol{x}_i, y_i)$，总存在 $\boldsymbol{\alpha}_i = 0$ 或 $y_i(\boldsymbol{w}^{\mathrm{T}}\boldsymbol{x}_i + b) - 1 + \ \boldsymbol{\xi}_i = 0$。当 $\boldsymbol{\alpha}_i = 0$ 时，约束条件不产生影响。当 $\boldsymbol{\alpha}_i \neq 0$ 时，若 $C > \boldsymbol{\alpha}_i > 0$，则有 $\boldsymbol{\mu}_i > 0$ 且 $\boldsymbol{\xi}_i = 0$，这意味着样本点位于支持向量；若 $\alpha_i = C$，则 $\mu_i = 0$，此时 ξ_i 的取值理论上可为任意正数。若 $\xi_i > 1$，则意味着样本点被错误划分，其余情况样本点均落在最大间隔内部。软间隔支持向量机的参数学习与原始支持向量机类似，其最终决策函数之和支持向量有关，即满足 $y_i(\boldsymbol{w}^{\mathrm{T}}\boldsymbol{x}_i + b) - 1 + \boldsymbol{\xi}_i = 0$ 的样本。

3. 非线性支持向量机

前文介绍的支持向量机都建立在至少存在一个超平面能够正确划分或允许划分出现小概率失误，然而实际应用场景中的数据分布复杂多变。例如，在如图 8.1.14 所示的数据分布中，样本分布无论如何都不可能得到一个能够正确划分或近似正确划分的超平面。

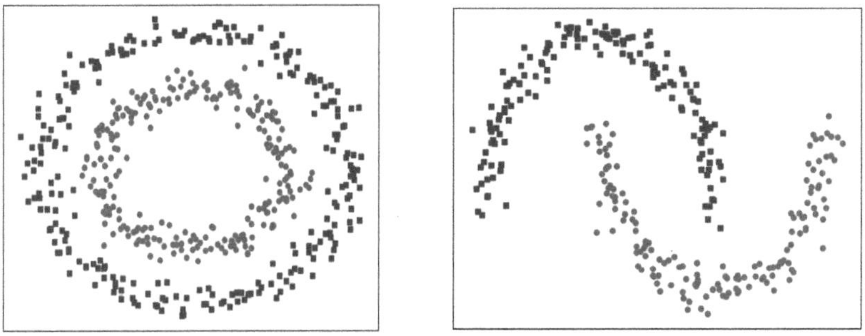

图 8.1.14　常见人造数据集分布

为了适应该种数据分布特征，研究人员引入核函数将原始特征空间内的最优化问题映射至更高维的空间。通过选择合适的核函数，在原始特征空间内线性不可分的问题理论上均可以转化为更高维空间内线性可分的问题。在得到的更高维空间内，采用线性分类支持向量机学习方法可以得到对应的超平面。假设原始样本 $\boldsymbol{x}_i$ 经过核函数的映射后转变为 $\varnothing(\boldsymbol{x}_i)$，则在更高维空间中，能够将样本点正确划分的超平面对应的模型为

$$f(\boldsymbol{x}_i)=\boldsymbol{w}^{\mathrm{T}}\varnothing(\boldsymbol{x}_i)+b \tag{8.1.57}$$

此时，原始支持向量机的目标函数可改写为

$$\begin{aligned}&\min_{\boldsymbol{w},b}\quad \frac{1}{2}\|\boldsymbol{w}\|^2\\ &\text{s.t.}\quad y_i(\boldsymbol{w}^{\mathrm{T}}\varnothing(\boldsymbol{x}_i)+b)\geqslant 1,\quad i=1,2,\cdots,n\end{aligned} \tag{8.1.58}$$

同理，通过拉格朗日乘子法对其进行求解，上述问题可转化为如下形式：

$$\begin{aligned}&\min_{\boldsymbol{\alpha}}\quad \frac{1}{2}\sum_{i=1}^{n}\sum_{j=1}^{n}\boldsymbol{\alpha}_i\boldsymbol{\alpha}_j y_i y_j\varnothing(\boldsymbol{x}_i)^{\mathrm{T}}\varnothing(\boldsymbol{x}_j)-\sum_{i=1}^{n}\boldsymbol{\alpha}_i\\ &\text{s.t.}\quad \sum_{i=1}^{n}\boldsymbol{\alpha}_i y_i=0,\boldsymbol{\alpha}_i\geqslant 0,\quad i=1,2,\cdots,n\end{aligned} \tag{8.1.59}$$

在理论层面，一定存在某种形式的核函数可以将原非线性可分问题转化为更高维空间内的线性可分问题，但难以判定该核函数是否适用于分析。常用的核函

数如表 8.1.1 所示(Andrew，2001)。

表 8.1.1　常用核函数

名称	表达式	参数
线性核函数	$\kappa(\boldsymbol{x}_i,\boldsymbol{x}_j)=\boldsymbol{x}_i^{\mathrm{T}}\boldsymbol{x}_j$	—
多项式核函数	$\kappa(\boldsymbol{x}_i,\boldsymbol{x}_j)=(\boldsymbol{x}_i^{\mathrm{T}}\boldsymbol{x}_j)^d$	$d\geqslant 1$ 为多项式的次数
高斯核函数	$\kappa(\boldsymbol{x}_i,\boldsymbol{x}_j)=\exp\left(-\dfrac{\lVert\boldsymbol{x}_i-\boldsymbol{x}_j\rVert^2}{2\sigma^2}\right)$	$\sigma>0$ 为高斯核的带宽
拉普拉斯核函数	$\kappa(\boldsymbol{x}_i,\boldsymbol{x}_j)=\exp\left(-\dfrac{\lVert\boldsymbol{x}_i-\boldsymbol{x}_j\rVert^2}{\sigma}\right)$	$\sigma>0$
Sigmoid 核函数	$\kappa(\boldsymbol{x}_i,\boldsymbol{x}_j)=\tanh(\beta\boldsymbol{x}_i^{\mathrm{T}}\boldsymbol{x}_j+\theta)$	tanh 为双曲正切函数，$\beta>0$，$\theta<0$

当单一的核函数无法满足需求时，可以进行如下变换，演变出更多的核函数组合。

(1) 若 κ_1 和 κ_2 为核函数，则对于任意的正数 γ_1、γ_2，其线性组合同样可以作为核函数：

$$\gamma_1\kappa_1+\gamma_2\kappa_2 \tag{8.1.60}$$

(2) 若 κ_1 和 κ_2 为核函数，则两者的直积同样可以作为核函数：

$$\kappa_1\otimes\kappa_2(\boldsymbol{x},\boldsymbol{z})=\kappa_1(\boldsymbol{x},\boldsymbol{z})\kappa_2(\boldsymbol{x},\boldsymbol{z}) \tag{8.1.61}$$

(3) 若 κ_1 为核函数，则对于任意函数 $g(x)$，如下形式的组合同样可以作为核函数：

$$\kappa(\boldsymbol{x},\boldsymbol{z})=g(\boldsymbol{x})\kappa_1(\boldsymbol{x},\boldsymbol{z})g(\boldsymbol{z}) \tag{8.1.62}$$

由此可见，核函数的选择多种多样，如何挑选合适的核函数成为求解非线性可分问题的关键。除此以外，当超平面能够将样本点正确划分时，映射得到的更高维空间维数无法预估，甚至可能趋近于无穷。此时，高维空间内映射向量内积 $\varnothing(\boldsymbol{x}_i)^{\mathrm{T}}\varnothing(\boldsymbol{x}_j)$ 的计算难以完成。方便起见，可以首先计算原始空间内样本向量的内积，再通过核函数映射至高维空间内，其函数形式如下：

$$\kappa(\boldsymbol{x}_i,\boldsymbol{x}_j)=\left\langle\varnothing(\boldsymbol{x}_i),\varnothing(\boldsymbol{x}_j)\right\rangle=\varnothing(\boldsymbol{x}_i)^{\mathrm{T}}\varnothing(\boldsymbol{x}_j) \tag{8.1.63}$$

由此，非线性可分支持向量机的目标函数为

$$\begin{aligned} \min_{\boldsymbol{\alpha}} \quad & \frac{1}{2}\sum_{i=1}^{n}\sum_{j=1}^{n}\boldsymbol{\alpha}_i\boldsymbol{\alpha}_j y_i y_j \kappa(\boldsymbol{x}_i,\boldsymbol{x}_j)-\sum_{i=1}^{n}\boldsymbol{\alpha}_i \\ \text{s.t.} \quad & \sum_{i=1}^{n}\boldsymbol{\alpha}_i y_i=0,\boldsymbol{\alpha}_i \geqslant 0, \quad i=1,2,\cdots,n \end{aligned} \tag{8.1.64}$$

8.1.6　感知机与神经网络

1. 感知机模型

感知机(perceptron)是二类分类的有监督线性分类模型，其输入为实例的特征向量，输出为实例的类别，取 +1 和 −1 二值(Kanal，2003)。感知机学习旨在求出将训练数据进行线性划分的超平面，属于判别模型。感知机分类的思想类似人对物品的分类，即对某件物品是否属于某种类别给出是或不是的判断。基于此种思想，感知机引入基于误分类的损失函数，并利用梯度下降法对损失函数进行极小化，从而求得感知机模型。感知机学习方法具有简单和易于实现的优点，分为原始形式和对偶形式。本小节首先介绍感知机模型；其次叙述感知机的学习策略，特别是损失函数的决策；最后介绍感知机学习算法，包括原始形式和对偶形式。

1) 感知机模型构建

给定输入空间的 n 个实例的 d 维特征向量 $\boldsymbol{x}_1,\boldsymbol{x}_2,\cdots,\boldsymbol{x}_n\in\mathbb{R}^{d\times1}$，对应输入空间的点输出空间为 $y_i\in\{+1,-1\},i=1,2,\cdots,n$。由输入空间到输出空间的如下函数称为感知机：

$$y_i=\operatorname{sign}\left(\boldsymbol{w}^{\mathrm{T}}\cdot\boldsymbol{x}_i+b\right) \tag{8.1.65}$$

式中，$\boldsymbol{w}$ 和 b 为感知机模型参数，$\boldsymbol{w}\in\mathbb{R}^{d\times1}$ 为权值(weight)或权值向量(weight vector)，$b\in\mathbb{R}$ 为偏置(bias)；sign 是符号函数，有

$$\operatorname{sign}(x)=\begin{cases}+1, & x\geqslant 0\\ -1, & x<0\end{cases} \tag{8.1.66}$$

感知机是一种线性分类模型，属于判别模型。感知机模型的假设空间是定义在特征空间中的所有线性分类模型或线性分类器，即函数集合 $\left\{f\mid f\left(\boldsymbol{x}\right)=\boldsymbol{w}^{\mathrm{T}}\cdot\boldsymbol{x}+b\right\}$。感知机如下线性方程对应特征空间 $\mathbb{R}^{d\times1}$ 中的一个超平面 $\boldsymbol{S}$：

$$\boldsymbol{w}^{\mathrm{T}}\cdot\boldsymbol{x}+b=0 \tag{8.1.67}$$

式中，$\boldsymbol{w}$ 是超平面的法向量；b 是超平面的截距。这个超平面将特征空间划分为两个部分。位于两部分的点(特征向量)分别被分为正、负两类。因此，超平面 $\boldsymbol{S}$ 称为分离超平面(separating hyperplane)。

感知机学习为一种有监督方法，需要利用有标签的训练数据集对其进行训练。训练数据集为 $\boldsymbol{T}=\{(\boldsymbol{x}_1,y_1),(\boldsymbol{x}_2,y_2),\cdots,(\boldsymbol{x}_n,y_n)\}$ ，其中， $\boldsymbol{x}_i\in\mathbb{R}^{d\times 1}$ 为第 i 个实例的特征向量， $y_i\in\boldsymbol{Y}=\{+1,-1\}$ 为第 i 个实例的类别。由训练数据集求得模型参数 $\boldsymbol{w}$ 和 b ，该参数可作为预测新数据类别的模型参数。

感知机学习问题转化为求解损失函数的最优化问题，采取的最优化方法是随机梯度下降法。接下来叙述感知机学习的具体算法，包括原始形式和对偶形式，并证明在训练数据线性可分条件下感知机学习算法的收敛性。

2) 感知机学习算法的原始形式

感知机学习算法是对以下最优化问题的算法。给定一个训练数据集 $\boldsymbol{T}=\{(\boldsymbol{x}_1,y_1),(\boldsymbol{x}_2,y_2),\cdots,(\boldsymbol{x}_n,y_n)\}$ ，其中， $\boldsymbol{x}_i\in\mathbb{R}^{d\times 1}$ 为第 i 个实例的特征向量， $y_i\in\boldsymbol{Y}=\{+1,-1\}$ 为第 i 个实例的类别，求参数 $\boldsymbol{w}$、b，使其为以下损失函数极小化问题的解：

$$L(\boldsymbol{w},b)=-\sum_{\boldsymbol{x}_i\in\boldsymbol{M}}y_i\left(\boldsymbol{w}^{\mathrm{T}}\cdot\boldsymbol{x}_i+b\right) \tag{8.1.68}$$

式中， $\boldsymbol{M}$ 为误分类点的集合； $\boldsymbol{x}_i\in\boldsymbol{M}$ 表示第 i 个样本分类得到的伪标签与真实标签不同，即对第 i 个样本分类错误。

感知机学习算法是误分类驱动的，采用随机梯度下降法(stochastic gradient descent)。首先，任意选取一个超平面 $\boldsymbol{w}_0,b_0$ ，然后用梯度下降法不断地极小化目标函数。在极小化过程中，不是一次使 $\boldsymbol{M}$ 中所有误分类点的梯度下降，而是一次随机选取一个误分类点使其梯度下降。假设误分类点集合 $\boldsymbol{M}$ 是固定的，那么损失函数 $L(\boldsymbol{w},b)$ 的梯度可由以下式子得出：

$$\begin{cases}\nabla_{\boldsymbol{w}}L(\boldsymbol{w},b)=-\sum\limits_{\boldsymbol{x}_i\in\boldsymbol{M}}y_i\boldsymbol{x}_i\\ \nabla_{b}L(\boldsymbol{w},b)=-\sum\limits_{\boldsymbol{x}_i\in\boldsymbol{M}}y_i\end{cases} \tag{8.1.69}$$

随机选取一个误分类点 $(\boldsymbol{x}_i,y_i)$ 对 $\boldsymbol{w},b$ 进行更新：

$$\boldsymbol{w}\leftarrow\boldsymbol{w}+\eta y_i\boldsymbol{x}_i$$
$$b\leftarrow b+\eta y_i$$

式中， $\eta(0<\eta\leqslant 1)$ 是步长，在统计学习中又称为学习率(learning rate)。这样，通过迭代可以期待损失函数 $L(\boldsymbol{w},b)$ 不断减小，不断接近 0 。

这种学习算法直观上有如下解释：当一个实例点被误分类，即位于分离超平面的错误一侧时，则调整 $\boldsymbol{w}$ 、 b 的值，使分离超平面向该误分类点的一侧移动，以减少该误分类点与超平面间的距离，直至超平面越过该误分类点使其被正确分类。现在证明，对于线性可分数据集，感知机学习算法原始形式收敛，即经过有限次迭代可以得到一个将训练数据集完全正确划分的分离超平面及感知机模型。

为了便于叙述与推导，将偏置b并入权重向量$\hat{\boldsymbol{w}}$，记$\hat{\boldsymbol{w}}=\left(\boldsymbol{w}^{\mathrm{T}},b\right)^{\mathrm{T}}$，同样将输入向量加以扩充，加进常数1，记$\hat{\boldsymbol{x}}_i=\left(\boldsymbol{x}_i^{\mathrm{T}},1\right)^{\mathrm{T}}$。这样，$\hat{\boldsymbol{x}}_i\in\mathbb{R}^{(d+1)\times1}$，$\hat{\boldsymbol{w}}\in\mathbb{R}^{(d+1)\times2}$。显然，$\hat{\boldsymbol{w}}\cdot\hat{\boldsymbol{x}}_i=\boldsymbol{w}\cdot\boldsymbol{x}_i+b$。

定理 8.1.1　设训练数据集$\boldsymbol{T}=\left\{(\boldsymbol{x}_1,y_1),(\boldsymbol{x}_2,y_2),\cdots,(\boldsymbol{x}_n,y_n)\right\}$是线性可分的，其中，$y_i\in\boldsymbol{Y}=\{+1,-1\}$，$i=1,2,\cdots,n$，则有：

(1) 存在满足条件$\left\|\hat{\boldsymbol{w}}_{\text{opt}}\right\|=1$的平面$\hat{\boldsymbol{w}}_{\text{opt}}\cdot\hat{\boldsymbol{x}}_i=\boldsymbol{w}_{\text{opt}}\cdot\boldsymbol{x}_i+b_{\text{opt}}=0$将训练数据集完全正确分开；且存在$\gamma>0$，对所有$i=1,2,\cdots,n$，有

$$y_i\left(\hat{\boldsymbol{w}}_{\text{opt}}\cdot\hat{\boldsymbol{x}}_i\right)=y_i\left(\boldsymbol{w}_{\text{opt}}^{\mathrm{T}}\cdot\boldsymbol{x}_i+b_{\text{opt}}\right)\geqslant\gamma \tag{8.1.70}$$

(2) 令$R=\max_{1\leqslant i\leqslant n}\left\|\hat{\boldsymbol{x}}_i\right\|$，则感知机算法在训练数据集上的误分类次数$k$满足不等式：

$$k\leqslant\left(\frac{R}{\gamma}\right)^2 \tag{8.1.71}$$

下面对定理 8.1.1 进行证明。

证明　由于训练数据集是线性可分的，则存在超平面可将训练数据集完全正确分开，取此超平面为$\hat{\boldsymbol{w}}_{\text{opt}}\cdot\hat{\boldsymbol{x}}_i=\boldsymbol{w}_{\text{opt}}\cdot\boldsymbol{x}_i+b_{\text{opt}}=0$，使$\left\|\hat{\boldsymbol{w}}_{\text{opt}}\right\|=1$，由于对有限的$i=1,2,\cdots,n$，均有

$$y_i\left(\hat{\boldsymbol{w}}_{\text{opt}}\cdot\hat{\boldsymbol{x}}_i\right)=y_i\left(\boldsymbol{w}_{\text{opt}}^{\mathrm{T}}\cdot\boldsymbol{x}_i+b_{\text{opt}}\right)>0$$

所以存在：

$$\gamma=\min_i\left\{y_i\left(\boldsymbol{w}_{\text{opt}}^{\mathrm{T}}\cdot\boldsymbol{x}_i+b_{\text{opt}}\right)\right\}$$

使

$$y_i\left(\hat{\boldsymbol{w}}_{\text{opt}}\cdot\hat{\boldsymbol{x}}_i\right)=y_i\left(\boldsymbol{w}_{\text{opt}}^{\mathrm{T}}\cdot\boldsymbol{x}_i+b_{\text{opt}}\right)\geqslant\gamma$$

不失一般性，感知机算法从$\hat{\boldsymbol{w}}_0=0$开始，如果实例被误分类，则更新权重。令$\hat{\boldsymbol{w}}_{k-1}$是第$k$个误分类实例之前的扩充权重向量，即

$$\hat{\boldsymbol{w}}_{k-1}=\left(\boldsymbol{w}_{k-1}^{\mathrm{T}},b_{k-1}\right)^{\mathrm{T}}$$

则第k个误分类实例的条件是

$$y_i\left(\hat{\boldsymbol{w}}_{k-1}\cdot\hat{\boldsymbol{x}}_i\right)=y_i\left(\boldsymbol{w}_{k-1}{}^{\mathrm{T}}\cdot\boldsymbol{x}_i+b_{k-1}\right)\leqslant 0$$

若$\left(\boldsymbol{x}_i,y_i\right)$是被$\hat{\boldsymbol{w}}_{k-1}=\left(\boldsymbol{w}_{k-1}^{\mathrm{T}},b_{k-1}\right)^{\mathrm{T}}$误分类的数据，则$\boldsymbol{w}$更新为

$$\hat{\boldsymbol{w}}_k=\hat{\boldsymbol{w}}_{k-1}+\eta y_i\hat{\boldsymbol{x}}_i$$

由上述推导可得

$$\begin{aligned}\hat{\boldsymbol{w}}_k\cdot\boldsymbol{w}_{\mathrm{opt}}&=\hat{\boldsymbol{w}}_{k-1}\cdot\boldsymbol{w}_{\mathrm{opt}}+\eta y_i\hat{\boldsymbol{w}}_{\mathrm{opt}}\cdot\hat{\boldsymbol{x}}_i\\&\geqslant\hat{\boldsymbol{w}}_{k-1}\cdot\boldsymbol{w}_{\mathrm{opt}}+\eta\gamma\end{aligned}$$

由此递推，即得不等式：

$$\hat{\boldsymbol{w}}_k\cdot\hat{\boldsymbol{w}}_{\mathrm{opt}}\geqslant\hat{\boldsymbol{w}}_{k-1}\cdot\hat{\boldsymbol{w}}_{\mathrm{opt}}+\eta\gamma\geqslant\hat{\boldsymbol{w}}_{k-2}\cdot\hat{\boldsymbol{w}}_{\mathrm{opt}}+2\eta\gamma\geqslant\cdots\geqslant k\eta\gamma$$

$$\left\|\hat{\boldsymbol{w}}_k\right\|^2\leqslant k\eta^2R^2$$

$$\begin{aligned}\left\|\hat{\boldsymbol{w}}_k\right\|^2&=\left\|\hat{\boldsymbol{w}}_{k-1}\right\|^2+2\eta y_i\hat{\boldsymbol{w}}_{k-1}\cdot\hat{\boldsymbol{x}}_i+\eta^2\left\|\hat{\boldsymbol{x}}_i\right\|^2\\&\leqslant\left\|\hat{\boldsymbol{w}}_{k-1}\right\|^2+2\eta^2R^2\\&\leqslant k\eta^2R^2\end{aligned}$$

$$k\eta\gamma\leqslant\left\|\hat{\boldsymbol{w}}_k\right\|\left\|\hat{\boldsymbol{w}}_{\mathrm{opt}}\right\|\leqslant\sqrt{k}\eta R$$

$$k^2\gamma^2\leqslant kR^2$$

从而得

$$k\leqslant\left(\frac{R}{\gamma}\right)^2$$

定理 8.1.1 表明，误分类的次数k是有上界的，经过有限次搜索可以找到将训练数据完全正确分开的分离超平面。也就是说，当训练数据集线性可分时，感知机学习算法原始形式迭代是收敛的。但是，感知机学习算法存在许多解，这些解既依赖初值的选择，也依赖迭代过程中误分类点的选择顺序。为了得到唯一的超平面，需要对分离超平面增加约束条件。

3) 感知机学习算法的对偶形式

现在考虑感知机学习算法的对偶形式。对偶形式的基本想法是，将$\boldsymbol{w}$和b表示为实例$\boldsymbol{x}_i$和标记y_i线性组合的形式，通过求解系数求得$\boldsymbol{w}$和b。不失一般性，假设初始值$\boldsymbol{w}_0$和b_0均为0。对误分类点$(\boldsymbol{w}_i,y_i)$通过

$$\begin{aligned}\boldsymbol{w}&\leftarrow\boldsymbol{w}+\eta y_i\boldsymbol{x}_i\\b&\leftarrow b+\eta y_i\end{aligned}$$

逐步修改$\boldsymbol{w}$和b，设修改n次，则$\boldsymbol{w}$和b关于$(\boldsymbol{x}_i,y_i)$的增量分别是$\alpha_i y_i\boldsymbol{x}_i$和$\alpha_i y_i$，

这里 $\alpha_i = n\eta$。这样，从学习过程不难看出，最后学习到的 $\boldsymbol{w}$ 和 b 可以分别表示为

$$\boldsymbol{w} = \sum_{i=1}^{n} \alpha_i y_i \boldsymbol{x}_i \tag{8.1.72}$$

$$b = \sum_{i=1}^{n} \alpha_i y_i \tag{8.1.73}$$

式中，$\alpha_i \geqslant 0$，$i = 1,2,\cdots,n$，当 $n=1$ 时，表示第 1 个实例点由于误分而进行更新的次数。实例点更新次数越多，意味着它距离分离超平面越近，也就越难正确分类。换句话说，这样的实例对学习结果影响最大。对偶形式中训练实例仅以内积的形式出现。为了方便，可以预先将训练集中实例间的内积计算出来，并以格拉姆(Gram)矩阵的形式存储。

2. BP 神经网络模型

反向传播(back-propagation，BP)神经网络是一种传统的神经网络，是使用反向传播算法的神经网络(Wang et al., 1991)。BP 神经网络是一种按误差反向传播训练的多层前馈网络，其优化的基本思想是梯度下降法，利用梯度搜索技术，使网络的实际输出值和期望输出值的误差均方差最小。

在 BP 神经网络中，单个样本有 m 个输入，有 n 个输出，在输入层和输出层之间通常还有若干个隐含层。实际上，对于任何闭区间内的一个连续函数，都可以用一个含隐含层的 BP 网络来逼近，这就是万能逼近定理。因此，一个三层的 BP 神经网络就可以完成任意维到维的映射，这三层分别是输入层(I)、隐含层(H)、输出层(O)。BP 神经网络的特点是：各层神经元仅与相邻层神经元之间相互全连接，同层内神经元之间无连接，各层神经元之间无反馈连接，构成具有层次结构的前馈型神经网络系统。单计算层前馈神经网络只能求解线性可分问题，能够求解非线性问题的网络必须是具有隐含层的多层神经网络。图 8.1.15 为一个仅有 1 层隐含层的 BP 网络结构示意图。

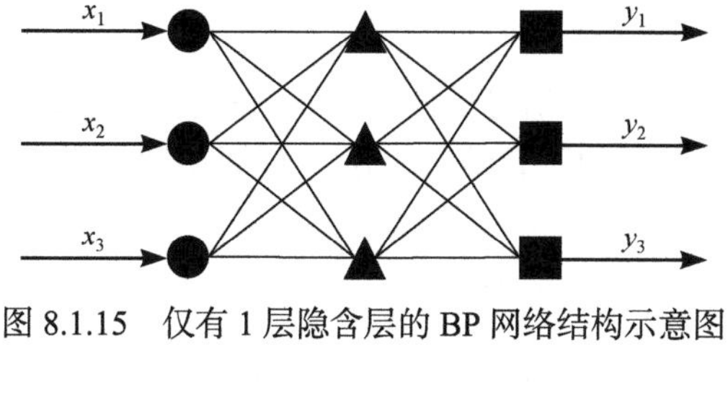

图 8.1.15　仅有 1 层隐含层的 BP 网络结构示意图

BP 算法的基本思想是：学习过程由信号的正向传播和误差的反向传播两个过程组成。正向传播时，把样本的特征从输入层进行输入，信号经过隐含层的处理后，从输出层传出。对于网络实际输出与期望输出之间的误差，将误差信号从最后一层逐层反传，从而获得各个层的误差学习信号，然后根据误差学习信号来修正各层神经元的权值。这种信号正向传播与误差反向传播、各层调整权值的过程是周而复始地进行的。权值的不断调整即为网络学习训练的过程，不断迭代进行这一过程，直到网络的输出误差减小到预先设置的阈值以下，或是达到预先设置的最大训练次数。(Li et al., 2012)。

1) 隐含层的选取

在 BP 神经网络中，输入层和输出层的节点数目都是确定的，而隐含层节点数目不确定。隐含层节点数目对神经网络的性能是有影响的，存在一个经验公式可以确定隐含层节点数目：

$$h = \sqrt{m+n} + a \tag{8.1.74}$$

式中，h 为隐含层节点数目；m 为输入层节点数目；n 为输出层节点数目；a 为取值 1～10 的调节常数。

2) 正向传递子过程

正向传播就是让信息从输入层进入网络，依次经过每一层的计算，得到最终输出层结果的过程。设上一层节点 i 和当前节点 j 之间的权值为 w_{ij}，节点 j 的阈值为 b_j，每个节点的输出值为 x_j，每个节点的输出值是根据上层所有节点的输出值、当前节点与上一层所有节点的权值、当前节点的阈值与激活函数来实现的。具体计算方法如下：

$$\begin{cases} S_j = \sum_{i=0}^{m-1} w_{ij} x_i + b_j \\ x_j = f(S_j) \end{cases} \tag{8.1.75}$$

式中，f 为激活函数，一般选取 S 型函数或者线性函数。

正向传递子过程中，原始数据从输入层输入并处理和传递到隐含层后，经过隐含层的计算，最后得到输出层结果，其中每次计算均以式(8.1.75)进行。

3) 反向传递子过程

在 BP 神经网络中，误差信号反向传递子过程比较复杂，是基于 Widrow-Hoff 学习规则的。假设输出层的所有结果为 d_j，误差函数如下：

$$E(w,b) = \frac{1}{2}\sum_{j=0}^{n-1}(d_j - y_j)^2 \tag{8.1.76}$$

BP 神经网络的主要目的是反复修正权值和阈值，使得误差函数值达到最小。

Widrow-Hoff 学习规则是沿着相对误差平方和的最速下降方向，连续调整网络的权值和阈值，根据梯度下降法，权值矢量的修正与当前位置上 $E(w,b)$ 的梯度成正比，对于第 j 个输出节点，有

$$\Delta w(i,j) = -\eta \frac{\partial E(w,b)}{\partial w(i,j)} \tag{8.1.77}$$

假设选择激活函数为

$$f(x) = \frac{A}{1+\mathrm{e}^{-\frac{x}{B}}} \tag{8.1.78}$$

对激活函数求导，得到

$$\begin{aligned} f'(x) &= \frac{A\mathrm{e}^{-\frac{x}{B}}}{B(1+\mathrm{e}^{-\frac{x}{B}})^2} \\ &= \frac{f(x)[A-f(x)]}{AB} \end{aligned} \tag{8.1.79}$$

那么，针对 w_{ij} 有

$$\begin{aligned} \frac{\partial E(w,b)}{\partial w_{ij}} &= \frac{1}{\partial w_{ij}} \cdot \frac{1}{2}\sum_{j=0}^{n-1}(d_j - y_i)^2 \\ &= (d_j - y_i) \cdot \frac{\partial d_j}{\partial w_{ij}} \\ &= (d_j - y_i) \cdot \frac{f(S_j)[A-f(S_j)]}{AB} \cdot x_i \\ &= \delta_{ij} \cdot x_i \end{aligned} \tag{8.1.80}$$

式中，δ_{ij} 为

$$\delta_{ij} = (d_j - y_i) \cdot \frac{f(S_j)[A-f(S_j)]}{AB} \tag{8.1.81}$$

同样对于 b_j，有

$$\frac{\partial E(w,b)}{\partial b_{ij}} = \delta_{ij} \tag{8.1.82}$$

这就是 δ 学习规则，通过改变神经元之间的连接权值来减小系统实际输出和期望输出的误差，这个规则又称为 Widrow-Hoff 学习规则或者纠错学习规则。

以上是对隐含层和输出层之间权值和输出层的阈值调整量计算，输入层和隐

含层阈值调整量的计算更为复杂。假设 w_{ki} 是输入层第 k 个节点和隐含层第 i 个节点之间的权值，那么有

$$\frac{\partial E(w,b)}{\partial w_{ki}} = \delta_{ki} \cdot x_k \tag{8.1.83}$$

式中，δ_{ki} 为

$$\delta_{ki} = \sum_{j=0}^{n-1} \delta_{ij} \cdot w_{ij} \cdot \frac{f(S_i)[A - f(S_i)]}{AB} \tag{8.1.84}$$

基于以上公式，根据梯度下降法，对于隐含层和输出层之间的权值和阈值调整如下：

$$\begin{cases} w_{ij} = w_{ij} - \eta_1 \cdot \dfrac{\partial E(w,b)}{\partial w_{ij}} = w_{ij} - \eta_1 \cdot \delta_{ij} \cdot x_i \\ b_j = b_j - \eta_2 \cdot \dfrac{\partial E(w,b)}{\partial b_j} = b_j - \eta_2 \cdot \delta_{ij} \end{cases} \tag{8.1.85}$$

对于输入层和隐含层之间的权值和阈值调整，同样有

$$\begin{cases} w_{ki} = w_{ki} - \eta_1 \cdot \dfrac{\partial E(w,b)}{\partial w_{ki}} = w_{ki} - \eta_1 \cdot \delta_{ki} \cdot x_k \\ b_i = b_i - \eta_2 \cdot \dfrac{\partial E(w,b)}{\partial b_i} = b_i - \eta_2 \cdot \delta_{ki} \end{cases} \tag{8.1.86}$$

BP 神经网络一般用于分类或者逼近问题。如果用于分类，则激活函数一般选用 Sigmoid 函数或者硬极限函数；如果用于函数逼近，则输出层节点用线性函数，即 $f(x) = x$ 。

BP 神经网络在训练数据时可以采用增量学习或者批量学习。增量学习要求输入模式有足够的随机性，对输入模式的噪声比较敏感，即对于剧烈变化的输入模式，训练效果比较差，适合在线处理。批量学习不存在输入模式次序问题，稳定性好，但是只适合离线处理。

4) 经典 BP 神经网络的缺陷及改进

(1) 网络收敛慢，训练时间长。针对某些复杂问题，当学习速率设置过小且无法调整时，BP 算法所需的训练时间极长。通常采用学习速率自适应变化的策略实现改进。由于学习速率是固定的，因此网络的收敛速度慢，需要较长的训练时间。对于一些复杂问题，BP 算法需要的训练时间可能非常长，这主要是学习速率太小造成的，可采用变化的学习速率或自适应的学习速率加以改进。

(2) 网络隐含层的层数和单元数的选择尚无理论上的指导，一般是根据经验或者通过反复实验确定。因此，网络往往存在很大的冗余性，在一定程度上增加

了网络学习的负担。

(3) 网络的学习和记忆具有不稳定性，也就是说，如果增加了学习样本，训练好的网络就需要从头开始训练，对于以前的权值和阈值是没有记忆的，但是可以将预测、分类或聚类效果比较好的权值保存。

(4) 经典 BP 神经网络容易形成局部极小值而得不到全局最优值。BP 神经网络中极小值比较多，所以很容易陷入局部极小值，这就对初始权值和阈值有要求，要使初始权值和阈值随机性足够好，可以通过多次随机来实现。

8.1.7　经典方法总结与分析

K 近邻法基于启发式的机器学习，如果给定一些数据需要进行分类，直观而言，两数据点间差别越小，归属于同一类别的可能性越大。一种直观或由经验得到的方法是两个数据点之间差别越小，那么这两个数据点归属于同一类的可能性更大，K 近邻法就是基于这种直观的想法扩展构造产生的算法。K 近邻法是一种非参数监督学习方法，首先由 Evelyn Fix 和 Joseph Hodges 提出，后来由 Thomas Cover 扩展与完善。在 KNN 分类中，输入由数据集中 k 个最接近的训练示例组成，输出是各样本的类。在 K 近邻法中，当训练集、距离度量(如欧氏距离)、k 值和分类决策规则(如多数表决)确定后，对于任何一个新的输入实例，它所属的类唯一地确定。

感知机是生物神经细胞的简单抽象。神经细胞结构大致可分为树突、突触、细胞体和轴突。单个神经细胞可被视为一种只有两种状态的机器——激动时为“是”，未激动时为“否”。神经细胞的状态取决于从其他神经细胞收到的输入信号量及突触的强度(抑制或加强)。当信号量总和超过了某个阈值时，细胞体就会激动，产生电脉冲。电脉冲沿着轴突并通过突触传递到其他神经元。为了模拟神经细胞行为，与之对应的感知机基础概念被提出，如权量(突触)、偏置(阈值)和激活函数(细胞体)。1943 年，人工神经网络的概念及人工神经元的数学模型首次被提出，开创了人工神经网络研究的时代(McCulloch et al., 1943)。之后，“感知机”的概念被提出，被定义为“可以模拟人类感知能力的机器”，并在计算机上完成了仿真，实现了识别一些英文字母的功能。为了“教导”感知机识别图像，Rosenblatt(1962)在 Hebb 学习法则的基础上，发展了一种基于试错与迭代策略类似人类学习过程的学习算法——感知机学习。感知机学习除了能够识别出现较多次的字母，还能对不同书写方式的字母图像进行概括和归纳。由于本身的局限，感知机除了那些包含在训练集里的图像，不能对受干扰(半遮蔽、不同大小、平移、旋转)的字母图像进行可靠的识别。感知机学习算法具有简单、易于实现的特点，并且计算速度非常快。

最初的感知机受一些错误的观点影响，未向多层网络扩展，仅存在单层结构模型，这种单层网络结构无法处理线性不可分的问题(如异或问题)。

任何监督式学习算法的目标是找到一个能将一组输入最好地映射到正确输出的函数。例如，一个简单的分类任务中输入是动物的图像，正确的输出是动物的名称。一些输入和输出模式可以很容易地通过单层神经网络(如感知器)学习，但是这些单层的感知机只能学习一些比较简单的模式，如非线性可分的模式。人可以通过识别动物图像的某些特征进行分类，如肢体的数目、皮肤的纹理特征(包括毛皮、羽毛、鳞片等)、体型及种种其他特征。单层神经网络必须仅仅使用图像中像素的数值来获取相应的输出，因为被限制为仅具有一个层，所以没有办法从输入中学习到任何抽象特征。多层网络突破了这一限制，可以创建内部表示，并在每一层学习不同的特征。第一层可能负责从图像的单个像素输入学习线条的走向，第二层可能会结合第一层所学并学习识别简单形状(如圆形)。每升高一层，学习越来越多的抽象特征，如前文提到的用来图像分类。每一层都从下方的层中找到模式，这种能力创建了独立于为多层网络提供能量的外界输入的内部表达形式。

反向传播算法发展的目标和动机是找到一种训练多层神经网络的方法，其可以通过学习合适的内部表达来达到任意输入到输出的映射(Sathyanarayana, 2014)。

本节共介绍了 7 种经典的机器学习方法，包括两种回归方法、四种分类方法，这些方法各有优劣。在介绍的回归方法中，最小二乘回归算法的目标是寻找最佳拟合函数，使得预测值与实际观测值之间的误差平方和最小化。针对简单最小二乘回归无法处理维数过大(远大于样本数)数据的局限性，本节介绍了两种扩展算法，即岭回归与套索回归。这两种方法添加常数 γ 使得 $\left(\boldsymbol{X}^{\mathrm{T}}\boldsymbol{X}+\gamma\boldsymbol{I}\right)$ 满秩，从而可以完成后续求逆等运算。这两种方法之间的差别是求解的权重向量满足的空间分布假设不同，岭回归要求满足高斯分布，套索回归要求满足拉普拉斯分布。本节还简单介绍了用于处理非线性数据的最小二乘回归算法——广义最小二乘回归算法，其思路是利用非线性函数映射，将非线性数据投影至线性空间，在线性空间中利用线性最小二乘回归算法进行处理，从而完成回归任务。最小二乘回归算法易于理解，实施简易，广泛用于数据分析、预测等领域。最小二乘回归算法追求预测值和真实值之间的误差尽可能趋于零，但这种追求零误差的策略会影响模型的泛化能力，减弱回归模型泛化能力。支持向量回归算法允许预测值和真实值之间有一定偏差，增设“间隔带”从而削弱回归预测错误的惩罚力度，并利用“间隔带”宽度这一量化指标调节允许的回归误差。

在本节介绍的分类方法中，K 近邻法为启发式算法，利用 K 近邻法分类时，对于新的实例，根据 k 个最邻近的训练实例类别，通过多数表决等方式进行预测。

相比于其他算法，K 近邻法简洁明了，原理清晰，可用于非线性分类，但当训练集较大时，其计算量大、时间复杂度高。决策树算法的目的是在提取训练实例特征的同时，生成可用于预测测试示例标签的决策模型。完整的决策树构建涉及三个过程：特征选择、决策树生成和决策树剪枝。特征选择旨在选择出合适的特征构造决策树；决策树生成从根节点开始，在每个非叶节点上根据某一特征划分当前数据集；决策树剪枝可以限制树的生长，避免产生过拟合问题。支持向量机的分类思想在于求解一个可以将样本正确分类同时最大化分类间隔的最优化超平面。线性可分支持向量机同样采用简单最小二乘回归算法对错误“零容忍”的策略，这种策略泛化能力较差。针对此，本节还介绍了采用软间隔的软间隔支持向量机，此处的软间隔与支持向量回归中的思想类似，在此不再赘述。感知机与 BP 神经网络均为结构简单的人工神经网络模型。感知机引入了基于误分类的损失函数，并利用梯度下降法对损失函数进行极小化，从而求得感知机模型。BP 神经网络是一种按误差反向传播训练的多层前馈网络，其优化的基本思想是梯度下降法，利用梯度搜索技术，以期网络的实际输出值和期望输出值的误差均方差最小。回归算法与分类算法通常被认为属于监督式学习，回归算法的目标是根据已知样本的信息了解两个或多个变量间是否相关、相关方向与强度，并建立数学模型，以便观察特定变量来预测研究者感兴趣的变量。分类算法的目标是根据已知样本的某些特征，判断一个新的样本属于哪种已知的样本类。

8.2 进阶方法

8.2.1 基于 ℓ_{2p} 范数最小化的方法

最小二乘法是数据挖掘中一种常用的数学统计方法，常用来进行系统参数的估计，拟合数据的回归和图像的分类等，因其简单、物理意义明确且具有闭式解，也被广泛应用到实际工程中。最小二乘法以误差平方和最小为准则，是根据观测数据估计线性模型中未知参数的一种基本参数估计方法。该方法可以避免正负误差相抵，便于分析计算，但当数据中存在噪声或离群点时，会对最小二乘法所得的最优投影产生极大影响。噪声误差的平方一般较大，在进行计算时对整体误差的平方和影响较大，导致最后回归的结果向噪声点方向偏离。此时，最小二乘法的判别性无法得到保证，其后续任务如回归和分类等的效果也会大大下降。现实生活中，噪声的类型和种类很多，如某一特征采集的数值偏差较大、数据中的标签错误、数据中混入了其他类别的数据等，这些都会导致数据中存在噪声，进而导致后续任务的性能下降。针对最小二乘法对噪声点敏感的问题，本小节提出了一种自适应去除噪声点的监督鲁棒最小二乘法(robust supervised least squares regression，RSLSR)。该方法可以自动精确地挑选原始数据中的噪声点并去除，保证原始数据的有效性，从而提高最小二乘法抑制噪声的能力。结合半监督学习理论，该方法可拓展出相应的半监督学习范式，即半监督鲁棒最小二乘法(robust semi-supervised least squares regression，RSSLSR)。

1. 理论分析

接下来对监督和半监督的鲁棒最小二乘法的具体模型和求解进行分析。

1) RSLSR

假设训练数据为 $\boldsymbol{X}=\{\boldsymbol{x}_1,\boldsymbol{x}_2,\cdots,\boldsymbol{x}_n\}\in\mathbb{R}^{d\times n},\boldsymbol{x}_i\in\mathbb{R}^{d\times 1}$，对应的标签矩阵为 $\boldsymbol{Y}=\{\boldsymbol{y}_1,\boldsymbol{y}_2,\cdots,\boldsymbol{y}_n\}\in\mathbb{R}^{c\times n}$，$\boldsymbol{y}_i\in\mathbb{R}^{c\times 1}$，$c$ 为训练数据的类别数，变换矩阵为 $\boldsymbol{W}\in\mathbb{R}^{d\times c}$，偏置向量为 $\boldsymbol{b}\in\mathbb{R}^{c\times 1}$，最小二乘模型如下：

$$\min_{\boldsymbol{W},\boldsymbol{b}}\left\|\boldsymbol{W}^{\mathrm{T}}\boldsymbol{x}_i+\boldsymbol{b}-\boldsymbol{y}_i\right\|_2^2+\lambda\|\boldsymbol{W}\|_{\mathrm{F}}^2 \tag{8.2.1}$$

式中，λ 为正则化参数。其闭式解为

$$\begin{cases}\boldsymbol{W}=\left(\boldsymbol{XLX}^{\mathrm{T}}+\lambda\boldsymbol{I}_d\right)^{-1}\boldsymbol{XLY}^{\mathrm{T}}\\ \boldsymbol{b}=\dfrac{1}{n}\left(\boldsymbol{Y1}_n-\boldsymbol{W}^{\mathrm{T}}\boldsymbol{X1}_n\right)\end{cases} \tag{8.2.2}$$

式中，$\boldsymbol{L}=\boldsymbol{I}_n-1/n\,\boldsymbol{1}_n\boldsymbol{1}_n^{\mathrm{T}}$，为中心矩阵。

由于最小二乘法以误差平方和最小为准则，当数据中存在噪声时，会对回归方向产生较大影响。因此，提出一种监督鲁棒最小二乘法，RSLSR 的目标函数为

$$\begin{aligned}&\min_{\boldsymbol{W},\boldsymbol{b},\boldsymbol{s}}\sum_{i=1}^{n}s_i\phi(e_i)+\lambda\|\boldsymbol{W}\|_{\mathrm{F}}^2\\ &\text{s.t.}\quad 0\leqslant\boldsymbol{s}\leqslant 1,\quad \boldsymbol{s}^{\mathrm{T}}\boldsymbol{1}_n=k\end{aligned} \tag{8.2.3}$$

式中，$\phi(e)=e^{p/2},\ 0<p/2\leqslant 1$，且 $e_i=\left\|\boldsymbol{W}^{\mathrm{T}}\boldsymbol{x}_i+\boldsymbol{b}-\boldsymbol{y}_i\right\|_2^2$；$\boldsymbol{s}$ 为每个样本点的权重；k 为正常数据点的数量。

通过后续分析可以得到，$\boldsymbol{s}$ 的取值为 0 或 1，当 $\boldsymbol{s}$ 为 0 时，表明对应的样本点为噪声点，不参与整个目标函数的计算，从而不会对回归或分类结果产生影响。问题(8.2.3)中有三个变量 $\boldsymbol{W}$、$\boldsymbol{b}$、$\boldsymbol{s}$ 需要优化，采用交替迭代的方法进行求解。

首先，固定 $\boldsymbol{W}$ 和 $\boldsymbol{b}$，优化 $\boldsymbol{s}$，此时优化问题为

$$\min_{\boldsymbol{s}} \sum_{i=1}^{n} s_i \phi(e_i) \quad \text{s.t.} \quad 0 \leqslant \boldsymbol{s} \leqslant 1, \quad \boldsymbol{s}^{\mathrm{T}} \boldsymbol{1}_n = k \tag{8.2.4}$$

可以看出，问题(8.2.4)中 $\boldsymbol{s}$ 的解为二值化的解，即 $\boldsymbol{s}$ 的值为 0 或 1。对误差 $\phi(e_i)$ 进行排序，误差最大的 $n-k$ 对应的 $\boldsymbol{s}$ 为 0，其余为 1。这里也可以看出，$\boldsymbol{s}$ 为 0 对应的样本被认为是离群点，在计算整体误差时未将这些噪声计算在内，从而避免噪声对分类效果产生影响。

其次，固定 $\boldsymbol{s}$，优化 $\boldsymbol{W}$ 和 $\boldsymbol{b}$，此时优化问题为

$$\min_{\boldsymbol{W},\boldsymbol{b}} \sum_{i=1}^{n} s_i \phi(e_i) + \lambda \|\boldsymbol{W}\|_{\mathrm{F}}^2 \tag{8.2.5}$$

问题(8.2.5)较难求解，因为 $\phi(e)$ 为凹函数，引入以下优化算法来求解类似问题。该问题的一般形式为

$$\min_{x \in \mathcal{C}} \sum_{i} h_i\left(g_i(x)\right) + f(x) \tag{8.2.6}$$

式中，$h(g)$ 为凹函数。该问题求解过程与 5.4.2 节的广义加权算法类似，在这里不详细描述其过程。首先计算 d_i，表达式为

$$d_i = \phi_i'(e) = \frac{p}{2}\left(\left\|\boldsymbol{W}^{\mathrm{T}} \boldsymbol{x}_i + \boldsymbol{b} - \boldsymbol{y}_i\right\|_2^2\right)^{\frac{p}{2}-1} \tag{8.2.7}$$

其次求解以下问题：

$$\min_{\boldsymbol{W},\boldsymbol{b}} \sum_{i=1}^{n} s_i d_i \left\|\boldsymbol{W}^{\mathrm{T}} \boldsymbol{x}_i + \boldsymbol{b} - \boldsymbol{y}_i\right\|_2^2 + \lambda \|\boldsymbol{W}\|_{\mathrm{F}}^2 \tag{8.2.8}$$

上述问题的矩阵形式为

$$J = \mathrm{tr}\left(\left(\boldsymbol{W}^{\mathrm{T}} \boldsymbol{X} + \boldsymbol{b}\boldsymbol{1}_n^{\mathrm{T}} - \boldsymbol{Y}\right) \boldsymbol{\Lambda} \left(\boldsymbol{W}^{\mathrm{T}} \boldsymbol{X} + \boldsymbol{b}\boldsymbol{1}_n^{\mathrm{T}} - \boldsymbol{Y}\right)^{\mathrm{T}}\right) + \lambda \mathrm{tr}\left(\boldsymbol{W}^{\mathrm{T}} \boldsymbol{W}\right) \tag{8.2.9}$$

式中，$\boldsymbol{\Lambda} = \boldsymbol{S}\boldsymbol{D}$，$\boldsymbol{S} = \mathrm{diag}\{s_1, s_2, s_3, \cdots, s_n\}$，$\boldsymbol{D} = \mathrm{diag}\{d_1, d_2, d_3, \cdots, d_n\}$。

由于对 $\boldsymbol{W}$ 和 $\boldsymbol{b}$ 无约束，对这两个变量求偏导可得其解析解。对 $\boldsymbol{b}$ 进行求导并令导数值为 0，可得

$$\frac{\partial J}{\partial \boldsymbol{b}} = 2\left(\boldsymbol{W}^{\mathrm{T}} \boldsymbol{X} + \boldsymbol{b}\boldsymbol{1}^{\mathrm{T}} - \boldsymbol{Y}\right) \boldsymbol{\Lambda} \boldsymbol{1}$$
$$\Rightarrow \boldsymbol{b} = \frac{\left(\boldsymbol{Y} - \boldsymbol{W}^{\mathrm{T}} \boldsymbol{X}\right) \boldsymbol{\Lambda} \boldsymbol{1}}{\boldsymbol{1}^{\mathrm{T}} \boldsymbol{\Lambda} \boldsymbol{1}} \tag{8.2.10}$$

令 $\boldsymbol{H} = \boldsymbol{I} - \boldsymbol{\Lambda}\boldsymbol{1}\boldsymbol{1}^{\mathrm{T}} / \boldsymbol{1}^{\mathrm{T}} \boldsymbol{\Lambda} \boldsymbol{1}$，将 $\boldsymbol{b}$ 代入目标函数可得

$$J=\min_{\boldsymbol{W},\boldsymbol{b}} \operatorname{tr}\left(\boldsymbol{W}^{\mathrm{T}} \boldsymbol{X} \boldsymbol{M} \boldsymbol{X}^{\mathrm{T}} \boldsymbol{W}-2 \boldsymbol{W}^{\mathrm{T}} \boldsymbol{X} \boldsymbol{M} \boldsymbol{Y}^{\mathrm{T}}+\boldsymbol{F} \boldsymbol{M} \boldsymbol{Y}^{\mathrm{T}}+\gamma \boldsymbol{W}^{\mathrm{T}} \boldsymbol{W}\right) \tag{8.2.11}$$

式中，

$$\boldsymbol{M}=\boldsymbol{H} \boldsymbol{\Lambda} \boldsymbol{H}^{\mathrm{T}} \tag{8.2.12}$$

对$\boldsymbol{W}$进行求导，可得

$$\frac{\partial J}{\partial \boldsymbol{W}}=2 \boldsymbol{X} \boldsymbol{M} \boldsymbol{X}^{\mathrm{T}} \boldsymbol{W}-2 \boldsymbol{X} \boldsymbol{M} \boldsymbol{Y}^{\mathrm{T}}+2 \gamma \boldsymbol{W} \tag{8.2.13}$$

令其值为 0，可得

$$\boldsymbol{W}=\left(\boldsymbol{X} \boldsymbol{M} \boldsymbol{X}^{\mathrm{T}}+\gamma \boldsymbol{I}\right)^{-1} \boldsymbol{X} \boldsymbol{M} \boldsymbol{Y}^{\mathrm{T}} \tag{8.2.14}$$

然后不断交替迭代三个变量，直到满足收敛条件。

2) RSSLSR

假设数据为$\boldsymbol{X}=[\boldsymbol{X}_l,\boldsymbol{X}_u]=\{\boldsymbol{x}_1,\boldsymbol{x}_2,\cdots,\boldsymbol{x}_l,\boldsymbol{x}_{l+1},\cdots,\boldsymbol{x}_n\}\in\mathbb{R}^{d\times n},x_i\in\mathbb{R}^{d\times 1}$，由有标签数据$\boldsymbol{X}_l$和未知标签数据组成，$d$为数据的维度，$n$为样本的数量，$l$为带标签的数据的数量，$n-l$为不带标签的数据的数量。标签矩阵由已知标签矩阵$\boldsymbol{Y}_l$和未知标签矩阵$\boldsymbol{F}_u$组成，$\boldsymbol{F}=[\boldsymbol{F}_l;\boldsymbol{F}_u]=\{\boldsymbol{f}_1,\boldsymbol{f}_2,\cdots,\boldsymbol{f}_l,\boldsymbol{f}_{l+1},\cdots,\boldsymbol{f}_n\}\in\mathbb{R}^{c\times n}$，$\boldsymbol{f}_i\in\mathbb{R}^{d\times 1}$，$\boldsymbol{F}_l=\boldsymbol{Y}_l$，其中$\boldsymbol{F}_l,\boldsymbol{Y}_l\in\mathbb{R}^{c\times n_l}$，$\boldsymbol{F}_u\in\mathbb{R}^{c\times n_u}$，$n_l$和$n_u$满足$n_l+n_u=n$。

目标函数为

$$\min_{\boldsymbol{W},\boldsymbol{b},\boldsymbol{s},\boldsymbol{F}} \sum_{i=1}^{n} s_i\left\|\boldsymbol{W}^{\mathrm{T}}\boldsymbol{x}_i+\boldsymbol{b}-\boldsymbol{f}_i\right\|_2^p+\lambda\|\boldsymbol{W}\|_{\mathrm{F}}^2 \tag{8.2.15}$$

该问题共有四个变量需要求解，与 RSLSR 的求解方法类似，采用交替迭代的方法来求解。首先初始化$\boldsymbol{W}$、$\boldsymbol{b}$和$\boldsymbol{s}$，求解$\boldsymbol{F}$。此时$\boldsymbol{X}_u$优化问题为

$$\min_{\boldsymbol{F}} \sum_{i=1}^{n} s_i\left\|\boldsymbol{W}^{\mathrm{T}}\boldsymbol{x}_i+\boldsymbol{b}-\boldsymbol{f}_i\right\|_2^p \tag{8.2.16}$$

对于有标签的样本，$\boldsymbol{f}_i$的值直接等于其真实标签$\boldsymbol{y}_i$从而无须求解，而对于没有标签的样本，上述问题对于每个样本来说是独立的，对$\boldsymbol{f}_i$进行单独求解，问题为

$$\begin{aligned}&\min_{\boldsymbol{f}_i} s_i\left\|\boldsymbol{f}_i-\boldsymbol{v}_i\right\|_2^p\\&\text{s.t.}\quad 0\leqslant\boldsymbol{f}_i\leqslant 1,\quad \boldsymbol{f}_i^{\mathrm{T}}\boldsymbol{1}_c=1\end{aligned} \tag{8.2.17}$$

式中，$\boldsymbol{v}_i=\boldsymbol{W}^{\mathrm{T}}\boldsymbol{x}_i+\boldsymbol{b}$。

考虑到$0<p\leqslant 2$，$\left\|\boldsymbol{f}_i-\boldsymbol{v}_i\right\|_2^p$为增函数，则上述问题可以转化为下列问题：

$$\begin{aligned}&\min_{f_i} s_i \left\| \boldsymbol{f}_i - \boldsymbol{v}_i \right\|_2^2 \\ &\text{s.t.} \quad 0 \leqslant \boldsymbol{f}_i \leqslant 1, \quad \boldsymbol{f}_i^{\mathrm{T}} \boldsymbol{1}_c = 1\end{aligned} \tag{8.2.18}$$

问题(8.2.18)的拉格朗日函数为

$$L(\boldsymbol{f}_i, \eta, \beta_i) = \frac{1}{2} \left\| \boldsymbol{f}_i - \boldsymbol{v}_i \right\|_2^2 - \eta\left(\boldsymbol{f}_i^{\mathrm{T}} \boldsymbol{1}_c - 1\right) - \beta_i^{\mathrm{T}} \boldsymbol{f}_i \tag{8.2.19}$$

式中，η 和 β 为拉格朗日乘子。KKT 条件为

$$\begin{cases} -\boldsymbol{f}_i \leqslant 0 \\ \beta_i \geqslant 0 \\ \beta_i^{\mathrm{T}} \boldsymbol{f}_i = 0 \end{cases} \tag{8.2.20}$$

最优的 f_{ji} 的解为

$$f_{ji} = \left(v_{ji} + \eta\right)_+ \tag{8.2.21}$$

一般情况下，式(8.2.21)的解越稀疏越好，因此假设 $\boldsymbol{F}$ 行中有 m 个非零元素。且 $v_{ji}^1, v_{ji}^2, \cdots, v_{ji}^n$ 是按照降序排列的，有 $f_{ji}^m = 0$ 和 $f_{ji}^{m+1} > 0$，则有以下两个不等式：

$$\begin{cases} v_{ji}^m + \eta \leqslant 0 \\ v_{ji}^{m+1} + \eta > 0 \end{cases} \tag{8.2.22}$$

除此之外，还有约束 $\boldsymbol{f}_i^{\mathrm{T}} \boldsymbol{1}_c = 1$，则可得 $\boldsymbol{F}$：

$$\sum_{j=m+1}^{n} \left(v_{ji} + \eta\right) = 1 \tag{8.2.23}$$

$$\eta = \frac{1}{n-m+1} - \frac{1}{n-m+1} \sum_{j=m+1}^{n} v_{ji} \tag{8.2.24}$$

得到 $\boldsymbol{F}$ 之后，固定 $\boldsymbol{F}$ 、$\boldsymbol{W}$ 、$\boldsymbol{b}$ ，求解 $\boldsymbol{s}$ ，问题为

$$\begin{aligned}&\min_{\boldsymbol{s}} \sum_{i=1}^{n} s_i \left\| \boldsymbol{W}^{\mathrm{T}} \boldsymbol{x}_i + \boldsymbol{b} - \boldsymbol{f}_i \right\|_2^p \\ &\text{s.t.} \quad \boldsymbol{s}^{\mathrm{T}} \boldsymbol{1}_n = k, \quad 0 \leqslant \boldsymbol{s} \leqslant 1\end{aligned} \tag{8.2.25}$$

与 RSLSR 中求解 $\boldsymbol{s}$ 类似,同样是对误差值进行排序,取误差值较大的 $n-k$ 个样本对应的 $\boldsymbol{s}$ 为 0，反之为 1。

最后固定 $\boldsymbol{F}$ 和 $\boldsymbol{s}$ ，求解 $\boldsymbol{W}$ 和 $\boldsymbol{b}$ ，优化问题变为

$$\min_{\boldsymbol{W}, \boldsymbol{b}} \sum_{i=1}^{n} s_i \left\| \boldsymbol{W}^{\mathrm{T}} x_i + \boldsymbol{b} - f_i \right\|_2^p + \lambda \left\| \boldsymbol{W} \right\|_{\mathrm{F}}^2 \tag{8.2.26}$$

按照广义加权算法求解，首先计算 d_i，表达式为

$$d_i = \phi_i'(e) = \frac{p}{2}\left(\left\|\boldsymbol{W}^{\mathrm{T}}\boldsymbol{x}_i + \boldsymbol{b} - \boldsymbol{y}_i\right\|_2^2\right)^{\frac{p}{2}-1} \tag{8.2.27}$$

其次求解以下问题：

$$\min_{\boldsymbol{W},\boldsymbol{b}} \sum_{i=1}^{n} s_i d_i \left\|\boldsymbol{W}^{\mathrm{T}}\boldsymbol{x}_i + \boldsymbol{b} - \boldsymbol{y}_i\right\|_2^2 + \lambda\left\|\boldsymbol{W}\right\|_{\mathrm{F}}^2 \tag{8.2.28}$$

上述问题的矩阵形式为

$$J = \mathrm{tr}\left(\left(\boldsymbol{W}^{\mathrm{T}}\boldsymbol{X} + \boldsymbol{b}\boldsymbol{1}_n^{\mathrm{T}} - \boldsymbol{Y}\right)\boldsymbol{\Lambda}\left(\boldsymbol{W}^{\mathrm{T}}\boldsymbol{X} + \boldsymbol{b}\boldsymbol{1}_n^{\mathrm{T}} - \boldsymbol{Y}\right)^{\mathrm{T}}\right) + \lambda\mathrm{tr}\left(\boldsymbol{W}^{\mathrm{T}}\boldsymbol{W}\right) \tag{8.2.29}$$

式中，$\boldsymbol{\Lambda} = \boldsymbol{SD}$，$\boldsymbol{S} = \mathrm{diag}\{s_1, s_2, s_3, \cdots, s_n\}$，$\boldsymbol{D} = \mathrm{diag}\{d_1, d_2, d_3, \cdots, d_n\}$。

由于对 $\boldsymbol{W}$ 和 $\boldsymbol{b}$ 无约束，则对这两个变量求导可得其解析解。对 $\boldsymbol{b}$ 进行求导并令导数值为 0，可得

$$\frac{\partial J}{\partial \boldsymbol{b}} = 2\left(\boldsymbol{W}^{\mathrm{T}}\boldsymbol{X} + b\boldsymbol{1}^{\mathrm{T}} - \boldsymbol{F}\right)\boldsymbol{\Lambda}\boldsymbol{1}$$

$$\Rightarrow \boldsymbol{b} = \frac{\left(\boldsymbol{F} - \boldsymbol{W}^{\mathrm{T}}\boldsymbol{X}\right)\boldsymbol{\Lambda}\boldsymbol{1}}{\boldsymbol{1}^{\mathrm{T}}\boldsymbol{\Lambda}\boldsymbol{1}} \tag{8.2.30}$$

令 $\boldsymbol{H} = \boldsymbol{I} - \boldsymbol{\Lambda}\boldsymbol{1}\boldsymbol{1}^{\mathrm{T}}/\boldsymbol{1}^{\mathrm{T}}\boldsymbol{\Lambda}\boldsymbol{1}$，代入目标函数可得

$$J = \mathrm{tr}(\boldsymbol{W}^{\mathrm{T}}\boldsymbol{XMX}^{\mathrm{T}}\boldsymbol{W} - 2\boldsymbol{W}^{\mathrm{T}}\boldsymbol{XMF}^{\mathrm{T}} + \boldsymbol{FMF}^{\mathrm{T}} + \gamma\boldsymbol{W}^{\mathrm{T}}\boldsymbol{W}) \tag{8.2.31}$$

式中，

$$\boldsymbol{M} = \boldsymbol{H\Lambda H}^{\mathrm{T}} \tag{8.2.32}$$

对 $\boldsymbol{W}$ 进行求导，可得

$$\frac{\partial J}{\partial \boldsymbol{W}} = 2\boldsymbol{XMX}^{\mathrm{T}}\boldsymbol{W} - 2\boldsymbol{XMF}^{\mathrm{T}} + 2\gamma\boldsymbol{W} \tag{8.2.33}$$

令其值为 0，可得

$$\boldsymbol{W} = \left(\boldsymbol{XMX}^{\mathrm{T}} + \gamma\boldsymbol{I}\right)^{-1}\boldsymbol{XMF}^{\mathrm{T}} \tag{8.2.34}$$

然后不断进行交替迭代，直到满足收敛条件。

2. 仿真实验与对比分析

1) 回归实验

使用人工合成数据进行一个简单的回归实验来说明 RSLSR 的鲁棒性。生成的数据点具有 0.2 的斜率和 1 的截距，并且将幅度从 0 到 1 的随机噪声添加到因

变量中。此外，在回归数据的末尾手动添加五个噪声。原始数据如图 8.2.1(a)所示，噪声样本位于左下角。回归结果如图 8.2.1(b)所示，其中最小二乘回归(LSR)的回归结果在异常值的影响下严重向下倾斜；RSLSR 可以达到合理且不间断的结果，数据点分布在获得的线两侧。每个样本的权重如图 8.2.1(c)所示，值为 0 或 1。可以清楚地看到最后五个点的权重为零，这意味着这些样本是异常值并且权重自动设置为 0，以消除噪声点的影响。人工数据实验表明，在处理含噪声的数据时，RSLSR 优于 LSR。

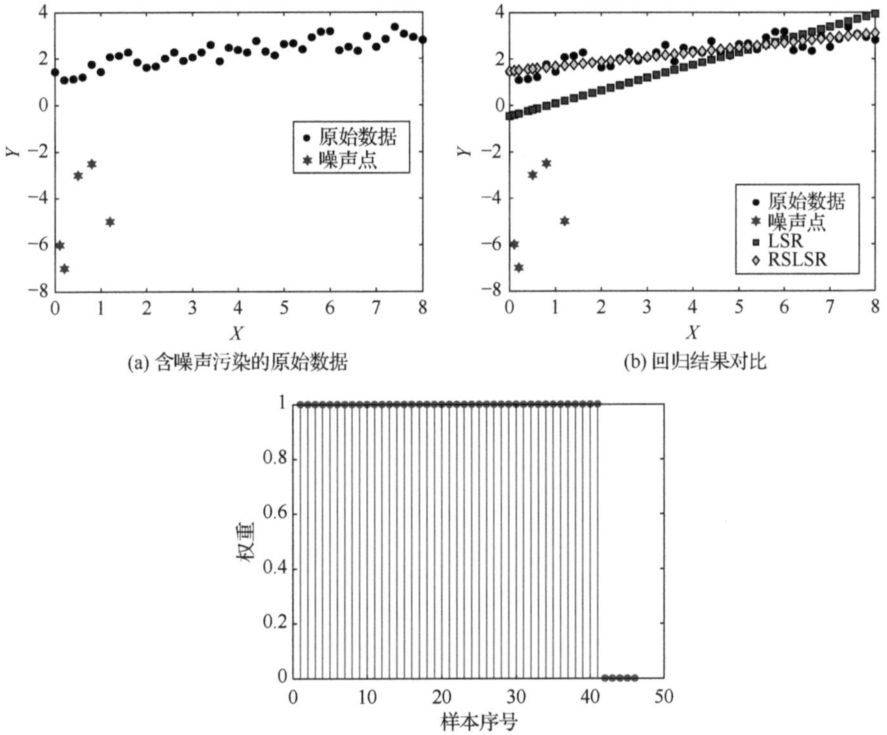

(a) 含噪声污染的原始数据　　(b) 回归结果对比

(c) RSLSR获取的样本权重

图 8.2.1　RSLSR 在含噪声数据上的回归结果

2) 半监督实验

在人工合成数据上进行半监督实验，来验证 RSSLSR 的效果。样本总量为 200 个，由两类组成，从每个类别中选择 50%的样本作为训练数据，其中 8%的数据被选为标记数据。图 8.2.2(a)显示了标记和未标记的数据，未标记的数据用小黑点表示，两类数据分别用菱形和三角形表示，每一类都是高斯分布。菱形类的平均值为[0.8, 0]，协方差矩阵为[0.03, 0; 0, 0.01]。三角形类的平均值为[−0.8, 0]，协方差矩阵也为[0.03, 0; 0, 0.01]。在训练过程中，故意对已标记的数据进行错误标记，并将错误标记的数据视为噪声，而不是在原始数据中加入噪声。图 8.2.2(a)显示，在有标记的样本中，菱形类别的两个样本和三角形类别的一个样本标签是错误的，代表离群点。图 8.2.2(b)和图 8.2.2(c)分别为 LSR 和 RSSLSR 的分类结果。显然，样本在 LSR 中被错误分类，而 RSSLSR 的分类精度为 100%，这表明本方法对噪声是鲁棒的。这是因为 LSR 得到的映射被错误标记的样本支配，RSSLSR 可以通过迭代消除噪声样本的影响。

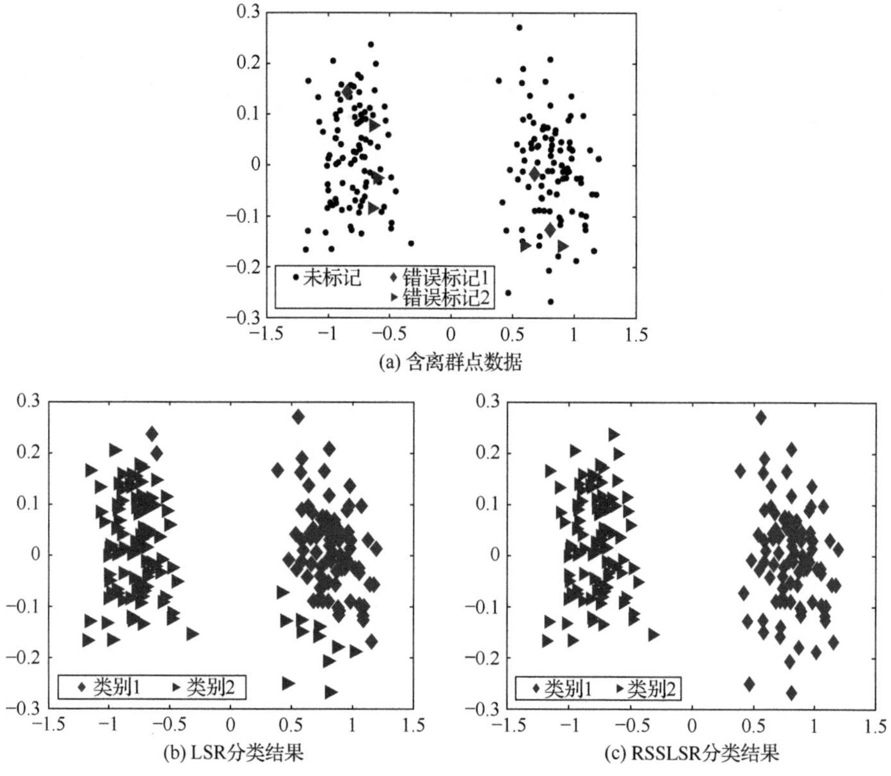

图 8.2.2　RSSLSR 在含有错误标签的高斯数据集分类结果

8.2.2　基于分隔平面的逻辑回归方法

1. 二分类问题

逻辑斯谛回归也称作逻辑回归，是经典的分类方法，采用概率的方法进行分类，而不是像 SVM 等分类器那样直接给出分类结果。如果输入样本 $\boldsymbol{x} \in \mathbb{R}^d$，得到 $\boldsymbol{x}$ 为各个类别的概率，这也是一种很好的分类器。逻辑回归正是基于这种思想(Berger et al., 1996)。

逻辑回归的出发点是将回归问题映射为分类问题。假设分类问题为二分类

$y \in \{0,1\}$，针对线性模型：

$$z = \boldsymbol{w}^{\mathrm{T}}\boldsymbol{x} + b \tag{8.2.35}$$

映射为分类问题的话，一般可考虑使用阶跃函数：

$$y = \mathrm{sgn}(z) = \begin{cases} 1, & z > 0 \\ -1, & z < 0 \end{cases} \tag{8.2.36}$$

阶跃函数数学性质不好，不可导也不连续，由此考虑概率模型。首先介绍 logistic 分布的定义。设 X 是连续型随机变量，X 服从 logistic 分布是指 X 具有下列分布函数：

$$F(x) = P(X \leqslant x) = \frac{1}{1 + \exp\left(-(x-\mu)/\gamma\right)} \tag{8.2.37}$$

式中，μ 为位置参数；$\gamma > 0$ 为形状参数。当 $\mu = 0$，$\gamma = 1$ 时，称为标准的 logistic 分布，分布函数为

$$\sigma(x) = \frac{1}{1 + \exp(-x)} \tag{8.2.38}$$

即 Sigmoid 函数，其分布函数如图 8.2.3 所示，是一条 S 形曲线，该曲线以点 $(\mu, 1/2)$ 中心对称。

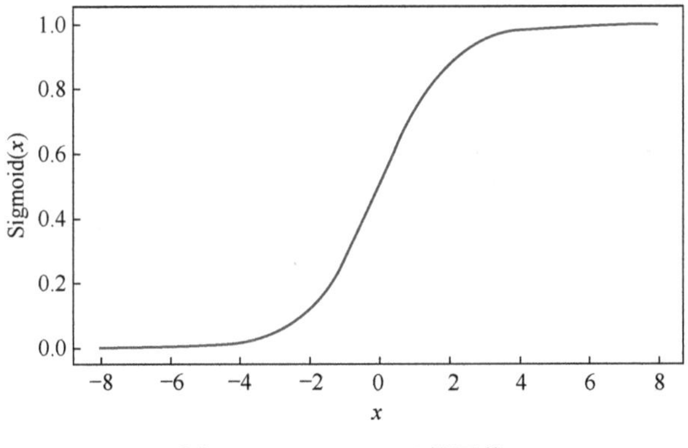

图 8.2.3　Sigmoid 函数图像

Logistic 分布适合于分类任务，且函数较平滑。这里采用最简单的 Sigmoid 函数来定义逻辑回归的判别标准。样本 $\boldsymbol{x}$ 为正类和负类的概率分别为

$$\begin{cases} P(y=1 \mid \boldsymbol{x}) = \dfrac{\exp\left(\boldsymbol{w}^{\mathrm{T}}\boldsymbol{x} + b\right)}{1 + \exp\left(\boldsymbol{w}^{\mathrm{T}}\boldsymbol{x} + b\right)} \\ P(y=-1 \mid \boldsymbol{x}) = \dfrac{1}{1 + \exp\left(\boldsymbol{w}^{\mathrm{T}}\boldsymbol{x} + b\right)} \end{cases} \tag{8.2.39}$$

对于未知标签的数据 $\hat{\boldsymbol{x}}$ ，取 $P(y=1\,|\,\hat{\boldsymbol{x}})$ 和 $P(y=-1\,|\,\hat{\boldsymbol{x}})$ 中较大的概率作为预测的正类或者负类。由此，对于数据集 $\{(\boldsymbol{x}_i,y_i)\}_{i=1}^n$ ， $x_i\in\mathbb{R}^d$ ， $y_i\in\{1.-1\}$ ，通常使用极大似然估计来估计模型参数 $(\boldsymbol{w},b)$ ，即 $\max\limits_{\boldsymbol{w},b}\prod_{i=1}P(y_i\,|\,\boldsymbol{x}_i)$ 。极大似然函数是连乘的形式，为方便求解，损失函数一般对似然函数取负对数：

$$\min_{\boldsymbol{w},b}L(\boldsymbol{w},b)=\sum_{i=1}^{n}\ln\left\{1+\exp\left[-y_i\left(\boldsymbol{w}^{\mathrm{T}}\boldsymbol{x}_i+b\right)\right]\right\} \tag{8.2.40}$$

可以验证，这一损失函数是凸函数，通过梯度下降法更新 $\boldsymbol{w}$ 和 b ，梯度为

$$\begin{cases}\dfrac{\partial L(\boldsymbol{w},b)}{\partial \boldsymbol{w}}=-\displaystyle\sum_{i=1}^{N}\dfrac{y_i}{1+\exp\left(\boldsymbol{w}^{\mathrm{T}}\boldsymbol{x}_i+b\right)}\boldsymbol{x}_i\\[2ex]\dfrac{\partial L(\boldsymbol{w},b)}{\partial b}=-\displaystyle\sum_{i=1}^{N}\dfrac{y_i}{1+\exp\left(\boldsymbol{w}^{\mathrm{T}}\boldsymbol{x}_i+b\right)}\end{cases} \tag{8.2.41}$$

事实上，与 SVM 类似，逻辑回归也可以从分隔平面的角度理解。若样本 $(\boldsymbol{x}_i,y_i)$ 被分为正类和负类的概率相等，那么理应认为其落在分隔平面上。若令 $P(y_i\,|\,\boldsymbol{x}_i)=0.5$,可以推出 $\boldsymbol{w}^{\mathrm{T}}\boldsymbol{x}_i+b=0$,即逻辑回归的分隔平面也是 $\boldsymbol{w}^{\mathrm{T}}\boldsymbol{x}_i+b=0$ 。SVM 与逻辑回归的损失函数不同，分别写为如下形式：

SVM　　$\max\left\{0,1-y_i\left(\boldsymbol{w}^{\mathrm{T}}\boldsymbol{x}_i+b\right)\right\}$

逻辑回归　$\ln\left(1+\exp\left(-y_i\left(\boldsymbol{w}^{\mathrm{T}}\boldsymbol{x}_i+b\right)\right)\right)$

两种损失见图 8.2.4。可以观察到，这两种损失很相似，若 logistic 分布中的 $\gamma\to\infty$ ，则逻辑回归损失收敛于铰链损失。

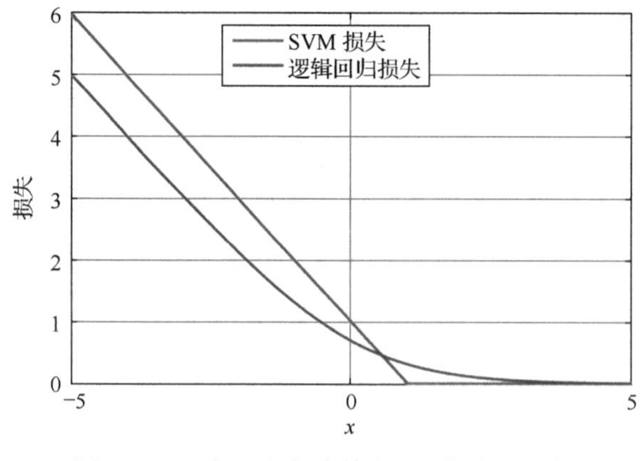

图 8.2.4　逻辑回归与支持向量机损失的比较

SVM 中的铰链损失只惩罚间隔(margin)内部的样本，对于 margin 外的样本，损失为 0，而逻辑回归损失对所有样本都大于零。逻辑回归的分隔平面如图 8.2.5 所示，分隔平面分开了一组线性可分的数据，但仅是分开不足以使逻辑回归的损失达到最小。逻辑回归的损失实际上需要每个样本对应的 $-y_i\left(\boldsymbol{w}^{\mathrm{T}}\boldsymbol{x}_i+b\right)$ 达到最小，因为样本 i 到分隔平面的距离为

$$d_i=\frac{\left|\boldsymbol{w}^{\mathrm{T}}\boldsymbol{x}_i+b\right|}{\|\boldsymbol{w}\|_2} \tag{8.2.42}$$

所以逻辑回归损失的本质是保证分类正确的情况下，最大化正负样本到分隔平面的距离，即图 8.2.5 中黑色虚线示意的分隔超平面，这和 SVM 中通过最大化 margin 来降低泛化误差很相似。

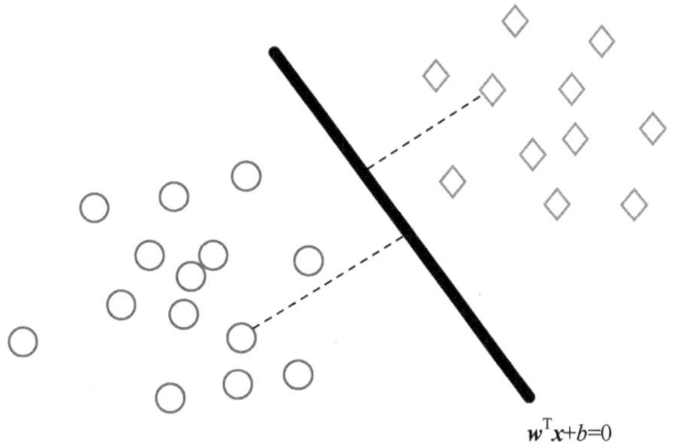

图 8.2.5　逻辑回归的分隔平面

除此之外，逻辑回归也可以加入正则化项，以 ℓ_2 正则化为例，目标函数如下：

$$\min_{\boldsymbol{w},b} L(\boldsymbol{w},b)=\sum_{i=1}^{n}\ln\left\{1+\exp\left[-y_i\left(\boldsymbol{w}^{\mathrm{T}}\boldsymbol{x}_i+b\right)\right]\right\}+\lambda\|\boldsymbol{w}\|_2^2 \tag{8.2.43}$$

这一正则项不仅具备控制模型复杂度的功能，还可以从 margin 的角度解释。对于问题(8.2.43)，假设逻辑回归损失函数小于某个给定的正实数 ε，且超平面法向量($\boldsymbol{w}$)固定，则偏置项 b 的解集可表示为 $\boldsymbol{B}=\{b\in\mathbb{R}\mid L(\boldsymbol{w},b)\leqslant\varepsilon\}$ 。进一步可以推出，如果集合 $\boldsymbol{B}$ 非空，则集合 $\boldsymbol{B}$ 是连通的，且存在最大值和最小值。设 $b_{\max}$ 和 $b_{\min}$ 分别为 $\boldsymbol{B}$ 中的最大值和最小值。在 SVM 中，margin 直观地定义为两个类的两个凸包之间的最短距离。类似地，如图 8.2.6 所示，逻辑回归中的 margin 可以定义为 $\boldsymbol{B}$ 中相距最远的两个超平面之间的距离：

$$\text{margin} = \frac{b_{\max} - b_{\min}}{\|\boldsymbol{w}\|_2} \tag{8.2.44}$$

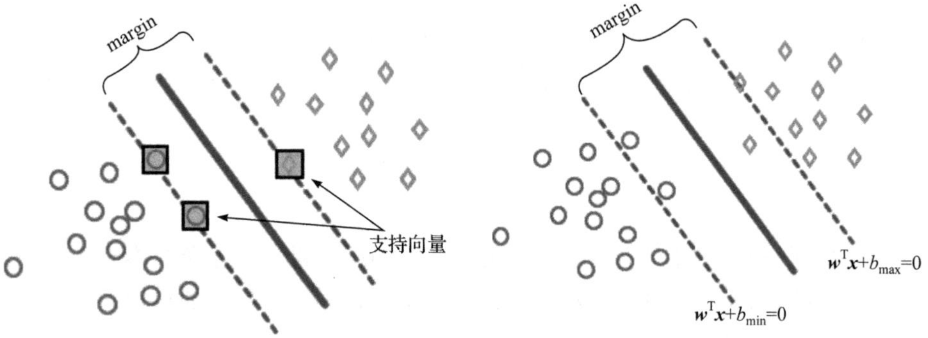

图 8.2.6　SVM 和逻辑回归中的 margin

法向量 $\boldsymbol{w}$ 乘以一个常数不会影响实际的超平面，令 $\boldsymbol{w} = \boldsymbol{w} / \left(b_{\max} - b_{\min}\right)$。因此，类似 SVM，一个 margin 最大化问题可以写为

$$\begin{aligned} &\max_{\boldsymbol{w},b} \frac{1}{\|\boldsymbol{w}\|_2^2} \\ &\text{s.t.} \quad L\left(\boldsymbol{w},b\right) \leqslant \varepsilon, \quad \varepsilon > 0 \end{aligned} \tag{8.2.45}$$

这类似软间隔支持向量机。损失 ε 的上界是不可能预先确定的，应该进行优化。因此，ε 可以并入优化问题中，写成一个最小化问题：

$$\begin{aligned} &\min_{\boldsymbol{w},b,\varepsilon} \|\boldsymbol{w}\|_2^2 + C\varepsilon \\ &\text{s.t.} \quad L\left(\boldsymbol{w},b\right) \leqslant \varepsilon, \quad \varepsilon > 0 \end{aligned} \tag{8.2.46}$$

式中，C 是最小化损失和最大化 margin 之间的权衡参数。显然，令 $\varepsilon = L\left(\boldsymbol{w},b\right)$ 和 $\lambda = 1/C$，问题(8.2.43)就等价于问题(8.2.45)。这意味着在训练损失不能再显著降低的情况下，问题(8.2.43)倾向于寻找一个 margin 较大的超平面，两者的重要性通过参数 λ 来平衡，这一正则项显式地提升了两类之间的 margin。

2. 多分类问题

以上的逻辑回归只适用于二分类问题。一个自然的问题就是如何拓展到多分类，常见的将二分类拓展到多分类的方法包括一类对余类(one versus the rest，OvR)(Vapnik, 1999)、一类对一类(one versus one，OvO)(Allwein et al., 2001)、纠错输出码(error-correcting output-coding，ECOC)(Dietterich et al., 1994)、有向无环图(directed acyclic graph，DAG)(Platt et al., 1999)等。还有的方法是直接建立多分

类的模型，而不借助于二分类的子问题。具体来说，多分类逻辑回归根据 softmax 函数来描述预测为各类的概率。假设希望将样本分为 K 类，样本 $\boldsymbol{x}_i$ 为第 r 类的概率为

$$P\left(y_i = r \mid \boldsymbol{x}_i\right) = \frac{\exp\left(\boldsymbol{w}_r^{\mathrm{T}} \boldsymbol{x}_i + b_r\right)}{\sum_{j=1}^{K} \exp\left(\boldsymbol{w}_j^{\mathrm{T}} \boldsymbol{x}_i + b_j\right)} \tag{8.2.47}$$

显然满足 $\sum^{K} P\left(r \mid \boldsymbol{x}_i\right) = 1$。这也称作 softmax 分类，被广泛使用在神经网络的最后一层进行分类。这里同样采用极大似然估计先建立似然函数：

$$L = \prod_{i=1}^{N} P\left(y_i = r \mid \boldsymbol{x}_i\right) \tag{8.2.48}$$

再通过取负对数的方式获得如下损失函数：

$$L_{jk} = \sum_{y_i \in \{j,k\}} f\left[y_i \left(\left(\boldsymbol{w}_j - \boldsymbol{w}_k\right)^{\mathrm{T}} \boldsymbol{x}_i + b_j - b_k \right) \right]$$

$$L = -\sum_{i=1}^{N} \ln\left[P\left(y_i \mid \boldsymbol{x}_i\right) \right] = \sum_{i=1}^{n} \left(-\left(\boldsymbol{w}_{y_i}^{\mathrm{T}} \boldsymbol{x}_i + b_{y_i} \right) + \ln \sum_{j=1}^{K} \exp\left(\boldsymbol{w}_j^{\mathrm{T}} \boldsymbol{x}_i + b_j \right) \right) \tag{8.2.49}$$

从而可以推导出损失函数 L 对于权重 $\boldsymbol{w}_r$ 和偏置 b_r 的梯度表达式，通过梯度下降法或牛顿法进行优化。

本小节从分隔平面的角度提出了另一种多分类逻辑回归方法。从朴素的角度重新考虑线性多分类器的决策超平面，每个类都与参数 $(\boldsymbol{w}, b)$ 相关，一个理想的分类器应该满足：

$$\boldsymbol{w}_{y_i}^{\mathrm{T}} \boldsymbol{x}_i + b_{y_i} > \boldsymbol{w}_j^{\mathrm{T}} \boldsymbol{x}_i + b_j, \quad j \neq y_i, i = 1, \cdots, n \tag{8.2.50}$$

通过这种方式，可以通过求解 c 个向量来实现 c 类的分类问题。三分类的示意图如图 8.2.7 所示。算法目标是通过决策函数来区分每两类之间的样本，由此定义第 j 类和第 k 类之间的损失为

$$f_{jk}(\boldsymbol{x}) = \left(\boldsymbol{w}_j - \boldsymbol{w}_k\right)^{\mathrm{T}} \boldsymbol{x} + b_j - b_k, \quad j < k \tag{8.2.51}$$

因此，这两类之间决策超平面为 $f_{kl}(\boldsymbol{x}) = 0$，对第 j 类样本有 $f_{jk}(\boldsymbol{x}) > 0$，对第 k 类样本有 $f_{jk}(\boldsymbol{x}) < 0$。写为逻辑回归的损失，第 j 类和第 k 类之间的分类损失为

$$L_{jk} = \sum_{y_i \in \{j,k\}} f\left[y_i \left(\left(\boldsymbol{w}_j - \boldsymbol{w}_k\right)^{\mathrm{T}} \boldsymbol{x}_i + b_j - b_k \right) \right] \tag{8.2.52}$$

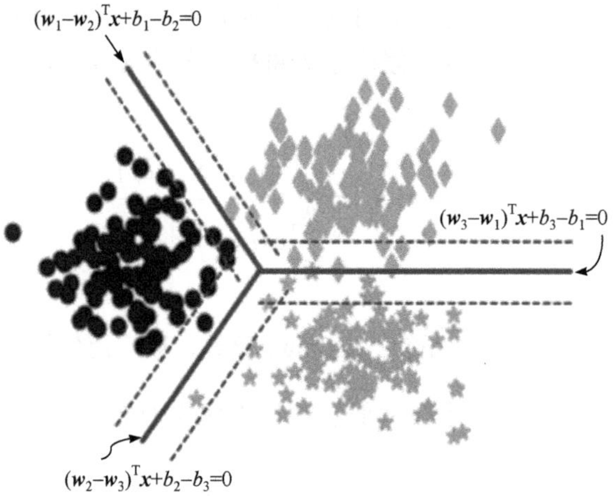

图 8.2.7　多类逻辑回归中的分隔平面

为了显式地提高泛化性能，考虑每对类之间的 margin。类 j 和类 k 之间的边际最大化子问题可以类似地写成问题(8.2.45)的形式：

$$\begin{aligned}&\min_{\boldsymbol{w}_j,\boldsymbol{w}_k,b_j,b_k}\frac{1}{\left\|\boldsymbol{w}_j-\boldsymbol{w}_k\right\|_2}\\&\text{s.t.}\quad L_{jk}\leqslant\varepsilon_{jk},\quad\varepsilon_{jk}>0\end{aligned}\tag{8.2.53}$$

在二元分类问题的情况下，显然问题(8.2.53)退化为问题(8.2.45)。对于多分类，如果简单地合并每个类对的子问题，优化问题可以写为

$$\begin{aligned}&\max_{\boldsymbol{W}\in\mathbb{R}^{d\times c},\boldsymbol{b}\in\mathbb{R}^c}\sum_{j<k}\frac{1}{\left\|\boldsymbol{w}_j-\boldsymbol{w}_k\right\|_2}\\&\text{s.t.}\quad L_{jk}\leqslant\varepsilon_{jk},\quad\varepsilon_{jk}>0\end{aligned}\tag{8.2.54}$$

理想的多类方案是使每个类对之间的 margin 最大化。然而，由于期望用 c 向量表示 $c(c-1)/2$ 个超平面，因此超平面之间存在相互限制。简单来说，分割任何三个类的超平面必然在空间中的一点相交，如图 8.2.7 所示，这使得最大化每个类对之间 margin 的策略变得不切实际。

可通过提升 margin 的下界来解决这个问题，确保每个类对之间的 margin 不会太小。即使在类之间缺乏显式语义相似性的情况下，这种策略仍然有效。这产生了一个优化问题：

$$\begin{aligned}&\max_{\boldsymbol{W}\in\mathbb{R}^{d\times c},\boldsymbol{b}\in\mathbb{R}^c}\min_{j<k}\frac{1}{\left\|\boldsymbol{w}_j-\boldsymbol{w}_k\right\|_2}\\&\text{s.t.}\ L_{jk}\leqslant\varepsilon_{jk},\varepsilon_{jk}>0\end{aligned}\tag{8.2.55}$$

需要指出的是，下界优化策略不足以关注所有类，这可能导致几乎相等的 margin。接下来，用以下引理把它转换成可处理的形式。

引理 8.2.1　假设 $g_1(z), g_2(z), \cdots, g_m(z)$ 是实值函数，当 $p \to \infty$ 时，以下两个优化问题等价：

$$\text{(a)} \max_z \min_j g_j(z) \qquad \text{(b)} \min_z \sum_{j=1}^{m} g_j^{-p}(z)$$

证明　设 $g_\alpha(z)$ 为临时变量，表示集合 $\{g_j(z) \mid j \in [m]\}$ 中最小的元素，有

$$\sum_{j=1}^{m} g_j^{-p}(z) = \left(\sum_{j=1}^{m} g_j^{-p}(z)\right)^{-1} = g_\alpha^p(z)\left(\sum_{j=1}^{m}\left(\frac{g_\alpha(z)}{g_j(z)}\right)^p\right)^{-1}$$

因为 $p \to \infty$，对于 $j \neq \alpha$，有 $\left(g_\alpha(z) / g_j(z)\right)^p \to 0$。那么问题(b)可以重写为

$$\min_z \sum_{j=1}^{m} g_j^{-p}(z) \Rightarrow \max_z g_\alpha^p(z) \Rightarrow \max_z \min_j g_j(z)$$

完成证明。

由此，可以得到，当参数 $p \to \infty$ 时，问题(8.2.55)等价于：

$$\begin{aligned} &\min_{\boldsymbol{W} \in \mathbb{R}^{d \times c}, \boldsymbol{b} \in \mathbb{R}^c} \sum_{j<k} \left\|\boldsymbol{w}_j - \boldsymbol{w}_k\right\|_2^p \\ &\text{s.t.} \quad L_{jk} \leqslant \varepsilon_{jk}, \quad 1 \leqslant j < k \leqslant c \end{aligned} \tag{8.2.56}$$

将 p 作为可调参数引入模型，这样问题(8.2.56)不仅是问题(8.2.55)的逼近，而且更广泛地考虑到所有类对之间的 margin。一个合适的 p 应该在全局上扩大每个类对之间的 margin，同时增强 margin 的下界。p 的可调范围不仅限于正整数，还可以扩展到正实数，p 为负会导致损坏的解。将分类损失纳入目标函数，整体优化问题可写为

$$\min_{\boldsymbol{W} \in \mathbb{R}^{d \times c}, \boldsymbol{b} \in \mathbb{R}^c} \sum_{j<k} \sum_{y_i \in \{j,k\}} f\left[y_i\left(\left(\boldsymbol{w}_j - \boldsymbol{w}_k\right)^{\mathrm{T}} \boldsymbol{x}_i + b_j - b_k\right)\right] + \lambda \sum_{j<k} \left\|\boldsymbol{w}_j - \boldsymbol{w}_k\right\|_2^p \tag{8.2.57}$$

式中，λ 是平衡误差容忍度和扩大类间 margin 的权衡参数。对于较小的 λ，落在 margin 范围内的样本会受到较高的惩罚；对于较大的 λ，惩罚会降低。

观察可以发现，提出的损失项是每两类之间的损失，可以通过如下关系将其转化为对于每个样本点的损失，这样也更易于求解。

$$\sum_{j<k}\sum_{y_i\in\{j,k\}}\ln\left\{1+\exp\left[y_i\left(\left(\boldsymbol{w}_k-\boldsymbol{w}_j\right)^{\mathrm{T}}\boldsymbol{x}_i+b_k-b_j\right)\right]\right\}$$

$$=\sum_{i=1}^{n}\sum_{j\neq y_i}\ln\left\{1+\exp\left[\left(\boldsymbol{w}_k-\boldsymbol{w}_j\right)^{\mathrm{T}}\boldsymbol{x}_i+b_k-b_j\right]\right\} \tag{8.2.58}$$

目标函数(8.2.57)也是光滑的凸函数，通过这样的转化，其求解也可以采用梯度下降。

原始的多类逻辑回归的损失可以写为$\sum_{i=1}^{n}\ln\left\{1+\sum\exp\left[\left(\boldsymbol{w}_k-\boldsymbol{w}_j\right)^{\mathrm{T}}\boldsymbol{x}_i+b_k-b_j\right]\right\}$。与式(8.2.58)的右端相比，可以发现，这两个损失项非常相似，只是求和符号的位置不同。如果对数函数用一阶泰勒展开式来近似，那么两个损失函数就会变成相同的，即$\sum_{i=1}^{n}\sum_{i\neq y_i}\exp\left[\left(\boldsymbol{w}_j-\boldsymbol{w}_{y_i}\right)^{\mathrm{T}}\boldsymbol{x}_i+b_j-b_{y_i}\right]$。

本小节提出方法的核心参数是p。在实验中，随着p的增加，测试集上的准确率先达到峰值，然后逐渐降低。这种现象与动机一致，即p平衡全部 margin 和 margin 下界。p的增加可以理解为对提高边际下限的关注。通过大量的实验，发现当p在4附近时，在大部分数据集上模型的性能较好，这可以作为一个合理的先验。另外，p的值不宜太大(如$p>8$)，这可能使 margin 项的梯度过大，进而导致较差的收敛结果。

8.3　正激励噪声

在工程科学中，各种“噪声”几乎不可避免，早已经成为科研人员不断尝试解决的重大困扰。噪声的来源往往是多元的，如仪器精度不足导致的仪器误差、人为操作失误导致的偏差、极端环境等外界干扰导致的信息失真等。噪声带来的影响同样十分广泛，如医学超声图像中相干声波的路径差异会不可避免地导致斑点噪声，遥感图像成像中会因为特殊环境产生难以预料的噪声。“噪声”是否真正总是一无是处的呢？

在正式讨论噪声之前，首先通过日常生活中的例子来看噪声在不同场景下作用的差异。人们想方设法降低交通噪声以保护身心健康。然而，若在一个不小心睡过的早上，朦胧之间听到了窗外的车流声，随着声音越来越清晰，会猛然从睡梦中惊醒：时间不早了，再不起床就要迟到了！作为交通噪声的来源之一，传统燃油车的发动机声音对于车主而言通常被视作一种噪声，如何降低发动机的声音也是车企的长期研发目标之一。在电动汽车逐渐普及的今天，电动汽车低速行驶时几乎没有声音的特点却意外产生了新的安全隐患，即行人由于听不到电动汽车的“噪声”而无法做到及时避让。一个常见的做法就是加入模拟声等提示音，使行人注意到驶过的电动汽车。电钻声音作为建筑噪声也是生活中的常见噪声，然而电钻在木头、金属等不同材质上声音的区别包含了施工信息，即有些噪声与信息是同源的。从这些场景中不难发现：有些“噪声”在适当的时候能发挥积极的作用。

和日常生活中一样，过往的研究工作中一个约定俗成的假设就是噪声对目标任务起负面作用，为此有大量的工作试图将噪声尽可能地降到最低。受到上述例子启发，笔者不禁对这一假设提出了疑问：噪声真的总是有害的吗？如电钻在木头和金属等不同材质上发出不同噪声。在利用人工智能算法对图像进行分类的系统(图 8.3.1)中，当对图像加入适量的噪声时，识别准确率不降反增，整体上图像识别准确率随图像噪声强度的增大而“反直觉”地呈现先增后减的关系。

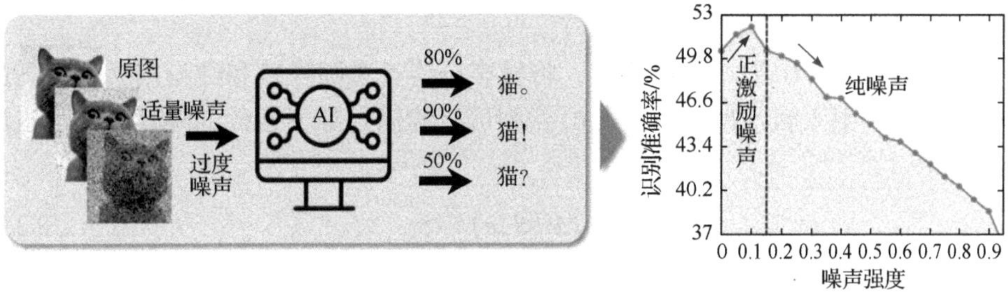

图 8.3.1　随图像噪声强度的增大图像识别准确率先增后减

1. 正激励噪声定义

在介绍噪声有益这一现象之后，接下来正式讨论如何系统地研究这种现象，即“正激励噪声”(positive-incentive noise，π-noise)理论体系。

从上述例子中，归纳出产生这种反直觉现象的核心原因有二：一是“任务”的变化，二是“噪声量”的多少。为了系统研究噪声有益这种现象，首先要建立定量分析任务的理论框架。针对给定任务 $\mathcal{T}$，该理论框架的首要目标就是要先找到 $\mathcal{T}$ 对应的“任务概率分布”，进一步定义“任务熵”(task entropy)——$H(\mathcal{T})$。后文将针对不同的任务，展示如何定义“任务概率分布”，本小节关注如何以任务熵为核心工具分析噪声的作用。

引入任务熵后，便可计算任意噪声 ε 与任务 $\mathcal{T}$ 之间的“互信息”(mutual information)。互信息是信息论中用来度量两个随机变量“公有信息”的指标，在任意情况下，互信息总为非负值。两个随机变量 x 和 y 的互信息可由以下公式计算：

$$\mathrm{MI}(p,q)=\int p(x,y)\ln\frac{p(x,y)}{p(x)p(y)}\mathrm{d}x=H(x)-H(x\mid y) \tag{8.3.1}$$

式中，$H(x\mid y)$表示给定y时变量x的条件熵。在此，若任务$\mathcal{T}$与噪声ε之间的互信息大于0，即

$$\mathrm{MI}(\mathcal{T},\varepsilon)=H(\mathcal{T})-H(\mathcal{T}\mid\varepsilon)>0 \Leftrightarrow H(\mathcal{T})>H(\mathcal{T}\mid\varepsilon) \tag{8.3.2}$$

则称噪声ε为正激励噪声，否则称之为纯噪声。从互信息的等价计算公式来看，当噪声ε满足正激励噪声的定义时，引入噪声ε后的条件任务熵小于原始任务熵；换而言之，该定义等价于“能简化任务$\mathcal{T}$的噪声为正激励噪声”。反之，不能够简化任务的噪声则称为纯噪声。通俗而言，正激励噪声就是通常被忽略却实则能起到正面作用的随机噪声；纯噪声才是传统研究中假设的真正无用的、有害的噪声。

上述定义以 0 为“分界线”，将噪声分为正激励噪声和纯噪声，若提高此“分界线”，引入激活阈值$\alpha(\alpha>0)$，则可以称满足如下条件的噪声为“强正激励噪声”：

$$\mathrm{MI}(\mathcal{T},\varepsilon)>\alpha \tag{8.3.3}$$

2. 正激励噪声与机器学习的新视角

介绍正激励噪声的定义及理论框架后，不难发现，该理论的核心在于如何计算任务熵$H(\mathcal{T})$，即如何找到任务$\mathcal{T}$对应的“任务概率分布”。分别以单标签分类和随机共振为例，展示如何在不同任务上计算任务熵。需要强调的是，任务熵的定义并不唯一，只要其定义能合适地描述任务复杂度(或称为难度、不确定性)即可。笔者仅以两种常见任务为例，为读者提供可行的思路，以此加深读者对正激励噪声体系的理解。

1) 单标签分类

在单标签分类任务中，数据集由数据样本集合X和标签集合Y组成，每个样本点x有且仅有一个类别标签y，即仅属于某一类别。在大多数机器学习模型中，将标签y视作数据x的“真实标签”，其隐含的概率假设是：

$$p(y\mid x)=\begin{cases}1, & y\text{等于真实标签}\\ 0, & \text{其他}\end{cases} \tag{8.3.4}$$

若将数据集(X,Y)的获取看作是从某一真实分布$\boldsymbol{D}(x,y)$中采样而来，则此时分布$p(Y\mid X)$表示已有数据样本(如图像)被赋予不同标签的概率，根据此分布可以定义单标签分类任务的任务熵：

$$H(\mathcal{T};X) = -\sum_{Y \in y} p(Y \mid X) \ln(Y \mid X) \tag{8.3.5}$$

该指标可有效衡量在不同数据集合上单标签分类的“难度”(或称为“不确定性”)，图 8.3.2 给出了单标签分类任务的复杂数据和简单数据的例子。由于图 8.3.2(a)背景复杂，可能以不同的概率被赋予“飞机”“草坪”“湖泊”“楼”，如 $p(y=\text{飞机} \mid x_{\text{左}})=0.7$，$p(y=\text{草坪} \mid x_{\text{左}})=0.2$，$p(y=\text{湖泊} \mid x_{\text{左}})=0.05$，$p(y=\text{楼} \mid x_{\text{左}})=0.05$；图 8.3.2(b)所示的图片由于背景已经被处理，因此其标签的不确定性更低，在其上进行单标签分类任务要远远比图 8.3.2(a)简单。值得一提的是，单标签分类的任务熵也从某种程度上衡量了图片的信息量。

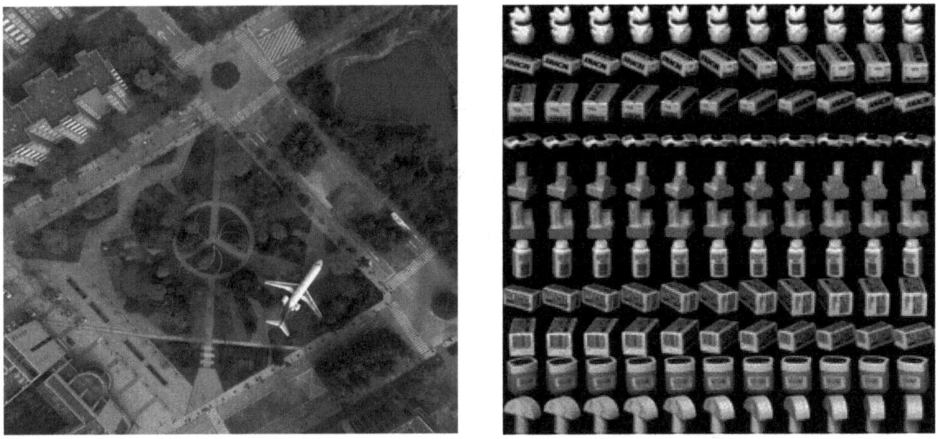

(a) 背景复杂　　(b) 背景已被处理(COIL20 数据集)

图 8.3.2　单标签分类任务的复杂数据和简单数据

前述任务熵的定义局限在某一给定数据集(X,Y)上，类似地，可以定义在此类数据(相同数据分布)上的任务熵为

$$H(\mathcal{T}) = \mathbb{E}_{X \sim \boldsymbol{X}} H(\mathcal{T};X) \tag{8.3.6}$$

2) 随机共振

随机共振一般指在某些特定的非线性系统中，当信号强度过弱导致传感器无法完全探测到信号时，可以通过添加适量噪声来提高检测率的现象。给定一组信号 $y_t = f(t) \in \Theta$ (其中 Θ 表示值域)，令传感器的探测最小阈值为 θ；在随机共振中，$f(t) < \theta$ 在 t 同值时通常成立。因此，可以将随机共振任务下的任务概率密度定义为

$$p(y_t = s \mid t = T) = \begin{cases} \dfrac{1}{\theta - \theta_0}, & T \notin \mathscr{S}_{f\mathrm{f}} \\ \delta\left(s - f_0(T)\right), & T \in \mathscr{S}_{f\mathrm{f}} \end{cases} \tag{8.3.7}$$

式中，$\theta = \inf\limits_{y \in \Theta} y$ 表示待检测信号值域下界；$\mathscr{S}_f = \{t \mid y_t \geqslant \theta\}$ 表示所有可检测时刻的集合；$f_0(t)$ 表示观测值；$\delta(\cdot)$ 表示冲激函数。

基于上述定义，可将随机共振条件下信号检测的任务熵定义为信号强度 y_t 在给定 t 时的条件熵，即

$$H(\mathfrak{T}_{\mathrm{SR}}) = H(y_t \mid t) = \iint -p(y_t, t) \ln p(y_t \mid t) \mathrm{d}y_t \mathrm{d}t \tag{8.3.8}$$

现假设有噪声 $\varepsilon_t \mid t \sim \boldsymbol{N}\left(0, \sigma^2\right)$，则可以得到如下两个概率密度函数：

$$p(y_t = s \mid \varepsilon_t = \varepsilon_0, t = T) = \begin{cases} \dfrac{1}{\theta - \theta_0}, & T \notin \mathscr{S}_{f+\varepsilon\mathrm{f}} \\ \delta\left(s - f_0(T) + \varepsilon_0\right), & T \in \mathscr{S}_{f+\varepsilon\mathrm{f}} \end{cases} \tag{8.3.9}$$

$$p(y_t, \varepsilon_t, t) = p(y_t \mid \varepsilon_t, t) \cdot p(\varepsilon_t \mid t) \cdot p(t) = p(y_t \mid \varepsilon_t, t) \cdot \boldsymbol{N}\left(0, \sigma^2\right) \cdot p(t) \tag{8.3.10}$$

式中，$\mathscr{S}_{f+\varepsilon} = \{t \mid y_t + \varepsilon > \theta\}$ 表示加入噪声后可观测到的位置 t 的集合。由此，进而可计算条件任务熵：

$$H(\mathfrak{T}_{\mathrm{SR}} \mid \varepsilon) = \iint -p(y_t \mid \varepsilon_t, t) \cdot \boldsymbol{N}\left(0, \sigma^2\right) \cdot p(t) \ln p(y_t \mid t) \mathrm{d}y_t \mathrm{d}t \tag{8.3.11}$$

从两个极端例子可以看到正激励噪声定义的合理性：若 $\mathscr{S}_f$ 的补集为空集，即不存在感知不到的弱信号，则 $H(\mathfrak{T}_{\mathrm{SR}}) = H(\mathfrak{T}_{\mathrm{SR}} \mid \varepsilon)$ 将恒成立；若 $\mathscr{S}_f$ 为空集，则 $H(\mathfrak{T}_{\mathrm{SR}}) > H(\mathfrak{T}_{\mathrm{SR}} \mid \varepsilon)$ 在 σ 取合适值时容易成立，此时 ε 为正激励噪声。

3. 应用和展望

正激励噪声这一现象可启发研究人员重新审视对噪声的处理方式。例如，在跨域遥感的目标检测中，传统认知通常认为背景是需要剔除的“噪声”，应该越小越好；然而正激励噪声理论揭示了在合适的场景下利用部分背景信息可以实现更为精准的检测。若想在遥感图像中检测出飞机等目标，在这个场景下，飞机变成了相对较小的目标，而飞机周围经常出现的背景(如跑道、停机坪)则能够在这次场景下帮助提高检测率，如图 8.3.3 所示。在传统目标检测中，一般认为检测框越小越好；在检测飞机时，适度扩大检测框引入跑道、停机坪等背景信息却能够提高检测效果。不过，仍需要注意的是，过多地引入背景信息显然也会影响检测效果。

图 8.3.3　适度扩大检测框引入背景信息能够提高检测效果

以机器学习中的对抗训练、对比学习、多任务学习为例，阐述正激励噪声在机器学习领域可能带来的新的研究思路和方向。

1) 对抗训练

对抗训练(adversarial training)是近年来以提高模型稳定性为目标的一个研究方向，面向的基本问题是大量机器学习模型对输入数据的微小变化极度敏感，这一般认为是模型的输出在定义域上不够平滑导致的。对抗训练可以视作引入噪声使得模型在已知样本点的邻域内更加平滑，有

$$\min_{\theta}\sum_{x\in X}\max_{\|\varepsilon\|\leqslant C}\ell\left(f_{\theta}\left(x+\varepsilon\right),y\right) \tag{8.3.12}$$

对抗训练中这种寻找噪声的方式更像是一种启发式(heuristic)算法，忽略了噪声与模型面向任务之间的关系。正激励噪声思想则提供了一种与任务强相关的、目的性更强的思路，即找到正激励噪声来提高模型的鲁棒性，两种可行的研究范式如下：

$$\min_{\theta}\sum_{x\in X}\max_{\|\varepsilon\|\leqslant C}\ell\left(f_{\theta}\left(x+\varepsilon\right),y\right)+\mathrm{MI}\left(\mathcal{T},\varepsilon\right) \tag{8.3.13}$$

或

$$\min_{\theta}\sum_{x\in X}\max_{MI(\mathcal{T},\varepsilon)>0,\|\varepsilon\|\leqslant C}\ell\left(f_{\theta}\left(x+\varepsilon\right),y\right) \tag{8.3.14}$$

2) 对比学习

对比学习(contrastive learning)是近年来的热门研究方向之一，其核心步骤之一就是采用不同的数据增强(data augmentation)方式来构建正样本(positive sample)。在计算机视觉领域，主流的对比学习模型可以借鉴人类视觉，采用旋转、裁剪、缩放等简单方法实现数据增强；但对于更一般的数据，如何设计简单、有效的数据增强方法成为设计对比学习模型的瓶颈问题，如针对图数据的图对比学习(graph contrastive learning)，现阶段的研究焦点仍是图增强问题。

正激励噪声理论能够为一般数据上的对比学习提供稳定、可靠的数据增强手段。具体而言，可以先定义对比学习的任务熵，然后针对每个样本点生成多组正

激励噪声，进而构建增强数据点。

3) 多任务学习

多任务学习(multi-task learning)是机器学习中的经典问题，其目标是利用多个任务之间的关联性实现性能的提升，有

$$\min_{\theta} \ell_{\theta}\left(\mathcal{T},\mathcal{T}_1,\mathcal{T}_2,\cdots,\mathcal{T}_k\right) \tag{8.3.15}$$

多任务学习的一个关键问题就是甄别有关联性的任务，同时减弱无关任务或相关性弱的任务的影响。在研究正激励噪声过程中引入的以任务熵为核心的计算框架，为多任务学习提供了新的视角和研究思路，有

$$\min_{\theta} \ell_{\theta}\left(\mathcal{T},\mathcal{T}_1,\mathcal{T}_2,\cdots,\mathcal{T}_t\right), \qquad \text{s.t. } \mathrm{MI}\left(\mathcal{T},\mathcal{T}_i\right)>0, i=1,2,\cdots,t \tag{8.3.16}$$

4) 展望

笔者认为，目前正激励噪声亟待解决的几个问题如下：

(1) 正激励噪声作为噪声的一种，一个内在的假设是“适量”，过多、过强的正激励噪声仍会导致性能下降，是否存在一个正激励噪声量的上界？

(2) 在不同的任务下，正激励噪声理论上存在的条件是什么？其服从的分布具有什么特点？

(3) 能否以上述问题为基础，进而发展成学习理论的一套新理论框架？

(4) 正激励噪声如何高效地应用到跨域遥感、涉水光学、稳定探测等临地安防的实际应用中？

8.4　小　　结

本章首先介绍了回归与分类的经典算法，根据策略的差异分别阐述了感知机、K近邻、决策树、支持向量机的经典回归与分类算法，并对多种回归与分类算法的目标函数构建与优化算法进行了理论推导，在此基础上对各算法的优缺点和适用情况进行了分析。

此外，本章详细介绍了最小二乘法的模型分析与求解，其最优投影在处理含噪声或离群点数据时会被极大影响。对提出的基于ℓ_{2p}范数最小化的最小二乘回归方法进行了论述，该方法可以自动精确地挑选出原始数据中的噪声点并去除，进而保证了原始数据的真实性，提高最小二乘法抑制噪声的能力；去除噪声和模型学习的过程同时进行，与后续任务联系紧密，更能去除与任务不相关的噪声点。同时，该方法可拓展至半监督学习理论中，称为半监督鲁棒最小二乘法，并在噪声污染数据中验证了该算法的优越性。现实应用中，噪声对不同场景下任务的消

极作用并不是亘古不变的，有些“噪声”在适当的时候是能发挥积极作用的。本章针对该问题进行了分析，并将其称为正激励噪声，给出了规范化定义，在分类等机器学习中的新视角进行了理论分析，在具体应用任务中给出了其应用前景与未来展望，以期为读者提供相关研究的新视角与思路。

参考文献

边坤, 梁慧, 2023. 基于机器学习的图案分类研究进展[J]. 图学学报, 44(3): 415-426.

高小波, 舒畅, 李祥飞, 等, 2023. 机器学习在脑卒中诊断与治疗中的应用进展[J]. 中国现代神经疾病杂志, 23(1): 5-8.

高漪澜, 张睿, 李学龙, 2024. 人工智能伦理计算[J]. 中国科学: 信息科学, 54(7): 1646-1676.

郭志懋, 周傲英, 2002. 数据质量和数据清洗研究综述[J]. 软件学报, 13(11): 2076-2082.

胡逸雯, 刘鑫, 匡翠方, 等, 2023. 基于深度学习的自适应光学技术研究进展及展望[J]. 中国激光, 50(11): 142-154.

焦李成, 杨淑媛, 刘芳, 等, 2016. 神经网络七十年: 回顾与展望[J]. 计算机学报, 39(8): 1697-1716.

刘瑞祯, 谭铁牛, 2001. 基于奇异值分解的数字图像水印方法[J]. 电子学报, 2001(2): 168-171.

万建武, 杨明, 2020. 代价敏感学习方法综述[J]. 软件学报, 31(1): 113-136.

伍亚舟, 陈锡程, 易东, 2022. 人工智能在临床领域的研究进展及前景展望[J]. 陆军军医大学学报, 44(1): 89-102.

徐启恒, 黄滢冰, 陈洋, 2019. 结合超像素和卷积神经网络的国产高分辨率遥感影像云检测方法[J]. 测绘通报, 2019(1): 50-55.

张宇, 刘雨东, 计钊, 2009. 向量相似度测度方法[J]. 声学技术, 28(4): 532-536.

赵瑞珍, 林婉娟, 李浩等, 2012. 基于光滑L_0范数和修正牛顿法的压缩感知重建算法[J]. 计算机辅助设计与图形学学报, 24(4): 478-484.

周冠博, 钱奇峰, 吕心艳, 等, 2022. 人工智能新技术在国家气象中心台风业务中的应用探索[J]. 热带气象学报,38(4): 481-491.

ABDI A, RAHMATI M, EBADZADEH M M, 2021. Entropy based dictionary learning for image classification[J]. Pattern Recognition, 110: 107634.

AEBI D, PERROCHON L, 1993. Towards improving data quality[C]. New Delhi: Proceedings of the International Conference on Information Systems and Management of Data: 273-281.

ALLWEIN E L, SCHAPIRE R E, SINGER Y, 2001. Reducing multiclass to binary: A unifying approach for margin classifiers[J]. Journal of Machine Learning Research, 1(2): 113-141.

ALOISE D, DESHPANDE A, HANSEN P, et al., 2009. NP-hardness of Euclidean sum-of-squares clustering[J]. Machine Learning, 75: 245-248.

ANDREW A M, 2001. An introduction to support vector machines and other kernel-based learning methods[J]. kybernetes, 30(1): 103-115.

BARANAUSKAS J A, NETTO O P, NOZAWA S R, et al., 2018. A tree-based algorithm for attribute selection[J]. Applied Intelligence, 48(4): 821-833.

BEHESHTI I, GANAIE M A, PALIWAL V, et al., 2021. Predicting brain age using machine learning algorithms: A comprehensive evaluation[J]. IEEE Journal of Biomedical and Health Informatics, 26(4): 1432-1440.

BELKIN M, PARTHA N, 2001. Laplacian eigenmaps and spectral techniques for embedding and clustering[J]. Advances in Neural Information Processing Systems, 14: 585-591.

BENTLEY J L, 1975. Multidimensional binary search trees used for associative searching[J]. Communications of the ACM, 18(9): 509-517.

BERGER A, DELLA A, DELLA J, 1996. A maximum entropy approach to natural language processing[J]. Computational linguistics, 22(1): 39-71.

BEZDEK J C, 1981. Pattern Recognition with Fuzzy Objective Function Algorithms[M]. New York: Springer Science & Business Media.

BI Q, GOODMAN K E, KAMINSKY J, et al., 2019. What is machine learning? A primer for the epidemiologist[J]. American Journal of Epidemiology, 188(12): 2222-2239.

BORKOWSKI A A, BUI M M, THOMAS L B, et al., 2019. Lung and colon cancer histopathological image dataset(LC25000)[J/OL]. (2019-12-16) https://arXiv preprint arXiv:1912.12142.

BREIMAN L, FRIEDMAN J H, OLSHEN R, et al., 1984. Classification and regression trees(CART)[J]. Biometrics, 40(3): 358.

BURGES C J C, 1998. A tutorial on support vector machines for pattern recognition[J]. Data Mining and Knowledge Discovery, 2(2): 121-167.

CHANG C C, LIN C J, 2011. LIBSVM: A library for support vector machines[J]. ACM Transactions on Intelligent Systems and Technology , 2(3): 1-27.

CHANG H, YEUNG D Y, 2008. Robust path-based spectral clustering[J]. Pattern Recognition, 41(1): 191-203.

CHEN X J, HAUNG J, NIE F P, et al., 2017. A self-balanced min-cut algorithm for image clustering[C]. Venice: Proceedings of the IEEE International Conference on Computer Vision: 2061-2069.

CORDTS M, OMRAN M, RAMOS S, et al., 2016. The cityscapes dataset for semantic urban scene understanding[C]. Las Vegas: Proceedings of the IEEE conference on computer vision and pattern recognition: 3213-3223.

COVER T, HART P, 1967. Nearest neighbor pattern classification[J]. IEEE Transactions on Information Theory, 13(1): 21-27.

DAUBECHIES I, DEFRISE M, DE MOL C, 2004. An iterative thresholding algorithm for linear inverse problems with a sparsity constraint[J]. Communications on Pure and Applied Mathematics: A Journal Issued by the Courant Institute of Mathematical Sciences, 57(11): 1413-1457.

DIETTERICH T G, BAKIRI G, 1994. Solving multiclass learning problems via error-correcting output codes[J]. Journal of Artificial Intelligence Research, 2: 263-286.

DING C, 2006. R_1-PCA: Rotational invariant L_1-norm principal component analysis for robust subspace factorization[C]. Pittsburgh: Proceedings of the 23rd International Conference on Machine Learning: 281-288.

DING C, LI T, 2007. Adaptive dimension reduction using discriminant analysis and k-means clustering[C]. Corvallis: Proceedings of the 24th International Conference on Machine Learning: 521-528.

DJELLALI H, GHOUALMI N, 2019. Improved chaotic initialization of particle swarm applied to feature selection[C]. Annaba: 2019 International Conference on Networking and Advanced Systems(ICNAS): 1-5.

DUAN N, 2019. Overview of the NLPCC 2019 shared task: Open domain semantic parsing[C]. Dunhuang: Natural Language Processing and Chinese Computing: 8th CCF International Conference, Springer International Publishing: 811-817.

FAN K, 1949. On a theorem of Weyl concerning eigenvalues of linear transformations Ⅰ[J]. Proceedings of the National Academy of Sciences, 35(11): 652-655.

FISHER R A, 1936. The use of multiple measurements in taxonomic problems[J]. Annals of Eugenics, 7(2): 179-188.

FIX E, HODGES J L, 1989. Discriminatory analysis. Nonparametric discrimination: Consistency properties[J]. International Statistical Review, 57(3): 238-247.

FRÄNTI P, SIERANOJA S, 2018. *K*-means properties on six clustering benchmark datasets[J]. Applied Intelligence, 48(12): 4743-4759.

FUKUNAGA K, 2013. Introduction to Statistical Pattern Recognition[M]. Amsterdam: Elsevier.

GAURAHA N, 2018. Introduction to the LASSO[J]. Resonance, 23: 439-464.

GIONIS A, MANNILA H, TSAPARAS P, 2007. Clustering aggregation[J]. ACM Transactions on Knowledge Discovery from Data(TKDD), 1(1): 1-30.

GREENER J G, KANDATHIL S M, MOFFAT L, et al., 2022. A guide to machine learning for biologists[J]. Nature Reviews Molecular Cell Biology, 23(1): 40-55.

GUO Y F, LI S J, YANG J Y, et al., 2003. A generalized Foley-Sammon transform based on generalized Fisher discriminant criterion and its application to face recognition[J]. Pattern Recognition Letters, 24(1-3): 147-158.

GUYON I, WESTON J, BARNHILL, et al., 2002. Gene selection for cancer classification using support vector machines[J]. Machine Learning, 46(1-3): 389-422.

HAGEN L, KAHNG A B, 1992. New spectral methods for ratio cut partitioning and clustering[J]. IEEE Transactions on Computer-Aided Design of Integrated Circuits and Systems, 11(9): 1074-1085.

HAMET P, TREMBLAY J, 2017. Artificial intelligence in medicine[J]. Metabolism-Clinical and Experimental, 69: S36-S40.

HAN H, WANG W, MAO B, 2005. Borderline-SMOTE: A new over-sampling method in imbalanced data sets learning[C]. Hefei: Advances in Intelligent Computing, ICIC: 23-26.

HE H, BAI Y, GARCIA E A, et al., 2008. ADASYN: Adaptive synthetic sampling approach for imbalanced learning[C]. Hong Kong: 2008 IEEE International Joint Conference on Neural Networks(IEEE World Congress on Computational Intelligence): 1322-1328.

HE R, HU B G, ZHENG W S, et al., 2011. Robust principal component analysis based on maximum correntropy criterion[J]. IEEE Transactions on Image Processing, 20(6): 1485-1494.

HE X, NIYOGI P, 2003. Locality preserving projections[C]. Cambridge: Proceedings of the 16th International Conference on Neural Information Processing Systems: 153-160.

HE Y, LIANG L, XU Y, et al., 2021. Novel discriminant locality preserving projections based on improved synthetic minority oversampling with application to fault diagnosis[C]. Suzhou: 2021 IEEE 10th Data Driven Control and Learning Systems Conference: 463-467.

HOERL A E, KENNARD R W, 2000. Ridge regression: Biased estimation for nonorthogonal problems[J]. Technometrics, 42(1): 80-86.

JAIN A K, DUBES R C, 1988. Algorithms for Clustering Data[M]. Upper Saddle River: Prentice-Hall, Inc.

JAOKOWICZ N, STEPHEN S, 2002. The class imbalance problem: A systematic study[J]. Intelligent Data Analysis, 6(5): 429-449.

JIA Y Q, NIE F P, ZHANG C S, 2009. Trace ratio problem revisited[J]. IEEE Transactions on Neural Networks, 20(4): 729-735.

JIN Y, RUAN Q, 2007. An image matrix compression based supervised locality preserving projections for face recognition[C]. Xiamen: 2007 International Symposium on Intelligent Signal Processing and Communication Systems: 738-741.

JONGEN H T, MEER K, TRIESCH E, 2007. Optimization Theory[M]. New York: Springer Science & Business Media.

KANAL L N, 2003. Perceptron[M]//RALSTON A, REILLY E D, HEMMENDINGER D. Encyclopedia of Computer Science. 4th ed. Hoboken: John Wiley and Sons Ltd: 1383-1385.

KE Q, KANADE T, 2005. Robust L_1 norm factorization in the presence of outliers and missing data by alternative convex programming[C]. San Diego: IEEE Computer Society Conference on Computer Vision & Pattern Recognition, San Diego: 1-8.

KUNZE L, HAWES N, DUCKRTT T, et al., 2018. Artificial intelligence for long-term robot autonomy: A survey[J]. IEEE Robotics and Automation Letters, 3(4): 4023-4030.

KWAK N, 2008. Principal component analysis based on L_1-norm maximization[J]. IEEE transactions on Pattern Analysis and Machine Intelligence, 30(9): 1672-1680.

LAGRANGE J L, 1853. Mécanique Analytique[M]. Paris: Mallet-Bachelier.

LARRANAGA P, CALVO B, SANTANA R, et al., 2006. Machine learning in bioinformatics[J]. Briefings in Bioinformatics, 7(1): 86-112.

LI J, CHENG J H, SHI J Y, et al., 2012. Brief Introduction of back propagation(BP) neural network algorithm and its improvement[C]. Changchun: Advances in Computer Science and Information Engineering: 553-558.

LI M J, NG M K, CHEUNG Y M, et al., 2008. Agglomerative fuzzy K-means clustering algorithm with selection of number of clusters[J]. IEEE Transactions on Knowledge and Data Engineering, 20(11): 1519-1534.

LI X L, CHEN M L, NIE F P, et al., 2017. Locality adaptive discriminant analysis[C]. Melbourne: International Joint Conference on Artificial Intelligence: 2201-2207.

LI Y, ZHAN Z, LUO Y, et al., 2020. Real-time pattern-recognition of GPR images with YOLO v3 implemented by Tensorflow[J]. Sensors, 20(22): 6476.

LI Z X, NIE F P, BIAN J T, et al., 2021. Sparse PCA via $\ell_{2,p}$ -Norm Regularization for Unsupervised Feature Selection[J]. IEEE Transactions on Pattern Analysis and Machine Intelligence, 4(4): 5322-5328.

LIANG D, CHARLIN L, MCINERNEY J, et al., 2016. Modeling user exposure in recommendation[C]. Montreal: Proceedings of the 25th international conference on World Wide Web: 951-961.

LIN T, MAIRE M, BELONGIE S, et al., 2014. Microsoft coco: Common objects in context[C]. Zurich: Computer Vision-ECCV 2014: 13th European Conference, Springer International Publishing: 740-755.

LIU H, SETIONO R, 1996. Feature Selection and classification: A probabilistic wrapper approach[C]. Fukuoka: The 9th Industrial and Engineering Applications of Artificial Intelligence and Expert Systems: 419-424.

LIU J, FANG Y, YU Z, et al., 2022. Design and construction of a knowledge database for learning Japanese grammar using natural language processing and machine learning techniques[C]. Xi'an: 2022 4th International Conference on Natural Language Processing: 371-375.

LIU K, BRAND L, WANG H, et al., 2019. Learning robust distance metric with side information via ratio minimization of orthogonally constrained $\ell_{2,1}$ -norm distances[C]. Macao: Proceedings of the 28th International Joint Conference on Artificial Intelligence.

LIU S, FENG L, QIAO H, 2014. Scatter balance: An angle-based supervised dimensionality reduction[J]. IEEE Transactions on Neural Networks and Learning Systems, 26(2): 277-289.

LIU W, HE J, CHANG S F, 2010. Large graph construction for scalable semi-supervised learning[C]. Haifa: Proceedings of the 27th International Conference on Machine Learning(ICML-10): 679-686.

LLOYD S, 1982. Least squares quantization in PCM[J]. IEEE Transactions on Information Theory, 28(2): 129-137.

LUENBERGER D G, 1973. Introduction to Linear and Nonlinear Programming[M]. Reading: Addison-Wesley.

LUXBURG U V, 2007. A tutorial on spectral clustering[J]. Statistics and Computing, vol. 17(4): 395-416.

MACQUEEN J, 1967. Some methods for classification and analysis of multivariate observations[C]. Berkeley: Proceedings of the Fifth Berkeley Symposium on Mathematical Statistics and Probability: 281-297.

MANI I, ZHANG I, 2003. KNN approach to unbalanced data distributions: A case study involving information extraction[C]. Washington D.C.: Proceedings of Workshop on Learning from Imbalanced Datasets. ICML: 1-7.

MARTINEZ A, BENAVENTE R, 1998. The AR face database[R]. Computer Vision Center(CVC) Technical Report(24).

MATTHIAS S, 2006. Approaches to analyse and interpret biological profile data[D]. Potsdam: Potsdam University.

MCCULLOCH W S, WALTER P, 1943. A logical calculus of the ideas immanent in nervous activity[J]. The Bulletin of Mathematical Biophysics, 5: 115-133.

MERNYEI P, CANGEA C, 2020. Wiki-CS: A Wikipedia-based benchmark for graph neural networks[J/OL]. (2020-07-06) https://export.arxiv.org/abs/2007.02901.

MIKHALSKII A I, PETROV I V, TSURKO V V, et al., 2020. Application of mutual information estimation for predicting the structural stability of pentapeptides[J]. Russian Journal of Numerical Analysis and Mathematical Modelling, 35(5): 263-271.

MUSTAQIM A Z, ADI S, PRISTYANTO Y, et al., 2021. The effect of recursive feature elimination with cross-validation(RFECV) feature selection algorithm toward classifier performance on credit card fraud detection[C]. Yogyakarta: 2021 International Conference on Artificial Intelligence and Computer Science Technology(ICAICST): 270-275.

NAUROIS C J, BOURDIN C, STRATULAT A, et al., 2019. Detection and prediction of driver drowsiness using artificial neural network models[J]. Accident Analysis & Prevention, 126: 95-104.

NETZER Y, WANG T, COATES A, et al., 2011. Reading digits in natural images with unsupervised feature learning[C]. Granada: NIPS Workshop on Deep Learning and Unsupervised Feature Learning: 5-7.

NIE F P, TIAN L, HUANG H, et al., 2021a. Non-greedy $\ell_{2,1}$ -norm maximization for principal component analysis[J]. IEEE Transactions on Image Processing, 30: 1-9.

NIE F P, WANG X Q, JORDAN M, et al., 2016. The constrained laplacian rank algorithm for graph-based clustering[C]. Phoenix: Proceedings of the AAAI Conference on Artificial Intelligence.

NIE F P, WANG Z, WANG R, et al., 2019. Towards robust discriminative projections learning via non-greedy $\ell_{2,1}$ -norm minmax[J]. IEEE Transactions on Pattern Analysis and Machine Intelligence, 43(6): 2086-2100.

NIE F P, XIANG S M, ZHANG C S, 2007. Neighborhood MinMax projections[C]. Hyderabad: Proceedings of the 20th International Joint Conference on Artificial Intelligence: 993-998.

NIE F P, XUE J J, WANG R, et al., 2022. Fast clustering by directly solving bipartite graph clustering problem[J]. IEEE Transactions on Neural Networks and Learning Systems, 35(7): 9174-9185.

NIE F P, ZHAO X W, WANG R, et al., 2021b. Adaptive maximum entropy graph-guided fast locality discriminant analysis[J]. IEEE Transactions on Cybernetics, 53(6): 3574-3587.

OKSUZ K, CAM B, KALKAN S, et al., 2021. Imbalance problems in object detection: A review[J]. IEEE Transactions on Pattern Analysis and Machine Intelligence, 43(10): 3388-3415.

PLATT J C, CRISTIANINI N, SHAWE-TAYLOR J, 1999. Large margin DAGs for multiclass classification[C]. Cambridge: Proceedings of the 12th International Conference on Neural Information Processing Systems: 547-553.

QUINLAN J R, 1986. Induction of decision trees[J]. Machine Learning, 1: 81-106.

QUINLAN J R, 1993. C4.5: Programs for machine learning[J]. The Morgan Kaufmann Series in Machine Learning, 16(3): 235-240.

RAO C R, 1948. The utilization of multiple measurements in problems of biological classification[J]. Journal of the Royal Statistical Society. Series B(Methodological), 10(2): 159-203.

RATHORE P, 2018. Big data cluster analysis and its applications[D]. Melbourne: University of Melbourne.

ROSENBLATT F, 1962. Principles of Neurodynamics: Perceptrons and the Theory of Brain Mechanisms[M]. Washington D.C.: Spartan Books.

ROWEIS S T, LAWRENCE K S, 2000. Nonlinear dimensionality reduction by locally linear embedding[J]. Science, 290(5500): 2323-2326.

SATHYANARAYANA S, 2014. A gentle introduction to backpropagation[J]. Numeric Insight, 7: 1-15.

SAXENA A, PRASAD M, GUPTA A, et al., 2017. A review of clustering techniques and developments[J]. Neurocomputing, 267: 664-681.

SENAWI A, WEI H L, BILLINGS S A, 2017. A new maximum relevance-minimum multicollinearity(MRmMC) method for feature selection and ranking[J]. Pattern Recognition, 67: 47-61.

SHAO S, ZHAO Z, LI B, et al., 2018. CrowdHuman: A benchmark for detecting human in a crowd[J/OL]. (2018-04-30) https://arxiv.org/abs/1805.00123.

SHI J, MALIK J, 2000. Normalized cuts and image segmentation[J]. IEEE Transactions on Pattern Analysis and Machine Intelligence, 22(8): 888-905.

SONG Y, CAI Q, NIE F P, et al., 2007. Semi-supervised additive logistic regression: A gradient descent solution[J]. Tsinghua Science and Technology, 12(6): 638-646.

SULTANI W, CHEN C, SHAH M, 2018. Real-world anomaly detection in surveillance videos[J]. Proceedings of the IEEE Conference on Computer Vision and Pattern Recognition, 1: 8255-8263.

SUNG S F, LIN C Y, HU Y H, 2022. EMR-Based Phenotyping of ischemic stroke using supervised machine learning and text mining techniques[J]. IEEE Journal of Biomedical and Health Informatics, 24(10): 2922-2931.

TENENBAUM J B, VIN D S, JOHN C L, 2000. A Global Geometric Framework for Nonlinear Dimensionality Reduction[J]. Science, 290(5500): 2319-2323.

TIAN L, NIE F P, WANG R, et al., 2020. Learning feature sparse principal subspace[J]. Advances in Neural Information Processing Systems, 2020, 33: 14997-15008.

TIAN Y, 2020. Artificial intelligence image recognition method based on convolutional neural network algorithm[J]. IEEE Access, 8: 125731-125744.

TSENG P, 2001. Convergence of a block coordinate descent method for nondifferentiable minimization[J]. Journal of Optimization Theory and Applications, 109(3): 475.

VAPNIK V N, 1999. An overview of statistical learning theory[J]. IEEE Transactions on Neural Networks, 10(5): 988-999.

WANG C L, NIE F P, WANG R, et al., 2020. Revisiting fast spectral clustering with anchor graph[C]. Barcelona: 2020 IEEE International Conference on Acoustics, Speech and Signal Processing (ICASSP): 3902-3906.

WANG F, WANG Q, NIE F, et al., 2019. Unsupervised linear discriminant analysis for jointly clustering and subspace learning[J]. IEEE Transactions on Knowledge and Data Engineering, 33(3): 1276-1290.

WANG H, LU X, HU Z, et al., 2013. Fisher discriminant analysis with L_1-norm[J]. IEEE Transactions on Cybernetics, 44(6): 828-842.

WANG H, MA C, ZHOU L, 2009. A brief review of machine learning and its application[C]. Wuhan: 2009 International Conference on Information Engineering and Computer Science: 1-4.

WANG H, YAN S, XU D, et al., 2007. Trace ratio vs. ratio trace for dimensionality reduction[C]. Minneapolis: 2007 IEEE Conference on Computer Vision and Pattern Recognition: 1-8.

WANG J Y, WANG H M, NIE F P, et al., 2022a. Ratio sum versus sum ratio for linear discriminant analysis[J]. IEEE Transactions on Pattern Analysis and Machine Intelligence, 44(12): 10171-10185.

WANG J Y, WANG L, NIE F P, et al., 2021. A novel formulation of trace ratio linear discriminant analysis[J]. IEEE Transactions on Neural Networks and Learning Systems, 33(10): 5568-5578.

WANG Q, GAO Q, GAO X, et al., 2017a. $\ell_{2,p}$ -norm based PCA for Image Recognition[J]. IEEE Transactions on Image Processing, 27(3): 1336-1346.

WANG Q, GAO Q, GAO X, et al., 2017b. Optimal mean two-dimensional principal component analysis with F-norm minimization[J]. Pattern Recognition, 68: 286-294.

WANG Q, WANG F, REN F, et al., 2023. An effective clustering optimization method for unsupervised linear discriminant analysis[J]. IEEE Transactions on Knowledge and Data Engineering, 35(4): 3444-3457.

WANG R, NIE F P, YU W Z, 2017c. Fast spectral clustering with anchor graph for large hyperspectral images[J]. IEEE Geoscience and Remote Sensing Letters, 14(11): 2003-2007.

WANG Y F, CRUZ J B, MULLIGSN J H, 1991. Multiple training concept for back-propagation network[C]. Singapore: 1991 IEEE International Joint Conference on Neural Networks: 535-540.

WEI J, SURIAWINATA A, REN B, et al., 2021. A petri dish for histopathology image analysis[C]. Berlin: Artificial Intelligence in Medicine: 19th International Conference on Artificial Intelligence in Medicine, AIME 2021: 11-24.

WOLD S, ESBENSEN K, GELADI P, 1987. Principal component analysis[J]. Chemometrics & Intelligent Laboratory Systems, 2(1): 37-52.

WRIGHT S J, 2015. Coordinate descent algorithms[J]. Mathematical Programming, 151(1): 3-34.

WU X, KUMAR V, ROSS QUINLAN J, et al., 2008. Top 10 algorithms in data mining[J]. Knowledge and Information Systems, 14: 1-37.

XU J, HAN J, KAI X, et al., 2016. Robust and sparse fuzzy *K*-means clustering[C]. New York: International Joint Conference on Artificial Intelligence: 2224-2230.

YE Q, YE N, ZHAO C, et al., 2014. Flexible orthogonal semisupervised learning for dimension reduction with image classification[J]. Neurocomputing, 144: 417-426.

YIN C, IMMS P, CHENG M, et al., 2023. Anatomically interpretable deep learning of brain age captures domain-specific cognitive impairment[J]. Proceedings of the National Academy of Sciences, 120(2): 2214634120.

YIN C, IMMS P, CHOWDHURY N F, et al., 2025. Deep learning to quantify the pace of brain aging in relation to neurocognitive changes[J]. Proceedings of the National Academy of Sciences of the United States of America, 122(10): 1-11.

ZELNIK-MANOR L, PERONA P, 2004. Self-tuning spectral clustering[C]. Vancouver: Advances in Neural Information Processing Systems: 1601-1608.

ZHANG J, LIU T, YIN X, et al., 2021. An improved parking space recognition algorithm based on panoramic vision[J]. Multimedia Tools and Applications, 80: 18181-18209.

ZHANG J, YIN X, LUAN J, et al., 2019. An improved vehicle panoramic image generation algorithm[J]. Multimedia Tools and Applications, 78: 27663-27682.

ZHANG X, ZHANG L, WANG X, et al., 2012. Finding celebrities in billions of web images[J]. IEEE Transactions on Multimedia, 14(4): 995-1007.

ZHU W, NIE F P, LI X L, 2017. Fast spectral clustering with efficient large graph construction[C]. New Orleans: 2017 IEEE International Conference on Acoustics, Speech and Signal Processing(ICASSP): 2492-2496.

附录 A 相关学术组织、重要会议与期刊

A1 相关学术组织

(1) 电气电子工程师协会，IEEE，全称 Institute of Electrical and Electronics Engineers，成立于 1884 年，总部位于美国纽约，是一个国际性的电子技术与信息科学工程师的协会。IEEE 大部分成员是电子工程师、计算机工程师和计算机科学家，协会关注信号和信息处理、电力、电子、计算机、通信、控制、遥感、生物医学、智能交通和太空等技术领域的最新发展方向；在太空、计算机、电信、生物医学、电力及消费性电子产品等领域已制定了 1300 多个行业标准，现已发展成为具有较大影响力的国际学术组织。

(2) 国际先进人工智能协会，AAAI，全称 The Association for the Advancement of Artificial Intelligence，成立于 1979 年，该协会是人工智能领域的主要学术组织之一，具有重要的国际学术影响力。最初协会由计算机科学和人工智能领域的奠基人艾伦·纽厄尔(Allen Newell)、马文·明斯基(Marvin Minsky)、约翰·麦卡锡(John McCarthy)等学者共同创立，其旨在推动智能思维与行为机制的科学理解及机器实现，并促进人工智能的科学研究和规范应用。

(3) 国际计算机学会，ACM，全称 Association for Computing Machinery，成立于 1947 年，是第一个世界性的计算机从业人员专业组织，也是全世界计算机领域影响力最大的专业学术组织。该协会是全球性的科学和教育组织，致力于推动计算机的艺术、科学、工程和应用，为专业和公共利益服务。协会在全世界 130 多个国家和地区拥有超过 10 万名的会员，来自计算科学及应用的各个领域。

(4) 中国人工智能学会，CAAI，全称 Chinese Association for Artificial Intelligence，成立于 1981 年，是经中华人民共和国民政部正式注册的中国智能科学技术领域的国家级学会，是全国性 4A 级社会组织。学会创办的全球人工智能技术大会、中国人工智能大会、中国智能产业高峰论坛、IEEE 云计算与智能系统国际会议等规模化、系列化学术活动，为智能科学技术工作者提供了一个展示、交流、融合科研成果的平台，有效地促进了智能科学技术的发展。

A2　重要会议与期刊

(1) ICML，全称 Internation Conference on Machine Learning，是人工智能、机器学习领域重要的国际会议，在整个计算机科学领域享有崇高的声望，是中国计算机学会(CCF)推荐 A 类会议，Core Conference Ranking 推荐 A*类会议，出版机构为 ACM。每年世界各地的学术机构和企业相聚在这个会议上，讨论分享最新的学术进展，它被视为推动机器学习发展的重要会议。

(2) NeurIPS，全称 Neural Information Processing Systems，是人工智能领域的重要会议，CCF 推荐 A 类会议，Core Conference Ranking 推荐 A*类会议，出版机构为 MIT Press。NeurIPS 是由连接学派神经网络的学者于 1987 年在加拿大创办，后来随着影响力逐步扩大，也曾移师欧洲等地举办，早年发布在 NeurIPS 中的论文包罗万象，从单纯的工程问题到使用计算机模型来理解生物神经元系统等各种主题，目前会议的主题以机器学习、人工智能和统计学为主。

(3) ICLR，全称 International Conference on Learning Representations，被认为是深度学习领域的重要国际会议。其特点包括对新兴技术和方法的关注、开放的评审过程以及对学术界和工业界交流与合作的支持。

(4) AAAI 会议，全称 AAAI Conference on Artificial Intelligence，由 AAAI 主办，是 CCF 推荐 A 类会议，Core Conference Ranking 推荐 A*类会议，出版机构为 AAAI。AAAI 会议始于 1980 年，会议旨在推动人工智能领域的学术研究和技术创新，涵盖了知识表示与推理、机器学习、自然语言处理、智能系统等方面的内容。

(5) CVPR，全称 IEEE/CVF Conference on Computer Vision and Pattern Recognition，专注于计算机视觉和模式识别领域，是重要的计算机视觉会议，CCF 推荐 A 类会议，Core Conference Ranking 推荐 A*类会议，出版机构为 IEEE。

(6) ICCV，全称 International Conference on Computer Vision，是计算机领域的重要的学术会议，每两年举办一届，是 CCF 推荐 A 类会议，Core Conference Ranking 推荐 A*类会议，出版商为 IEEE。

(7) ECCV，全称 European Conference on Computer Vision，CCF 推荐 A 类会议，Core Conference Ranking 推荐 A*类会议，是一个专注于计算机视觉领域的欧洲会议，涵盖了图像处理、模式识别、视觉感知等方面的内容。

(8) IJCAI，全称 International Joint Conference on Artificial Intelligence，是人工智能研究人员关注的重要国际会议，CCF 推荐 A 类会议，Core Conference Ranking 推荐 A*类会议。1969 年以来，IJCAI 大会每两年举行一次，在奇数年举

行一次，2016 年起改为每年召开，主要由国际人工智能联合会议组织(IJCAI)和东道主人工智能学会联合主办。

(9) ACL，全称 Annual Meeting of the Association for Computational Linguistics，是计算语言学和自然语言处理领域重要的国际会议，CCF 推荐 A 类国际学术会议，Core Conference Ranking 推荐 A*类会议。由 ACL 主办，每年一届。

(10) SIGKDD，全称 Association for Computing Machinery's Special Interest Group on Knowledge Discovery and Data Mining，是数据挖掘领域的重要会议，CCF 推荐 A 类会议，Core Conference Ranking 推荐 A*类会议。

(11) TPAMI，全称 *IEEE Transactions on Pattern Analysis and Machine Intelligence*，是专注于模式分析和机器智能领域的期刊，致力于研究和推动模式分析和机器智能理论、算法和应用的发展，涵盖了图像处理、模式识别、机器学习等方面的内容。TPAMI 是公认的人工智能、模式识别、图像处理和计算机视觉领域的重要国际期刊，在计算机科学与人工智能领域具有较大影响力。

(12) TNNLS，全称 *IEEE Transactions on Neural Networks and Learning Systems*，是专注于神经网络和学习系统领域的期刊，致力于研究和推动神经网络和学习系统的理论、算法和应用的发展，涵盖了神经网络模型、学习算法、深度学习、神经网络应用等方面的内容，是机器学习、信息科学和人工智能跨学科领域的重要国际期刊。

(13) *Information Fusion* 是一个涵盖多个学科领域的综合性期刊，专注于研究数据融合、信息融合及多感知数据处理等方面的理论和方法。作为一个跨学科的期刊，在促进不同领域之间的交叉合作和知识交流方面发挥着重要作用。

(14) TFS，全称 *IEEE Transactions on Fuzzy Systems*，是一个专注于模糊系统理论、方法和应用的期刊，涵盖了模糊逻辑、模糊控制、模糊模式识别等方面的技术文章。作为 IEEE 计算智能学会的核心出版物之一，TFS 在模糊系统领域具有重要地位。

(15) TCYB，全称 *IEEE Transactions on Cybernetics*，是一个涵盖了控制理论、系统科学和工程等领域的期刊，专注于交叉学科研究，特别关注控制与信息理论、自适应系统、复杂系统和人机交互等方面的技术文章。

(16) PR，全称 *Pattern Recognition*，是一个专注于模式识别领域的重要期刊，主要研究方向包括模式识别理论、算法、方法和应用。该期刊涵盖了图像识别、信号处理、模式分类、特征提取等领域的研究内容。

(17) TKDE，全称 *IEEE Transactions on Knowledge and Data Engineering*，是计算机领域数据挖掘方向的重要期刊，致力于研究和推动知识和数据工程的理论、方法和应用的发展，涵盖了知识发现、数据挖掘、数据管理、知识表示等方面的内容。

(18) IJCV，全称 *International Journal of Computer Vision*，是专注于计算机视觉领域的期刊，致力于研究和推动计算机视觉理论、算法和应用的发展，涵盖了图像处理、模式识别、视觉感知等方面的内容。

(19) AI，全称 *Artificial Intelligence*，是一个专注于人工智能领域的期刊，致力于研究和推动人工智能理论、算法和应用的发展，涵盖了机器学习、自然语言处理、计算机视觉、智能系统等方面的内容。

(20) ML，全称 *Machine Learning*，是一个专注于机器学习领域的期刊，致力于研究和推动机器学习理论、算法和应用的发展。该期刊涵盖了机器学习的各个方面，包括但不限于监督学习、无监督学习、强化学习、深度学习等。

(21) TKDD，全称 *ACM Transactions on Knowledge Discovery from Data*，是数据挖掘领域的重要期刊，主要聚焦于数据挖掘领域的最新进展，涵盖知识发现、数据挖掘技术、算法及其应用。研究文章包括理论研究、实验和应用案例研究，特别关注如何从大量数据中提取有用信息和知识。作为数据科学领域的重要期刊之一，TKDD 对于推动数据挖掘技术及其在各行各业的应用具有显著影响。